高等职业教育"十四五"规划教材

U0965324

工厂化育苗

王全智　孙朋朋　主编

中国农业大学出版社
·北京·

内 容 简 介

园艺种苗生产是园艺作物优质高效栽培的关键性首要环节，工厂化育苗是实现园艺种苗生产的最高效的方式。本教材内容包括认识工厂化育苗、工厂化育苗植物生理基础、营养液配制及管理、固体育苗基质、工厂化育苗设施与设备、工厂化育苗方式、工厂化育苗环境调控、工厂化育苗生产案例、工厂化育苗的经营与管理。教材以企业岗位需求为导向，以学生职业能力培养为重点，内容充分体现基于工作任务的课程设计理念，注重育苗环节的衔接，突出技能训练；以项目为载体，以典型工作任务为驱动，实现“教、学、做”理实一体化，突出知识的应用性，使企业岗位工作内容与教学内容有机融通。

本教材适合作为高等职业院校现代农业技术专业学生的课程教材，也适合作为工厂化育苗相关从业人员、研究人员的参考书。

图书在版编目(CIP)数据

工厂化育苗 / 王全智，孙朋朋主编．--北京：中国农业大学出版社，2024.6.
ISBN 978-7-5655-3230-6

Ⅰ.S359

中国国家版本馆 CIP 数据核字第 2024FT7186 号

书　　名　工厂化育苗
作　　者　王全智　孙朋朋　主编

策划编辑　张　玉　郭建鑫　　**责任编辑**　郭建鑫
封面设计　中通世奥图文设计中心
出版发行　中国农业大学出版社
社　　址　北京市海淀区圆明园西路 2 号　　**邮政编码**　100193
电　　话　发行部 010-62733489，1190　　读者服务部 010-62732336
编辑部 010-62732617，2618　　出　版　部 010-62733440
网　　址　http://www.caupress.cn　　**E-mail**　cbsszs@cau.edu.cn
经　　销　新华书店
印　　刷　北京溢漾印刷有限公司
版　　次　2024 年 7 月第 1 版　　2024 年 7 月第 1 次印刷
规　　格　185 mm×260 mm　　16 开本　　17.5 印张　　435 千字
定　　价　54.00 元

编写人员

主　编　王全智　孙朋朋

副主编　刘叶琼　冯英娜

编　者　王全智　孙朋朋　刘叶琼　冯英娜
张　更　汤伟华　蔡善亚　鲍华鹏
李　冰　赵　俊　陈　洁　戴　鑫
陈柳青　胡恩美　杨　平　姜官俊
张　燕　周金燕　袁水林　吴亚胜
郑晨飞

前　言

培育和应用适龄壮苗是获得早熟、优质、高产的园艺产品的关键，也是满足市场需求、提高生产者经济效益的重要环节。目前园艺种苗生产主要在设施内进行，设施种苗生产所用的设施主要包括塑料大棚、日光温室和现代化温室等，设施内配备各类设备，来满足种苗生产中对温度、光照和气体条件等的需求，这是一种崭新的现代农业生产方式和农业产业，设施种苗生产使园艺种苗部分或完全脱离了自然环境的束缚，改善了园艺作物的生长发育环境，大幅度提高了劳动生产率和资源利用率，具有鲜明的现代农业特征。

党的二十大报告提出“全面推进乡村振兴”“强化农业科技和装备支撑”。现代农业的发展离不开科技的助力和人才的支撑。

现代园艺育苗的方式主要是通过穴盘进行工厂化育苗，国内外已经形成了相关产业。工厂化育苗是在人工控制的环境条件下按工厂化的工艺流程及作业模式进行批量秧苗生产，具有集约化、规模化、专业化、标准化、机械化、自动化以及高固定资产投入等特征。工厂化育苗生产效率高，可在非自然生长季节进行育苗并缩短育苗周期，秧苗质量高、规格整齐，有利于实现机械化作业，近年来随着我国现代园艺产业的兴起，以穴盘育苗为代表的工厂化育苗技术在我国得到迅速发展和应用，已经成为我国园艺作物实现标准化生产的关键技术环节。目前，我国农业正朝着现代化、规模化、集约化转型，我国每年园艺作物育苗需求量大，因此种苗生产公司也发展得越来越快。

育苗是高等职业教育现代农业技术专业学生必须掌握的核心技能。随着我国园艺种苗需求量的增大和设施园艺产业的发展，国内的专业种苗公司数量也在不断增加，相信未来我国的园艺种苗生产将会得到更大的发展。目前我国园艺种苗生产技术水平和生产规模与国外相比依然存在差距，主要问题是我国农户经营规模小，传统的一家一户分散育苗仍占主导，商品化供苗还有一段路要走，也使得国内种苗生产公司的育苗数量偏少。种苗生产涉及种子的精选及处理、基质配方、精量播种、育苗精准环境控制、水肥调节、病虫害防治、种苗销售包装及运输等诸多环节，任何一个环节控制不当都会导致育苗失败。尽管国内近年来工厂化育苗单项技术取得了很大突破，但总体来说，我国种苗生产技术标准化程度有待进一步加强。

本教材内容包括认识工厂化育苗、工厂化育苗植物生理基础、营养液配制及管理、固体育苗基质、工厂化育苗设施与设备、工厂化育苗方式、工厂化育苗环境调控、工厂化育苗生产案例、工厂化育苗的经营与管理。教材以企业岗位需求为导向，学生职业能力培养为重点，编写内容充分体现基于工作任务的课程设计理念，注重育苗环节的衔接，突出技能训练；以项目为载体，以典型工作任务为驱动，实现“教、学、做”理实一体化的教学模式，突出知识的应用性，使企业岗位工作内容与教学内容有机融合。

本教材由王全智、孙朋朋主编，刘叶琼、冯英娜副主编，全书共分为 9 个项目，分别为项目一认识工厂化育苗（由王全智、冯英娜编写）、项目二工厂化育苗植物生理基础（由王全智、张更、汤伟华编写）、项目三营养液配制及管理（由王全智、胡恩美、蔡善亚编写）、项目四固体育苗基质（由王全智、孙朋朋、李冰、吴亚胜编写）、项目五工厂化育苗设施与设备（由孙朋朋、戴鑫、陈柳青、鲍华鹏编写）、项目六工厂化育苗方式（由刘叶琼、张更、郑晨飞编写）、项目七工厂化育苗环境调控（由冯英娜、杨平、周金燕编写）、项目八工厂化育苗生产案例（由刘叶琼、姜官俊、张燕、陈洁编写）、项目九工厂化育苗的经营与管理（由刘叶琼、袁水林、赵俊编写），每个项目划分若干个任务，并配有相应的实训内容。全书由王全智、孙朋朋统稿。编写过程中得到了各参编单位的支持与合作，在此一并致谢。

园艺种苗生产是园艺作物优质高效栽培的关键性首要环节，工厂化育苗是实现园艺种苗生产的最高效的方式。本教材遵循简洁明了、操作性强、实用性强的原则，从园艺种苗生产的各个环节全面详细地介绍了工厂化育苗技术。由于编者水平有限，书中错误之处在所难免，恳请广大读者批评指正。

编　者

2024 年 1 月

目　　录

项目一　认识工厂化育苗

【学习目标】

一、知识目标

1. 掌握工厂化育苗的概念、特点、意义；
2. 了解工厂化育苗发展历史、现状及趋势。

二、技能目标

学会查阅相关资料，熟悉工厂化育苗概念、特点及其在生产中的应用。

【学习准备】

一、资源要求

1. 纸质图书馆、期刊阅览室；
2. 电子阅览室、电子资源库；
3. 多媒体教室；
4. 规范化育苗生产基地。

二、预备知识

1. 掌握与工厂化育苗相关的基础知识；
2. 掌握文献查阅的基本知识；
3. 了解工厂化育苗的基本原理；
4. 了解农业气象、农业法规的知识。

【任务实施】

任务一　工厂化育苗概念

工厂化育苗是以先进的育苗设施和设备装备种苗生产车间，将现代生物技术、环境调控技术、施肥灌溉技术、信息管理技术贯穿种苗生产过程，以现代化、企业化的模式组织种苗生产和经营，从而实现种苗的规模化生产。

任务二　工厂化育苗的历史与发展现状

一、国外工厂化育苗的历史与发展现状

从20世纪60年代开始，发达国家的农业已经大规模实现机械化生产，美国Speedling公司的创始人之一George Todd首先推出了使用发泡聚苯材料制作的穴盘，并将其应用到花椰菜的育苗上。与此同时，美国康奈尔大学的Jim Boodley和Ray Sheldrake教授首次提出用泥炭（也称草炭）、蛭石作为育苗基质，为穴盘育苗的大规模工厂化生产进一步拓宽了思路，并提供了优良、稳定的育苗基质，将其成功应用于蔬菜、花卉的种苗生产。目前穴盘育苗技术已经普及世界各地。这种育苗技术的核心是以泥炭、蛭石、椰子皮、珍珠岩等轻基质作育苗基质，用穴盘作育苗容器，采用机械化精量播种，实现一次成苗的育苗方式。由于在育苗过程中每一株幼苗根系都各自分离，移栽时只要将种苗穴盘脱出即可达到分离的目的。幼苗的根系完整提高了移栽后的成活率，而且将育苗过程进行程序化设计，将其分为基质混合和填充、播种、基质覆盖、洒水和移栽等若干工序，为机械化流水作业提供了可能，提高了种苗生产效率。穴盘育苗在美国等发达国家已形成一个新的种苗生产行业，它的出现带动了温室制造业、穴盘制造业、基质加工业、精密播种设备等一批相关产业的技术进步。如果以穴盘育苗为例纵观国外工厂化育苗的发展历程，国外的工厂化育苗具有以下特点。

1. 穴盘育苗的市场需求和供应量大

穴盘育苗在农业现代化程度比较高的国家推广普及较为迅速。商品苗生产量居于第一位的是美国，其次是意大利、法国、西班牙、荷兰，进入20世纪90年代以后，澳大利亚、日本、韩国、以色列等国家穴盘育苗也形成了一定的规模。以美国为例，最早开始专业种苗生产的公司是Speedling、Kube-Pak、Pinter和Blackmore 4家公司，其中Speedling公司发明的泡沫穴盘大量应用于蔬菜种苗生产，Blackmore公司发明了硬塑胶原料穴盘，大量应用于花卉与蔬菜种苗生产。穴盘育苗的规模增长迅速，1979年，美国的花坛花卉穴盘苗生产量约为50万株，而到了1994年，北美地区（美国和加拿大）花坛花卉穴盘苗生产已经超过40亿株。到20世纪90年代末期，北美地区超过90%的花坛花卉均采用穴盘苗生产，加上蔬菜、盆栽植物、切花、宿根花卉、组培材料和树苗，每年的穴盘种苗生产量已经超过250亿株。随着种苗产业的发展，育苗公司的生产规模迅速扩大，20世纪90年代初，穴盘苗生产规模最大的是Speedling和Green Heart Farms公司，包括花卉在内的商品苗年产量都在5亿～6亿株，现在这两个育苗公司商品苗年产量都扩增了1倍，产量突破了10亿株（其中蔬菜苗产量占80%以上）。除上述世界上最大的两个育苗公司外，其他公司如Grower Transplanting、Plantel Nursery、Golden Fields、Santafe Nursery、Nativadad Nursery、Craven Transplant等商品苗产量都达到2亿～8亿株，西欧国家育苗场商品苗数量虽然比不上美国，但荷兰的Van De Bekerom、Beekeh Kamp以及意大利的Restyra育苗公司年产商品苗数量也达到了2亿株以上。

穴盘育苗的发展改变了蔬菜传统生产方式和种植制度，如美国移栽蔬菜面积大幅度上升。早在20世纪60—70年代，美国蔬菜作物95%以上采用直播，出苗后再采用人工或机械间苗，对种子价格比较昂贵的或苗期生长特别缓慢的蔬菜则采用木箱沙培育苗，然后裸根移栽。穴

盘育苗问世以来，蔬菜育苗移栽面积迅速增加，目前美国100%的芹菜、鲜食番茄、抱子甘蓝，90%的青椒，75%的花椰菜、西蓝花，70%的冬春生菜，30%的甘蓝、加工番茄，都采用了穴盘育苗移栽。虽然购买商品苗的比露地直播的成本增加了20%，但采用移栽苗，种植密度有保证，产量可增加20%，更主要的是移栽比直播作物长势整齐，有利于机械化收获。因此，工厂化穴盘育苗方法的出现推动了美国现代蔬菜种植方式的革命。

2. 异地育苗，分散供苗，种苗生产专业化程度高

美国等发达国家注重农业的规模化经营，实施规模化经营的前提是建立起一整套社会化服务体系。而蔬菜商品苗的专业化生产恰恰适应了现代化大农业发展的需要。如美国加利福尼亚州是美国蔬菜主要生产基地，加利福尼亚州蔬菜特别是鲜食蔬菜产量大约占美国市场总量的1/2。同样，加利福尼亚州蔬菜商品苗的产量约占全美国市场总需求量的2/3。1995年全美国生产经营规模在2 400 hm^2 以上的蔬菜农场共44个，其中20个在加利福尼亚州，同样年产商品苗1.5亿株以上的育苗场共有25家，其中13家在加利福尼亚州。因此，种苗生产都是由大型的种苗生产公司来进行的，从事蔬菜种植的农场主不必自己育苗，而是委托专业种苗公司生产，采用集中生产、分散供应的方式进行，形成了完整的种苗生产和供应的社会化服务体系，而这是采取传统的营养土块等育苗方式所无法实现的。

3. 机械化程度高，技术管理规范

工厂化育苗采用精量播种，从基质混拌、装盘、压穴到播种、覆盖、喷水等一整套作业在一条作业线上完成，并实现了自动控制。日常运行时生产线上配4名作业管理人员：生产线前端1人，负责把苗盘码放在传送带上；生产线中间操作人员（1人）负责监督检测精量播种机的作业质量；生产线末端人员（1人）负责把播种完毕的苗盘码放到叉车板上或拖车上；另外1人则负责检查料箱基质和运送苗盘。生产线运行速度为700～1 000盘/h，为保证机械性能处于良好运行状态，每个育苗场均配备对机械和电十分熟悉的检修工1～2名。机械性能好，播种精度高，1穴1粒，准确率可保持在98%左右，成苗率在80%～95%。除苗盘码放和补苗需手工作业外，日常管理喷水、喷肥、打药均实现机械化或自动化。大型育苗公司设备周年运行，精量播种生产线经常工作14 h，两班倒作业。因作物种类和育苗季节不同，每茬作物苗龄在30～60 d，平均育苗茬次5～6茬，年人均育苗量600万～800万株。

现代化育苗场设施先进，技术含量高，专业育苗公司聘用素质高、技术全面、经验丰富的专家负责管理，指挥日常生产和市场运营，同时建立起了相应的规范化操作管理制度。例如，播种前检测种子活力和萌发率，发芽率低于85%的种子不能用于精量播种；苗期不间断地检查基质理化性质、EC和pH；确立精确的营养液配制浓度与养分配比、喷水系统水分均匀度；建立育苗温室和催芽车间环境控制管理标准；病虫害防治；确立壮苗标准；商品苗贮运技术等。正是由于育苗工厂有可靠的机械和人员技术保障，才能实现种苗的规模化和标准化生产。

二、国内工厂化育苗的历史及发展趋势

我国在20世纪80年代中期正式引进穴盘育苗技术，北京蔬菜研究中心陈殿奎研究员等承担技术设备引进和消化吸收的研究工作，并在京郊花乡建起了我国第一座穴盘育苗生产场，于1987年正式投产。该育苗场从美国引进的设备主要是穴盘育苗的精量播种生产线，种子丸粒化加工设备，以及72孔和128孔的PS吸塑苗盘。育苗的主要基质从吉林省舒兰市调入，蛭石在河北省灵寿县加工生产，育苗所用N、P、K肥料是市场上的商品肥复配，育苗温室则是自

行设计的四周有围墙的塑料大棚，采用暖气加温，育苗温室内配有育苗床架和行走式喷水车。

花乡育苗场自1987年投入运行后，商品苗产量稳步上升，质量不断提高。1990—1993年商品苗销售量稳定在800万株/年，并经常出现供不应求的局面。春茬主要培育的蔬菜苗是为保护地提供的番茄、甜(辣)椒、茄子3种茄果类菜苗及露地花椰菜、甘蓝苗，瓜类作物黄瓜、苦瓜育苗数量不多，只有10万～20万株/年；夏播苗则以芹菜苗为主，夏播苗数量占全年20%左右。花乡育苗场的成功运作使我国蔬菜育苗首次实现了专业化，供苗实现了商品化，生产过程实现了机械化。

从花乡育苗场投产后10年(1987—1996年)的生产运行情况来看，当时我国穴盘育苗成本高于美国、韩国，分析其主要原因有4点：①生产规模小，设备设施不能充分利用，没能实现满负荷运行。例如，花乡育苗场引进的精量播种生产线，每年工作时数约160 h；而美国Green Heart Farms同型号的精量播种机年工作时数不少于2 400 h。同样就温室设施而言，美国的育苗场每年育5～6茬苗，而花乡育苗场只有1～2茬。②劳动生产率低下。与美国育苗公司相比较，美国平均每个员工(包括管理人员)商品苗产出量达600万～800万株/年，花乡育苗场人均商品苗产出量为20万～25万株/年。③能耗燃料成本占育苗成本比例高。按20世纪90年代末煤的价格250元/t计算，北京地区育苗温室采用集中供暖，冬春季育苗平均每667 m^2出苗量25万株，耗煤30 t，折燃料费7 500元，即燃料费成本达到每100株3.0元。④花乡育苗场运转时育苗盘国产化问题尚未解决，仍然依赖进口，国内当时使用的吸塑苗盘基本从美国和韩国进口，质量为180 g的吸塑PS苗盘国内售价每100个580元，由于附加进口海关税、增值税等费用，国内苗盘定价较国外高40%左右。如果以每个苗盘平均使用3.5次计，即苗盘成本为每100株苗1.5元。

尽管花乡育苗场与国外育苗工厂相比存在诸多问题，但让人们看到了现代育苗的发展方向，特别是穴盘苗商品性好和幼苗质量高的特点符合现代农业的发展需求，“八五”“九五”和“十五”期间都将工厂化育苗作为国家攻关重点项目进行研究。目前，工厂化育苗所需的精量播种机、行走式洒水车、移动式苗床、育苗穴盘、育苗生产流水线都已经实现国产化生产，在育苗基质配方、育苗环境控制上也进行了大量的研究，并已经应用于育苗实际，专业化的育苗工厂在我国已屡见不鲜。1998年以来，国内建起的穴盘苗规模化生产企业有50～60家，工厂化育苗在我国有广阔的市场前景。根据估算，我国每年蔬菜生产的育苗量大约需要4 000亿株，因此是一个巨大的种苗市场，而且我国的花卉市场方兴未艾，草花生产已经普遍采用穴盘育苗，果树无病毒苗和林木育苗普遍采用了容器育苗，棉花和烟草的工厂化育苗已经在国内得到了普及和推广。美国Speedling公司在我国已经设立了十几个育苗场，国内的专业种苗公司数量也在不断增长，相信未来我国的工厂化育苗将会得到更大的发展，但目前我国工厂化育苗的技术水平和生产规模与国外相比还有较大差距，今后我国工厂化育苗产业的发展应注意以下问题。

1. 关于育苗工厂的规模化经营问题

由于工厂化育苗需要一定的育苗设施和装备，育苗工厂的一次性投入较大，而且生产过程中采用基质和穴盘等消耗品增加了育苗成本，因此，工厂化育苗的育苗成本较传统的育苗成本高，而降低成本的有效途径就是扩大育苗工厂的生产规模，实现规模经营。目前普遍存在的问题是我国农户经营规模小，传统的一家一户分散育苗仍占主导，商品化供苗还有一段路要走，也致使国内育苗工厂的育苗数量偏少，除美国Speedling公司在中国建立的育苗场经营规模较大外，育苗量超过 3 000 万株/年的工厂很少。而没有规模就没有育苗效益，只有育苗达到一定的规模，单株育苗的公摊成本才会降低（如育苗设施折旧费、采暖费等），现在很多地方的育苗工厂没有发挥应有的效益，主要是经营规模不够造成的。因此，在我国育苗需求较大的地区要集中力量扶持壮大几家大型的育苗企业，才会促进我国工厂化育苗产业的持续发展。

2. 关于育苗工厂的产品定位问题

如何对培育的幼苗进行合理定价，既可实现经济效益，又能让生产基地或农户满意一直是困扰育苗工厂经营者的重要问题。以蔬菜生产为例，采用常规的品种进行育苗可能不会有利润，原因是常规品种种子廉价，农户可能自己育苗。随着我国设施蔬菜和出口创汇蔬菜的迅速发展，从国外进口的种子逐渐增加，进口种子价格高，农户自己育苗有很大风险，而工厂化育苗由于有较好的设施和丰富的育苗经验，可以保证育苗成功，在这种情况下，农户就愿意委托育苗工厂育苗；另外一种情况是一些技术含量高的品种的育苗可以获得较好的回报，如西甜瓜生产普遍采用嫁接育苗，而很多农户由于没有掌握这一技术或自己育苗成本很高（如冬季需要加温设施等），也会委托育苗工厂育苗，因此对育苗工厂的经营种类进行合理定位非常关键。

3. 工厂化育苗的标准化需要进一步加强

尽管国内近年来工厂化育苗的单项技术上取得了很多突破，但总体而言，我国工厂化育苗的标准化程度需要进一步加强。育苗涉及种子精选与处理、基质配方、精量播种、育苗精准环境控制、水肥调控、病虫害防治、种苗的贮藏与运输等诸多环节，任何一个环节控制不当，都会导致育苗失败。需要根据不同作物种类和不同地区的生态气候特点，制定相应的工厂化育苗操作规范，提高种苗生产的标准化水平。

4. 工厂化育苗设施和配套装备开发需要加强

目前，国内比较大型的育苗工厂都采用从国外进口的精量播种流水生产线，尽管质量好，但价格高昂；国内研发的播种机尽管价格低，但又存在精度差的问题，而且开发的设备不配套，设备的故障率较高。加强对工厂化育苗关键设备特别是精密播种机的开发将是今后我国工厂化育苗设施开发的重点，此外，尽快开发出与工厂化育苗相配套的田间移栽设施也是今后需要重点解决的问题。

任务三　工厂化育苗特点和意义

一、工厂化育苗的特点

我国传统的育苗是采用营养土块育苗或营养钵育苗，尽管生产成本比较低，但主要是农户分散育苗，且存在育苗周期长、育苗质量不能得到保障和种苗商品性差等突出缺点，已经不能满足现代农业集约化和规模化生产的要求。而且传统育苗在移栽到大田之前，幼苗连着土壤先被成团掘起，再进行手工分株，在此过程中很容易损伤幼苗根系，导致定植成活后幼苗的生长整齐度差。现代农业的快速发展迫切需要改变传统的育苗方式，实现种苗的标准化生产。

工厂化育苗与传统育苗相比具有以下优点：

(1)节省能源与资源。以工厂化育苗中的穴盘育苗为例，与传统的营养钵育苗相比较，育苗效率由 100 株/m^2 提高到 500～1 000 株/m^2。工厂化育苗多由专业种苗公司经营，实现了种苗的规模化生产，较传统的分散育苗节省电能2/3以上，北方地区冬季育苗节约能源70%上，劳动力成本可降低90%，显著降低了育苗成本。

(2)提高种苗生产效率。工厂化育苗采用精量播种技术，每小时可播种700～1 000盘，育苗周期较传统育苗大为缩短，大幅度提高了育苗生产效率。育苗实现1穴1粒，可节省种子用量，降低用种成本。

(3)提高秧苗素质。工厂化育苗通过采用育苗精准环境控制技术、施肥灌溉技术等先进技术，可实现种苗的标准化生产，育出的幼苗生长整齐一致。采用一次成苗技术，幼苗根系发达并与基质紧密黏着，定植时不伤根系，容易成活，缓苗快，秧苗的素质和商品性得到提高，同时缩短成苗苗龄，根系活力强，为高产栽培奠定基础。

(4)商品种苗适于长距离运输。工厂化育苗多采用轻型基质进行育苗，成苗后幼苗的质量轻，适合长距离运输，对于实现种苗的集约化生产、规模化经营十分有利。

(5)适合机械化移栽。国外已经开发出与不同的穴盘规格相适应的机械化移栽机，实现了从种苗生产到田间移栽的全过程机械化。

当然，工厂化育苗也存在些缺点，如育苗温室和相关育苗设施的初期投入较大，对种子的质量要求更高，种苗生产者需要掌握相关的育苗技术等，都限制了工厂化育苗的应用。

二、工厂化育苗的意义

育苗的目的是提供优质种苗，而优质种苗的获得不仅与种子本身的质量(作物本身的遗传特性，种子的饱满程度和整齐度等)有关，而且与育苗过程(种子处理、环境调控等)有关。与传统育苗最大的区别在于工厂化育苗是根据不同作物种类的特点，创造最适宜幼苗生长发育的环境条件，从而使育苗过程不受或少受外界不良环境条件的影响。

现代农业生产先进技术正在推动我国农业由传统农业向现代农业转变。工厂化育苗是现代农业生产技术的典型代表，工厂化育苗技术的迅速发展，不仅大幅度提高了育苗劳动生产率，而且提高了种苗的商品性和育苗质量；工厂化育苗技术的普及推动了农业生产方式的变革，育苗由传统的“千家万户”转变为专业育苗公司生产，从而为落实种苗的规模化生产提供了可靠保障，为农业实现机械化和标准化生产奠定了基础。因此，工厂化育苗对于推动我国育苗技术和育苗方式的革新，实现由传统农业向现代农业的转变具有重要意义。

【项目小结】

一、重点难点

1. 通过当地工厂化育苗调查方案的制订、实地考察及考察报告的撰写，认识工厂化育苗是集约化、规模化的种苗生产和经营方式。

2. 工厂化育苗是根据不同作物种类的特点，创造最适宜幼苗生长发育的环境条件，从而使育苗过程不受或少受外界不良环境条件的影响。

3. 工厂化育苗具有节省能源和资源、提高种苗生产效率、提高秧苗素质、适于长距离运输和适合机械化移栽等优点，但在实际应用中要规范操作、标准化生产。

4. 工厂化育苗是现代农业生产技术的典型代表，对于推动我国育苗技术和育苗方式的革新，实现由传统农业向现代农业的转变具有重要意义。

二、经验技巧总结

1. 考察工厂化育苗相关的企业育苗设施和设备，熟悉各种类型的育苗设施。
2. 调查当地工厂化育苗的方式和生产实例，进行分析，明确工厂化育苗技术发展趋势。

【技能训练】

技能训练 工厂化育苗现状调查

一、目的和要求

通过对周边地区工厂化育苗企业或基地的参观、调查和实地勘测，结合观看相关影像资料，了解工厂化育苗的现状，分析其产业优势及存在的主要问题，并对生产技术水平和运营管理模式进行评价。

二、实训准备

皮尺、直尺、卷尺等测量工具；铅笔、笔记本等记录工具；工厂化育苗相关影像资料与设备。

三、实施

1. 调查和测量

结合工厂化育苗企业或基地的实际情况，参考以下内容进行调查、访问、测量和记录。

(1)育苗场地的选择，生产与非生产性建筑的搭配及规划布局。

(2)园艺设施的类型和结构，环境调控原理与技术，关键育苗设施和设备。

(3)设施的空间布局，育苗资材类型和规格。

(4)育苗设施设备的周年利用状况，育苗作物种类和数量，育苗流程和技术规程，秧苗贮运和销售等。

(5)育苗合同和育苗计划的制订，生产经营模式和质量保证体系。

(6)周边地区对商品苗的需求特点和质量标准。

(7)产业发展中遇到的主要问题和限制因素。

2. 观看影像资料

通过观看影像资料，了解国内外工厂化育苗的发展状况、技术水平和产业特点，并与当地的情况相比较。

四、结果分析

1. 针对本地区工厂化育苗现状，分组写出调查报告，分析产业优势，针对存在的问题提出合理解决方案。
2. 分组讨论工厂化育苗的特点及其产业发展前景。

3. 将调查报告制作成PPT,在课上演示交流。

【拓展任务】

一、复习思考题

1. 工厂化育苗的定义是什么?它与传统育苗有何区别?
2. 讨论目前我国工厂化育苗现状和存在的问题。

二、案例分析

根据当地的工厂化育苗实例调查情况,分析该地区未来的工厂化育苗发展模式以及发展方向。

项目二　工厂化育苗植物生理基础

【学习目标】

一、知识目标

1. 掌握工厂化育苗的相关植物生理学原理；

2. 了解工厂化育苗播种技术要点、植物生长生理变化与营养需求。

二、技能目标

1. 学会查阅相关资料，熟悉种子结构、植物生理特征、生长特性及其在工厂化育苗中的应用；

2. 了解植物营养失调的诊断与防治方法。

【学习前准备】

一、资源要求

1. 查阅种子结构及相关植物生理学图书；

2. 电子阅览室、电子资源库；

3. 多媒体教室；

4. 查阅种子形态及相关植物生理学图书。

二、预备知识

1. 掌握种子形态与结构相关基础知识；

2. 掌握文献查阅的基本知识；

3. 了解植物生长发育相关基础知识；

4. 了解植物生长环境相关基础知识。

【任务实施】

任务一　种子结构与萌发

一、种子分类

种子(seed)是由胚珠发育而成的，是种子植物繁衍后代的器官。种子萌发后形成具有根、茎、叶的植物体，进而开花、结果，产生新的种子。种子最基本的功能是繁殖后代，保持种质、躲避不良环境条件。种子中贮藏着可供胚长期维持生命活动与萌发生长的营养物质，其中主要是淀粉、脂类、蛋白质和其他含氮化合物，还有少量的维生素、酶、色素、矿物质等。种子类型多样，并常带有附属物，农业生产中常根据有无胚乳及附属物的来源与性质进行分类。

1. 根据胚乳有无进行分类

(1)有胚乳的种子　此类种子均具有胚乳，根据胚乳和子叶发达程度和胚乳组织的来源，又可划分为以下三种类型：

①内胚乳发达的种子。这类种子的胚只占种子的一小部分，其余大部分为内胚乳。属于这一类型的植物很多，如禾本科、大戟科、蓼科、茄科、伞形科等植物的种子。

②内胚乳和外胚乳同时存在的种子。这类植物很少，如胡椒、姜等。

③外胚乳发达的种子。这类植物在种胚形成发育过程中消耗了所有的内胚乳，但由珠心层发育而成的外胚乳却被保留下来，如苋科、藜科植物的种子。

(2)无胚乳种子　此类种子在发育过程中，营养物质由内胚乳和珠心转移到子叶中，而内胚乳和外胚乳则不存在，营养物质完全被成长的胚所吸收。因此，这类植物种子的胚较大，有发达的子叶，如豌豆、蚕豆等。

2. 根据种子附属物的有无及来源进行分类

农业生产所称的种子，泛指所有的播种材料，因此除了植物学上所称的种子外，还包含种子以外的许多构成部分。根据其来源可分为以下几种：

(1)包含果实及其外部附属物　藜科植物的坚果，外部附着花被等附属物，如红叶甜菜、地肤、梭梭等，蓼科植物的瘦果，花萼不脱落，呈翅状或肉质附着在果实基部，称为宿萼，如食用大黄、结缕草等。

(2)包含果实的全部　棕榈科的核果如椰子、槟榔；蔷薇科的瘦果如草莓、蛇莓；某些豆科植物的荚果如黄花苜蓿；山毛榉科植物的坚果如栗、栎等；伞形科植物的分果如胡萝卜、芹菜、茴香、防风等；菊科的瘦果如菊花、万寿菊、蒲公英等；睡莲科植物的坚果如荷花、睡莲等。

(3)包含果实和种子的一部分　(内果皮)如蔷薇科的桃、李、梅、杏、樱桃；胡桃科的胡桃、山核桃；鼠李科的枣、鼠李；五加科的常春藤、五加。

(4)包含种子的全部　百合科的葱、洋葱、韭菜；葫芦科的南瓜、冬瓜、西瓜、甜瓜、黄瓜、丝瓜等；十字花科的甘蓝、萝卜、芜菁、芥菜、紫罗兰等；苋科的鸡冠花、彩叶苋、苋菜等；蔷微科的苹果、梨、蔷薇等；豆科的菜豆、虹豆、豌豆等；芸香科的柑、橘、柚、柠檬；无患子科的龙眼、荔枝、无患子；大戟科的一品红；葡萄科的葡萄；柿树科的柿；旋花科的蕹菜、牵牛；茄科的番茄、茄子、辣椒；松科的马尾松、落叶松、杉等。

（5）包含种子的主要部分　种皮的外层已脱去，如银杏科的银杏、苏铁科的苏铁。

二、种子形态与结构

植物种子的形态特征包括种子的外形、大小、色泽，表面的光洁度、沟、棱、毛刺、网纹、蜡质、突起物等。种子形态是鉴别植物种类，判断种子老嫩、新陈的重要依据。如茄果类的种子为肾形，茄子种子种皮光洁，辣椒种子种皮厚薄不匀，番茄种子种皮则附有银色毛刺；白菜和甘蓝种子的形状、大小、色泽相近，均为球形黄褐色小粒种子，但从甘蓝种子球面的双沟就可以与具单沟的白菜种子区分开来。成熟的种子色泽较深，具蜡质；幼嫩的种子色泽浅，皱瘪。新种子色泽鲜艳光洁，具香味；陈种子则色泽灰暗，具霉味。

种子是由受精胚珠发育而成的，一般由胚、胚乳和种皮三部分组成。

胚由受精的合子发育而来。合子是胚的第一个细胞，它第一次分裂后成为两个细胞，其中近珠孔的一个细胞经分裂形成珠柄，另一个细胞经多次分裂形成胚体，胚体再进一步分裂，分化出子叶、胚芽和胚根，逐渐形成具有一定形态结构的胚，这就是植物的原始体。胚的发育程度及其形状又依植物种类及成熟度而异。有的种子外形正常，但由于未能受精或受精后胚在发育过程中受到某些不利条件的影响而中途停止发育或发育很小，甚至已经形成的组织也可能中途解体，称为无胚现象。胚的形态依作物种类而异，豆类种子的胚为肾形（图 2-1），茄果类种子为螺旋形（图 2-2），瓜类种子为直立形。

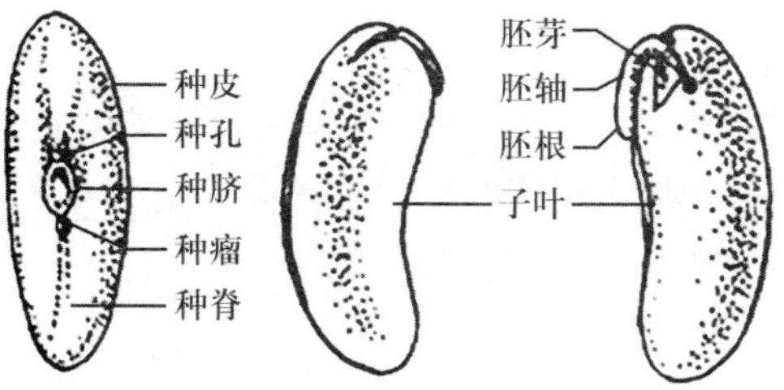

图 2-1　菜豆种子的结构

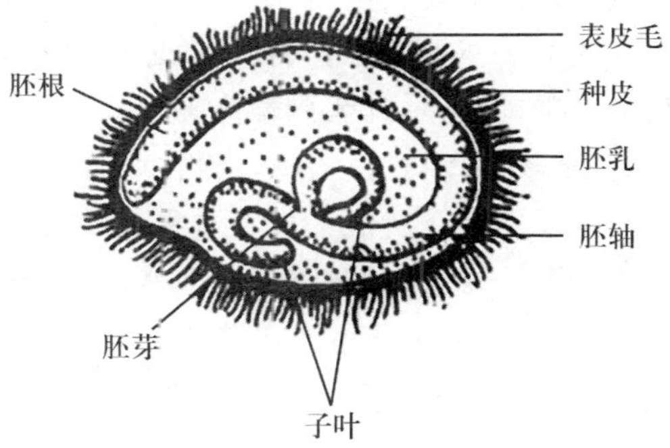

图 2-2　番茄种子的结构

被子植物的胚乳由极核受精后发育而成，它是供给胚发育所需养分的贮藏组织。有些蔬菜植物的胚乳含有三倍或三倍以上的染色体，在生物学上具有重要意义，如株型高大、适应性强等；而大部分果树种子的胚乳在形成过程中被胚根吸收而消失，养分则贮藏于胚的子叶内。所以有些植物没有胚乳而子叶肥大，如豆科植物的种子。

种皮是由珠被发育而成的，起保护作用。成熟种子的种皮，外层常为厚壁组织，内层常为薄壁组织，中间的各层往往分化为纤维细胞、石细胞或薄壁细胞等。有些植物有假种皮，如荔枝、龙眼果实中可食用的肉质部分即为假种皮，它是由珠柄或胚座发育而成的，包于种皮之外；而在大多数被子植物中，当种子成熟时种皮为干种皮。

一般植物中通常只有一个胚，播种后长出一棵苗，但有些果树如柑橘、杧果中的一些种类具有多胚性，种子中除含有一个受精胚外，还有一些由珠心细胞分裂产生的无性胚，又称珠心胚，所以播种后常会长出一棵以上的幼苗。这种无性胚长出的幼苗保持了母体的遗传特性，在遗传育种上有较大的应用价值。

种子在发芽过程中，幼胚的生长依靠子叶和胚乳提供所需的营养和能量。健康种子幼胚色泽鲜洁，胚乳色白；腐坏或变质的种子幼胚变暗色，组织含水量多或崩溃粉碎。子叶不仅本身贮存养分用于种子发芽，而且是幼苗出土后最早产生的同化器官，子叶大小及发育好坏对培育壮苗有十分重要的作用，因而育苗过程中要注意保护子叶的完整性，避免其受到损伤。

三、种子发育与成熟

种子的发育主要包括胚及胚乳（或子叶）的发育。胚的发育从受精卵开始，受精卵经过短期休眠后发生极度不等性横裂，形成基细胞和顶细胞，二者经过几次分裂分别形成胚柄和胚体构成原胚，原胚继续进行细胞分裂与分化形成完整的胚。胚乳由 1 个精细胞与中央细胞的 2 个极核或次生核受精后形成的初生胚乳核发育而成，胚乳的发育稍早于胚的发育。

种子成熟主要包括生理成熟和形态成熟两个过程。

1. 生理成熟

种子发育初期，子房膨大，体积快速增长，种皮和果皮薄嫩，色泽较浅，内部营养物质增加速度慢，水分多，多为透明状液体。当种子发育到一定程度时，体积不再增加，种子在形态上表现为组织充实、木质化程度加强，且内部营养物质积累速度加快，水分减少，浓度提高，由透明状液体变成混浊的乳胶状态，并逐渐浓缩，向固体状态过渡，最后种子内部几乎完全被硬化的合成产物所充满。种子的营养物质贮藏到一定程度时，种胚形成，具有发芽能力，称为种子的生理成熟。此时种子的含水量高，种皮不致密，不易防止水分的散失，未完全具备保护种仁的特性。这时采集的种子，其种仁急剧收缩，不利于贮藏，很快就会失去发芽能力，同时抵抗外界不良环境的能力差，易受到微生物侵害。

2. 形态成熟

当种子完成了种胚的发育过程，结束营养物质的积累时，含水量逐渐降低，营养物质由易溶状态转化为难溶的脂肪、蛋白质和淀粉，种子本身的质量也不再增加或增加得很少，呼吸作用逐渐减弱，此时种子的外部形态完全呈现出成熟的特征，称为种子的形态成熟。已经达到形态成熟的种子致密、坚实，进入休眠状态后耐贮藏。

在种子从生理成熟到形态成熟的转化过程中，其内部进行着一系列的生物化学变化，从而为种子的休眠创造了一定的条件。

四、种子萌发过程

从种子生理角度把干燥种子吸水到种胚突破种皮的过程称为萌发，而从生产技术角度，萌发是指种胚恢复生长，并长成具有正常构造幼苗的过程。种子萌发涉及一系列的生理生化和形态上的变化，并受到周围环境条件的影响，一般将种子萌发过程分为以下四个阶段。

1. 吸胀

吸胀（imbibition）是种子萌发的起始阶段。一般成熟种子在贮藏阶段的水分含量在 8%～14%，各部分组织比较坚实紧密，细胞内含物呈干燥的凝胶状态。当种子与水分直接接触或在湿度较高的空气中，则很快吸水膨胀（少数种子例外），直到细胞内的水分达到一定的饱和程度，细胞壁呈紧张状态，种子外部的保护组织趋向软化，才逐渐停止(图 2-3 中第一阶段)。

种子吸胀作用并非活细胞的一种生理现象，而是胶体吸水使体积膨大的物理作用。由于种子的化学组成主要是亲水胶体，当种子生活力丧失后，这些胶体的性质不会发生显著变化，所以，无论是活种子还是死种子均能吸胀。在一些情况下，活种子也会因为种皮不透水而不能吸水膨胀。

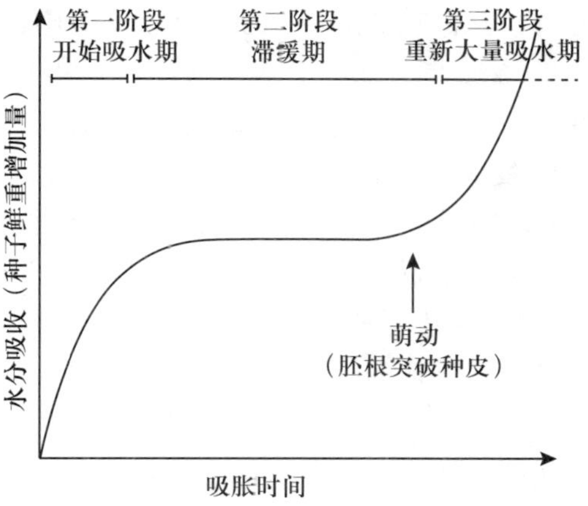

图 2-3 种子萌发过程中水分吸收的典型模式

种子吸胀能力的强弱，主要决定于种子的化学成分。高蛋白含量的种子的吸胀能力远比高淀粉含量的种子强，如豆科作物种子的吸水量大致接近或超过种子本身的干重，而高淀粉含量的种子吸水量一般约占种子干重的 1/2。有些植物的种子外表附有一薄层胶质，能使种子吸取大量水分，以供给内部生理需要。

种子吸胀时，由于所有细胞体积增大，对种皮产生很大的膨压，可能使种皮破裂。当种子吸水达到一定量时，吸胀的体积与气干状态的体积之比为吸胀率。一般高淀粉含量的种子的吸胀率为 130%～140%，而豆类种子的吸胀率达 200%左右。

伴随吸胀过程，种胚活细胞内部的蛋白质、酶等大分子和细胞器等陆续发生水合活化，当种子水分达 16%～18%，线粒体活性快速上升，光敏素活化。在 25 ℃条件下，玉米吸胀最初 8 h，菜豆吸胀最初 10～16 h，呼吸强度持续增加，而死种子虽能吸胀，但已经丧失活化和修复能力。有的死种子由于蛋白质变性，原生质膜透性提高，胶体的亲水性和保水能力降低，从而使死种子的水分平衡大大改变，所吸收的水分充满这类死种子的细胞间隙以及胚与胚乳的空间，呈现典型的水肿状态。

2. 萌动

萌动(protrusion)是种子萌发的第二阶段，种子在最初吸胀的基础上，吸水一般要停滞数小时或数天。吸水虽然暂时停滞，但种子内部的代谢开始加强，转入一个新的生理状态。这一时期，在生物大分子、细胞器活化和修复基础上，种胚细胞恢复生长。当种胚细胞体积扩大伸展到一定程度，胚根尖端就突破种皮外伸，这一现象称为种子萌动。种子萌动在农业生产上俗称露白，反映胚部组织从种皮裂缝中开始显现出来的状况。而种子生理学家习惯上把萌动的出现看成种子萌发完成。

种子萌动是胚细胞伸长的结果，有时种胚细胞分裂也在萌动前发生。绝大多数植物的种子萌动时，首先冲破种皮的部分是胚根，因为胚根的尖端正对着种孔(发芽口)，当种子吸胀时，水分从种孔进入种子，胚部优先获得水分，并且最早开始活动。种子萌动时，胚的生长随水分供应情况而不同：当水分较少时，则胚根先出；而当水分过多时，则胚芽先出。这是因为胚芽对不良条件的反应比胚根敏感性差。在少数情况下，有些无生命力的种子在充分吸胀后，胚根也会因体积膨大而伸出种皮以外，这种现象称为假萌动或假发芽。

种子从吸胀到萌动所需的时间因植物种类不同而异，果树林木种子由于种壳坚硬，吸胀缓慢，或由于透性不良，种胚生长过程往往需时较长。

种子一开始萌动，其生理状态与休眠期相比即发生显著变化。胚部细胞的代谢机能趋向旺盛，而对外界环境条件的反应非常敏感，如遇到环境条件的急剧变化或各种理化因素的刺激，就可能引起生长发育失常或活力下降，严重的会导致死亡。因此，在适当的范围内，给予或改变某些条件，会对整个萌发过程和幼苗的生长发育产生影响。

3. 发芽

种子萌动后，种胚细胞开始或加速分裂和分化，生长速度显著加快，当胚根、胚芽伸出种皮并发育到一定程度，就称为发芽(germination)。我国在传统习惯上把胚根长度达到与种子等长，胚芽长度达到种子一半时，作为种子已经发芽的标准。国际种子检验协会认为，种子发育成具备正常构造的幼苗才称为发芽。

处于这一时期的种子，种胚的新陈代谢极为旺盛，呼吸强度达最高限度，会产生大量的能量和代谢产物。如果氧气供应不足，易引起缺氧呼吸，放出乙醇等有害物质，使种胚窒息而中毒死亡。种子如果催芽不当，或播后受到不良条件的影响，常会发生这种情况，如播种后由于土质黏重、密度过大或覆土过深、雨后表土板结，种子萌动后会因氧气供应不足，呼吸受阻，生长停滞，幼苗无力顶出土面，而发生烂种和缺苗现象。

种子发芽过程中所释放的能量是较多的，其中一部分以热量的形式散失到周围土壤中，另一部分成为幼苗顶土和幼根入土的动力。健壮的农作物种子出苗快而整齐，瘦弱的种子营养物质少，发芽时可利用的能量不足，即使播种深度适当，也常常无力顶出土面而死亡；有时能出土，但因活力很弱，经不起恶劣条件的侵袭，同样容易引起死苗。

4. 幼苗的形态建成(seedling establishment)

种子发芽后根据子叶出土的状况，可分为子叶出土型和子叶留土型两种类型(图 2-4)。

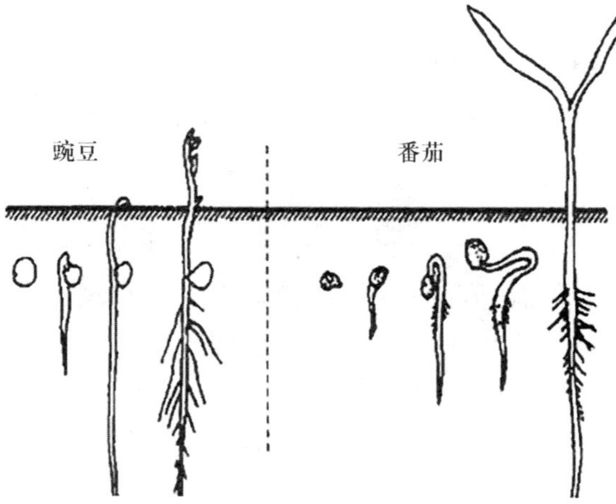

图 2-4 种子的子叶留土萌发(豌豆种子)和子叶出土萌发(番茄种子)

(1)子叶出土型(epigeal germination) 子叶出土型植物在种子发芽时，下胚轴显著伸长，初期弯成拱形，顶出土面后在光照诱导下，生长素分布相应变化，使下胚轴逐渐伸直；生长的胚与种皮脱离，子叶迅速展开，见光后迅速转绿，开始进行光合作用，以后从两片子叶间的胚芽长出真叶和主茎。单子叶植物中只有少量为子叶出土型，如葱蒜类，而 90% 的双子叶植物幼苗属于这种类型。

这类植物幼苗下胚轴的长度和生长速度与出苗率常有密切关系。子叶出土型幼苗的优点是幼苗出土时顶芽包被在子叶中受到保护；子叶出土后能进行光合作用，继续为生长提供能量。如大豆的子叶能进行数日的光合作用，而棉花、萝卜的子叶能保持数周的光合功能。某些植物的子叶与后期发育有关，如丝瓜的子叶受伤后，对开花期子房的发育会产生抑制作用，因此在作物移植或间苗操作过程中，应注意保护子叶的完整，避免机械损伤。

(2)子叶留土型(hypogeal germination)　子叶留土型植物在种子发芽时，上胚轴伸长露出土面，随即长出真叶而成幼苗，子叶仍留在土中与种皮不脱离，直至内部贮藏的养分消耗殆尽，才萎缩或解体。大部分单子叶植物种子，如禾谷类，小部分双子叶植物种子，如蚕豆、豌豆等属于这一类型。

这类种子发芽时穿土力较强，即使在黏重的土壤中，一般也较少发现闭孔现象。因此播种时可较出土型的略深，尤其在干旱地区尤为必要。由于留土幼苗的营养贮藏组织和部分侧芽仍保留在土中，因此，一旦土壤上面的幼苗部分受到昆虫、低温等的危害，仍有可能重新从土中长出幼苗。

五、种子萌发的条件

种子能否正常萌发、萌发后能否发育为健康的植株取决于两个方面的因素：一是种子本身内部的生理条件，二是种子发芽的外部环境。只有通过休眠或无休眠且具有生活力的种子，在一定的适宜条件下才能正常发芽和成苗。种子萌发适宜的环境条件包括充足的水分供应、适宜的温度和氧气供应。此外，光照、化学物质、土壤因素、生物因素等对萌发也有一定的影响。

1. 水分

(1)种子发芽的最低需水量　水分是种子萌发的先决条件。种子吸水后才会从静止状态转向活跃，在吸收一定量的水分后才能萌发。不同种类种子发芽时对水分要求不同，可以用最低需水量表示。发芽最低需水量是指种子萌动时所含最低限度的水分占种子原重的百分率(也可用含水量表示)。

(2)影响种子水分吸收的因素　种子水分吸收速率和吸收量，主要受到种子化学成分、种皮透性、外界水分状况和温度的影响。

①化学成分。种子发芽的需水量与化学成分有密切关系。淀粉种子和油质种子需水量较低，而高蛋白种子发芽需水量较高。此外，一般发芽需水量高的种子，发芽速率较低。

②种皮透性。种皮的透水性在不同种子间有很大差异，豆类种子水分主要通过种皮的发芽口进入内部，另外，豌豆的种脐透水性比种子的其他部位高一倍，硬实种子由于种皮不透水而无法萌发。

③外界水分状况。种子吸水与外界水分条件有很大关系.有些种子在相对湿度饱和或接近饱和的空气中能吸足水分发芽。一般种子发芽吸收的是液态水，在土壤中的种子可吸收周围直径约 1 cm 的土壤水分。当种子周围的土壤吸水力和渗透压上升时，种子的吸水量降低。

④温度。温度在种子吸水的一定阶段会明显影响种子的吸水速率，一般环境温度每升高 10 ℃，水分吸收速率增加 50%～80%。

(3)种子的吸胀损伤和吸胀冷害　当种子刚接触水分时，由于干种子细胞膜系统不完整，细胞内部的一些物质如可溶性糖、有机酸、氨基酸及无机离子会发生渗透现象，随着吸胀种子细胞膜的修复，内部物质的外渗逐渐减轻。但有的种子如大豆、菜豆，本身种皮较薄，蛋白质含量高，吸水力强，如果种子吸胀速率过快，细胞膜就无法修复而且出现更多的损伤，物质外渗加剧，种子发芽成苗能力下降，这种类型的损伤称为吸胀损伤(imbibition injury)。所以大豆等种子播种前不宜浸种，而种皮不完整的种子尤为如此。

种子的安全萌发对吸胀温度有一定要求。有些作物干燥种子（含水量在12%～14%及以下，因作物不同而异）短时间在0 ℃以上低温吸水，种胚就会受到伤害，再转移到正常条件下也无法正常发芽成苗，这种现象称为吸胀冷害（imbibitional chilling injury）。吸胀冷害与种胚细胞膜发生较严重的损伤有密切联系，损伤发生在干种子吸胀的最初阶段，种子原始含水量越低，越容易受到冷害。导致吸胀冷害的温度界限在15 ℃或10 ℃以下，大豆、菜豆、番茄、茄子、辣椒及许多观赏植物种子易受到吸胀冷害。这类种子在低温播种之前，预先用温水浸种（其适宜时间因种类不同而不同），对克服吸胀冷害有一定的效果。

2. 温度

种子发芽要求一定的温度，各类植物种子对发芽温度的要求可用最低、最适和最高温度，即种子发芽温度三基点来表示。最低温度和最高温度分别指种子至少有50%能正常发芽的最低、最高温度界限；最适温度是种子能迅速萌发并达到最高发芽百分率时所处的温度。大多数作物在15～30 ℃范围内均可良好发芽，但不同作物的种子对温度的要求有差异（表2-1）。

表2-1 主要蔬菜种子出土时对温度的要求

蔬菜种类	出土温度极限/℃		适温范围/℃	出土情况		积温/℃
	最低	最高		所需天数/d	出土率/%	
番茄	20	35	20～25	6～10	50～70	175±25
菜豆	20	35	20～25	6～10	50～70	175±25
豌豆	20	30	20	12	50	245
豇豆	20	40	30	4	70	127
甜椒	20	35	25	9～11	>50	250±25
				10～14	>70	300±50
辣椒	20	35	25	9～11	>50	250±25
				10～14	>70	300±50
茄子	20	35	25	9～11	>50	250±25
				10～14	>70	300±50
黄瓜	20	35	25～30	5～7	50	160±10
白菜、萝卜	11	35	16～20	5～10	70	100～110
甘蓝、花椰菜	16	30	16～20	5～10	70	140～160
菊科蔬菜	16	25				150～160
伞形科蔬菜	16	25	20	9～13	50	220±40
韭菜	16	30	20	9～13	50	300

种子发芽温度要求与作物生育习性以及长期所处的生态环境有关。热带作物种子发芽适宜温度普遍比温带作物高，一般喜温作物或夏季作物的温度三基点分别是6～12 ℃、30～35 ℃和40 ℃，而耐寒作物或冬季作物发芽温度的三基点分别是0～4 ℃、20～25 ℃和40 ℃。

一般作物种子可以在较宽的温度范围内发芽，但也有一些种子对发芽温度要求严格。如芹菜最适宜发芽温度为15 ℃，韭葱类、莴苣、茼蒿、菠菜种子发芽温度不宜超过20 ℃。因此，这些冬季作物种子在夏季高温下往往难以发芽。

3. 氧气

绝大多数种类种子萌发需要氧气。种子萌发时，有氧呼吸特别旺盛，需要足够的氧气供给，一些酶的活动也需要氧。萌发时氧气对种胚的供应受到外界氧气浓度、水中氧的溶解度、种皮对氧的透过性以及种子内部酶对氧亲和力的影响。

大气中氧的分压约为21 kPa，能充分满足种子萌发的需要。如果种子覆土过深或土壤中水多氧少，发芽可能受阻，当土壤中氧气浓度低于9%～10%时，许多种子发芽受到抑制。一般情况下限制氧气供应的主要因素是水分和种皮，20 ℃条件下，氧在空气中的扩散速率是在水中的10倍，种子刚吸胀时由于表皮水膜增厚，氧气向种胚内部扩散的阻碍增加。有些种子的种皮透气性本来就差，发芽环境中水分过多，氧气供应进一步受阻，发芽就会受到严重影响，如西瓜、南瓜、菠菜等，这类种子发芽时应避免水分过多。当然，随着发芽的进行，对氧供应的限制和种胚需氧量会发生变化，特别是胚根突破种皮后，种皮对氧透过的阻碍因此消失。

4. 其他因素

(1)光照　光照条件对种子发芽的影响因植物种类而异，就大多数植物种子来说，其影响很小或不起作用。但有些植物的种子有喜光性，如莴苣、芹菜种子发芽需要光照，所以它们播种后在温度、水分充足时，不覆土或薄覆土，则发芽较快；也有一些种子的发芽会受光抑制，需要在弱光或黑暗条件下才能萌发，如水芹、飞燕草、葱、苋等。

(2)休眠　种子有生活力，但即使给予适宜的环境条件仍不能发芽，此种现象称种子的休眠(dormancy)。种子休眠是长期自然选择的结果，在温带，春季成熟的种子立即发芽，幼苗当年可以成长，而秋季成熟的种子则要度过寒冷的冬季，到第二年春季才发芽，否则幼苗在冬季将会被冻死，如许多落叶果树的种子具有自然休眠的特性。造成种子休眠的原因主要有种皮或果皮结构障碍、种胚发育不全、化学物质抑制等。种子休眠有利于植物适应外界自然环境以保持物种繁衍，但这种特性给播种育苗带来一定的困难，种子需要在低温潮湿的环境中通过后熟过程或采用化学药剂打破休眠才能萌发。

六、种子寿命

种子从完全成熟到丧失生命为止，所经历的时间称为种子寿命(longevity)。种子寿命受不同物种的遗传基因决定，同时与种皮结构、含水量和种子所含营养种类有很大关系，此外，种子采集、调制和贮藏条件等对种子寿命的长短影响极大，因此种子寿命又是相对的。掌握影响种子寿命长短的关键因素，创造和控制适宜的环境条件，控制种子自身状态，使种子的新陈代谢处于最微弱的程度，可延长种子寿命，反之，将会使种子劣变加速，缩短种子寿命。根据种子生活力保存期的长短，可将植物种子分为短寿命种子、中寿命种子和长寿命种子。

1. 短寿命种子(short-life seed)

种子寿命一般在3年以内。短寿命种子又可细分为3类：①保存期只有几天的种子，多是一些夏季成熟的种子，一般随采随播，如菊花、报春花、杨、榆、柳等的种子。②保存期为几个月的种子，水分含量较多，如栗、栎、银杏等，采用湿藏或采后当年秋季播种。③保存期为1～2年的种子，种子外壳比较坚硬，贮藏时间较长。大多数短寿命种子淀粉含量较高，如栗、栎和银杏等树种的种子,在种子生理代谢活动中,淀粉类物质容易分解,这意味着这些种子的贮藏物质维持生命活动时间较短。另外,杨、柳、榆等夏季成熟的种子,以及荔枝、可可和咖啡等热带地区高温高湿季节成熟的种子,本身含水量高,加之高温高湿条件下种子呼吸作用旺盛,种子体内的养分很容易消耗掉,所以,这些种子的寿命也短。

2. 中寿命种子(medium-life seed)

种子寿命一般为 3～15 年。这类种子含脂肪或蛋白质较多,如松、柏、杉等。脂肪和蛋白质在生理转化过程中的速度较慢,而且释放的能量比淀粉多,只要消耗少量养分就能维持生命活动,因此这类种子的寿命较长。

3. 长寿命种子(long-life seed)

种子寿命在 15 年以上。这类种子含水量低,种皮致密,不易透水,主要为某些豆科植物的种子,如合欢、刺槐、槐树、皂荚等。

以上分类仅为大体划分,实际上各类型之间并没有严格界限,如短寿命的花生种子,晒干后贮藏在密闭条件下,可以保存 8 年以上而发芽情况仍然很好。因此,种子寿命与贮藏条件有很大关系。

任务二　种子质量和播前处理

一、种子质量检验

广义的种子质量即种子品质,包括种子的品种品质和播种品质两个方面。品种品质(geneticquality)是指与遗传特性有关的品质(即种子内在品质),可用真、纯两个字概括。播种品质(sowing quality)是指种子播种后与田间出苗有关的品质(即种子外在品质),可用净、壮、饱、健、干五个字来概括。

真:种子真实可靠的程度,可用真实性表示,如果种子失去真实性,不是原来所需要的优良品种,就会延误农时。

纯:品种典型一致的程度,可用品种纯度表示。品种纯度高的种子因具有该品种的优良特性而易获得丰收。相反,品种纯度低的种子由于其混杂退化而引起明显减产。

净:种子清洁干净的程度,可用净度表示。种子净度高,表明种子中杂质含量少,可利用种子数量多。净度是计算种子用量的指标之一。

壮:种子发芽出苗齐壮的程度,可用发芽力、生活力、活力表示。发芽力、生活力高的种子发芽出苗整齐,活力高的种子则田间出苗率高、幼苗健壮,同时可适当减少单位面积的播种量。发芽率也是种子用量的指标之一。

饱:种子充实饱满的程度,可用千粒重表示。种子充实饱满表明种子中贮藏物质丰富,有利于种子发芽和幼苗生长。

健:种子健全完善的程度,常用病虫感染率表示。种子病虫害直接影响种子发芽率和田间出苗率,并影响作物的生长发育和产量。

干:种子干燥耐藏的程度。可用种子水分表示。种子水分低,有利于种子安全贮藏和保持种子的发芽力和活力。因此种子水分与种子播种品质密切相关。

种子质量检验包括种子真实性、品种纯度、净度、发芽力(生活力)、活力、千粒重、容重、种子水分和健康状况等。在种子质量分级标准中以纯度、净度、发芽率和水分四项指标为主。

1. 种子含水量测定

种子含水量是指种子所含水分质量占种子质量的百分比。它是种子安全贮藏、运输及分级的指标之一。其计算式为：

$$种子含水量=\frac{干燥前供检种子质量-干燥后供检种子质量}{干燥前供检种子质量}\times 100\%$$

2. 种子净度测定

种子净度又称种子纯度，指样本中属于本品种种子的质量分数。其他品种或种类的种子、泥沙、花器残体及其他残屑等都属杂质。其计算式为：

$$种子净度=\frac{供试样本总量-(杂质质量+杂种子质量)}{供试样本总量}\times 100\%$$

3. 种子饱满程度测定

种子饱满程度常用1 000粒种子的质量(g)表示，称为种子的千粒重或绝对质量。它反映种子的繁育水平、收藏情况等，绝对质量越大，种子越饱满充实，播种效果就越好。它也是用来估算播种量的一个依据。

4. 种子发芽力测定

种子发芽力用发芽率和发芽势两个指标衡量，可用发芽试验测得。种子发芽率是在最适宜发芽的环境条件下，正常发芽的种子占供检种子总数的百分比，反映种子的生命力。其计算式为：

$$种子发芽率=\frac{发芽种子粒数}{供试种子粒数}\times 100\%$$

发芽势是反映种子发芽速度和发芽整齐度的指标，指在规定时间内，供试种子中发芽种子的百分比。发芽势高说明种子萌发快，萌芽整齐。瓜类、豆类、白菜类、甘蓝类、莴苣、根菜类测定发芽势的时间为3～4 d；葱、韭菜、菠菜、胡萝卜、芹菜、茄果类为6～7 d。发芽势可用下式计算：

$$种子发芽势=\frac{规定天数内发芽种子粒数}{供试种子粒数}\times 100\%$$

5. 种子生活力测定

种子生活力是指种子的发芽潜力或种胚具有的生命力。测定种子生活力的必要性在于快速估计种子样品尤其是休眠种子的生活力。有些植物的种子休眠期很长，需要在短时间内确定种子品质时，必须用快速的方法测定生活力。有时由于缺乏设备，或者经常是亟待了解种子发芽力而时间紧迫，不可能采用正规的发芽试验来测定发芽力，则必须通过测定生活力预测种子发芽能力。

种子生活力常用具有生命力的种子数占试验样品种子总数的百分比(即生活率)表示。测定生活力时常用化学试剂溶液浸泡处理，然后根据种胚(和胚乳)的染色反应来判断种子生活力。主要的化学检验方法有四唑染色法、靛蓝染色法、碘-碘化钾染色法，目前最常用且列入国际种子检验规程的生活力测定方法是四唑染色法。

二、播种前的种子处理

用来播种的种子，必须是检验合格的种子，未经检验不得用于育苗。为了使种子发芽迅速、整齐，要做好种子、幼苗的防病灭菌和防止鸟兽为害，播种前要进行种子精选、消毒等工作。

1. 种子精选

种子经过贮藏，可能发生虫蛀、腐烂等现象。为了获得纯度高、品质好的种子，确定合理的播种量，以保证播种苗齐、苗壮，在播种前应对种子进行精选。可根据种子的特性和夹杂物的情况进行筛选、分选、水选（或盐水选、黄泥水选）或粒选等。一般小粒种子可以采取筛选或风选，大粒种子进行粒选。

2. 种子消毒

为了消灭附在种子上的病菌，预防苗木发生病害，在种子催芽和播种前，应该对种子消毒灭菌。可用药剂拌种消毒，一般用药量为种子质量的 0.2%～0.3%，药剂和种子必须是干燥的，否则会引起药害和影响种子粘药的均匀度。常用杀菌剂有五氯硝基苯、克菌丹、敌克松、福美双、多菌灵等；杀虫剂有敌百虫粉剂等。也可采用药液浸种消毒，但药液浓度与浸种时间应严格掌握，浸泡后必须多次冲洗，无药液残留后才能催芽或播种。如用 100 倍福尔马林（40%甲醛）液浸种 15～20 min，然后捞出种子密闭熏蒸 2～3 h，最后用清水冲洗；用 10%磷酸钠或2%氢氧化钠的水溶液浸种 15 min，捞出洗净，有钝化番茄花叶病毒的效果。种子消毒所采用的药剂根据作物种类和消毒的目的进行选择，并且应严格掌握消毒时间，以免损伤种子生活力。

三、种子催芽

1. 催芽的意义

催芽是用人为的方法促进种子萌动和萌发，并使种子长出胚根。催芽通过人为地调节和控制种子发芽所必需的外界环境条件，以满足种子内部进行的一系列生理生化过程，增加呼吸强度，促进酶的活动，转化营养物质，以刺激种胚的萌发生长，达到尽快萌发的目的。通过催芽，可提高种子的发芽率，减少播种量，节约种子，且出苗整齐，有利于出苗后的管理。

2. 种子休眠的类型

种子休眠是为了物种的生存而在长期生长发育过程中形成的一种特性。不同种类的种子休眠性各不相同，有的有休眠期，有的无休眠期；有的休眠期长，有的休眠期短。根据休眠原因和休眠程度的不同，可将休眠的种子分为自然休眠和被迫休眠两类。

（1）自然休眠　自然休眠又称生理休眠、长期休眠。具有自然休眠特性的种子，在休眠期及时给予适宜的萌发条件，也不能萌芽生长，必须经过一段时间的休眠或采取人工打破休眠后才能萌芽生长。种子具有自然休眠特性的植物较多，如红松、铁杉、圆柏、白皮松、银杏、樟树、鹅掌楸、凤凰木、七叶树、厚朴、榉树、苦楝、冬青、女贞、刺槐、樱桃、相思树、合欢、黑荆、元宝枫、复叶槭、黄栌、火炬树、文冠果等。自然休眠的原因较复杂，就目前的研究结果，具有以下几个方面的因素：

①种子含萌发抑制物质。众多研究表明，相当数量的植物种实中含有种类繁多的抑制种子萌发的物质，如乙烯、脱落酸、香豆素等，有的存在于果肉中，有的则存在于果皮、种胚或胚乳中。它们都能抑制种胚的代谢作用，使种胚处于休眠状态。如在粗壮女贞的种子萌发试验中

发现,其果肉和外种皮均对种子萌发具有抑制作用。含萌发抑制物质而形成自然休眠的种子,可通过低温层积处理或植物生长调节剂如赤霉素处理而打破休眠。

②生理后熟。有些种实的外部形态虽然表现出成熟的特征,但种胚并未完全发育成熟,还需要经过一段时间才能完成其发育过程。如银杏,当种子达到形态成熟时,种胚还很小,其长度约为胚腔长度的 1/3,在休眠期间种胚继续发育,经过一定时间才发育完全。具生理后熟性的种子,经过贮藏或低温层积处理,可获得较好的催熟效果。

③种皮的机械阻碍。种子种皮(包括果皮)坚硬致密,或有油脂、蜡质等,使种子不透水、不通气,种胚不能发育,形成休眠。如椴树种子不透气;黑荆、银荆、漆树、花椒等种皮具油脂、蜡质,不透气、不透水;豆科种子多数透水通气性不良等。因种皮的机械阻碍而休眠的种子,用物理或化学的方法破坏其种皮阻碍,能有效促进种子萌芽。另外,用低温层积催芽也能软化种皮,增加透性,打破休眠。

(2)被迫休眠　因环境条件不适,种子得不到发芽所需的基本条件而不能萌发的现象称为种子的被迫休眠。被迫休眠的种子如遇到适宜的温度、水分、空气等条件,就能很快发芽,如侧柏、杨、柳、榆树等。

3. 催芽方法

种子进行催芽处理,要根据作物的特性和经济效果,选择适宜的催芽方法。常用的催芽方法有浸种催芽和层积催芽。

(1)浸种催芽　浸种的目的是促使种皮变软,种子吸水膨胀,有利于种子发芽,这种方法适用于园艺植物的种子。浸种法又可分为温汤浸种、热水浸种和冷水浸种。

①温汤浸种。常用于蔬菜作物种子的催芽。温汤浸种所用水温为大多数病菌的致死温度 55 ℃,用水量为种子量的 5~6 倍。浸种时种子要不断搅拌,并随时补给温水保持 55 ℃水温 10 min,然后水温逐渐下降直至室温(20~25 ℃)并继续浸种。种反坚硬而厚如西瓜、苦瓜、丝瓜等,或种子本身就是果实如芹菜、芫荽等,种子吸水比较困难,可在浸种前进行机械处理,有助于吸水。大粒的瓜类种子可将胚端的种壳打破,小粒种子可用硬物搓擦使果皮擦破。有的种子如茄子种皮上附着的黏质多,有碍透气,影响吸水和发芽,可用 0.2%~0.5%碱液先清洗一下,然后在浸泡过程中不断搓洗和换水,直到种皮洁净无黏液、无气味。浸种时间:茄果类、黄瓜、南瓜、甜瓜、丝瓜、冬瓜、西瓜一般为 8~12 h;苦瓜、芹菜、胡萝卜、菠菜为 24 h;莴苣为 7~8 h;白菜类、萝卜为 4~5 h;豆类为 1~2 h。浸种时间超过 8 h 时,应每隔 5~8 h 换水一次。豆类蔬菜不宜浸种过久,见种皮由皱缩变鼓胀时及时捞出,防止种子内养分渗出太多而影响发芽势和出苗率。温汤浸种还适用于某些园林树种如马尾松、侧柏、紫穗槐等的催芽处理。

②热水浸种。为了使种子加快吸水,可以采用热水浸种,但水温不要太高,以免伤害种子,一般温度为 70~80 ℃,种皮坚硬的合欢、相思树等用 70 ℃的热水浸种。浸种时,先将种子倒入容器内,边倒热水边搅拌,至水冷至室温时为止。含有硬粒的刺槐种子应采取逐次增温浸种的方法,首先用 70 ℃的热水浸种,自然冷却一昼夜后,将已经膨胀的种子选出,进行催芽,然后再用 80 ℃的热水浸剩下的硬粒种子,同法再进行 1~2 次,这样逐次增温浸种,分批催芽,既节省种子,又可使出苗整齐。此方式也适用于难以吸水的蔬菜种子如冬瓜、茄子或不宜长期浸泡的种子如豆类等,其优点是灭菌效果较好,可以缩短浸种时间,但应用时必须慎重,特别是对种皮薄的蔬菜种子,掌握不好容易烫伤或烫死种子。采用热水浸种的种子要经过充分干燥,因为种子含水量越少,越能忍受高温刺激。

③冷水浸种。对于种皮薄的种子，一般用冷水浸种，浸种的时间根据作物种类不同而异。

(2)层积催芽

①层积催芽的概念和原理。将种子与湿润物混合或分层放置，促进其达到发芽程度的方法称为层积催芽。层积催芽分为低温层积催芽、变温层积催芽和高温层积催芽等。果树林木常用的为低温层积催芽，其适用的树种较多，对于因含萌发抑制物质而休眠的种子效果显著，对被迫休眠和生理休眠的种子也适用，如樟树、楠、银杏、冷杉、栎树、楝树、卫矛、黄檗、白蜡、槭树、火炬树、七叶树、山桃等树种的种子都可以用这种方法催芽。

低温层积催芽受综合因素的影响，主要原理是种子在低温(0～5 ℃)处理的环境中，内部的脱落酸等萌发抑制物质的含量显著减少，抑制种子萌发的作用减弱，从而打破种子的休眠。在低温层积处理的条件下，还能促进产生刺激生长的赤霉素，赤霉素能解除抑制物质的抑制作用，促进种子发芽，还能增加苗木的生长量，因此经过催芽的种子发芽率高，苗木生长好。在低温层积催芽过程中，种子有了适宜的水分和充足的氧气，恢复了细胞间的原生质联系，增加了原生质的膨胀性与渗透性，提高了水解酶的活动，将复杂的化合物转为简单的可溶性化合物，促进物质代谢作用，并使种皮软化产生萌芽能力。另外，一些后熟的种子如银杏等树种，在层积的过程中胚明显长大，经过一段时间，胚长到应有的长度，完成了后熟过程，种子即可萌发。

②层积催芽的条件。种子催芽必须创造良好的条件，使其顺利通过萌芽前的准备阶段，其中温度、湿度、通气条件最重要。

在层积催芽过程中，因植物的生物学特性不同，对温度的要求也不同，因此，要根据具体情况来确定适宜的温度。低温催芽的适宜温度，多数林木树种为 0～5 ℃，极少数树种为 6～10 ℃。温度高，种子易霉变，催芽效果差。

层积催芽时，要将间层物和种子混合起来(或分层放置)，间层物一般用湿沙、泥炭、沙子等，它们的湿度应为土壤含水量的 60%，即以手用力握湿沙成团，但不滴水，手捏即散为宜。

层积催芽还必须有通气设备，种子数量少时，可用花盆，上面盖草袋，也可以用秸秆作通气孔，种子数量多时可设置专用的通气管。

③层积催芽的方法。处理种子多时可在室外挖坑，一般选择地势高燥排水良好的地方，坑的宽度以 1 m 为好，不要太宽。长度随种子的多少而定，深度一般应在地下水位以上、冻土以下，由于各地的气候条件不同，可根据当地的实际情况而定。坑底铺些鹅卵石或碎石，其上铺 10 cm 的湿河沙，或直接铺 10～20 cm 的湿河沙，干种子要浸种、消毒，然后将种子与沙子按照 1∶3 的比例混合放入坑内，或者一层种子、一层沙子放入坑内(注意沙子的湿度要合适)，当沙与种子的混合物放至距坑沿 20 cm 左右时停止。然后盖上湿沙，最后用土培成屋脊形，坑的两侧各挖一条排水沟，在坑中央直通到种子底层放一小捆秸秆或下部带通气孔的竹制或木制通气管，以流通空气。如果种子多，种坑很长，可隔一定距离放一个通气管，以便检查种子坑的温度(图 2-5)。

④层积催芽的时间及管理。层积催芽的效果除取决于温度、水分、通气条件外，催芽的时间也很重要。层积时间因不同种类而异，如八棱海棠为 40～60 d，毛桃为 80～100 d，山楂为 200～300 d。一般被迫休眠的种子需处理 1～2 个月，生理休眠的种子需处理 2～7 个月，应根据具体情况来确定适宜的天数。

层积期间，要定期检查种子坑的温度，当坑内温度升高较快时，要注意观察，一旦发现种子霉烂，应立即取种换坑。在房前屋后层积催芽时，要经常翻倒，同时在湿度不足的情况下，注意

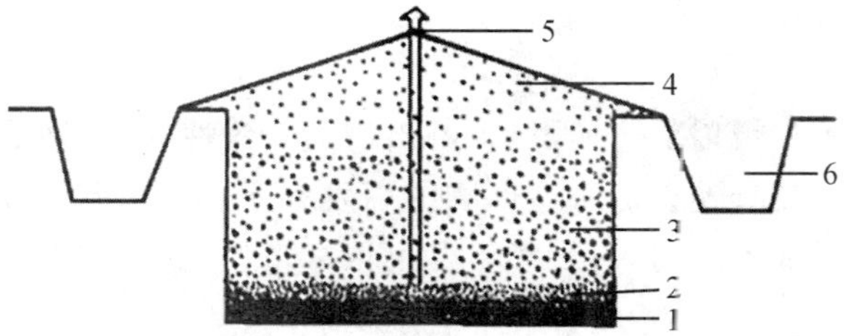

图 2-5 种子室外层积催芽法

1. 卵石 2. 沙子 3. 沙土混合物 4. 覆土 5. 通气管 6. 非水沟

增加水分，并注意通气条件。

在播种前 1～2 周，检查种子催芽情况，如果发现种子未萌动或萌动不好时，要将种子移到温暖的地方，上面加盖塑料膜，使种子尽快发芽。当有 30％的种子裂嘴时即可播种。

(3)药剂浸种和其他催芽方法 有些植物的种子外表有蜡质，有的种皮致密、坚硬，有的酸性或碱性大。为了消除这些妨碍种子发芽的不利因素，必须采用化学或机械的方法，以促进种子吸水萌动。如用草木灰或小苏打水溶液洗漆树、马尾松等种子，对催芽有一定的效果；对刺槐、栾树、梧桐、厚朴等硬实种子，可用 60％的浓硫酸(过稀的硫酸易进入种子内部，破坏发芽)浸种。浸种时间：漆树为 30 min，刺槐为 5 min，厚朴为 3 min。浸后的种子必须用清水冲洗干净后再播种。

用植物激素如赤霉素、吲哚丁酸、萘乙酸、2，4-D、激动素和 6-苄基嘌呤、苯基脲、硝酸钾等浸种可以解除种子休眠。赤霉素、硝酸钾的使用浓度为 0.1％～1％或更高，处理时不仅要考虑浓度，而且要考虑溶液的体积，还有种皮的状况和温度条件等。硼酸铵、硫酸铜、高锰酸钾等微肥和稀土可用来浸种，使用浓度一般为 0.1％～0.2％。

对于某些坚硬的种子(如山楂、樱桃、山杏等)可采用机械破皮的方法先行处理来损伤种皮，促进发芽，可用砂纸磨、锥刺或锤砸及老虎钳夹开种皮等机械破皮方法。

(4)接种 对有些果树林木树种，播种前进行接种可促进幼苗的生长。

①根瘤菌剂接种。根瘤菌能固定大气中的游离氮供给苗木生长发育所需，尤其是在无根瘤菌土壤中进行豆科植物或赤杨类树种育苗时，需要接种。方法是将根瘤菌剂与种子混合搅拌后，随即播种。

②菌根菌剂接种。菌根能代替根毛吸收水分和养分，促进苗木生长发育，在苗木幼龄期尤其迫切，如松属、壳斗科树木，在无菌根菌的土壤中育苗时，人工接种菌根菌，能提高苗木质量。方法是将菌根菌剂加水拌成糊状，拌种后立即播种。

③磷化菌剂接种。幼苗在生长初期很需要磷，而磷在土壤中容易被固定。磷化菌可分解土壤中的磷，将磷转化为可以被植物吸收利用的磷化物，供苗木吸收利用，因此可用磷化菌剂拌种后再播种。

四、种子引发

1. 种子引发的概念与意义

种子引发(seed priming)也称为渗透调节(osmotic conditioning)，由 Heydecker 等于 1973 年提出，它是一项在控制条件下使种子缓慢吸水，为萌发提前进行生理准备的一种播前种子处理技术，现已作为一些蔬菜和花卉种子的播前常用处理技术。引发后的种子可以用于贮藏，也可以直接用于播种。引发的原理是控制种子的吸水作用至一定水平，即允许预发芽的代谢作用进行，但防止胚根的伸长。

种子引发处理后，不仅可以促进萌发，提高出苗的一致性，提高种子在逆境下的出苗率，还可提高幼苗素质，增强苗期抗逆性。某些作物的引发种子用于大田直播，出苗快且增产明显，可以替代苗期移栽，节省成本。另外，种子引发可以降低吸胀伤害，这是浸种催芽技术不可能做到的。种子引发技术已在许多植物种类上有成功应用，其中包括蔬菜作物如石刁柏、结球甘蓝、欧洲防风、胡萝卜、芹菜、黄瓜、大葱、香瓜、甜瓜、洋葱、欧芹、豌豆、辣椒、甜菜、番茄、菠菜和西瓜；粮食作物如大麦、玉米、珍珠黍、水稻、高粱和小麦；观赏植物如雪叶莲、风仙花属、鼠尾草属、报春属、马鞭草属、矮牵牛属和三色堇，多年生草本植物如蛇目菊、紫松果菊、全缘叶金光菊和牧草植物如大蓝茎草、柳枝稷、六月禾和牛尾草。在美国有芸薹属、胡萝卜、芹菜、黄瓜、莴苣、洋葱、辣椒、番茄和西瓜等蔬菜引发种子出售。

2. 种子引发的方法

(1)液体引发　液体引发是以溶质为引发剂，种子置于溶液湿润的滤纸上或浸于溶液中，通过控制溶液的水势调节种子吸水量。种子引发剂有 KNO_3、K_3PO_4、$Ca(NO_3)_2$、NaCl、$CaCl_2$ 等无机盐类和 PEG (聚乙二醇)、PVA (聚乙烯醇)、SPP(交联型丙烯酸钠)、壳聚糖等大分子有机化合物两类。无机盐溶液处理具有简易，通风好、成本低及处理后容易从种子上除掉等优点。研究表明，利用 KNO_3 引发西瓜、甜瓜、茄子等可提高种子活力和出苗整齐度。但是，无机盐离子可以在处理过程中渗入种子并在种子中积累，降低种子发芽率，缩短种子常温下的贮藏期。而 PEG 为大分子化合物，不易渗入种子和对种子造成伤害，但是 PEG 的成本较高，处理过程中通气性差，处理后难以从种子上除去，因而也具有一定的局限性。SPP 高度亲水，保水力强，且可均匀缓慢地释放水分，在提高豌豆、番茄、菠菜、甜椒等种子的活力方面，表现出很好的效果。PVA 在引发黄瓜、苦瓜、线椒、茄子、菜豆等种子上也有很好的效果，能明显提高种子活力、萌发率和抗低温能力，具有与 PEG 同等的效果，且价格低廉，用量少，有一定的应用价值。

引发剂可以采用单一药剂，也可用两种或两种以上药剂配制组合引发剂，如 PEG 与抗生素、农药或植物生长调节剂的组合，可以达到特定的引发效果。但是如果在引发剂中加入的农药不适当，通常会降低引发的效果或引起药害。

(2)水引发　水引发是在控制给水条件下使种子定量吸水，达到促进萌发但并不引起吸胀伤害的浸种技术，它是通过直接控制种子吸水速度和吸水量来达到引发的目的。值得注意的是，水引发不同于前面所讲的浸种技术，因为后者很少顾及种子吸胀伤害因素的控制。滚筒引发技术可视为水引发技术中具有开拓性的成果。该法先将种子放在铝质的滚筒内，然后喷入水汽和控制滚筒转速，每批种子的吸水量和吸水速率采用计算机系统控制，处理时间 5～15 d，然后用空气流干燥种子。目前该技术已在洋葱、胡萝卜等蔬菜种子中大规模应用。

(3)固体基质引发　在固体基质引发体系中，种子、固体基质颗粒和水是三个基本组分。该方法是将要处理的种子、预先定量的固体基质材料及定量的水混合，使溶液达到稳定，然后将混合液置于能使空气进入，并且能减少蒸发损耗的容器内，在一定温度下处理种子一段时间，使种子从基质中充分吸水但不萌发，达到水分含量均衡，最终使种子活力增强。任何种子都可以通过这种方法处理，包括大量的蔬菜、林木及农作物种子。作为理想的引发固体基质应具备以下几个条件：具有较高的持水能力；对种子无毒害作用；化学性质稳定；水溶性低；表面积大，容重小；颗粒大小、结构和空隙度可变；引发后易与种子分离等。目前常用的固体基质有片状蛭石、页岩、细沙、多孔性黏土、软烟煤、合成硅酸钙、聚丙酸钠胶等。基质引发中所使用的液体成分为水、PEG 和一些小分子水溶液。

(4)生物引发　生物引发是一种将种子生物处理与播前控制吸水方法相结合的种子处理新技术，引发期间利用有益真菌或细菌作为种子保护剂，让其大量繁殖并布满种子表面，使幼苗免遭有害菌侵袭。其一般步骤是先将种子进行表面消毒，用成膜剂包膜种子，将种子放在两层发芽纸或纸巾间，在适宜的温度下缓慢吸水至一定水平，引发后的种子可直接播种。

(5)膜引发　此方法是将种子与一种半渗透性膜(该膜具有内、外两个表面)的外表面接触，PEG 溶液直接与膜的内表面接触，种子通过半渗透性膜从 PEG 溶液中吸取水分。在吸取水分的过程中，种子和半渗透性膜不断地或周期性地滚动接触，使水分均匀转移，并充分覆盖了种子的整个表面，从而完成种子的引发过程。这种处理方法既可用于大量的种子引发，也可对少量的种子(如名贵的花卉种子)进行引发，且优于基质引发，引发后不需要进行种子分离。这种引发方法最大的优点是适用于表面有黏液的种子的引发，如紫罗兰和鼠尾草的种子。

任务三　播种育苗技术

一、播种技术

1. 播种时期

播种时期的正确与否关系到产量的高低、品质的优劣和病虫害的轻重，播种时期的确定受很多因素的制约，包括经济因素、栽培因素、土壤气候因素、病虫害因素和园艺植物生物学特性因素等。在这些因素中，决定播种期最重要的是气候条件，即温度、霜冻、日照、雨量等；以及作物的生物学特性，包括生长期的长短，对温度及光照条件的要求，特别是产品器官的形成对温度、光的要求，以及对霜冻、高温、干旱、涝渍的忍受能力等。

园艺植物的播种时期很不一致，随种子的成熟期、当地气候条件和栽培目的不同而有很大差异。一般园艺植物的播种期可分为春播和秋播两种，春播从土壤解冻后开始，以 2—4 月为宜，秋播多在 8—9 月，至冬初土壤封冻前为止。温室蔬菜和花卉没有严格限制，需随需要而定，露地蔬菜和花卉主要是春秋两季播种，果树一般早春播种，冬季温暖地带可晚秋播种。亚热带和热带可全年播种，以幼苗避开暴雨和台风季节为宜。

2. 播种方式

露地育苗的种子播种可分为大田直播和畦床播种两种方式，工厂化育苗多采用机械精量播种。大田直播可以平畦播，也可以垄播，播后不必移栽，就地长成苗或作砧木进行嫁接，培养成嫁接苗出圃。畦床播种一般在露地苗床或室内浅盆集中育苗，经分苗培养后定植田间。

播种或用干籽，或用浸泡过的种子，或用催出芽的种子，因此播种方法也有所不同。但不论用何种种子播种，播种前都要平整土地，或做小垄等。

干籽播种一般用于湿润地区或干旱地区的湿润季节，趁雨后土壤墒情合适，能满足发芽期对水分的需要时播种。播种时，根据种子大小、土质、天气等，先开 1～3 cm 深的浅沟，撒播者可用钉齿耙划播沟，穴播者用锄开穴，然后播种。播后耙平，用土盖住种子，并进行适当的土面镇压，使土壤和种子紧紧贴合以助种子吸水。如果土壤墒情不足，或播后天气炎热干旱，则在播种后需要连续浇水，始终保持土面湿润直到出苗。但浇水会引起土面板结，使出苗时间延长和不整齐。为防止土面浇水后板结，可于畦面铺碎草进行喷灌，或利用高秆作物的宽阔行间播种。

浸种和催芽的种子需播于湿润的土壤中，土壤墒情不够时，应事先浇水造好墒情再播种。播法与干籽相同。

在天气炎热干旱或土壤温度很低的季节播种，不论干籽或浸种、催芽的种子，最好用湿播法。播种前先把畦地浇透水，把存水的凹处撒细土填平，再撒种子，然后覆土 0.5～2 cm，覆土深度依种子大小和出苗特性而定。经 1～2 d，用耙轻轻耙平和镇压土面。炎热天气和盖土薄的种子，还应盖碎草或草布来遮阴和保墒，当幼芽顶土时揭去。

3. 播种地选择

播种地应选择有机质较为丰富、土质松软、排水良好的沙质壤土。播种前要施足基肥，整地做畦，耙平。

4. 播种方法

常见的播种方法有撒播、条播、点播（穴播）三种。

(1)撒播　海棠、山荆子、韭菜、菠菜、小葱等小粒种子多用撒播。撒播要均匀，不可过密，撒播后用耙轻耙或用筛过的土覆盖，厚度以稍埋住种子为度。此法比较省工，而且出苗量多，但出苗稀密不均，管理不便，苗生长细弱。

(2)点播(穴播)　多用于大粒种子，如核桃、板栗，桃、杏、龙眼、荔枝及豆类等的播种。先将床地整好，开穴，每穴播种 2～4 粒，待出苗后根据需要确定留苗株数。该方法分布均匀，营养面积大，生长快，成苗质量好，但产苗量少。

(3)条播　用条播器在苗床上按一定距离开沟，沟底宜平，沟内播种，覆土填平。条播可以克服撒播和点播的缺点，适宜大多数植物种子，如苹果、梨、白菜等。

5. 播种量及播种深度

(1)播种量　单位面积内所用种子的数量称为播种量，通常用 kg/hm^2 或 g/m^2 表示。播前必须确定适宜的播种量，其计算式为：

$$\text{播种量}=\frac{\text{单位面积计划育苗数}}{\text{每千克种子粒数}\times\text{种子净度}\times\text{种子发芽率}}\times\text{安全系数}$$

主要蔬菜作物种子千粒重见表 2-2。

表 2-2　主要蔬菜种子千粒重

蔬菜种类	千粒重/g	蔬菜种类	千粒重/g
大白菜	0.8～3.2	黄瓜	25～31
小白菜	1.5～1.8	冬瓜	42～59
结球甘蓝	3.0～4.3	南瓜	140～350
花椰菜	2.5～3.3	西葫芦	140～200
芹菜	0.5～0.6	丝瓜	100
莴苣	0.8～1.2	西瓜	60～140
茄子	4～5	甜瓜	30～55
辣椒	5～6	苋菜	8～11
番茄	2.8～3.3	菠菜	0.73

在生产实际中播种量应根据土壤质地松硬、气候冷暖、病虫草害、雨量多少、种子大小、播种方式(直播或育苗)、播种方法等情况来确定,同时还应考虑到播种的安全系数。不同作物种类、播种方式、播种方法下的安全系数具有较大差异,安全系数的变化范围一般在1.5～3.0。

(2)播种深度。播种深度依种子大小、气候条件和土壤性质而定,一般为种子横径的2～5倍,如核桃等大粒种子的播种深度为4～6 cm,海棠、杜梨为2～3 cm,甘蓝、石竹、香椿以0.5 cm为宜。总之,在不妨碍种子发芽的前提下,以较浅为宜。土壤干燥,可适当加深。秋、冬播种要比春季播种稍深,沙土比黏土要适当深播。为保持湿度,可在覆土后盖稻草、地膜等,种子发芽出头后撤除或开口使苗长出。

6. 播种技术要点

(1)播种程序　苗床播种的主要技术环节按做床(装盘)、浇底水、播种、盖土的顺序进行。具体播种日期应考虑天气的变化,争取播后有3～5 d晴天,特别是在非控温条件下育苗,这一点对于保证按时出苗、整齐、苗旺非常重要。

(2)做床或装盘　目前育苗播种床有普通地床、电热温床和育苗盘播种。普通地床是在温室内做1～1.5 m宽畦,装入床土或就地配制床土,暴晒提高土温,播前耙平,稍加镇压,再用刮板刮平。电热温床应在播前10 d左右设置好,通电后土温上升并稳定后像普通地床一样整地、播种。育苗盘装土不要装得太满,要留下播后盖土的深度。用塑料钵等其他容器育苗时,把装好床土的容器放在苗床上日晒或加温,提高土温。

(3)浇底水　播前浇透底水,以湿润床土7～10 cm为宜,可以保证在分苗前不浇水,不仅促进幼苗正常出土,且有利于出苗后地温的升高及苗期病害的防治。浇水后薄薄盖一层细土,并借此将床面凹处填平,即可播种。

(4)播种　在普通地床多进行催芽播种,争取在有利天气下尽快出苗。但利用电热温床或育苗盘(播后放到催芽室出苗)播种,因温度条件好,可浸种不催芽甚至干籽播种,也能正常出苗;特别是较难催芽的蔬菜如茄子、冬瓜等,干籽播种的出苗整齐度往往比催芽的效果好。小粒种子多为撒播,播种应均匀,必要时可以掺沙或细泥拌和后播种。瓜类、豆类种子多用点播,用容器育苗时可直接播于塑料钵等容器中央,用地床育苗可在浇底水后按照既定株行距播种。瓜类播种时应把种子平放在畦面,不要立插种子,防止出苗时将种皮顶出土面,并夹住子叶,即“戴帽”现象。

(5)覆土。播后应立即用细土覆盖。如盖土黏性较大,可掺些沙子,防止出苗顶盖或影响出苗,覆土厚度依种子大小不同为0.5～1.5 cm,覆土太薄,床土依干,出苗易“戴帽”;盖土过厚,出苗延迟。若盖药土,应先撒药土,后盖床土。为增温保湿,播后立即用地膜覆盖床面或育苗盘等容器,直至开始出土时撤掉。

二、苗期管理

1. 出苗期管理

从播种到幼苗出土的时期为出苗期。这一时期育苗的中心任务是促使种子迅速萌发,提高种子发芽率和出苗率,使出苗整齐、均匀、生长健壮。此期要求床土水分充足、通气良好和有较高的温度。在苗床浇透了水、覆土厚薄适宜和松软透气的条件下,这一段的管理重点是温度,温度管理应掌握昼间稍高、夜间稍低。采用电热温床育苗最好采用控温仪控制温度;采用冷床育苗时,应根据气温变化增加覆盖物保温,白天应将覆盖物揭开透光,如温度过低,夜间应进行临时加温，保证出苗所需温度。在幼苗出土后应及时撤掉覆盖地面的薄膜，防止烤坏幼芽。发现土面裂缝及出土“戴帽”时，可撒盖湿润细土，填补土缝，增加土表湿润度和压力，以助子叶脱壳。

2. 幼苗期管理

从幼苗出土后开始到幼苗出圃结束为幼苗期。此期幼苗的真叶逐渐形成并开始生长，管理应促、控结合，促进幼苗地上部和根系的生长，以促进幼苗的健壮生长，应特别注意温度、光照和水分的调控，防止出现徒长苗或高脚苗，如果生长到一定阶段后苗床上的幼苗比较拥挤，就应考虑及时分苗。

3. 分苗后管理

分苗的主要目的是扩大营养面积。对于一次点播、营养面积足够大的可不分苗；对于某些种类的园艺作物如菜豆、豇豆等，作物的根系比较敏感，也不适合分苗。分苗尽管可以促进侧根的发生，但毕竟对幼苗根系造成了创伤，苗越大，分苗造成的伤害越重。因此对于需要和适合分苗的作物，应尽量早分苗，茄果类蔬菜的分苗最晚必须在花芽分化开始前进行。

分苗所需的营养面积大小取决于成苗大小、单叶面积大小和叶片开张度等因素。甘蓝类蔬菜的分苗距离是 6～8 cm，茄果类为 8～10 cm。分苗前的 3～4 d 要通风降温和控制水分，对秧苗进行适当的锻炼，以利于分苗后恢复生长。分苗宜在晴天进行，以利于土壤增温，发根缓苗快。分苗前一天浇透水，以便带土起苗。北方栽苗用水稳苗，即先开沟，浇入半沟水，待水渗到沟底时贴上苗，然后，推盖松土到秧苗原来在播种床的深度；南方是栽苗后浇水，这与南方地温上升快且温度高和空气相对湿度大有关。先浇水再栽苗还是先栽苗再浇水，也要看土质，有机质多的可以先栽后浇。盖土时不应按压，否则根系通气不善，缓苗困难。

4. 定植前的锻炼

为使秧苗定植到大田后能适应露地环境条件，缩短缓苗时间，必须采取通风降温和减少土壤湿度的措施来锻炼秧苗，这是培养壮苗最后一个重要环节。锻炼的主要措施是降温控水。定植前 5～7 d 逐渐加大育苗设施的通风量，降温排湿，停止浇水，特别是要降低夜温，加大昼夜温差，由昼间放风过渡到昼夜放风。如果是为露地栽培培育的秧苗，最后应昼夜都撤去覆盖物，达到完全适应露地气候条件的程度，但必须注意防止夜间霜害；为保护地生产培育的秧苗应以能适应定植场所的气候条件为锻炼标准。经过较低夜温锻炼的秧苗可以有效提高耐寒性，但应注意定植前的锻炼不能过度，如控苗时间过长又易导致形成番茄“老化苗”及黄瓜“花打顶苗”。对定植在温暖条件(如设施)下的秧苗可轻锻炼或不锻炼，在这种情况下，锻炼适得其反，必须注意。

三、壮苗的判断及其指标

壮苗是指生产潜力较大的高质量秧苗，对秧苗群体而言，应包括无病虫害、生长整齐、株体健壮三个主要方面。苗龄和秧苗素质有密切关系。苗龄可分为日历苗龄、形态苗龄和生理苗龄，三者并不一定统一，生产上习惯用日历苗龄来衡量。一般来说，大龄苗生长发育提前，采收期较早；但苗龄过大，秧苗老化，不利于总产量的提高。

培育壮苗是育苗的核心问题，目前一般采用与幼苗生长有关的数量性状，如茎高、茎粗、叶片数、叶面积、各器官的鲜重与干重、根体积、花芽分化节位、花芽数等来描述幼苗的质量，也可以使用由它们构成的相对指标，如茎粗/茎高，根重/冠重，叶面积/根体积、冠鲜重或冠干重、叶片数，苗冠幅/苗高等进行描述。这些指标中如茎粗、叶面积、苗干重或冠干重以及由它们组成的一些相对指标比较稳定，能从不同角度反映秧苗的质量，甚至在一定条件下，有的指标可以单独用于判断秧苗质量，如茎粗、冠干重/叶片数、苗冠幅/苗高等。但如果不加限定地运用这些指标来鉴定秧苗质量也会出现差错，而且往往难于全面准确地用于秧苗质量判断。一些生理指标如光合强度、呼吸强度、根系活力、根吸水力、碳氮含量及其比值，糖、蛋白质、生长素、核酸含量等都可以从不同的生理活动角度反映秧苗的状态及素质，对研究秧苗质量甚至确定壮苗指标可作为重要参考依据，但直接作为壮苗指标，应用起来不太方便，且不一定准确全面。针对这些指标的缺陷，目前提出了比较能够反映幼苗生长程度的指标，如壮苗指数=（茎粗/株高）×苗干重（或冠干重），或壮苗指数=（苗冠幅/苗高）×叶片数等，这些指标不仅对早期产量有较高的预测性，而且应用也很方便。

任务四 植物根系的构造和功能

一、植物根系的形态、类型及构造

根是植物长期演化过程中适应陆生生活的产物，是陆生植物重要的营养器官之一，也是植株从介质中吸收水分和矿质营养的主要器官。

种子萌发、胚发育成新一代的个体，其根、茎、叶分别来自胚根和胚芽等的发育和生长。植物的胚根一般稍后于胚芽突破种皮进一步生长，形成植株的主根。当主根生长到一定长度时，就会从内部侧向生出许多支根，称为侧根。侧根与主根往往形成一定角度，当侧根生长到一定长度时，又能生出新的次一级的侧根，这样多次反复分支，形成整株植物的根系，以适应和满足植株的生长发育。

禾本科植物的“种子”萌发时，通常是胚根鞘（如小麦）或胚芽鞘（如水稻）先突破种皮生长，胚芽发育成地上的茎叶系统，胚根则形成植物的“主根”。绝大多数双子叶植物的胚根发育成明显而发达的主根；而单子叶植物，在胚根发育生长一段时间后，胚轴或胚芽鞘节上很快生出数条与主根同样粗细的新根。

1. 根与根系的类型

根系的生长分布与植株地上部分的生长和发育状况有一定的相关性，植株的不同生长发育时期根系分布的深度不同。苗期根系浅、成株根系深，草本植物根系浅、木本植物根系深。农作物的根系大都分布于土壤的疏松耕作层，适度深耕可促进根系的发育、增加根系在土壤中分布的深度与广度，增加吸收面积，使作物获得高产。

（1）定根与不定根 随着主根的进一步生长，植株在主根的一定部位或植株的其他部位通常会产生出许多新根，协调植株的生长。根据根的发生部位不同，可将根分为定根和不定根两大类。

定根指发育于植株特定部位的根。定根包括主根和侧根。主根来自胚根，侧根发生于主根的中柱鞘一定部位的细胞。

许多植物除能产生定根外，还能从茎、叶、老根或胚轴上生出根来，这些根发生的位置不固定，都称为不定根。不定根也能不断地产生分支根，即侧根。禾本科植物的种子萌发时形成的主根，存活期不长，主要由胚轴上或茎的基部节上所产生的不定根替代。生产上的扦插、压条等营养繁殖技术就是利用枝条、叶、地下茎等能产生不定根的习性进行的。

(2)直根系与须根系　植株地下部分的根总称为根系，根系是在植株的生长发育过程中逐渐形成的。依据根系的组成特点，可将其分为直根系和须根系两类。直根系由明显发达的主根及其各级侧根组成。直根系由于主根发达(粗且长)，入土深，各级侧根次第短小，一般呈陀螺状分布，大多数双子叶植物的根系属于此种类型(图 2-6)。

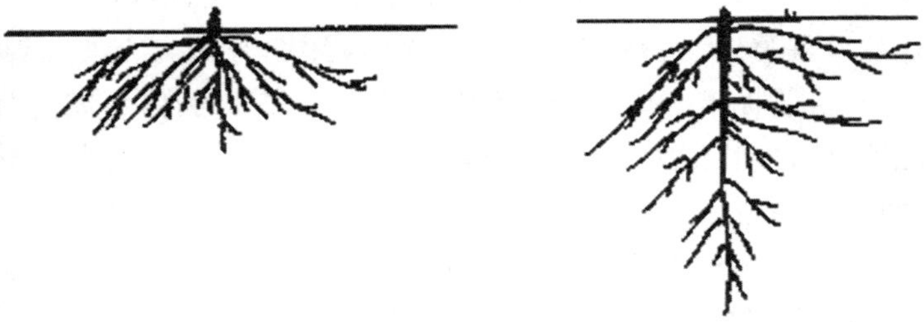

a. 须根系　　b. 直根系

图 2-6　须根系和直根系示意图

须根系主要由不定根及其侧根组成，有的须根系全部由不定根及其侧根组成。须根系主根不发达，粗细长短相差不多，入土较浅，呈丛生状态，或似胡须状，故称为须根系，大多数单子叶植物属于此种类型。

2. 根的生长特性

在植物的生长发育过程中，由于不断地受到环境的刺激和诱导，其器官的生长总是向着这些刺激和诱导的方向，表现出植物特有的向性生长或向性运动。植物的向性生长是不可逆的运动过程。根的向性运动依外界因素的不同，主要包括向地性、向水性、向肥性和向气性等。

根的向地性指根具有向重力性生长的特性。现在普遍认为，根的向地性生长与根冠的结构有关。根的向水性指土壤中水分分布不均匀时，植物根趋向较湿地方生长的特性，这可能与根的吸收特性有关。根的向化性是指某些化学物质在植物周围分布不均匀而引起的向性生长，如作物根部朝向肥料较多的土壤生长(向肥性)。而根的向气性主要是指根总是向着通透性较好的土壤生长，因为根与茎叶一样需要进行呼吸作用，以利于形成其生长和代谢所需的能量。

3. 影响根发育的因素

(1)碳水化合物　碳水化合物为根系生长提供了能量来源。种子萌发后，胚根生长所需的碳水化合物来自种子的胚乳或子叶。幼苗期植物根系生长所消耗的碳水化合物来源于种子贮藏物以及同时进行的光合作用。随着植物的生长，种子贮藏的碳水化合物所起的作用越来越小。不同生长阶段的植物，每天产生的光合产物中平均有 25%～50%运输到根中，供根系新生组织的生长、维持生物量、吸收以及分泌等其他功能。在植株较小时，用于维持生物量的消耗较少，随着生长进行，用于维持生物量的消耗比例不断增加。

影响光合作用、光合产物运输和分配以及根系利用的各种因素都会影响根系的生长。与植物共生的微生物如根瘤菌和菌根真菌，也会与植物竞争，运输到根中的 15%～30%的碳水化合物会被真菌利用。

(2)植物激素　植物激素是植物体内合成的对植物生长发育有显著作用的一类小分子化合物，包括吲哚类化合物、萜烯类、腺苷酸衍生物、类固醇、脂族烃类、类胡萝卜素及脂肪酸的衍生物。在植物个体发育过程中，不论是种子发芽、营养生长、繁殖器官形成以至整个成熟过程，都有植物激素的参与。

植物激素对根系生长发育具有重要的调节作用。对根系生长影响最大的是生长素和细胞分裂素。生长素主要在茎尖和幼叶中合成，可运输到根中，能够诱导次生根和不定根的形成。细胞分裂素主要在根尖合成，并通过木质部运往地上部，影响地上部的生长和发育。与生长素的作用相反，细胞分裂素抑制根系的生长，特别是侧根的生长。去掉主根的根尖后，次生根的形成大幅度增加就可以作为证明。因此，生长素和细胞分裂素在根伸长及侧根形成过程中起着重要的调节作用。

(3)矿质养分　矿质养分供应对根系的生长、形态以及根系在土壤中的分布有不同影响。这种影响以氮最明显，磷、钾、镁以及其他养分缺乏也有影响。在适宜浓度范围内，增加供氮量可以促进地上部和根系的生长，但往往对地上部生长的促进作用大于对根系的影响，导致根冠比随施氮量的增加不断下降。

(4)pH　一般 pH 在 5.0～7.5 范围内，根系生长受到的影响不大。pH 过低或过高都可能影响根系的生长。如高 pH 的直接影响可能与跨膜 pH 梯度、电势梯度以及细胞质膜上的质子-阴离子共运输有关。pH 低于 5 时，许多植物的根系伸长也会受到抑制，这与许多因素如抑制细胞质膜上的质子泵活性有关。

(5)温度　根系生长有最适宜的温度需求，并常常受环境低温(低于最适温度)或高温(高于最适温度)的影响。不同植物种类的最适温度不同。一般根生长的最适温度低于地上部的最适温度。低温(最适温度以下)对根典型的影响是根系生长延迟，根系变得短而粗，特别是次生根的形成受抑制。低温条件下，植物地上部生长比根系生长受到的抑制更为严重，使根冠比增加，这主要是因为根区低温会阻碍根系吸收和供应足够的养分给地上部，从而使地上部的生长受到阻碍。

二、植物根系的主要功能

根深叶茂，要想使农作物、果蔬等地上部达到丰产，必须有一个发育良好的根系。其主要功能如下：

1. 支持与固着作用

被子植物具有庞大的根系，其分布范围和入土深度与地上部分相适应，以支持高大、分枝繁多的茎叶系统，并把它牢牢地固着在陆生环境中，以利于它们承担各自的生理功能。

某些植物能从茎秆上或近地表的茎节上长出一些不定根，能起到支持植物直立生长的作用，称为支持根，这种现象可见于玉米、甘蔗、榕树等。一些木质藤本植物如常春藤、凌霄、地锦等，在茎部能长出可依附于其他物体表面生长的一种不定根，称为攀缘根。借助于这些攀缘根，植株可以调整自己的空间位置，使细长柔弱的茎固着或攀缘其他物体向上生长，从而更好地生长发育。

无土栽培方式不同，根的支持功能表现得不尽相同。例如水培、雾培以及营养液膜技术等，根漂浮在营养液中或暴露在潮湿的空气中，因此其支持作用不大，植株的固定和支撑靠人工措施实现；而在基质栽培中，如沙、砾、蛭石以及岩棉等，根的固定与支持功能与在土壤栽培中一样重要。

2. 吸收与输导作用

植物体内所需的水和营养物质，除一部分由叶或幼嫩茎自空气中吸收外，大部分自介质中取得。根最主要的功能是从介质中吸收水分和溶解在水中的二氧化碳、无机盐等。这主要靠根尖部位的根毛和幼嫩的表皮来完成。至于根尖以上的部分，常因表皮或外皮层细胞的栓质化，或木栓层的形成，而失去吸收功能。

植物的整个生命活动过程都离不开水，植物一生需要大量的水，如一株玉米一生要从土壤中吸收约 200 kg 的水，生产 1 kg 稻谷要 800 kg 的水，这些水全靠有完善的吸收和输导组织的根部吸收。根毛细胞和表皮细胞吸收的水分，经过根的皮层细胞依次向内传递，通过维管鞘最后到达根的导管中，运往茎、叶等器官，为植物的生命活动和蒸腾作用利用。

二氧化碳是光合作用的重要原料，除了靠叶从空气中吸收外，根也从土壤中吸收溶解状态的二氧化碳或碳酸盐，供植物光合作用的需要。

无机盐类也是从土壤溶液中吸收的，如硫酸盐、磷酸盐和硝酸盐等，都以离子状态被根吸收。它们都是植物生活中不可缺少的，如氮、磷、钾等无机盐离子。

根进行吸收作用的同时还要进行输导作用，由根毛和表皮细胞吸收的水分和无机盐，通过根的维管组织输送到茎、叶，而叶所制造的有机养料经过茎输送到根，再经过根的维管组织输送到根的各部分，以维持根的生长和生活。

3. 合成与分泌作用

植物根系能进行许多复杂的生物化学反应，合成多种生物活性物质来调节植物的生长发育。实验证明，在根中能合成多种必需氨基酸、植物激素（细胞分裂素类）和植物碱等，对植物地上部的生长发育具有重要的调控作用（图 2-7）。

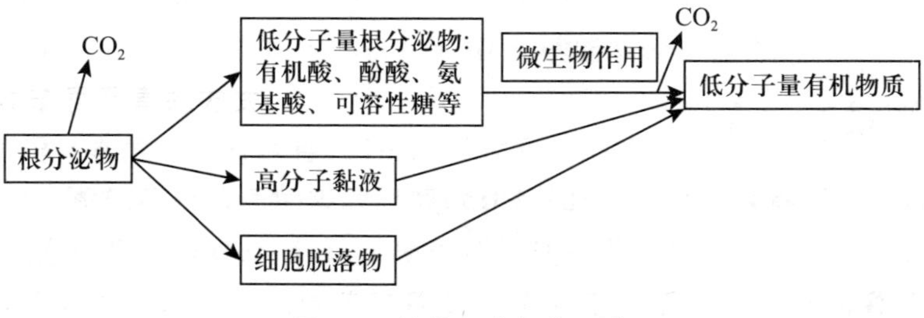

图 2-7 植物根分泌物组成

根能分泌近百种物质，包括糖类、氨基酸、有机酸、固醇、生物素等生长物质以及核苷酸、酶等。这些分泌物有的可以减少根在生长过程中与土壤的摩擦力；有的使根形成促进吸收的表面；有的对他种生物是生长刺激物或毒素，如寄生植物列当，其种子要在寄主根的分泌物刺激下才能萌发，而苦苣菜属、顶羽菊属的一些杂草的根能释放生长抑制物，使周围的植物死亡，而合欢和桃金娘具有浓郁香味的根则对豌豆和蚕豆的生长有促进作用，这就是化感作用；有的可抗病虫害，如抗根腐病的棉花根分泌物中有抑制该病菌生长的水氰酸、大蒜根系的分泌物大蒜素对多种细菌和真菌具有较强抑制作、菊科万寿菊可分泌一种杀线虫的活性物质（α-三联噻吩）阻碍线虫发育或使线虫致死；有的植物能够分泌自毒物质，是某些作物忌连作的原因之一，如茄科作物等。

4. 贮藏与繁殖作用

有些植物的根常肉质化、储藏大量营养物质，如萝卜、胡萝卜、甜菜及甘薯等。有些植物的根还有特殊的繁殖功能，能产生不定芽，如甘薯、枣等。

三、植物根系的其他功能

一些植物因长期适应某种特定环境，其根部的形态结构和生理功能相应变化而形成了特殊功能，并经若干世代后成为其遗传特性。

1. 收缩

一些草本植物的部分根具收缩作用而称为收缩根。其在植株发育的某个时期，根的部分皮层薄壁细胞发生径向扩展和纵向收缩，中央的维管组织随之扭曲，其作用是将近地表的芽拉入地下以利于度过不利环境。如紫花苜蓿幼苗通过胚轴及根上部的收缩，将子叶拉近地面，使根颈埋入土中，避免冻害。

2. 呼吸

生长在广东、福建和海南等亚热带湿热地区的榕树树干上能长出许多不定根，下垂如绳。这些气生根具呼吸和吸收空气中的水分的作用，称为呼吸根，其中一些十分粗壮，直径可达 2 m，并可伸长及地起支持作用，称为支持根；分布于沼泽地带或海岸低处的红树、落羽松等，其部分根向上生长，露出土面，并有发达的通气组织，也可行呼吸作用。

3. 寄生

一些寄生植物将根插入寄主植物体内摄取营养物，有时这种寄生根还特化为圆形吸器。如菟丝子、列当等寄生植物，叶退化为小鳞片，不能进行光合作用，而是依靠特殊的寄生根从寄主体内吸收水分和有机营养物，严重影响寄主植物的生长。

4. 攀缘

一些藤本植物如常春藤、络石等，其茎上长出顶端扁平、可附于他物表面生长而使植株攀缘而上的攀缘根，又名附生根。

任务五　植物体所需营养元素

一种化学元素存在于植物体内，并不一定说明它是植物正常生长发育所必需的。由于土壤中有各种化学元素，用足够敏感的分析手段可以发现在各种植物体内已有 70 种以上的元素，这些元素中仅有一部分是维持植物正常生长发育所需的，人们将之分为必需元素和有益元素。

植物的必需元素是指植物正常生长发育必不可少的营养元素。判断某元素是否是作物必需的，一般有三条标准，即不可缺少性、不可替代性和直接功能性。

(1)不可缺少性　这种化学元素对所有植物的生长发育是不可缺少的。缺少这种元素就不能完成其生命周期，对高等植物来说，即由种子萌发到再结出种子的过程。

(2)不可替代性　缺乏这种元素后，植物会表现出特有的症状，而且其他任何一种化学元素均不能代替其作用，只有补充这种元素后症状才能减轻或消失。

(3)直接功能性　这种元素必须直接参与植物的新陈代谢，对植物起直接的营养作用，而不是改善环境的间接作用。

只有符合这三条标准的营养元素，才能被确定为是植物必需的营养元素。到目前为止，已经确定为植物生长发育所必需的营养元素有 16 种，即碳(C)、氢(H)、氧(O)、氮(N)、磷(P)、硫(S)、钾(K)、镁(Mg)、钙(Ca)、铁(Fe)、锰(Mn)、锌(Zn)、铜(Cu)、硼(B)、钼(Mo)、氯(Cl)。

根据在植物体内的含量(干物质),16 种植物必需营养元素又分为大量元素和微量元素。

大量元素有(干物质含量≥0.01%):碳(C)、氢(H)、氧(O)、氮(N)、磷(P)、硫(S)、钾(K)、镁(Mg)、钙(Ca)。

微量元素有(干物质含量<0.01%):铁(Fe)、锰(Mn)、锌(Zn)、铜(Cu)、硼(B)、钼(Mo)、氯(Cl)。

随着科学技术,特别是分析化学技术的发展,在 16 种必需营养元素之外,还有一类营养元素,它们对某些植物的生长发育具有良好的作用,或为某些植物在特定条件下所必需,但它们不是高等植物普遍必需的,人们称之为有益元素,主要包括硅(Si)、钛(Ti)、钴(Co)、硒(Se)、钠(Na)和镍(Ni)等。

通常植物所需的营养元素中,碳、氢、氧三种元素来自空气和水分;氮主要通过根系从土壤中吸收,部分由根际微生物的联合固氮和根瘤菌的共生固氮从土壤空气中吸收,其他元素几乎全部来自土壤,而在无土栽培方式下,除碳、氢、氧三种元素外,其余全部由营养液提供,它们的主要生理功能如下。

一、大量元素

1. 碳(C)

碳、氢、氧作为植物的必需营养元素,它们积极参与体内的代谢活动,主要体现在植物光合作用对 CO_2 的同化,碳、氢、氧以 CO_2 和 H_2O 的形式参与有机物的合成,并使太阳能转变为化学能。它们是光合作用必不可少的原料。

陆生植物光合作用所需的 CO_2 主要取自空气,空气中的 CO_2 的含量约为 0.03%。从植物光合作用的需要量来看,这一数值是比较低的。然而,空气的流动能使 CO_2 得到一定的补充。若使 CO_2 浓度提高到 0.1%,就能明显提高光合强度并增加作物产量。设施栽培采用无土栽培技术时,增施 CO_2 肥料是不可忽视的一项增产技术,尤其是在冬、春季,为了保温,温室内经常通气不足,CO_2 浓度常低于 0.03%。生产实践中证明,使温室内 CO_2 浓度提高到 0.1%时,只要其他生长因素配合得好,能使净光合率增加 50%,产量提高 20%~40%。可见,增施 CO_2 肥料是无土栽培的一项重要技术措施。

2. 氢(H)

氢和氧所形成的水,在植物体内有非常重要的作用。当水分充满细胞时,能使叶片与幼嫩部分挺展,使细胞原生质膨润,膜与酶等保持稳定,生化反应得以正常进行。水是植物体内的一切生化反应的最好介质,也是许多生化反应的参与者。

水是植物中氢的基本来源。它可自发电离产生质子,使细胞内质子维持在一定水平上,同时它的活性受许多因素的调节。在光合作用中,当 CO_2 还原为糖时,呼吸作用把有机物分解并放出能量,H^+ 对能量代谢有重要作用。氢在氧化还原反应中作为还原剂,H^+ 还是保持细胞内离子平衡和稳定 pH 所必需的。

在很多情况下,氢的重要作用是通过水分体现的。

3. 氧(O)

植物体内氧化还原作用中,大多数植物的氧来自 CO_2 和 H_2O。植物的呼吸作用产生的能量,为植物吸收养分提供了充足的能源,氧是有氧呼吸所必需的。可以说没有能量就不能维持植物生命的一切活动。呼吸作用产生的中间代谢产物还直接影响植物体内各种物质的合成与转化。

作物吸收养分受供氧状况的影响。根系进行有氧呼吸时，可取得吸收养分时所需的能量。能量充足时，植物吸收养分量明显增加。缺氧不仅影响根细胞的有氧呼吸以及 ATP 的合成，导致根系吸收养分的能力下降，出现缺素症；而且会因乳酸积累或其他无氧酵解生成酸性代谢产物，而导致细胞质酸化。这会抑制乳酸发酵，还会诱导乙醇的合成，造成根系腐烂。在无土栽培中，保持营养液有足够的溶氧量是关键的技术措施。

4. 氮(N)

植物需要多种营养元素，而氮素尤为重要。从世界范围看，在所有必需营养元素中，氮是限制植物生长和形成产量的首要因素。它对改善产品品质也有明显作用。植物生长所需最适的含氮量为植物干重的 2%～5%。植物的含氮量一般为干重的 0.3%～5%，其含量随不同作物种类、品种和植物器官而不同。氮是植物体内蛋白质、氨基酸、核酸、酶、叶绿素、维生素、生物碱、激素等的重要组成成分，主要以含氮化合物的形态存在，并发挥生理作用。

(1)蛋白质和氨基酸　在植物体内，氮的最重要作用就是组成蛋白质分子。蛋白质一般含氮 16%～18%，蛋白质氮占植株全氮的 80%～85%。蛋白质是细胞原生质的重要组成部分，在植物生长发育过程中，细胞分裂和新细胞的形成必须要有蛋白质。所以缺氮时，因新细胞的形成受阻，植物的生长发育延缓或停滞。

氨基酸是蛋白质的组成成分，可溶性氨基氮约占植株全氮的 5%。

当作物施氮过多时，在体内可能积累谷氨酰胺和天冬酰胺，它们是负责植物体内氮素贮藏和运输的化合物。

(2)核酸　核酸氮占植株全氮的 10%左右。RNA 和 DNA 都是含氮化合物，是合成蛋白质、形成遗传物质的必要成分。

(3)酶　酶是生物催化剂，是功能蛋白。植物体内的各种代谢过程都必须有相应的酶参加，所以作物的氮素营养状况关系体内各种物质和能量的转化过程。

(4)叶绿素　氮参与叶绿素的合成，叶绿素 a 和叶绿素 b 中都含有氮。叶绿素含量直接影响光合作用的速率和光合产物的形成。作物缺氮时叶绿素含量下降，叶片黄化，光合作用强度减弱。

(5)其他　维生素(如维生素 B_1、维生素 B_2、维生素 B_6 等)、生物碱(如烟碱和茶碱等)和激素等化合物中都含有氮素，它们在植物体内数量很少，但对于调节某些生理过程起着重要作用。细胞分裂素是嘌呤或嘧啶的衍生物，是一种含氮环状化合物，可以促进植株侧芽的发生及果实的膨大。

根系吸收的氮素的主要形态是 NO_3^- 和 NH_4^+。由于园艺作物大部分是喜硝作物，因此园艺作物主要氮素吸收形态为 NO_3^-，NH_4^+ 可以被吸收利用，但如果 NH_4^+ 浓度太高会对植株造成毒害。低浓度的 NO_3^- 也可以为植物吸收，但浓度较高时则对植物有害。某些可溶性有机氮化合物如氨基酸、酰胺、尿素也可为作物直接吸收，但所占比例很少。

5. 磷(P)

植物的全磷含量一般为其干重的 0.05%～0.5%，其含量随植物种类、生育期、测定部位和环境条件的不同而不同。植物体内磷可分为有机态磷和无机态磷，其中有机态磷占大多数，但受磷肥施用的影响。有机态磷占全磷量的 85%左右，它以核酸、磷脂和植酸等形态存在，在植物体内发挥重要的生理作用。

(1)植物体中的含磷化合物

①核酸和蛋白质。核酸和蛋白质是保持细胞结构稳定、正常分裂、能量代谢和遗传所需的物质。

②磷脂。植物体内有多种磷脂,是生物膜的构成物质。

③植酸盐。植酸盐是磷脂类化合物的一种,为肌醇磷酸酯的钙镁盐。它的形成和积累有利于淀粉的合成。

④ATP和含磷酶。磷是植物体内许多高能化合物的成分,ATP是其中之一。磷还是许多酶的组成成分,如辅酶Ⅰ(NAD)、辅酶Ⅱ(NADP)、辅酶A、黄素蛋白和氨基转移酶中含有磷。因此,保证足够的磷素营养对调节生物体中呼吸作用、光合作用和氮代谢等生物化学过程有重要意义。

(2)积极参与植物体内代谢

①参与光合作用。磷参与光合磷酸化和光合作用暗反应中 CO_2 的固定。

②参与糖代谢。植物叶片中糖代谢及光合产物的运输均受磷的调控。

③氮代谢。磷是氮代谢过程中一些重要酶的组分,缺磷使氮素代谢明显受阻。

④脂肪代谢。脂肪合成过程中需要多种含磷化合物。此外,糖是合成脂肪的原料,而糖的合成、糖转化为甘油和脂肪酸的过程都需要磷,与脂肪代谢密切相关的辅酶A就是含磷的酶。

(3)提高作物抗逆性和适应能力　磷能提高原生质胶体的水合度和细胞结构的疏水性,使其维持胶体状态,并能增加原生质的黏度和弹性,因而增强了原生质抵抗脱水的能力,植株表现抗旱性。另外,磷能提高体内可溶性糖和磷脂的含量,可溶性糖能使原生质的冰点降低,磷脂则能增强细胞对温度变化的适应性,从而增强作物的抗寒能力。施用磷肥能提高植物体内无机态磷酸盐的含量,其主要以磷酸二氢根和磷酸氢根的形态存在,它们常形成缓冲系统,使细胞内原生质具有抗酸碱变化的缓冲性。

植物根系以主动方式吸收磷酸盐。根的表皮细胞是植物积累磷酸盐的主要场所,磷酸盐通过共质体途径进入木质部导管,然后运往植株地上部。植物吸收磷酸盐与体内代谢关系密切,磷的吸收是需要能量的过程,增加营养液中氧分压和光照都能提高磷的吸收速率。植物对磷的吸收也受pH的影响,因为不同pH条件下营养液中 $HPO_4^{2-}/H_2PO_4^-$ 的比例是不相同的。当pH<7时,$H_2PO_4^-$ 占比例大;当pH>7时,则 HPO_4^{2-} 占比例大。

6. 钾(K)

钾是仅次于氮的植物需要量最大的矿质养分。植物生长的适宜需钾量是营养体、肉质果实和块茎干重的2%～5%。喜钠植物对钾的需要量会低得多,这是由于在细胞中 Na^+ 可以代替 K^+ 的作用。钾在植物体内的流动性很强,易于转移至地上部,并且有随植物生长中心转移而转移的特点。因此,植物能多次反复利用钾素营养。钾在植物体内不形成稳定的化合物,而呈离子状态存在,它主要以可溶性无机盐形式存在于细胞中,或以 K^+ 形态吸附在原生质胶体表面。钾不仅在生物物理和生物化学方面有主要作用,而且对体内同化产物的运输、能量变化等有促进作用。

(1)促进光合作用、提高 CO_2 同化率　钾能促进叶绿素的合成,改善叶绿体的结构。钾在叶绿体内不仅能促进电子在类囊体膜上的传递,还能促进电子在线粒体内膜上的传递,从而明显提高ATP合成的数量。在 CO_2 同化的整个过程中都需要有钾参加,钾一方面提高了ATP

合成的数量，为 CO_2 的同化提供了能量；另一方面降低了叶肉组织对 CO_2 的阻抗，因而能明显提高叶片对 CO_2 的同化。

(2)促进光合产物的运输　钾能促进光合产物向贮藏器官运输，增加“库”的贮存。

(3)促进蛋白质的合成　钾是氨基酰-tRNA 合成酶和多肽合成酶的活化剂，因而能促进蛋白质和谷胱甘肽的合成。当供钾不足时，植物体内蛋白质合成减少，可溶性氨基酸含量明显增加，且有时植物组织中原有的蛋白质也会分解，形成大量异常的含氮化合物，如腐胺、精胺等而导致胺中毒。

(4)参与细胞渗透调节作用　钾对调节植物细胞的水势有重要作用。植物对 K^+ 的吸收有高度选择性，因此钾能顺利进入植物细胞中，进入细胞内的钾不参加有机物的组成，而是以离子的状态累积在细胞质的溶胶和液泡中。K^+ 的累积能调节胶体的存在状态，也能调节细胞的水势，它是细胞中构成渗透势的重要无机成分。

(5)调节气孔运动　植物的气孔运动与渗透压、压力势有密切关系，植物体内积累大量的钾，能提高细胞的渗透势，增加膨压，使气孔增大。

(6)酶的活化剂　已知有 60 多种酶需要一价阳离子来活化，而其中 K^+ 是植物体内最有效的活化剂。这 60 多种酶大约可归纳为合成酶、氧化还原酶和转移酶 3 大类，它们都是植物体内极其重要的酶类。

(7)促进植物的抗逆性　在逆境条件下，K^+ 通过调节细胞内和组织中淀粉、糖分、可溶性蛋白以及各种阳离子的含量，提高细胞的渗透势和水势，提高植物抗旱性。钾能够促进纤维素和木质素的合成，因而使植物茎秆粗壮，抗倒伏能力加强。钾促使合成过程加强，使淀粉、蛋白质含量增加，而降低单糖、游离氨基酸等的含量，减少了病原生物的养分。因此，钾充足时，植物的抗病能力大为增强。例如，钾充足时，能减轻水稻纹枯病、白叶枯病、稻瘟病、赤枯病及玉米茎腐病、大小斑病的危害。

钾以 K^+ 的形态被植物根系吸收。

7. 钙(Ca)

植物体内的含钙量为 0.1%～5%，不同植物种类、部位和器官的含钙量变幅很大。在植物细胞中，钙大部分分布于细胞壁上。细胞器内钙主要分布在液泡中，细胞质内较少。植物体内的钙有 3 种存在形式，即离子形式、盐的形式以及有机物结合的形式。钙的生理生化功能十分重要。

(1)作为细胞结构组分　钙是细胞某些结构的组分，可稳定细胞膜、细胞壁，保持细胞完整性。钙将生物膜表面的磷酸盐、磷酸酯与蛋白质基桥连接起来，提高膜结构的稳定性和疏水性，从而增强细胞膜对 K^+、Na^+ 和 Mg^{2+} 等吸收的选择性，增强植物对环境胁迫的抗逆能力及防止早衰。植物中绝大部分的钙作为果胶质的结构成分分布于细胞壁中。

(2)参与第二信使传递　钙能结合在钙调蛋白(CAM)上，对植物体内许多种关键酶起活化作用，并对细胞代谢有调节作用。钙调蛋白是一种由 148 个氨基酸组成的低分子质量多肽，对 Ca^{2+} 具有很强的选择亲和性，并能同 4 个 Ca^{2+} 结合，它能激活的酶有 NAD 激酶和 Ca-ATP 酶等。当无活性的钙调蛋白与 Ca^{2+} 结合成 Ca-CAM 复合体后，CAM 因发生变构而被活化，活化的 CAM 与细胞分裂、细胞运动以及细胞中信息的传递有关，同时也与植物的光合作用、激素调节等有密切关系。

(3)调节渗透作用　在有液泡的叶细胞内，大部分 Ca^{2+} 存在于液泡中，它对液泡内阴、阳离子的平衡有重要贡献。在随硝酸还原而合成草酸盐的一些植物中，液泡中草酸钙的形成有助于维持液泡以及叶绿体中游离 Ca^{2+} 浓度处于较低的水平。由于草酸钙的溶解度很低，它的形成对细胞的渗透调节十分重要。

(4)具有酶促作用　Ca^{2+} 对细胞膜上结合的酶（如 Ca-ATP 酶）非常重要。Ca-ATP 酶的主要功能是参与离子和其他物质的跨膜运输。Ca^{2+} 能提高 α-淀粉酶和磷脂酶的活性，也能抑制蛋白激酶的活性。迄今为止，已发现钙可以同 70 多种蛋白质结合，不过由于细胞质中的 Ca^{2+} 与许多酶的亲和力很低，另外由于细胞质中的 Ca^{2+} 浓度也低，因此细胞质中钙的酶促作用受到了限制。

钙主要以 Ca^{2+} 的形态被植物根系吸收。

8. 镁(Mg)

植物体内的镁含量为 0.05％～0.7％。在植物器官和组织中的含镁量不仅受植物种类和品种的影响，而且受植物生育时期和许多生态条件的影响。在正常植物的成熟叶片中，大约有 10％的镁在核糖体中，还有 15％呈游离态或结合在各种需镁激化的酶上及细胞中可被镁置换的阳离子结合部位（如蛋白质的各种配位基团，有机酸、氨基酸和细胞壁自由空间的阳离子交换部位）。当植物叶片中的镁含量低于 0.2％时则可能缺镁。镁是二价阳离子，在吸收时其他阳离子如 K^{+}、NH_4^{+}、Ca^{2+}、Mn^{2+} 以及 H^{+} 均能显著降低 Mg^{2+} 的吸收速率。因此，由竞争性阳离子引起的缺镁现象普遍存在。镁的生理功能主要表现在以下几方面。

(1)合成叶绿素并促进光合作用　镁作为叶绿素 a 和叶绿素 b 卟啉环的中心原子，在叶绿素合成和光合作用中起重要作用。镁对叶绿体中的光合磷酸化和羧化反应都有影响，如镁参与叶绿体基质中 1,5-二磷酸核酮糖羧化酶（RuBP 羧化酶）催化的羧化反应，而 RuBP 羧化酶的活性完全取决于 pH 和镁的浓度。

(2)合成蛋白质　镁作为核糖体亚单位联结的桥接元素，能保证核糖体结构的稳定，为蛋白质合成提供场所。蛋白质合成中需要镁的过程还包括氨基酸的活化、多肽链的启动和多肽链的延长反应等。另外，活化 RNA 聚合酶也需要镁。由此可见，镁参与细胞核中 RNA 的合成。

(3)活化和调节酶促反应　镁以 Mg^{2+} 的形态被植物根系吸收。

9. 硫(S)

植物体内的硫含量为 0.1％～0.5％。植物体内的硫有无机硫酸盐（SO_4^{2-}）和有机含硫化合物两种形态。无机硫酸盐是组成蛋白质的必需成分，而有机含硫化合物主要是以含硫氨基酸及其化合物如胱氨酸、半胱氨酸、蛋氨酸和谷胱甘肽等存在于植物体的各器官中。硫在植物体内的主要生理作用如下。

(1)参与合成蛋白质　硫是含硫氨基酸的组分，因此是蛋白质不可缺少的组分。在多肽链中，两种含巯基（—SH）氨基酸可形成二硫键，它对于维持蛋白质的三级结构十分重要。正是由于二硫化合键的形成，才使某些蛋白质真正具有酶的功能。

(2)参与各种生化反应　硫作为辅酶 A（CoA）的组分而参与物质（糖和脂肪）代谢和能量代谢；硫是铁氧还蛋白、硫氧还蛋白和固氮酶（酸性可变硫原子）的组分，能够传递电子，因而在光合、固氮、硝态氮还原过程中发挥作用；硫作为谷胱甘肽和维生素 B_1 的成分参与氧化还原反应；硫作为巯基（—SH）的组分而起作用，一方面—SH 是某些酶类的活性中心；另一方面由于

2个—SH与二硫键—S—S—可相互转化，不仅参与氧化还原反应，而且具有稳定蛋白质空间结构的作用。

硫以 SO_4^{2-} 的形态被植物根系吸收。

二、微量元素

1. 硼(B)

植物体内硼的含量变幅很大，含量少的只有2 mg/kg，含量多的可高达100 mg/kg，分布不均匀。硼与铁、锰、锌、铜等微量元素不同，硼不是酶的组成成分，不以酶的方式参与生理作用；它也没有化合价的变化，不参与电子传递；也没有氧化还原的能力。但硼对植物具有某些特殊的营养功能。

(1)促进体内糖的运输和代谢　硼的重要营养功能之一是参与糖的运输，其原因是：合成含氮碱基的尿嘧啶需要硼，而尿嘧啶又是尿苷二磷酸葡萄糖(UIDPG)的前体物质之一，因而硼有利于蔗糖合成和糖的外运；硼直接作用于细胞膜，从而影响蔗糖的韧皮部装载；硼能以硼酸的形式与游离态的糖形成带负电性的复合体，因此容易透过质膜，促进糖的运输。

(2)作为细胞壁的成分　已经证明硼在植物细胞壁结构中具有重要作用，与果胶质连接，特别是在中胶层。细胞壁主要由多糖组成，如纤维素、半纤维素，并有少量糖蛋白、酶类、酚酯和以离子键或共价键结合的矿质元素。纤维素包埋在果胶质中，这些结构物质由富含羟脯氨酸的交联糖蛋白连接，这是主要的细胞壁蛋白。在次生壁生长过程中，细胞壁被木质素和木栓质加固。硼用来交联两个分子的称为鼠李糖半乳糖醛酸聚糖Ⅱ的细胞壁多糖，以此提供细胞壁的物理强度。

(3)调节酚的代谢和木质化作用　硼与顺式二元醇形成稳定的硼酸复合体(单酯或双酯)，从而能改变许多代谢过程。例如，6-磷酸葡萄糖与硼酸根结合能抑制底物进入戊糖磷酸途径和酚的合成，并通过形成稳定的酚酸-硼复合体(特别是咖啡酸-硼复合体)来调节木质素的生物合成。

(4)促进细胞伸长和细胞分裂　硼对植物激素含量也有一定的影响。缺硼时，细胞分裂素合成受阻，而生长素(IAA)却大量累积。在正常组织中，硼能与酚类化合物整合，以保证IAA氧化酶系统正常工作。当植物体内有过多生长素存在时，即被分解，避免它对植物的危害作用，并有利于根的生长和伸长。

(5)促进生殖器官的建成和发育　硼能促进花粉萌发和花粉管伸长。缺硼时花药与花丝萎缩，绒毡层组织破坏，花粉发育不良。由于硼对花粉管的生长起作用，因此通常种子和谷粒生产需要的硼比单纯营养生长需要的硼多。硼通过增加花药的花粉粒生产能力和花粉粒活力来影响受精。

硼以硼酸(H_3BO_3)的形式被植物吸收。

2. 铜(Cu)

植物需铜量不多，大多数植物的铜含量在5～25 mg/kg(干重)，多集中于幼嫩叶片、种子等生长活跃的组织中。植物铜含量常因植物种类、植物部位、成熟状况、土壤条件等因素而有变化，且不同种类作物体内铜含量差异很大。

铜以高浓度的离子形态存在时是具有毒性的，因此几乎所有植物体内的铜都以复合形式存在。铜离子形成稳定性螯合物的能力很强，它能与氨基酸、肽、蛋白质及其他有机物质形成配合物，如各种含铜的酶和多种含铜的蛋白质，它们是植物体内行使各项功能的主要形态（表2-3）。

表 2-3　几种重要的含铜蛋白

蛋白	功能
蓝蛋白	类囊体中传递电子
抗坏血酸氧化酶	抗坏血酸氧化
质体蓝素	光合系统Ⅰ中电子传递
酚氧化酶	在线粒体和类囊体膜上氧化酚类
二胺氧化酶	腐胺和尸胺的氧化脱氨基作用
超氧化物歧化酶	超氧自由基 $\cdot O_2^-$ 脱毒形成 H_2O_2，后者被过氧化氢酶还原成 H_2O 和 O_2
细胞色素氧化酶	与铁一起，在电子传递链的最后一步将 O_2 还原成 H_2O

溶液中的铜以两种离子形式存在，即 Cu^+ 和 Cu^{2+}。一价铜很容易氧化成二价铜，一价铜只存在于复合物中，而不是以一价铜离子的形式存在。一价铜的复合物是无色的，二价铜的常常是蓝色或褐色的。铜以 Cu^{2+} 形式被植物吸收。铜化合价的可变性（Cu^+ 和 Cu^{2+}）是其参与氧化还原反应的基础。

3. 氯（Cl）

植物对氯的需要量比硫小，但比任何一种微量元素的需要量都大。在不同基因型植物之间，氯的吸收和运输变化很大，这导致在植物组织中氯的浓度变化范围很宽，为 10～80 000 mg/kg（干重）。植物中除 Na 以外，没有其他元素的浓度在不同植物间能相差 8 000 倍。在植物体中，其临界浓度为 100 mg/kg 或 3 μmol/g（干重），但很少看到有缺氯的现象。这是由于通常供给植物氯的途径很多，在世界范围内更多的问题是氯的毒害，而不是缺乏。其生理功能主要有：

（1）参与光合作用　在光合作用中，氯作为锰的辅助因子参与水的光解反应，并与 H^+ 一起由间质向类囊体腔转移，起平衡电性的作用。

（2）参与气孔调节　Cl^- 作为液泡中溶质的成分，与 K^+、Na^+ 一起参与渗透调节，并与 K^+ 一起调节气孔开闭。

（3）激活质子泵 H^+-ATP 酶　在原生质膜和液泡膜上还存在着一种需要氯化物激活的质子泵 H^+-ATP 酶，这种酶不受一价阳离子的影响，而专靠氯化物激活。质子泵 H^+-ATP 酶可以把原生质中的 H^+ 转运到液泡内，而使液泡膜内外产生 pH 梯度。

在植物体中，氯以离子（Cl^-）态存在，流动性很强，植物对氯的吸收属逆化学梯度的主动吸收过程。由于光合磷酸化作用中所形成的 ATP 可提供主动吸收所需的能量，所以光照有利于氯的吸收。此外，植物吸收 Cl^- 的速度主要取决于介质中氯的浓度。氯易于透过质膜进入植物组织。

4. 铁（Fe）

铁在植物中的含量不多，大多数植物的铁含量在 100～300 mg/kg（干重），且常随植物种类和植株部位而有差别。某些园艺作物铁含量较高，如菠菜、叶用莴苣、甘蓝等铁含量一般在 100 mg/kg 以上，最高可达 800 mg/kg。但应注意的是，采用植物铁含量作为缺铁诊断指标往往并不可靠，必须了解总量中有效铁所占的比例。

植物体内的铁主要以高价铁形式存在，如铁硫蛋白、细胞色素和植物铁蛋白，也有一部分铁以亚铁形式存在，如血红素合成过程中所需的亚铁。不同价态铁在植物体内细胞中可以相互转化。铁离子由于具有活跃的价态变化，即三价与二价的互变，因此在细胞内氧化还原反应中起着非常重要的作用。铁在细胞呼吸、光合作用和金属蛋白的催化反应过程中也同样发挥重要作用，是重要的电子传递体。此外，由于 Fe^{3+}/Fe^{2+} 的高氧化还原电势，细胞内游离态的铁容易发生芬顿(Fenton)反应，激活还原态的氧，产生有害的超氧化合物，对细胞造成伤害：

$$Fe^{2+} + H_2O_2 \longrightarrow Fe^{3+} + OH^- + \cdot OH$$

产生的自由基会造成膜脂的不饱和脂肪酸的过氧化。为了阻止氧化损伤，铁或被紧密束缚，或结合进入可控制的可逆氧化还原反应，包括那些抗氧化保护反应的结构之中(如血红素和非血红素蛋白)。

铁在植物体内的生理功能主要有 3 个方面：

(1)在酶系统中作为正铁血红素或氯化血红素的辅基，在叶绿素合成中起重要作用。

(2)参与体内氧化还原反应和电子传递，各种细胞色素、豆血红蛋白、铁氧还蛋白等都是氧化还原能力很强的含铁有机物，这些不同种类的含铁蛋白质作为电子传递链的重要组成成分或催化剂，参与体内的多种代谢活动。

(3)参与植物的呼吸作用，铁是一些与呼吸作用有关的酶的组成成分，如细胞色素氧化酶、过氧化物酶、过氧化氢酶等。作为代谢活性物质和具有生物氧化还原作用的催化功能，直接或间接参与了植物体内所有的重要代谢过程，如光合作用、呼吸作用、固氮作用和硝酸还原等过程中的电子传递以及光合作用中的光合磷酸化和氧化磷酸化。

一般认为，Fe^{2+} 是植物吸收的主要形式，螯合铁也可以被吸收。Fe^{3+} 在高 pH 条件下溶解度很低，大多数植物都很难利用。除禾本科植物可吸收 Fe^{3+} 外，Fe^{3+} 只有在根的表面还原成 Fe^{2+} 以后才能被植物根尖吸收。植物吸收铁受多种离子的影响，如 Mn^{2+}、Cu^{2+}、Mg^{2+}、K^+、Zn^{2+} 等金属离子与 Fe^{2+} 有明显的拮抗作用。

5. 锰(Mn)

与铁一样，锰也是一个变价元素，在生物体内，它主要以二价、三价和四价等氧化价态存在，Mn^{2+} 和 Mn^{4+} 很稳定，但 Mn^{3+} 不稳定。在植物体内，Mn^{2+} 是主要的存在形态，但它很易被氧化成 Mn^{3+} 和 Mn^{4+}。因此，锰能够在氧化还原过程中起重要作用。尽管 Mn^{2+} 能激活许多酶类，但迄今为止，只证实存在两种含锰酶类，即光合系统Ⅱ(PSⅡ)中的锰蛋白(参与水光解)及含锰的超氧化物歧化酶(MnSOD)。

植物体内锰的含量高，变化幅度很大，这主要是在吸收过程中其他阳离子与锰有竞争作用，特别是 Mg^{2+} 能降低植物对 Mn^{2+} 的吸收，且土壤 pH 对锰的吸收有明显的影响。pH＞7 的土壤，植物含锰量低(一般在 100 mg/kg 以下)；pH＜7 的土壤，植物的含锰量偏高，有时可能会发生锰中毒现象。

(1)参与光合作用　叶绿体中含有两种锰组分，一种与膜结合松散，可能与放氧有关；另一种与膜结合牢固，可能是 PSⅡ的原初电子供体。锰还对维持叶绿体片层结构有作用。在叶绿体中锰与蛋白质结合形成酶，它是光合作用中不可缺少的参与者。

(2)多种酶的活化剂　锰在植物代谢过程中的作用是多方面的，而这些作用往往是通过对酶活性的影响来实现的，如某些转移磷酸基团的酶类、多种脱氢酶、硝酸还原酶、IAA 氧化酶和某些肽酶，均需锰作为活化剂。

锰主要以 Mn^{2+} 的形态被植物根系吸收，并优先运到分生组织。叶绿体中含锰较多。

6. 钼(Mo)

在 16 种必需营养元素中，植物对钼的需要量低于其他任何一种，通常含量不到 1 mg/kg。种子中钼的含量变幅很大，但一般来说，豆科植物种子含钼量高于非豆科植物。钼的生理功能如下。

(1)作为某些酶的成分　钼是硝酸还原酶和豆科植物固氮酶钼蛋白的成分，参与氮代谢。缺钼导致植物体内硝酸盐积累和固氮受阻。

(2)促进植物体内有机含磷化合物的合成　钼与植物的磷代谢有密切关系。钼能促进无机磷向有机磷转化。钼酸盐会影响正磷酸盐和焦磷酸酯一类化合物的水解作用，还会影响植物体内有机态磷和无机态磷的比例。缺钼时，体内磷酸酶的活性明显提高，使磷酸酯水解，不利于无机态磷向有机态磷的转化，因此体内磷脂态-P、RNA-P 和 DNA-P 都会减少。

(3)参与植物体内的光合作用和呼吸作用　植物体内抗坏血酸的含量常因缺钼而明显减少，这可能是由于缺钼导致植物体内氧化还原反应不能正常进行所引起的。钼能提高过氧化氢酶、过氧化物酶和多酚氧化酶的活性，钼还是酸式磷酸酶的专性抑制剂。钼在光合作用中的直接作用还不清楚，但缺钼会引起光合作用强度降低，还原糖的含量减少。

(4)增强植物抵抗病毒的能力　施钼能使烟草对烟草花叶病毒具有免疫力，使受病毒感染而患萎缩病的桑树恢复健康。

钼主要以 MoO_4^{2-} 的形态被植物吸收。

7. 锌(Zn)

植物正常锌含量为 25～150 mg/kg(干重)，锌在植物体内的含量较低。与其他重金属离子如铜、铁、锰等不同，锌是二价阳离子，并且不会变价，在植物体内锌只以 Zn^{2+} 形态存在，因此不参加氧化还原反应。已报道有 80 多种含锌的蛋白。锌的生理功能往往是以它能与含 N 配位体、含 O 配位体，特别是含 S 配位体结合成四面体复合物为基础的。许多酶的活性位点也需要锌。在一些酶中，锌是蛋白组成成分，但并不在活性位点。

锌主要以有机酸结合态或游离二价阳离子形态经木质部进行长距离运输。在韧皮部汁液中，锌的浓度很高，可能主要是与低分子有机物结合，如烟酰胺(NA)等。锌的主要生理功能有：

(1)含锌的主要酶类　锌是许多酶(锌酶)结构的组成成分，如乙醇脱氢酶、碳酸酐酶(CA)、铜锌超氧化物歧化酶(CuZn-SOD)、碱性磷酸酶等，在这些酶中锌有 3 种作用：催化、共活化或结构构成。

(2)锌激活的酶类　在高等植物中，锌是多种不同类型酶的活性所必需的或至少起调节作用，这些酶包括脱氢酶、醛缩酶、异构酶、转磷酸酶等。

(3)蛋白质合成　锌是蛋白质合成过程中多种酶的组成成分，如 RNA 聚合酶就含锌。缺锌时蛋白质合成受阻，植物体内蛋白质的合成速率和蛋白质含量急剧下降，氨基酸累积。恢复供锌的植物其蛋白质合成也能迅速恢复。除了前面所讲的锌的功能外，在蛋白质代谢过程中锌至少还有两种功能与这些变化有关。锌是核糖体的结构组成，是其结构稳定性所必需的。

在地上部分生组织及其他分生组织中，维持蛋白质合成所需的含锌量至少为 100 μg/g（干重）。分生组织中适宜的范围要超过成熟叶片 5～10 倍。对其他营养元素而言，差异要小得多。为满足地上部分生组织对锌的高需求，大多数根部供给的锌通过茎中木质部、韧皮部运输的调节优先运输到地上部分生组织中。

(4)碳水化合物代谢　许多需锌的酶参与碳水化合物代谢，特别是叶片中的需锌酶。除了在碳酸酐酶中的作用外，锌也是其他两种关键酶，即1,6-二磷酸果糖酶和醛缩酶所必需的。这两种酶存在于叶绿体和细胞质中。1,6-二磷酸果糖酶是叶绿体和细胞质中分解六碳糖的关键酶。一般来说，缺锌植株叶片中碳酸酐酶活性的急剧下降是碳水化合物代谢中最敏感的也是最显而易见的酶活性变化。

(5)色氨酸和吲哚乙酸合成　锌在植物物体内的主要功能之一是参与生长素(IAA)的代谢。实验证明，锌能促进吲哚和丝氨酸合成色氨酸，而色氨酸是生长素的前体，因此锌间接影响生长素的形成。植物缺锌最明显的症状是生长矮化和“小叶病”，这已证明与生长素代谢，特别是吲哚乙酸代谢的紊乱有关。在缺锌的番茄植株中，茎伸长的减少与 IAA 水平的降低有关，在恢复供锌后，茎的伸长和 IAA 的水平都得到恢复，且 IAA 对供锌的反应比茎伸长更快。

(6)膜的完整性　锌是维持生物膜完整性所必需的。它可与磷脂和膜组分中的巯基结合，或与多肽链中半胱氨酸残体形成四面体的配合物，从而保护膜脂和蛋白质免遭过氧化损伤。锌也通过 NADPH 的氧化作用和作为 CuZn-SOD 的金属组分清除氧自由基来控制有毒性的氧自由基的产生。一般缺锌条件下原生质膜透性显著增加。从缺锌根系分离的原生质膜泡囊的透性比供锌根系的高。

锌主要以 Zn^{2+} 的形态被植物吸收。

三、有益元素

有益元素与植物生长发育的关系可分为两种类型：第一种是该元素是某些植物种群中特定的生物反应所必需的，如钴是根瘤固氮所必需的；第二种是某些植物生长在该元素过剩的特定环境中，经过长期进化后，逐渐变成需要该元素，如甜菜对钠、水稻对硅的需求等。

1. 硅(Si)

硅是地壳中含量第二丰富的元素。在岩石圈中平均质量分数为 27.6%。植物主要以单硅酸(H_4SiO_4，一种可溶性二氧化硅)形态从土壤中吸收硅。许多植物中的硅富集于根中。

硅与细胞壁结构有关，禾本科等植物中以二氧化硅凝胶或水化多聚物，充满表皮和维管壁组织，使表皮细胞硅质化，可加强这些组织，减少失水和防止真菌侵染；硅对作物的抗旱性和机械支撑有帮助，如高粱等作物的抗旱性。禾本科植物含硅量一般是豆科及其他双子叶植物的 10～20 倍。水稻、甘蔗、大麦、小麦、燕麦、玉米、花生、大豆、西瓜、果树、毛竹、黄瓜、番茄等蔬菜和作物使用硅肥效果好。

目前最常用的硅肥是硅酸钙，溶解性较差，应施匀、早施、深施。硅酸钾、硅酸钠等高效硅肥水溶性较好。施石灰常常降低植物对硅的吸收，而酸化却增加硅的吸收。大量施用氮肥使稻秸中硅含量下降，从而水稻植株更易受真菌侵害。

2. 钛(Ti)

土壤的钛含量普遍较高，但它们绝大部分以不溶于水的氧化物或硅酸盐的形态存在于土壤之中，可溶性钛的浓度平均在1 mg/kg以下。钛是动物和人体中不可缺少的有益元素，可以制成饲料添加剂用于畜牧养殖业，可使饲料的转化率提高10%以上，并使禽畜的抗病能力增强，成活率提高。

钛的作用主要与光合作用和豆科植物固氮有关，钛能提高植物叶中叶绿素、类胡萝卜素的含量，使叶绿素进行光合作用的速率和效果提高10%～20%，使植物体通过光合作用自身制造养分的能力得到提高；提高植物体中固氮酶、过氧化物酶、硝酸还原酶、磷酸酶的活性；具有类激素效应，有利于细胞核内DNA的活化，能调动内源激素向生长中心输送，促进分化和诱导愈伤组织；钛能够提高作物的抗旱、抗涝、抗寒、抗高温、抗病的能力；植物由于使用农药过量或不当而受到药害后，通过施用钛肥，症状可以适当得到缓解，使之较快地恢复长势；以钛配制的除草剂解毒剂可以在使用一些除草剂的时保护敏感作物免受伤害。

施磷肥时常带入较多的钛。目前钛肥主要有硫酸钛、二氧化钛和螯合钛。生产上施用钛肥常喷施1 mg/kg的螯合钛。

3. 硒(Se)

硒在地壳中的含量仅为一亿分之一，全球缺硒国家和地区达40多个，我国有22个省份缺硒，72%的国土为贫硒或缺硒土壤，我国7亿人口生活在缺硒环境下。我国贵州开阳、湖北恩施和陕西紫阳被誉为三大富硒地区。

硒能够提高作物产量，在调节植物生长方面，其特点是低浓度时促进植物生长，高浓度时抑制植物生长，外源硒可能会影响土壤中某些微生物的种类、数量或酶的活性，进而影响作物生长的养分环境，通过影响植物对养分的吸收，最终对作物产量产生作用。硒能够拮抗重金属，硒通常采用与重金属结合，生成难溶的沉淀物质，从而减轻重金属对植物体内抗氧化酶的抑制作用；参与调控植物螯合肽酶的活性，该酶可与重金属离子形成螯合蛋白，缓解重金属对植物的毒害。硒可促进和调控植物叶绿素的合成代谢；作物施硒能够减轻除草剂药害、提高作物抗逆性、抑制真菌。

现在市场上硒肥品种按照施用方法分类有：叶面喷洒硒肥、水冲硒肥、有机硒肥等，主要是用硒酸钠或者亚硒酸钠通过氨基酸、腐殖酸、EDTA等络合而成，制成让植物更加容易吸收的剂型，既可以单独施用，也可以与有机肥、微生物肥料混合而成施用。特别要注意的是，无论用作底肥、追肥、叶面喷洒或者水溶解施用，浓度不能过大，过大会导致植物生长不良。

4. 钠(Na)

虽然钠在地壳中数量可观，约占2.8%，但土壤中钠含量较低，在0.1%～1%。高浓度的钠离子对植物的生长有不利影响，适当低浓度的钠离子不仅没有危害，还有利于植物的生长，尤其是对植物自身诸多生理功能的顺利进行非常有益。

钠元素能够增大植物细胞的渗透势，在具有一定盐浓度的土壤中能提高植物吸水吸肥的能力。钠元素可以提高细胞原生质的亲水性，植物吸收部分钠元素以后，细胞内的电解质增加，组成原生质体的胶体即发生变化膨胀，从而提高了原生质体与水的亲和力，提高了细胞的保水潜力，在一定程度上可以降低植物的蒸腾作用。钠元素可促进细胞体积的增大和细胞数目的增多，使植物生长得更快、发育得更好。另外，钠元素的作用还表现在调节叶片的气孔开闭以及对光合作用的提高上。

缺少钠元素对多数植物的直接影响是造成植物干重的下降，与此同时，也能导致叶绿素含量的下降。所以，植物缺钠时往往表现出叶片失绿或坏死，甚至不能开花的症状。缺钠可以引起光系统的损伤，并因此可导致光能向化学能转化减少，限制光合作用的进行。另外，缺钠可能导致叶肉细胞或维管束鞘细胞超微结构的改变，影响能量的转运。

喜钠作物包括饲用甜菜、荞麦、菠菜等。甘蓝、椰子、棉花、羽扇豆、燕麦、马铃薯、橡胶、芜菁等对钠也有良好反应。大麦、亚麻、黍子、油菜、小麦、玉米、黑麦、大豆等不耐受钠。

目前没有专门的钠肥，一些厂家生产的微量元素、天然矿物质元素肥料中都含有包括钠在内的多种中微量和超微量天然元素，可在底肥中施用，能够满足作物所需。

5. 钴(Co)

钴是维生素 B_{12} 的组成成分，是一种独特的营养物质，是人体必需的微量元素。地壳中钴平均浓度为 23 mg/kg。钴作为重金属元素，土壤(营养液)中过量的钴会对农作物产生毒害作用。

钴作为豆科植物固氮及根瘤菌生长所必需的元素，一旦缺乏就会使植物生长受阻，充足的钴元素可使大豆根瘤中维生素 B_{12} 和豆血红蛋白含量增高，固氮能力增强。钴与种子中某些水解酶和作物体内某些酶的活化有关，能促进植物细胞生长，从而使得作物籽粒饱满、提高产量、改善品质。

一般来说，钴肥的最基本原料是硫酸钴，含钴量在 21%以上，为桃红色至红色结晶，易溶于水；氯化钴也可作为原料，含钴量在 25%以上，为红色结晶。以上两种原料可直接作钴肥施用，也可以生产出 EDTA 螯合钴肥、腐殖酸螯合钴肥、黄腐酸螯合钴肥、糖醇型钴肥等。

6. 镍(Ni)

镍是在地壳中含量比较丰富的矿质元素之一，是人体需要的元素，主要作为脲酶的辅基。

镍在植物体内主要参与种子萌发、氮代谢、铁吸收和衰老过程。镍是脲酶和其他含镍酶的组成成分，镍植物体内含量在 0.05～0.5 mg/kg，不同植物体内的含量差别很大。脲酶是一种普遍存在于植物中的镍金属酶，镍对于氨基酸水解形成的尿素和核酸代谢都是必要的，缺乏脲酶活性的植物会在种子中累积大量尿素，或者在种子萌发时产生大量尿素，会严重影响种子出芽。所以，植物体内的氮代谢过程中，脲酶起到非常重要的作用。镍还具有促进植物生长的作用，对植物根系吸收铁有影响，可以促进豆科和禾本科作物生长。

镍肥是微量元素肥料，可以进行土壤施肥，具有用量少、专用性强等诸多优点；也可以与大量元素肥料混合或者配合均匀施用于土壤表面，然后耕地入土，作为基肥，供应植物整个生育期需要；镍肥还可以直接喷施植物，如叶片施肥，可以把镍肥配成稀溶液，一般浓度为 0.1%，喷洒在植物叶片和茎上，也可与农药混用，更加方便。同时，镍肥能用于根部处理，将镍肥调成稀泥浆，根部蘸上镍肥泥，或者用营养钵时添加镍肥，有利于植物苗期生长。除此之外，镍肥还用于种子处理，在播种前将镍肥附着在种子表面，采取镍肥拌种、浸种和包衣等方法。

目前，常见的镍肥有氯化镍、硫酸镍、硝酸镍。

任务六　植物根系对营养元素的吸收

一、植物根系吸收营养元素的机制

根系是植物吸收养分的重要器官。植物与外界环境进行物质交换主要是通过庞大的根系来完成的。根系在土壤中分布的范围极为广阔，加上大量的根毛，增加了同土壤的接触，大大增加了根的吸收面积。据测量，播种 120 d 的单株黑麦，总根系达 1 830 万条，总长度达 60 万 m，总表面积为 25 万 cm^2。如果加上 140 亿条根毛，根系总表面积约为地上部分总表面积的 130 倍。

1. 植物吸收矿质元素的特点

(1)根系对矿质元素和水分是相对吸收的　矿质元素和水分两者被植物的吸收是相对的，既有关又无关。“有关”表现在矿质元素只能溶解在水中，才能被根部吸收；“无关”表现在两者的吸收机理不同。根部吸水主要是因蒸腾而引起的被动过程，而吸收无机盐则是以消耗代谢能量的主动吸收为主，有载体运输，也有通道运输和离子泵运输，其运输速度和水分的运输速度并不一致。

(2)根系对离子的吸收具有选择性　植物不但在吸收水分与吸收矿质元素上表现出相对独立性，而且一种矿质元素带有不同电荷的离子也不是等量进入植物体的。植物根系吸收离子的数量与溶液中离子的数量不成比例的现象称为离子的选择性吸收。如在土壤中施入 $(NH_4)_2SO_4$ 时，植物对 NH_4^+ 的吸收量远远超过 SO_4^{2-}，在吸收 NH_4^+ 的同时将 H^+ 置换到介质中，从而使介质中 SO_4^{2-} 和 H^+ 浓度增大，导致 pH 下降，这种盐称为生理酸性盐。如施入 $NaNO_3$ 则相反，植物吸收大量的 NO_3^-，而使 Na^+ 残留在介质中，使土壤 pH 升高，因此，把 $NaNO_3$ 称为生理碱性盐。如供给 NH_4NO_3 时，植物对 NH_4^+ 和 NO_3^- 离子几乎以同等速度吸收，根部置换的 H^+ 和 HCO_3^- 相等，并不改变介质的 pH，这种盐称为生理中性盐。

(3)单盐毒害和离子拮抗　某种溶液若只含有一种盐(即溶液的盐中的金属离子只有一种)，该溶液即被称为单盐溶液。若将植物培养在单盐溶液中，植物不久就会呈现不正常状态，最后死亡。这种现象称为单盐毒害。在发生单盐毒害的溶液中加入少量含有其他金属离子的盐类，单盐毒害就会减轻或消除，离子间的这种作用称为离子拮抗作用。例如，在 NaCl 溶液中加入 $CaCl_2$，或在 $CaCl_2$ 溶液中加入 NaCl 和 KCl，就能减轻单盐毒害。

2. 根系吸收矿质元素的方式

根系吸收矿质元素的方式有两种，即被动吸收和主动吸收。

(1)被动吸收　根细胞对溶质的吸收是顺电化学梯度进行的，这种吸收方式不需要代谢能量，因此称为非代谢性吸收或被动吸收，主要包括单纯扩散和易化扩散。

溶液中的溶质从浓度较高的区域跨膜移向溶液浓度较低的邻近区域称为单纯扩散。因此，当外界溶液的浓度高于细胞内部溶液的浓度时，外界溶液中的溶质就会扩散到细胞内部。易化扩散是溶质通过膜转运蛋白顺浓度梯度或电化学梯度进行的跨膜转运。参与易化扩散的膜转运蛋白主要有两种，即通道蛋白和载体蛋白，载体蛋白又称为载体，也称为运输酶或透过酶。

被动吸收还包括离子交换吸附，它是由根细胞进行呼吸所产生的 H^+ 和 HCO_3^-(HCO_3^- 还可进一步电离出 H^+)吸附在根系表皮细胞的原生质膜表面，可能与溶液中的离子进行离子交换而被根系吸收。

(2)主动吸收　植物体内离子的浓度一般比土壤溶液的离子浓度高得多，但仍能逆浓度梯度进行吸收，这是需要生物代谢能量的过程。目前关于主动吸收的具体机理及代谢能量被利用的方式较为完整的假说有两种，即载体假说和离子泵假说。

①载体假说。该假说认为，生物膜上存在着一些能携带离子通过膜的大分子，这些大分子被称为载体。载体可能是蛋白质分子，类似变构酶。载体对一定的离子有专一的结合部位，能

选择性地携带某种离子通过膜。载体的形成需要 ATP,ATF 则主要由呼吸作用中糖分解产生,ATP 被消耗后产生的 ADP 和无机磷在光合磷酸化、氧化磷酸化的作用下重新获能量,又形成 ATP。

②离子泵假说。该假说认为,"泵"就是位于原生质膜上的 ATP 酶。许多阳离子如 K^+、Na^+、Rb^+ 等都能活化 ATP 酶,促进 ATP 分解形成 ADP 和 $H_2PO_3^-$,$H_2PO_3^-$ 不稳定,遇水分解成 H_3PO_4 和 H^+。生成的 H^+ 被泵出膜外,这样就形成一个跨质膜的质子梯度,从而使膜内与膜外产生了电化学梯度,于是膜外的阳离子就利用这个梯度进入膜内。膜外的阳离子进入细胞之后抵消了膜内外的电化学梯度,于是 ATP 重新分解,上述过程重新进行。所以阳离子的吸收实质上是 H^+ 的反向运输。

离子泵假说较好地解释了 ATP 酶活性与阳离子吸收的关系,在离子膜运输过程方面(反向运输)又与现代的化学渗透学说相符合。另外,离子泵假说在能量利用方面与载体假说基本一致,认为 ATP 酶本身就是一种载体。

二、植物体内营养元素的转运

根系吸收了水分和矿质养分后,首先要在根中进行径向运输.从根表到达中柱后,经木质部长距离运输到达地上部,在叶片中再次进行短距离运输,将水分和矿质养分分配到各个细胞中。长距离运输包括木质部和韧皮部运输两条途径,分别在植物的光合产物运输,以及水分和矿质养分的运输及其在体内的循环和分配方面具有重要作用。

1. 矿质元素在植物体内运输的形式

根部吸收的氮素,大部分在根内转化成有机氮化物再运向地上部分。有机氮化物包括氨基酸(主要有天冬氨酸、谷氨酸、丙氨酸和蛋氨酸)和酰胺(天冬酰胺和谷氨酰胺),还有少量的氮素以硝酸根的形式向上运输。磷素主要以正磷酸盐的形式运输,也有一些在根部转变为有机磷化物(甘油磷酰胆碱、已糖磷酸酯等)向上运输。硫主要以硫酸根离子的形式向上运输,少数以蛋氨酸及谷胱甘肽等形式运输。大部分金属元素是以离子形式向上运输的。

2. 矿质元素在植物体内的运输途径和速度

根部吸收的矿质元素经质外体和共质体进入导管以后,随蒸腾液流上升,或按浓度差扩散。大量实验证明,根部吸收的矿质元素是通过木质部向上运输的,也可以从木质部横向运输到韧皮部。而叶片吸收的矿质元素向上和向下运输都是通过韧皮部进行的。叶片吸收的矿质元素也可以从皮部横向运输到木质部,在茎内向上运输是通过韧皮部和木质部。矿质元素在植物体内的运输速度为 30～100 cm/h。

3. 矿质元素的利用

当矿质元素分布到植物体各部分以后,大部分合成为有机物,形成植物结构物质,如氨基酸、蛋白质、叶绿素等。磷合成核酸、磷脂等。有些以离子状态存在,有的作为酶的活化剂和渗透物质。

参与到植物生命活动中的元素,经过一段时间后,也可以分解并运送到其他部位加以重复利用。氮、磷、钾、镁易重复利用,因而往往是下部老叶先发病;铜、锌有一定程度的重复利用;另外一些元素在细胞中一般形成难溶解的稳定化合物,是不能参与循环的元素,或不可再利用元素,如钙、铁、锰、硼等;它们的缺素症状表现在幼嫩的茎尖和幼叶。可再利用的元素中以磷最典型,不可再利用的元素以钙最典型。

三、影响植物吸收营养元素的因素

1. 载体

根细胞膜上载体的种类和数量是由遗传物质决定的，不同植物的根细胞膜上的载体种类是不同的，运载同种矿质元素的载体数量也不相同。由于载体具有高度的专一性，所以植物吸收的离子的种类与数量和溶液中的离子种类与数量不成比例。植物根细胞膜上某种载体多，吸收的该离子就多，否则就少，即在外界条件适宜的情况下，植物对某种离子的吸收速率与对应载体的数量成正比。

2. 温度

在一定范围内，根吸收矿质离子的速率随土壤温度的增高而加快。这是由于温度影响了根部的呼吸速率，从而影响主动运输。但温度过高，作物吸收矿质离子的速率则会下降。这是因为高温使酶的活性受到影响，从而影响呼吸作用。温度过低时，矿质元素吸收减少，这是因为低温导致酶的活性降低从而使代谢减弱。

3. 根系的通气状况

根系环境通气状况能直接影响根对矿质元素的吸收。在一定氧含量范围内，随着氧的增多，有氧呼吸加强，提供的能量增多，离子吸收速率加快，在此范围内，氧的含量是主要限制因素；当含氧量增大到一定值时，根吸收矿质元素的速率不再随氧含量的升高而加快，在此范围内，限制因素主要是载体的数量。

4. 介质溶液的 pH

一是通过影响根细胞中酶的活性，影响呼吸作用，从而影响根对矿质元素的吸收，因组成细胞质的蛋白质是两性电解质，在弱酸性条件下氨基酸带正电荷，易吸收外界溶液中的阴离子；在弱碱性条件下氨基酸带负电荷，易吸收外界溶液中的阳离子；二是介质 pH 的变化可以引起溶液中矿质元素的溶解或沉淀，影响矿质元素在介质中的存在状态，从而影响根对其的吸收。如营养液碱性加强时，Fe^{3+}、PO_4^{3-}、Ca^{2+}、Mg^{2+}、Cu^{2+} 和 Zn^{2+} 等离子变为不溶状态，不利于植物的吸收。

5. 根系环境溶液中离子的浓度

在一定离子浓度范围内，根吸收离子的速率随离子浓度的增大而加快，当离子浓度增大到一定值时，根的吸收速率不再增加，这是由根细胞膜上载体的数量决定的；当离子浓度过高时，根细胞失水，从而影响根细胞正常的代谢活动，使离子吸收速率下降。

6. 离子间的相互作用

离子间的相互作用也影响着植物对养分的吸收（表 2-4）。

表 2-4 离子间的相互作用

元素种类	协助该元素的吸收或体内移动	阻碍该元素的吸收
磷	镁最显著，硅、钙、氮等次之	钾、铁、锌、铜等
钾	硼、铁、锰等	氮、钙、镁等
钙	磷与钙具有协同作用	氮、钾、镁等
镁	磷与镁具有很强的协同作用，硅次之	钾与镁有显著的拮抗作用

续表 2-4

元素种类	协助该元素的吸收或体内移动	阻碍该元素的吸收
硼	钙	氮、钾、钙等
锰	氮、钾	钙、铜、铁、锌、磷等
铁	钾	钙、磷、锰、锌、铜等
锌	无	钙、磷、氮、钾、锰等
钼	磷、钾	铵、硫酸铵、镍、铁、锰、钙、镁等
铜	钾、锰、锌等	钙、氮、铁、磷等

(1)协同作用　离子间的协同作用是指某一元素的存在可以促进植物对另一种元素的吸收，这种作用主要存在于阳离子与阴离子之间以及阴离子与阴离子之间。如光照下 NO_3^- 能促进 K^+ 的吸收，NH_4^+ 能促进 PO_4^{3-} 和 SO_4^{2-} 的吸收，Ca^{2+} 能促进 NH_4^+、K^+ 和 Rb^+ 的吸收。

(2)拮抗作用　离子间的拮抗作用是指某一离子的存在能抑制另一离子的吸收，即离子间对根系的吸收有相互抑制的作用，这种作用主要发生在等价的同电荷离子之间，如 K^+、Cs^+、Rb^+ 之间，NH_4^+ 与 Cs^+ 之间，Ca^{2+} 与 Mg^{2+} 之间，此外，阴离子如 Cl^- 与 Br^- 之间，$H_2PO_4^-$、NO_3^- 和 Cl^- 之间，以及一价的 H^+、NH_4^+ 对 Ca^{2+} 的吸收，都有不同程度的拮抗作用。

任务七　植物的营养诊断

植物必需的各种营养元素在体内均有特殊的营养功效，缺乏时会影响植物的各种生理生化过程，当缺乏某种营养元素达到一定程度时，就会在外观上表现出一定症状；反之，如果过剩也会产生特定的症状。这些病态特征称为生理性病害，可以作为作物营养失调形态上的诊断依据，这在配制营养液时很重要。

一、植物营养失调的形成

众所周知，作物的生长发育所需要的环境条件，除光照、温度、氧气和水分外，最重要的就是矿质元素，目前已确定的作物生长发育必需的营养元素有 16 种。土壤栽培时，矿质营养主要靠土壤和施肥得以供应，而无土栽培的作物，其所需的矿质营养唯一的来源就是人工配制的营养液。

作物每一种必需营养元素的缺乏或过多，都能明显地形成不同的症状。因此，根据作物在生长发育上表现的失调症状，就能鉴别出所缺乏或过量的元素种类。

形成无土栽培作物营养失调症状的主要原因如下：

1. 营养液中营养元素不足或过量

如营养液配方选用不当；选用的肥料不当或杂质过多，溶解不好，或计算时有误；营养液配制方法不当而造成某些营养元素的溶解度变小或形成沉淀。在混合与溶解肥料时，要严格注意顺序，Ca^{2+} 与 SO_4^{2-}、PO_4^{3-} 要分开，即硝酸钙不能与硫酸镁等硫酸盐类、磷酸盐类混合，以免产生钙沉淀。营养液添加时计算有误，使某些元素的浓度过低或过高，都会形成营养失调。

2. 作物根系选择性吸收所造成的营养失调

在无土栽培中,作物的根系不断从营养液中摄取营养,从而使营养液的浓度不断降低。同时由于作物根系对矿质营养的吸收具有选择性,表现在对同一溶液中的不同离子或同一种盐分中的阴、阳离子吸收的不同,选择性吸收导致介质溶液受过剩的离子影响而变酸或变碱。如作物吸收硫酸铵[$(NH_4)_2SO_4$]中的铵离子(NH_4^+)多于硫酸根离子(SO_4^{2-}),使基质因硫酸根离子过多而呈酸性。又如作物吸收硝酸钙中的硝酸根(NO_3^-)多于钙离子(Ca^{2+}),使基质中因钙离子过剩而呈碱性。在基质无土栽培中,生育期长的作物在生产后期或生长在重复利用的未经处理的旧基质中,会出现营养失调。

3. 离子间的拮抗作用引起的营养失调

离子间的拮抗作用,表现在某一离子的存在会抑制另一离子的吸收。已发现阳离子中一价离子会抑制高价离子的吸收,如 H^+、NH_4^+、K^+ 会抑制植物对 Ca^{2+}、Mg^{2+}、Fe^{2+} 的吸收,其中 H^+、NH_4^+ 对 Ca^{2+} 的抑制作用特别明显。此外,Na^+ 抑制植物对 K^+ 的吸收,Ca^{2+} 抑制 Mg^{2+} 的吸收,Cl^- 抑制 NO_3^- 的吸收。

4. pH 的变化引起的营养失调

营养液中的 pH 变化较大,应经常检测与调整,如不及时调整,就会影响某些盐类的溶解度,从而导致缺素症状的产生。$pH>7$ 时,磷、钙、镁、铁、硼、锌等的有效性会降低,特别是铁;$pH<5$ 时,由于 H^+ 浓度较大,使植物对 Ca^{2+} 吸收不足,而表现缺钙症。

5. 无土栽培基质方面的原因

基质的种类不同,其化学成分、化学稳定性、酸碱性(pH)、盐基交换量、缓冲能力及碳氮比等理化指标也不同。而这些理化指标又都与作物的营养供给密切相关,对作物生长有影响。如由石灰石、白云石等碳酸盐矿物组成的基质最不稳定,会产生钙、镁离子而严重影响营养液的化学平衡;新鲜稻草、甘蔗渣等,含有较多易被微生物分解的糖、淀粉、半纤维素、纤维素、有机酸等碳水化合物,使用初期会由于微生物活动而引起强烈的生物化学变化,严重影响营养液的平衡,最明显的是引起氮素的严重缺乏;石灰质的砾石富含碳酸钙,供液后溶入营养液中,使 pH 升高,使铁发生沉淀,造成植物缺铁等。

二、植物营养失调的诊断

缺少任何一种必需元素,都会导致植物生长不正常,严重缺乏时会导致植物死亡。对于较为明确的缺素现象,可通过补充相应元素加以解决。有的症状单凭形态观察较难确定真实的病因,需采取一定的步骤,才能明确是何种元素缺乏导致植物不能正常生长。

1. 诊断的方法

(1)形态诊断　由于不同营养元素的生理功能不同,当作物体内某种营养元素缺乏或过量时,其外部就会表现某些特征性的症状,因此可通过观察苗相来判断某种营养元素的丰缺状况,即形态诊断。但在营养元素轻度、中度缺乏(或过量)时,作物的外部并不都表现出明显可见的失调症状,这时通过形态诊断不一定能做出正确的判断,所以应在形态诊断的基础上结合其他诊断方法进行判断。同时,不良环境条件等也可能使植株产生异常现象,因此,进行形态诊断时必须认真分析,应注意与一般的寄生性病害相区别,排除非营养因素。

(2)植株化学分析　在形态诊断的基础上,分别取生长异常的植株的异常部位的组织(如叶片)及生长正常的植株的组织(与异常植株相同部位),做可能异常的营养成分的化学分析,通过比对确定是哪一种(或哪几种)营养元素不足或过量。

(3)基质化学分析 通过基质的化学分析,看是否有某一种或几种养分累积造成中毒症,或影响其他元素的吸收造成缺素症。同时,通过测定基质的 pH,分析其对养分吸收的影响。

(4)施肥诊断 通过诊断分析,如对某一种营养元素失调产生怀疑,可拿少数植株做施肥试验,如缺素时,在营养液中将该种营养元素加倍,或叶面喷施该种营养元素,或者营养液调整与叶面喷施同时进行;植株中毒时,在营养液中将该种营养元素减半,观察植株的变化情况,得到正确的结果后,就可以立即对大面积的作物采取同样的措施。

2. 形态诊断的技巧

植物必需的 16 种营养元素可分为移动的和不移动的两大类。移动的营养元素有氮、磷、钾、镁、锌等,当缺乏这些元素时,它们可以从老叶中移向新叶,因此使老叶出现缺素症状。不移动营养元素包括钙、铁、硫、硼、铜、锰等,这些元素不能在植物体内移动,所以,这类元素的缺素症状多出现在幼叶上。

鉴别作物养分缺乏症状时,应分三步进行。

第一步:察看症状出现的部位。如果症状先在老叶上出现,说明缺乏的是氮、磷、钾、镁、锌;如果症状先出现在新生组织上,说明缺乏的是钙、铁、硼、硫等。

第二步:察看老叶是否有病斑,新叶是否顶枯。在老叶出现症状的情况下,如无病斑,可能是缺磷或氮;如有病斑,可能是缺钾或锌。若症状从新叶开始,如果顶芽易枯死,可能是缺硼或钙;顶芽不易枯死,可能是缺铁、硫、锰、钼、铜。

第三步:根据具体症状最后确定所缺元素。

3. 营养失调的一般症状

(1)氮 缺氮时,由于蛋白质形成少,细胞小而壁厚,特别是细胞分裂受阻,使生长缓慢,植株矮小、瘦弱、僵直。同时缺氮引起叶绿素含量下降,使叶片绿色转淡,严重时呈淡黄色。失绿的叶片色泽均一,一般不出现斑点或花斑。叶细而直,与茎的夹角小。茎的绿色也会因缺氮而变淡。有些作物如番茄、油菜和玉米等,缺氮时会引起花青素的积累,茎、叶柄和老叶还会出现红色或暗紫色。由于氮在植物体内有高度的移动性,能从老叶转移到幼叶,因而缺氮症状从老叶开始,逐渐扩展到上部叶片。作物根系比正常的色白而细长,但根量少,植株侧芽处于休眠状态或死亡,因而分蘖侧根减少。作物容易早衰,花和果实数量少,籽粒提前成熟,种子小而不充实,严重影响作物的产量和品质。

氮素过多促进植株体内氨基酸、蛋白质和叶绿素的形成,影响构成细胞壁的原料(纤维素、果胶)的形成,使作物组织柔软,抗病虫害和抗倒伏能力差。因叶面积增大,叶色深绿,叶片披散,相互遮掩,影响通风透光,造成贪青迟熟,空秕粒多,产量降低,品质下降。

(2)磷 缺磷时由于各种代谢过程受抑制,植株生长迟缓、矮小、瘦弱、直立、分蘖分枝少,花芽分化延迟,落花落果增多。由于植株体内糖类运输受阻而在茎叶相对积累,形成花青素,使多种作物的茎叶上出现紫红色。少数作物如水稻、烟草等的叶色变暗绿,这是叶部细胞增长受阻、细胞变小,使叶绿素的密度增大所致。缺磷的症状从老叶先出现。严重缺磷时,叶片枯死、脱落。症状一般从茎基部老叶开始,逐渐向上发展。作物延迟成熟,空秕粒增加。

磷素过多能使植株呼吸作用过于旺盛,消耗了大量的碳水化合物,使禾谷类作物无效分蘖增加，繁殖器官过早发育，茎叶生长受到抑制，引起植株早衰，空秕粒增加。施用磷肥过多还会导致植株缺锌、缺铁、缺镁等。

（3）钾　缺钾时植株矮小，茎秆细弱，叶变窄，先在老叶的叶尖和叶缘发黄，进而变褐、焦枯，似“火烧状”；叶片上出现的斑点或斑块逐渐增加，但叶的中部、叶脉或靠近叶脉处仍保持绿色。随着缺钾程度的加剧，整个叶片变成红棕色或干枯状，坏死脱落。一般缺钾时叶子易起皱。上述症状均从老叶开始，以后向嫩叶扩展。根系也会明显受害：根短而小，易早衰，根的活力下降，严重时腐烂。

（4）钙　钙在植株中很难移动，故缺钙时先在幼嫩部位出现生长停滞，新叶难抽出，嫩叶叶尖粘连弯曲，产生畸形，严重时发黄焦枯坏死。根系发育不良，根尖膨大变褐，严重时分泌黏液、腐烂、死亡。花和花芽会大量脱落。花生空壳率显著增加。番茄、西瓜等果实出现顶腐病（脐腐病）。

（5）镁　镁是组成叶绿素的成分。镁在植株体内很易移动。缺镁时，首先在下部叶的叶脉间失绿，但叶脉仍保持绿色。禾本科植物往往在脉间呈现条纹状失绿，有时失绿部分会呈现不连续的串珠状。双子叶植物失绿部分会由淡绿变为黄绿直至为紫红色斑块，严重时整个叶子变黄、枯萎、脱落，并向上部叶片扩展。根系也会明显受抑制，果实产量下降。

（6）硫　硫和氮一样，也是蛋白质的成分。缺硫时植株的症状类似缺氮，失绿和黄化比较明显。但因硫在植株中较难移动，因此失绿部位不同于缺氮，而在幼嫩部位先出现。缺硫时植株矮，叶细小，叶片向上卷曲、变硬、易碎、提早脱落。茎生长受阻，僵直。开花迟，结果结荚少。如果水稻缺硫，移植后难回青，新根少，根系生长不良。

（7）铁　铁虽然不是叶绿素的成分，但它参与叶绿素的形成过程，所以缺铁便产生“缺绿症”。由于铁在植株中较难移动，因此“缺绿症”首先在嫩叶的叶脉间出现；如症状进一步发展，叶脉也随之失绿，叶片呈均一的浅黄色；严重时，叶色黄白或在叶缘附近出现褐色斑点。

（8）硼　硼在植株中也很难移动。缺硼时先在生长点出现症状，根尖、茎尖停止生长。严重时生长点萎缩死亡。根尖死亡后又长出侧根，侧根又死亡，这样使根系变短。缺硼使某些酚类物质积累而使作物受害，导致花椰菜顶芽“褐腐病”、萝卜根“心腐病”、芹菜“茎折病”。缺硼时对繁殖器官影响更明显，开花结实不正常，蕾、花易脱落，花期延长，果实种子不充实；严重时见蕾不见花或见花不见果，即使有果也不见仁或秕粒多。叶片肥厚、粗糙、发皱卷曲，似凋萎状，有时出现失绿紫色斑点。豆科作物根系结瘤少或不能固氮。

硼肥过多易使作物出现毒害症状：老叶叶缘发黄焦枯，叶片上还会有坏死斑点，严重时死亡。

（9）锌　锌与生长素形成有关。缺锌就会停止生长，节间显著缩短，如水稻“矮缩病”、果树“簇叶病”“小叶病”。锌影响叶绿素的形成，缺锌便会引起失绿。如水稻心叶变白，特点是在中脉附近更明显，叶片细窄，下部叶尖出现褐斑。玉米幼苗失绿变白，出现“白芽病”“白苗病”。缺锌使繁殖器官发育受阻。

（10）钼　不同作物缺钼时症状会有差异：蔬菜缺钼，叶片瘦长畸形，螺旋状扭曲，老叶变厚，焦枯；豆科植物难形成根瘤，叶色变淡，叶片上出现很多细小的灰褐色斑点，叶片变厚、发皱、卷曲。

（11）锰　锰参与叶绿素的形成过程，缺锰时嫩叶脉间失绿发黄，但叶脉仍保持绿色，脉纹较清晰，严重时叶面出现黑褐色小斑点，后增多扩大，散布整个叶片。植株瘦小，花的发育不良，根系细弱。

(12)铜 铜也与叶绿素的形成和稳定有关。缺铜时新生叶失绿发黄，呈凋萎干枯状，叶尖发白卷曲，叶缘黄白色，叶片上出现坏死斑点，繁殖器官的发育受阻，一般禾本科作物较易缺铜。

(13)氯 氯主要参与光合作用中水的光解过程。棕榈科植物一般需氯较多，缺氯时，叶子出现黄色斑点。椰子产量与氯的施用有较大的关系。

有些植物对氯离子非常敏感，当吸收量达到一定程度，会明显地影响产量和品质，通常称这些植物为氯敏感作物。氯离子较多不利于糖转化为淀粉，块根和块茎作物的淀粉含量会降低；氯离子能促进碳水化合物的水解，西瓜、甜菜、葡萄会降低含糖量；氯离子多，会影响烟草的燃烧性，卷烟易熄火；氯对茄科作物会产生不利影响；大豆、四季豆抗氯性能较弱。

(14)硅 禾本科植物需硅较多。硅使作物叶片、叶鞘、茎的细胞硅质化，增强茎叶硬度而抗倒伏和抗病虫害，增强光合作用，从而提高产量。缺硅时叶片披散呈"垂柳状"，影响下部叶通风透光。

三、植物营养失调的防治

在无土栽培时出现营养失调症状，如能准确及时诊断，立即调整营养液成分或进行叶面施肥，几天就可见效。

(1)缺氮 叶面喷洒0.2%～0.5%的尿素溶液，在营养液中加入硝酸钙或硝酸钾。

(2)缺磷 叶面喷洒0.2%～0.5%的磷酸二氢钾溶液，或在营养液中加入适量的磷酸二氢钾。

(3)缺钾 叶面喷洒1%硫酸钾溶液或向营养液中加入硫酸钾。

(4)缺镁 叶面喷洒大量2%硫酸镁溶液或向营养液中加入硫酸镁。

(5)缺锌 叶面喷洒0.1%～0.5%硫酸锌溶液或将其直接加入营养液中。

(6)缺钙 叶面喷洒0.75%～1.0%硝酸钙或0.4%氯化钙溶液，也可向营养液中加入硝酸钙。

(7)缺铁 叶面喷洒0.02%～0.05%螯合铁(Fe-EDTA)溶液，每3～4 d喷1次，连续3～4次，或将其直接加入营养液中。

(8)缺硫 于营养液中加入适量的硫酸盐，以硫酸钾较安全。

(9)缺硼 及时叶面喷洒0.1%～0.25%硼砂溶液，或将其直接加入营养液中。

(10)缺铜 用0.1%～0.2%硫酸铜溶液加0.5%水化石灰叶面喷洒。

(11)缺锰 叶面喷洒大量0.1%硫酸锰溶液。

(12)缺钼 叶面喷洒0.07%～0.1%钼酸铵或钼酸钠溶液，也可直接加入营养液中。

【项目小结】

一、重点难点

1. 种子是最重要的播种材料。了解种子的形态结构和发育成熟过程，掌握种子萌发所需要的环境条件，是培育高质量幼苗的基础。为了提高种子发芽率和发芽整齐度，播种前要对种子进行适当处理，掌握适宜的种子处理技术尤为重要。

2. 植物根系的结构与其功能是相适应的，不同的植物在长期的进化过程中产生了与其生产环境相适应的独特结构，但也有一定的共性，当采用无土栽培时，其根系又将发生不同的变化，这需要同学们在今后的学实习中注意观察比较。

3. 植物吸收水分和营养元素是密不可分的两个过程，两者的吸收机理是不同的，这对我们设计无土栽培模式和进行无土栽培管理时有重要的作用。植物所需的营养元素包括必需元素（大量元素、微量元素）和有益元素。

4. 植物根际是植物与外界进行物质交换的一个非常重要的区域，特别是植物根际环境的形成与作用，影响其变化的相关因素作用较复杂，需要引起重视。

5. 植物营养诊断技术内容多，既要掌握各种元素缺乏时的症状，更要注意不同植物缺乏同种元素时的不同表现，植物营养失调的防治需要判断准确、对症处置。

二、经验技巧总结

1. 多上网查看不同植物缺素的症状，补充教材仅有文字描述的不足，同时了解当地主要作物和常见的缺素现象。

有人整理出“植物缺素外形症状诊断歌”方便记忆，同学们可牢记。

作物营养要平衡，营养失衡把病生，病症发生早诊断，准确判断好矫正。
缺素判断并不难，根茎叶花细观看，简单介绍供参考，结合土测很重要。
缺氮抑制苗生长，老叶先黄新叶薄，根小茎细多木质，花迟果落不正常。
缺磷株少分蘖少，新叶暗绿老叶紫，主根软弱侧根稀，花少种迟果粒小。
缺钾植株生长慢，老叶尖缘卷枯焦，根系易烂茎纤细，种果畸形不饱满。
缺锌节短株矮小，新叶黄白肉变薄，棉花叶缘上翘起，桃李小叶或簇叶。
缺硼顶叶皱缩卷，腋芽丛生花蕾落，块根空心根尖死，花而不实最典型。
缺钼株矮幼叶黄，老叶肉厚卷下方，豆类枝稀根瘤少，小麦迟迟不灌浆。
缺锰失绿株变形，幼叶黄白褐斑生，茎弱黄老多木质，花果稀少重量轻。
缺钙未老株先衰，幼叶边黄卷枯粘，根尖细脆腐烂死，茄果烂脐株萎蔫。
缺镁后期植株黄，老叶脉间变褐亡，花色苍白受抑制，根茎生长不正常。
缺硫幼叶先变黄，叶尖焦枯茎基红，根系暗褐白根少，成熟迟缓结实稀。
缺铁失绿先顶端，果树林木最严重，幼叶脉间先变黄，全叶变白难矫正。
缺铜变形株发黄，禾谷叶黄幼叶蔫，根茎不良树冒胶，抽穗困难芒不全。

2. 复习以前相关课程的内容，掌握种子萌发所需条件，以及植物形态与结构的相关知识，搞清楚植物生长发育与生长环境的相互关系。

【技能训练】

技能训练　植物缺素症状的观察

一、目的和要求

研究植物在缺乏 N、P、K、Ca、Mg、Fe 等矿质元素时的生理症状，了解各种元素在生物体内所起的重要作用及掌握基本的农业研究方法及研究报告的写作。

二、实训准备

1. 实验材料

玉米幼苗，要求取第一片真叶完全展开、生长一致的健壮幼苗(移植时注意勿损伤根系，去除胚乳)。

2. 实验仪器

5 mL 移液管 10 支，1 mL 移液管 1 支，1 000 mL 量筒 1 个，培养瓶 7 个(不透光)，脱脂棉花，pH 试纸(pH 计)，玻璃管，洗耳球等。

以上为每组配置数量。

3. 实验药品

硝酸钙、硫酸镁、磷酸二氢钾、硫酸钾、硫酸钠、磷酸二氢钠、硝酸钠、硝酸钙、氯化钙、硫酸亚铁、硼酸、氯化锰、硫酸铜、硫酸锌、钼酸、盐酸、乙二胺四乙酸二钠(Na_2-EDTA)。以上各药品均为分析纯。

三、实施

1. 育苗

需提前制备。用搪瓷盘装入一定量的石英砂或洁净的河沙，将已浸种一夜的玉米种子等均匀地排列在砂面上，再覆盖一层石英砂，保持湿润，然后放置在温暖处发芽。第一片真叶完全展开后，选择生长一致的幼苗，小心地移植出来待用，移植时注意勿损伤根系。

2. 配制贮备液(母液)和培养液

建议老师提前配好，学生使用即可，有关配液方法在后续课程中掌握。

将配好的贮备液按表 2-5 配成完全培养液和缺乏某种元素的培养液(用蒸馏水)。营养液配好后，测定每瓶溶液的 pH，用 0.1 mol/L NaOH 或 0.1 mol/L HCl 溶液调节 pH 为 5～6。

表 2-5 贮备液配方

贮备液	每 1 000 mL 培养液中贮备液的用量/mL						
	完全	缺 N	缺 P	缺 K	缺 Ca	缺 Mg	缺 Fe
$Ca(NO_3)_2$	5	—	5	5	—	5	5
KNO_3	5	—	5	—	5	5	5
$MgSO_4$	5	5	5	5	5	—	5
KH_2PO_4	5	5	—	—	5	5	5
K_2SO_4	—	5	1	—	—	—	—
$CaCl_2$	—	5	—	—	—	—	—
NaH_2PO_4	—	—	—	5	—	—	—
$NaNO_3$	—	—	—	5	5	—	—
Na_2SO_4	—	—	—	—	—	5	—

续表 2-5

贮备液	每 1 000 mL 培养液中贮备液的用量/mL						
	完全	缺 N	缺 P	缺 K	缺 Ca	缺 Mg	缺 Fe
Fe-EDTA	5	5	5	5	5	5	—
微量元素	1	1	1	1	1	1	1

3. 定植培养

取 7 个 1 000 mL 的培养瓶(不透光),分别装入配制的完全培养液及各种缺素培养液 1 000 mL,调 pH 至 6～7,贴上标签,写明日期。用打孔器在瓶盖中间打四个圆孔,把选好的植株去掉胚乳,用蒸馏水冲净,拿棉花缠裹住茎基部,小心地通过圆孔固定在瓶盖上,使整个根系浸入培养液中,并调整根茎基部离开液面 1 cm,每瓶放 3 株。瓶上贴好标签,标签内容应包括:处理方法、班级、组别、培养者、培养日期。

另外,在瓶盖的另一个小孔中装入一支带胶圈的玻璃管,要求玻璃管的下端离瓶底 1～1.5 cm,以作通气用,把定植好的培养瓶放于温室培养。

装好后将培养瓶放在阳光充足、温度适宜(20～25 ℃)的地方,培养 3～4 周。

4. 培养管理及观察

实验开始后,要认真做好管理和观察记录,注意记录缺乏必需元素时所表现的症状及最先出现症状的部位。每次观察时进行拍照,可用来前后对比、准确记录和完成实验总结。

要求每两天观察一次,及时补加蒸馏水,维持培养液水平;要及时补充空气,应用洗耳球通过玻璃管打入空气,每瓶打气 15～20 次,注意勿吸出培养液。每 4～5 d 测定和调节培养液的 pH,使之保持在 5.5～6.5。培养液每周换一次。在表 2-6 中记录结果。

表 2-6 实验观察记录

日期	观察项目		处理(生长情况、缺素症状)						
			完全	缺 N	缺 P	缺 K	缺 Ca	缺 Mg	缺 Fe
	地上部分	株高							
		叶数							
		叶色							
		茎色							
	地下部分	根数							
		根长							
		根色							
		受害情况							

四、结果分析

观察并总结 6 种缺素培养液培育出的玉米植株与用完全培养液培育出的玉米植株有何不同之处。试分析原因。

五、注意事项

(1)实验用容器须洗干净以防污染。

(2)配缺素培养液时先在容器中加入适量蒸馏水,以防贮备液相互反应生成沉淀。

(3)加入贮备液时适时搅拌,所用移液管要单液单用,避免交叉污染。

(4)放幼苗时摘除胚乳,且不要损伤根系,根系要遮光。

(5)培养管理上要注意通气。

【拓展任务】

一、复习思考题

1. 农业生产的种子可分为哪几类?
2. 何谓种子的生理成熟?
3. 种子的萌发包括哪几个过程?
4. 影响种子萌发的因素有哪些?
5. 种子质量检验包括哪些内容?
6. 浸种催芽有哪几种方法?
7. 如何进行层积催芽?
8. 如何计算播种量?
9. 如何培育壮苗?
10. 对植物营养元素的不断深入研究对农业生产有哪些影响?带来了哪些技术进步?

二、案例分析

1. 调查当地大型育苗厂,了解其种子浸种催芽的方法,并分析总结出当地主要育苗植物的最佳浸种催芽方法。

2. 调查当地主要作物,观察其根系特点,比较土壤栽培育苗和基质栽培育苗条件下根系发生的变化。

项目三　营养液配制及管理

【学习目标】

一、知识目标

1. 理解营养液的组成与对原料的要求；
2. 理解营养液配方的含义与类型；
3. 掌握营养液的组成原则、配制方法、操作规程及管理措施。

二、技能目标

1. 会使用电导率仪检测营养液浓度，能够正确进行水质检验；
2. 能够熟练配制母液和工作液；
3. 能够科学、有效地进行营养液的管理。

【学习前准备】

一、资源要求

1. 查阅期刊和农业杂志；
2. 电子阅览室、电子资源库；
3. 走进实验室了解化学药品；
4. 课前参观水培蔬菜或花卉展。

二、预备知识

1. 掌握与营养液配制相关基础知识以及营养液配制技术的基本原理；
2. 掌握文献查阅的基本知识；
3. 掌握植物营养的基本知识；
4. 掌握化学分析的基本知识；
5. 了解农业气象、农业法规的相关知识。

【任务实施】

任务一　营养液的组成

营养液是将含有植物生长发育必需的各种营养元素的化合物和少量为使某些营养元素更为长效的辅助材料，按科学的数量和比例溶解于水中配制而成的溶液。营养液是各种无土栽培形式下作物生长发育所需养分和水分的主要来源，无土栽培生产的成功与否，在很大程度上取决于营养液的配方和浓度是否科学合理、营养液的管理是否满足植物不同生长阶段的需求。不同的环境气候条件、不同的水质、不同的作物种类及品种等都对营养液的生产效果有很大的影响。必须通过认真实践，深入了解营养液的组成和变化规律及其调控技术，才能真正掌握无土栽培生产技术的精髓，所以营养液的配制与管理是无土栽培技术的核心。

一、营养液原料及要求

营养液的基本成分包括水、肥料（无机盐类化合物）和辅助物质。经典或被认为合适的营养液配方必须结合当地水质、气候条件及栽培的作物种类，对配制营养液的肥料的种类、用量和比例做适当调整，才能最大限度地发挥营养液的使用效果。因此，只有对营养液的组成成分及要求有清楚的了解，才能配成符合要求的营养液。

（一）对水源、水质的要求

1. 对水源的要求

配制营养液的用水十分重要。研究营养液新配方及营养元素缺乏症等，要使用蒸馏水或去离子水；生产上一般使用自来水和井水。以自来水作水源，水质有保障，但生产成本高；以井水作水源，生产成本低，但以软质的井水为宜。河水、泉水、湖水、水库水、雨水也可用于营养液配制。无论采用何种水源，使用前都要经过水质检验或从当地水利部门获取相关资料，以确定水质是否适宜，必要时可经过处理，使之达到符合卫生规范的程度。流经农田的水、未经净化的海水和工业污水不能用作水源。

作物无土栽培时要求水量充足，尤其在夏天不能缺水。如果单一水源水量不足，可以把自来水和井水、雨水、河水等混合使用。

2. 对水质的要求

水质好坏对无土栽培的影响很大。因此，无土栽培的水质要求比《农田灌溉水质标准》（GB 5084—2021）的要求稍高，与符合卫生规范的饮用水相当。无土栽培用水必须检测多种离子含量，测定电导率和酸碱度，作为配制营养液时的参考。天然水中含有的有机质往往对无土栽培有好处，但有机质浓度不能过高，否则会降低 pH 和影响微量元素的供应。营养液水质要求的主要指标如下：

（1）硬度　根据水中含有钙盐和镁盐的数量可将水分为软水和硬水两大类型。硬水中的钙盐主要是碳酸氢钙[$Ca(HCO_3)_2$]、硫酸钙（$CaSO_4$）、氯化钙（$CaCl_2$）和碳酸钙（$CaCO_3$），而镁盐主要为氯化镁（$MgCl_2$）、硫酸镁（$MgSO_4$）、碳酸氢镁[$Mg(HCO_3)_2$]和碳酸镁（$MgCO_3$）等。

而软水中这些盐类含量较低。水的硬度统一用单位体积水中的 CaO 含量来表示,即每度相当于 10 mg/L。配制营养液的水体硬度一般以不超过 10° 为宜。水质过硬,水的 pH 升高,水体偏碱,会降低 Fe、B、Mn、Cu、Zn 等元素的有效性,植物会发生缺素症状。水中钙离子过多,植物对钾离子的吸收会受到抑制。

(2)酸碱度　一般要求 pH 为 5.5～8.5。

(3)溶解氧　使用前的溶解氧应接近饱和,即 4～5 mg/L。

(4)NaCl 含量　小于 2 mmol/L。水中如果 NaCl 含量过高,会使植物生长不良或枯死。

(5)余氯　主要来自自来水消毒和设施消毒残存的氯。氯对植物根系有害。因此,最好在自来水进入设施系统之前放置半天以上,设施消毒后也要空置半天,以便余氯散逸。

(6)悬浮物　小于 10 mg/L。以河水、水库水作水源时要经过澄清才可使用。

(7)重金属及有毒物质含量　无土栽培的水中重金属及有毒物质含量不能超过国家标准的规定(表 3-1)。

表 3-1　无土栽培水中重金属及有毒物质含量标准

名称	标准	名称	标准
汞(Hg)	≤0.005 mg/L	铜(Cu)	≤0.10 mg/L
镉(Cd)	≤0.01 mg/L	铬(Cr)	≤0.05 mg/L
砷(As)	≤0.01 mg/L	锌(Zn)	≤0.20 mg/L
硒(Se)	≤0.01 mg/L	铁(Fe)	≤0.50 mg/L
铅(Pb)	≤0.05 mg/L	氟化物(F^-)	≤3.00 mg/L
六六六	≤0.02 mg/L	酚	≤1.00 mg/L
苯	≤2.50 mg/L	大肠杆菌	≤1 000 个/L
DDT	≤0.02 mg/L		

(二)对肥料及辅助物质的要求

在无土栽培生产中所用于配制营养液的营养物质种类很多,根据不同类型作物的营养液配方而用不同的营养物质。在生产上还可根据当地的水质、气候和种植作物品种的不同,将前人使用的、被认为是合适的营养液中的营养物质的种类、用量和比例做适当调整。要灵活而有效地管理无土栽培的营养液,就必须对配制营养液所用的营养物质及辅助材料有较好的了解。

1. 肥料选择要求

(1)根据栽培目的选择肥料　如果是研究营养液新配方及探索营养元素缺乏症等,必须使用化学试剂,除有特别要求外,一般用化学纯即可。如果用于作物无土栽培生产,除了微量元素用化学纯试剂或医药用品外,大量元素的供给多采用农用品,以降低成本。如无合格的农业原料可用工业用品代替,但肥料成本会增加。

(2)根据作物的特殊需要选择肥料　如铵态氮(NH_4^+)和硝态氮(NO_3^-)都是作物生长发育的良好氮源。铵态氮在植物光合作用强的夏季或植物缺氮时使用较好,而硝态氮在任何条件下均可使用。研究表明,无土栽培时施用硝态氮的效果远远大于铵态氮。现在世界上绝大多数营养液配方都使用硝酸盐作主要氮源。其原因是硝酸盐所造成的生理碱性比较弱而缓慢，且植物本身有一定的抵抗能力，人工控制比较容易；而铵盐所造成的生理酸性比较强而迅速，植物本身很难抵抗，人工控制十分困难。所以，在组配营养液时，应根据作物的需要，选用硝态氮或铵态氮，一般以选用硝态氮为主；或者两种氮肥按适当的比例混合使用，一般比单用硝态氮效果还要好。

(3)选用溶解度大的肥料　如硝酸钙的溶解度大于硫酸钙，易溶于水，使用效果好，故在配制营养液需要钙时，一般选用硝酸钙。硫酸钙虽然价格便宜，却难溶于水，生产上一般很少使用。

(4)肥料的纯度要高，适当采用工业品　这是因为劣质肥料中含有大量惰性物质，用于配制营养液时会产生沉淀，堵塞供液管道，妨碍根系吸收养分。营养液配方中标出的用量是以纯品表示的，在配制营养液时，要按各种化合物原料标明的纯度来计算原料的用量。原料中所需化合物以外的营养元素都作杂质处理，但要注意这类杂质的量是否达到干扰营养液平衡的程度。在考虑成本的前提下，可适当采用工业品。

(5)肥料种类适宜　对提供同一种营养元素的不同肥料，选择时要以最大限度地适合组配营养液为原则。如选用硝酸钙作氮源就比用硝酸钾多一个硝酸根离子。一种化合物提供的营养元素的相对比例，必须与营养液配方中需要的数量进行比较后选用。

(6)肥料安全　肥料中不含有毒或有害成分，并且购买方便，价格便宜。

2. 无土栽培常用的肥料

(1)氮源　主要有硝态氮和铵态氮两种。蔬菜多为喜硝态氮作物，硝态氮多时不会产生毒害，而铵态氮多时会使生长受阻形成毒害。常用的氮源肥料有硝酸钙、硝酸钾、磷酸二氢铵、硫酸铵、氯化铵、硝酸铵等。

①硝酸钙 $Ca(NO_3)_2 \cdot 4H_2O$　含有氮和钙两种营养元素，其中氮(N)含量为 11.9%，钙(Ca)含量为 17.0%。硝酸钙外观为白色结晶，极易溶解于水中，20 ℃时每 100 mL 水可溶解 129.3 g，吸湿性极强，暴露于空气中极易吸水潮解，高温高湿条件下更易发生。因此，贮存时应密闭并放置于阴凉处。

硝酸钙是一种生理碱性盐，作物根系吸收硝酸根离子的速率大于吸收钙离子，因此表现出生理碱性。由于钙离子也被作物吸收，其生理碱性表现得不太强烈，随着钙离子被作物吸收之后，其生理碱性会逐渐减弱。硝酸钙是目前无土栽培中用得最广泛的氮源和钙源肥料。特别是钙源，绝大多数营养液配方都是由硝酸钙来提供的。

②硝酸铵 NH_4NO_3　硝酸铵中氮含量为 34%～35%，其中铵态氮(NH_4^+-N)和硝态氮(NO_3^--N)含量各占一半。硝酸铵外观为白色结晶，农用及部分工业用硝酸铵为了防潮常加入疏水性物质制成颗粒状，其溶解度很大，20 ℃时 100 mL 水中可溶解 188 g。

硝酸铵的吸湿性很强，易板结，纯品硝酸铵暴露于空气中极易吸湿潮解，因此，在贮存时应密闭并置于阴凉处。另外，硝酸铵有助燃性和爆炸性，在贮运时不可与易燃易爆物质共同存放。受潮结块的硝酸铵，不能用铁锤等金属物品猛烈敲击，应用木槌或橡胶锤等非金属材料工具轻敲打碎。

因硝酸铵中含有 50%的铵态氮和 50%的硝态氮，多数作物在加入硝酸铵初始的一段时间内对铵离子的吸收速率大于硝酸根离子，因此，易产生较强的生理酸性，但当硝态氮和铵态氮都被作物吸收之后，其生理酸性逐渐消失。同时，在用量较高时，对于铵态氮较敏感的作物会影响养分的吸收和生长，因此，在使用硝酸铵作为营养液的氮源时要特别注意用量。

③硝酸钾 KNO_3　硝酸钾的氮(N)含量为13.9%,钾(K)的含量为38.7%,它能够提供氮和钾,外观上为白色结晶,吸湿性较小,长期贮存于较潮湿的环境下也会结块。在水中的溶解性较好,20 ℃时100 mL水中可溶解31.6 g。硝酸钾具有助燃性和爆炸性,贮运时注意不要猛烈撞击,不要与易燃易爆物混存一处。硝酸钾是一种生理碱性肥料。

④硫酸铵 $(NH_4)_2SO_4$　硫酸铵中含氮(N)量为20%~21%,它是用硫酸中和 NH_3 而制得的。外观为白色结晶,易溶于水,在20 ℃时,每100 mL水可溶解75 g硫酸铵。硫酸铵物理性状良好,不易吸湿。但当硫酸铵中含有较多的游离酸或空气湿度较大时,长期存放也会吸湿结块。

溶液中的硫酸铵被植物吸收时,由于多数作物根系对 NH_4^+ 的吸收速率比 SO_4^{2-} 快,而使得溶液中累积较多的硫酸根,所以,硫酸铵是一种生理酸性肥料。在作为营养液氮源时要注意其生理酸性。

(2)磷源　常用的磷肥有磷酸二氢铵、磷酸二铵、磷酸二氢钾、过磷酸钙等。磷过多会导致铁和镁的缺乏症。

①磷酸二氢铵 $NH_4H_2PO_4$　也称磷酸一铵或磷一铵。它是将氨气通入磷酸中而制得的。纯品的磷酸二氢铵外观为白色结晶,作为肥料用的磷酸二氢铵外观多为灰色结晶。纯品含磷(P_2O_5)61.7%,含氮(N)11%~13%。易溶于水,溶解度大,20 ℃时100 g水中可溶解36.8 g。它可同时提供氮和磷两种营养元素。对溶液pH变化有一定的缓冲能力。

②磷酸一氢铵 $(NH_4)_2HPO_4$　也称磷酸二铵或磷二铵。它是将氨气通入磷酸溶液中制得的。纯品的磷酸一氢铵外观为白色结晶。纯品含磷(P_2O_5)53.7%,含氮(N)21%。作为肥料用的磷酸一氢铵常含有一定量的磷酸二氢铵,这种肥料的含磷(P_2O_5)20%,含氮(N)18%。它对营养液或基质pH的变化有一定的缓冲能力。

③磷酸二氢钾 KH_2PO_4　外观为白色结晶或粉末,分子量为136.09,易溶于水,20 ℃时100 g水中可溶解22.6 g。磷酸二氢钾性质稳定,不易潮解,但贮藏在湿度大的地方也会吸湿结块。由于磷酸二氢钾溶解于水中时,磷酸根解离有不同的价态,因此对溶液pH的变化有一定的缓冲作用,它可同时提供钾和磷两种营养元素,是无土栽培中重要的磷源。

④过磷酸钙 $Ca(H_2PO_4)_2 \cdot H_2O+CaSO_4 \cdot H_2O$　过磷酸钙又称普通过磷酸钙或普钙。它是在粉碎的磷矿粉中加入硫酸溶解制成的,其中含磷的有效成分为磷酸二氢钙[$Ca(H_2PO_4)_2$],同时还含有在制造过程中产生的硫酸钙(石膏,$CaSO_4 \cdot H_2O$),它们分别占肥料重量的30%~50%和40%左右,其余的为其他杂质。过磷酸钙的外观为灰色或灰黑色颗粒或粉末,一级品的过磷酸钙的有效磷含量(P_2O_5)为18%,游离酸含量<4%,水分含量<10%,同时还含有Ca 19%~22%,S 10%~12%。过磷酸钙是一种水溶性磷肥,当把过磷酸钙溶解于水中时会在容器底部残留一些沉淀,这些沉淀就是难溶性的硫酸钙,不要误以为过磷酸钙是一种缓效性的或难溶性的肥料。

过磷酸钙在制造过程中原来的磷矿石中的Fe、Al等化合物也被硫酸溶解而同时存在于肥料中,当过磷酸钙吸湿后,磷酸二氢钙会与Fe、Al化合物形成难溶性的磷酸铁和磷酸铝等化合物,这时磷酸的有效性就降低了,这个过程称为磷酸的退化作用。因此,在贮藏时要放在干燥处以防吸湿而降低过磷酸钙的肥效。

在无土栽培中,过磷酸钙主要用于基质栽培和育苗时预先混入基质中以提供磷源和钙源。由于它含有较多的游离硫酸和其他杂质,并且有硫酸钙的沉淀,所以一般不作为水培配制营养液的肥源。

(3)钾源 常用的钾肥有硝酸钾、硫酸钾、氯化钾以及磷酸二氢钾等。植物对钾的吸收较快，需要保证补给，但营养液中钾离子过多会影响钙、镁和锰的吸收。

①硝酸钾 KNO_3 见上述“氮源”部分。

②硫酸钾 K_2SO_4 纯品的外观为白色粉末或结晶，作为农用肥料的硫酸钾多为白色或浅黄色粉末。纯品硫酸钾含钾(K_2O)54.1%。肥料硫酸钾含钾(K_2O)50%～52%，含硫(S)18%，较易溶解于水，但溶解度稍小，20 ℃时100 g水中可溶解11.1 g，吸湿性小，不结块，物理性状良好，水溶液呈中性，属生理酸性肥料。

③氯化钾 KCl 纯品的外观为白色结晶，作为肥料用的氯化钾常为紫红色、浅黄色或白色粉末，这与生产时不同来源的矿物颜色有关。氯化钾含钾(K_2O)50%～60%，含氯47%，易溶于水，20 ℃时100 g水中可溶解34.4 g，吸湿性小，水溶液呈中性，属生理酸性肥料。在无土栽培中也可作为钾源来使用，但用得较少，这主要是由于氯化钾含有较多的氯离子(Cl^-)，对于马铃薯、甜菜等“忌氯作物”的产量和品质有不良的影响。

④磷酸二氢钾 见上述“磷源”部分。

(4)钙源 最常用的钙源肥料是硝酸钙，也可适当使用氯化钙和过磷酸钙。钙在植物体内的移动比较困难，无土栽培时常会发生缺钙症状，应特别注意调整。

①硝酸钙 见上述“氮源”部分。

②氯化钙 $CaCl_2$ 外观为白色粉末或结晶，含钙(Ca)36%，含氯(Cl)64%，吸湿性强，易溶于水，水溶液呈中性，属生理酸性肥料，在无土栽培中作为钙源用得较少，主要用于作物钙营养不足时叶面喷施使用，也可用于不用硝酸钙作为钙源的配方中。不宜在“忌氯作物”上使用，其他作物上使用时也要慎重。

③硫酸钙 $CaSO_4 \cdot 2H_2O$ 硫酸钙又称石膏，外观为白色粉末状，含钙(Ca)23.28%，含硫(S)18.62%。它由石膏矿粉碎或加热制成。农业石膏有生石膏($CaSO_4 \cdot 2H_2O$)、熟石膏($CaSO_4 \cdot 1/2H_2O$)和含磷石膏($CaSO_4 \cdot 2H_2O$)3种。硫酸钙的溶解度很低，20 ℃时100 g水中只能溶解0.204 g硫酸钙。水溶液呈中性，属生理酸性肥料，在水培中营养液配制时大多不使用，有极个别的配方中可能使用硫酸钙作为钙盐，一般在基质栽培中可混入基质中作为钙源的补充。

(5)铁源 营养液pH偏高、钾量不足以及磷、铜、锌、锰过多时都会引起缺铁症。为满足铁元素的供应，一般使用螯合铁。螯合铁是有机化合物与微量元素铁形成的螯合物，在营养液中不易发生固定、沉淀，容易被作物吸收，使用效果明显强于无机铁盐和有机酸铁。常用的螯合铁有乙二胺四乙酸二钠铁(Na_2Fe-EDTA)。乙二胺四乙酸二钠铁的分子量为390，含铁14.32%，外观为土黄色粉末，易溶于水。有时也用乙二胺四乙酸一钠铁(NaFe-EDTA)。螯合铁的用量一般按铁元素质量计，每升营养液用3～5 mg。

(6)镁、锌、铜、锰等硫酸盐 可同时解决硫、镁和微量元素的供应。

①硫酸镁 $MgSO_4 \cdot 7H_2O$ 外观为白色结晶，含镁(Mg)9.86%，含硫(S)13%，易溶于水，20 ℃时100 g水中可溶解35.5 g硫酸镁。稍有吸湿性，吸湿后会结块。水溶液为中性，属生理酸性肥料。它是无土栽培中最常用的镁源。

②硫酸锌 $ZnSO_4 \cdot 7H_2O$ 俗称皓矾，为无色斜方晶体，分子量为287.55，易溶于水，20 ℃时每100 g水中可溶解54.4 g。在干燥的环境下会失去结晶水而变成白色粉末。含Zn 22.74%，

它是无土栽培重要的锌营养来源。

③硫酸铜 $CuSO_4 \cdot 5H_2O$　外观为蓝色结晶，分子量为 249.69，含 Cu 25.45%，含 S 12.84%，易溶于水，20 ℃时 100 g 水中可溶解 20.7 g。它是无土栽培良好的铜营养来源。

④硫酸锰 $MnSO_4 \cdot 4H_2O$ 或 $MnSO_4 \cdot H_2O$　外观上为粉红色结晶，四水硫酸锰分子量为 223.06，含锰 24.63%；一水硫酸锰分子量为 169.01，含锰 32.51%。它们都易溶解于水中。

(7)硼肥和钼肥　多用硼酸、硼砂和钼酸钠、钼酸钾。

①硼酸 H_3BO_3　外观为白色结晶，分子量为 61.83，含硼(B)17.5%，冷水中的溶解度较低，20 ℃时 100 g 水中溶解 5 g 硼酸，热水中较易溶解，水溶液呈微酸性，是无土栽培营养液中良好的硼源。

②硼砂 $Na_2B_4O_7 \cdot 10H_2O$　外观为白色或无色结晶，分子量为 381.37，含硼 11.34%。在干燥的条件下硼砂失去结晶水而变成白色粉末状，易溶于水，是营养液中硼的良好来源。

③钼酸铵 $(NH_4)_6Mo_7O_{24} \cdot 4H_2O$　外观为白色或淡绿色晶体，分子量为 1 235.86，含钼 54.38%。易溶于水，是营养液中钼的良好来源。

④钼酸钾 K_2MoO_4　外观为白色细结晶粉末。有潮解吸湿性。易溶于水，分子量为 238.13，含钼 40.31%。热水中较易溶解，是营养液中钼的良好来源。

3. 辅助物质

营养液常用的辅助物质是络合剂，也称螯合剂，即凡是两个或两个以上含有孤对电子的分子或离子(即配位体)与具有空的价电子层轨道的中心离子相结合的单元结构的物质。中心原子与螯合配体形成的配合物称为螯合物。

为了解决在无土栽培营养液中铁源的沉淀或氧化失效的问题，常将 Fe^{2+} 与络合剂作用形成稳定性较好的铁络合物并用于营养液中，也可用于叶面喷施及混入固体基质中。螯合铁作为营养液的铁源不易被其他阳离子所代替，不易产生沉淀，即使营养液的 pH 较高，仍可保持较高的有效性，而且易被作物吸收。

除了铁之外，其他多价阳离子也都可与络合剂形成螯合物，但不同的阳离子和不同的络合剂形成螯合物的能力不一样，其稳定性也不同。不同金属阳离子形成的螯合物的稳定性按下列顺序递增：$Mg^{2+} < Ca^{2+} < Mn^{2+} < Fe^{2+} < Zn^{2+} < Cu^{2+} < Fe^{3+}$。

常见的络合剂主要有以下几种：

(1)EDTA　乙二胺四乙酸，分子式为 $(CH_2N)_2(CH_2COOH)_4$，分子量为 292.25，外观为白色粉末，在水中的溶解度很小。一般用的是乙二胺四乙酸二钠盐[Na_2-EDTA，$(NaOOC\text{-}CH_2)_2NCH_2N(CH_2COOH)_2 \cdot 2H_2O$]，分子量为 372.42，外观为白色粉末状。它与硫酸亚铁作用可形成乙二胺四乙酸二钠铁，由于其价格相对便宜，是目前无土栽培中最常用的络合剂。

(2)DTPA　二乙酸三胺五乙酸，分子式为 $HOOCCH_2N[CH_2CH_2N(CH_2COOH)_2]_2$，分子量为 393.20，外观为白色结晶，微溶于冷水，易溶于热水和碱性溶液中。

(3)CDTA　1,2-环己二胺四乙酸，分子式为 $(HOOCCH_2)_2NCH(CH_2)_4HCN(CH_2COOH)_2$，分子量为 346.34，外观为白色粉末状，难溶于水，易溶于碱性溶液中。

(4)EDDHA　乙二胺二邻羟苯基乙酸，分子式为 $(CH_2N)_2(OHC_6H_4CH_2COOH)_2$，分子量为 360，外观为白色粉末状，溶解度小。

(5)HEEDT　羟乙基乙二胺三乙酸，分子量为 278.26，外观为白色粉末状，冷水中的溶解度小，易溶于热水及碱性溶液中。

在无土栽培中最常用的是铁与络合剂形成的螯合物，而其他金属离子如 Mn、Zn、Cu 等在营养液中的有效性一般较高，很少使用这些金属离子与络合剂形成的螯合物。

二、营养液浓度的表示方法

营养液浓度的表示方法分为直接表示法和间接表示法。

(一)直接表示法

在一定重量或一定体积的营养液中，用所含有的营养元素或化合物的量来表示营养液浓度的方法统称为直接表示法。营养液浓度的直接表示法有化合物的质量浓度、元素的质量浓度和物质的量浓度，其中前一种为操作浓度，可直接用于营养液配制；后两种多用于营养液配方比较时使用，必须换算成化合物的质量浓度才能用于营养液配制。

1. 化合物的质量浓度

化合物的质量浓度即每升(L)营养液中含有某种化合物质量。常用克/升(g/L)或毫克/升(mg/L)来表示。例如，一个配方中 $Ca(NO_3)_2 \cdot 4H_2O$、KNO_3、KH_2PO_4 和 $MgSO_4 \cdot 7H_2O$ 的浓度分别为 590 mg/L、404 mg/L、136 mg/L 和 246 mg/L，即表示按这个配方配制的营养液中，每升营养液含有 $Ca(NO_3)_2 \cdot 4H_2O$、KNO_3、KH_2PO_4 和 $MgSO_4 \cdot 7H_2O$ 分别为 590 mg、404 mg、136 mg 和 246 mg。

由于在配制营养液时是以这种浓度表示法来进行化合物称量的，因此，这种营养液浓度的表示法又称工作浓度或操作浓度。

2. 元素的质量浓度

元素的质量浓度指在每升营养液中某种营养元素质量。常用克/升(g/L)或毫克/升(mg/L)来表示。例如，一个配方中营养元素 N、P、K 的含量分别为 150、80 和 170 mg/L，即表示这一营养液中每升含有营养元素氮 150 mg、磷 80 mg 和钾 170 mg。

这种表示营养液浓度的方法在营养液配制时不能够直接应用，因为实际称量时不能够称取某种元素，因此，要把单位体积中某种营养元素含量换算成为某种营养化合物才能称量。在换算时首先要确定提供这种元素的化合物究竟是什么，然后将提供这种元素的化合物所含该元素的百分数除以这种元素的含量。例如，某一配方中 K 的含量为 160 mg/L，而此时的钾是由硝酸钾来提供的，查表或计算可知硝酸钾 K 含量为 38.67%，则该配方中提供 160 mg K 所需要 KNO_3 的量＝160 mg÷38.67%＝413.76 mg，即要提供 160 mg 的 K 需要 413.76 mg 的 KNO_3。

用元素的质量浓度来表示的营养液浓度虽然不能够直接用于配制营养液，但它适用于不同的营养液配方之间浓度的比较。因为不同的营养液配方提供一种营养元素可能会用到不同的化合物，而不同的化合物中含有某种营养元素的百分数是不相同的，单纯从营养液配方中化合物的数量难以真正了解究竟哪个配方的某种营养元素的含量较高，哪个配方的较低。这时就可以将配方中的不同化合物的浓度转化为某种元素的浓度来进行比较。例如，一个配方的氮源是以 $Ca(NO_3)_2 \cdot 4H_2O$(1.0 g/L)来提供的，而另一配方的氮源是以 NH_4NO_3(0.4 g/L)来提供的。单纯从化合物浓度来看，前一配方的浓度比后一配方的多了 1.5 倍。经过换算后可知，1.0 g/L $Ca(NO_3)_2 \cdot 4H_2O$ 提供的 N 为 118.7 mg/L，而 0.4 mg/L NH_4NO_3 提供的 N 为 140 mg/L，这样就可以清楚地知道后一配方的 N 含量要比前一配方的高。

3. 物质的量浓度

物质的量浓度指在每升营养液中某种物质的物质的量(mol)。而某种物质可以是化合物(分子),也可以是离子或元素。每一摩尔某种物质的质量数值上相当于这种物质的分子量、离子量或原子量,其质量单位为克(g)。例如,1 mol 的钾元素(K)相当于 39.1 g,1 mol 的钾离子(K^{+})相当于 39.1 g,1 mol 的硝酸钾(KNO_3)相当于 101.1 g。

由于无土栽培营养液的浓度较低,因此,常用毫摩尔/升(mmol/L)来表示。

$$1\ \text{mol/L}=1\ 000\ \text{mmol/L}$$

在配制营养液的操作过程中,不能够以物质的量浓度来称量,需要换算成质量浓度。换算时将每升营养液中某种物质的物质的量浓度与该物质的分子量、离子量或原子量相乘,即可得知该物质的用量。例如,2 mol/L 的 KNO_3 相当于 KNO_3 的质量=2 mol/L×101.1 g/mol=202.2 g/L。

(二)间接表示法

这里主要介绍渗透压和电导率。

1. 渗透压

渗透压表示在溶液中溶解的物质因分子运动而产生的压力,单位是帕斯卡(Pa)。营养液中溶解的物质越多,浓度越高,分子运动产生的压力越大。当营养液的浓度高于根细胞内溶液的浓度时,根细胞中的水会通过细胞膜(半透膜)渗透到营养液中,这个过程即为生理失水。生理失水严重时植物会出现萎蔫甚至缺水死亡。反之,根细胞能正常吸水。因此,渗透压可以作为反映营养液浓度是否适宜作物生长的重要指标。

渗透压的测定可以用冰点下降法、蒸汽压法和渗透计法等来进行,但测定的方法很烦琐,不易进行,无土栽培营养液的渗透压一般可用下列公式来进行理论计算:

$$P=c\times 0.022\ 4\times(273+T)/273$$

式中:P 为溶液的渗透压,以标准大气压(atm,1 atm=1.01×10^{5} Pa)为单位;c 为溶液的浓度以溶液中所有的正、负离子的总浓度表示,mmol/L;T 为使用时溶液的温度(℃);0.022 4 为范特霍夫常数;273 为绝对温度和摄氏温度的换算常数。

计算营养液的渗透压时,因为微量元素的浓度较低,为简便起见只需用大量元素的正、负离子的总浓度来计算。

对已知各种溶质及其浓度的溶液可以采用上述方法来进行溶液渗透压的理论计算。如果溶液的浓度是未知的,例如种植一段时间之后的营养液,由于营养液中的化合物被植物吸收而使其浓度未知,则不能够用公式计算其渗透压。但可以通过测定营养液的电导率值,利用电导率值与渗透压之间的经验公式来计算此时营养液的渗透压。

2. 电导率(EC)

配制营养液所用的无机盐类多为强电解质,在水中电离为带有正、负电荷的离子,因此,营养液具有导电作用。其导电能力的大小用电导率来表示。电导率是指单位距离的溶液其导电能力的大小,通常以毫西门子/厘米(mS/cm)或微西门子/厘米(μS/cm)来表示。

在一定浓度范围内,营养液的含盐量与电导率呈正相关,即含盐量越高,电导率越大,渗透压也越大。所以,电导率能间接反映营养液的总含盐量,也能反映营养液的渗透压。

可通过测定的营养液的电导率值表示营养液的总盐浓度。但其只能够反映营养液的总盐浓度，不能够反映出营养液中某一无机盐类单独浓度的大小。当种植作物时间较长之后，由于根系分泌物、根系生长过程脱落的外层细胞以及部分根系死亡之后在营养液中腐烂分解和在硬水条件下钙、镁、硫等元素的累积可提高营养液的电导率，此时通过电导率仪测定所得的电导率值并不能够反映营养液中实际的盐分含量。为解决这个问题，应对使用时间较长的营养液进行个别营养元素含量的测定。一般在生产中可每隔 45 d 或 60 d 左右测定一次大量元素的含量，而微量元素含量一般不进行测定。如果发现养分含量太高，或者电导率值很高而实际养分含量较低，应更换营养液，以确保植物生长良好。

电导率值用电导率仪测定。它和营养液浓度的关系，可以通过以下方法来求得（以日本园试配方为例）。以该配方的 1 个剂量（配方规定的标准用量）为基础浓度 S，然后以一定的浓度梯度差（如每相距 0.1 或 0.2 个剂量）来配制系列浓度梯度差营养液，并用电导率仪测定每一个级差浓度的电导率值（表 3-2）。

表 3-2　日本园试配方各浓度梯度差的营养液电导率值

溶液浓度梯度	大量元素化合物总含量/(g/L)	测得的电导率/(mS/cm)
2.0	4.8	4.465
1.8	4.32	4.03
1.6	3.84	3.685
1.4	3.36	3.275
1.2	2.88	2.865
1.0	2.40	2.435
0.8	1.92	2.000
0.6	1.44	1.575
0.4	0.96	1.105
0.2	0.48	0.628

由于营养液浓度（S）与电导率（EC）之间存在正相关关系，这种正相关关系可用线性回归方程来表示：

$$EC = a + bS\text{（}a、b\text{ 为回归系数）}$$

从表 3-6 中的数据可以计算出电导率与营养液浓度之间的线性回归方程为：

$$EC = 0.279 + 2.12S\text{（相关系数 }r = 0.999\,4\text{）}$$

通过实际测定得到某个营养液配方的电导率与浓度之间的线性回归方程之后，就可在作物生长过程中，测定出营养液的电导率，并利用此回归方程来计算出营养液的浓度，依此判断营养液浓度的高低来决定是否需要补充养分。例如，栽培上确定用日本园试配方的 1 个剂量浓度的营养液种植番茄，管理上规定营养液的浓度降至 0.3 个剂量时即要补充养分恢复其浓度至 1 个剂量。例如，当营养液被作物吸收以后，其浓度已成为未知数，今测得其电导率（EC）

为 0.72 mS/cm，代入方程得 $S=0.21$，小于 0.3，表明营养液浓度已低于规定的限度，需要补充养分。

营养液浓度与电导率之间的回归方程，必须根据具体的营养液配方和不同地区的测定结果来确定线性回归关系。因为不同的配方所用的盐类形态不尽相同，各地区的自来水含有的杂质有异，这些都会使溶液的电导率随之变化。因此，各地要根据选定配方和当地水质的情况，实际配制不同浓度梯度水平的营养液来测定其电导率值，以建立能够真实反映情况的较为准确的营养液浓度和电导率之间的线性回归方程。

电导率与渗透压之间的关系，可用经验公式 $P=0.36\times10^5\times EC$ 来表达。换算系数 0.36×10^5 不是一个严格的理论值，它是多次测定不同盐类溶液的渗透压与电导率得到许多比值的平均数，因此，它是近似值，但一般估计溶液的渗透压或电导率时还是可用的。

电导率与总含盐量的关系，可用经验公式：营养液的总盐分(g/L)=1.0×EC 来表达。换算系数 1.0 的来源和渗透压与电导率之间的换算系数来源相同。

三、营养液的组成原则和确定方法

营养液的组成不仅直接影响作物的生长发育，而且涉及经济而有效地利用养分的问题。根据植物种类、水源、肥源和气候条件等具体情况，有针对性地确定和调整营养液的组成成分，能够充分发挥营养液的使用功效，以适应作物栽培的要求。

（一）营养液的组成原则

一种均衡的营养液配方其组成要遵循以下的一些原则：

1. 营养元素齐全

植物生长发育必需的营养元素有 16 种，其中 C、H、O 3 种营养元素由空气和水提供，其余 13 种营养元素（N、P、K、Ca、Mg、S、Fe、Mn、B、Zn、Cu、Mu、Cl）从根际环境中吸收。因此，所配制的营养液应含有这 13 种营养元素。因为在水源、固体基质或肥料中已含有植物所需的某些微量元素的量，所以配制营养液时一般不需另外添加（图 3-1）。

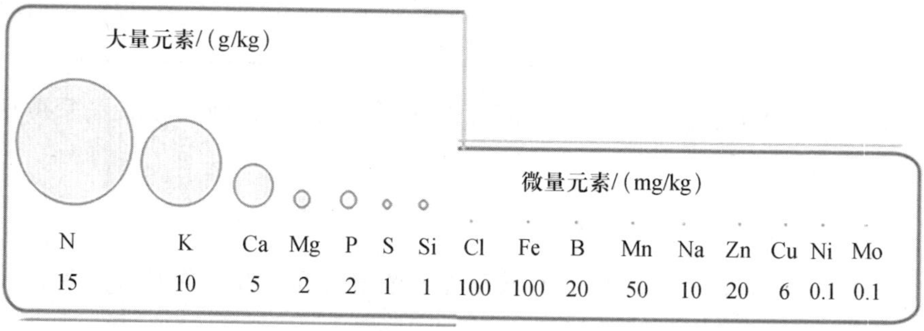

图 3-1 植物体内矿物质元素的含量（干重）

2. 营养元素可以被植物吸收

即配制营养液的肥料应以化学态为主，在水中有良好的溶解性，同时能被作物有效利用。其通常都是无机盐类，也有一些有机螯合物。不能被植物直接吸收利用的有机肥不宜作为营养液的肥源。

3. 营养均衡

营养液中各营养元素的数量比例应符合植物正常生长发育的要求，而且是生理均衡的，可以保证各种营养元素有效性的充分发挥和植物吸收的平衡。在保证元素种类齐全并且符合配方要求的前提下，所用肥料的种类要少（一般不超过4种），以防止化合物带入植物不需要的或过剩的离子或其他有害杂质（表3-3）。

表3-3 营养液中各元素浓度范围 mg/L

元素	浓度			浓度		
	最低	适中	最高	最低	适中	最高
硝态氮（NO_3^+-N）	56	224	350	4	16	25
铵态氮（NH_4^+-N）	—	—	56	—	—	4
磷（P）	20	40	120	0.7	1.4	4
钾（K）	78	312	585	2	8	15
钙（Ca）	60	160	720	1.5	4	18
镁（Mg）	12	48	96	0.5	2	4
硫（S）	16	64	1 440	0.5	2	45
钠（Na）	—	—	230	—	—	10
氯（Cl）	—	—	350	—	—	10
铁（Fe）	2	—	10	—	—	—
锰（Mn）	0.5	—	5	—	—	—
硼（B）	0.5	—	5	—	—	—
锌（Zn）	0.5	—	1	—	—	—
铜（Cu）	0.1	—	0.5	—	—	—
钼（Mo）	0.001	—	0.002	—	—	—

4. 总浓度和酸碱度适宜

营养液总浓度应符合植物正常生长要求（表3-3）。不因浓度太低，造成作物缺素；也不因浓度太高，使作物发生盐害。尽管某些肥料溶解后因为根系的选择性吸收而表现出生理酸性或生理碱性，甚至其生理酸碱性较强，但营养液的酸碱度及其总体表现出来的生理酸碱反应应是较为平稳的，不超出植物正常生长所要求的酸碱度变化范围。

5. 营养元素有效期长

营养液中的各种营养元素在栽培过程中应长时间地保持其有效态，并且有效性不因氧化、根的吸收以及离子间的相互作用而在短时间内降低。

6. 生理酸碱性稳定

营养液配方中的所有化合物在植物生长过程中由于根系的选择性吸收而表现出来的营养液总体生理酸碱反应是较为平稳的。在一个营养液配方中可能有某些化合物表现出生理酸性或生理碱性，有时甚至其生理酸碱性表现得较强，但一个营养液配方中所有化合物总体表现出来的生理酸碱性应比较稳定。

(二)营养液组成的确定方法

营养液成分的组配除了要明确种植某种作物时的总浓度之外,还需要确定营养液中各元素间是否保持化学平衡和生理平衡,并且经过生产检验、修正与完善,确定作物能在营养液中正常生长发育,同时有较高的产量。这样才可以说营养液组配成功。

1. 营养液总浓度的确定

首先,根据作物种类、品种、生育期在不同气候条件下对营养液含盐量的要求来大体确定营养液的总浓度。一般营养液的总浓度在0.4%～0.5%及以下,大多数作物都可以正常生长。当营养液的总浓度超过0.5%时,很多蔬菜、花卉植物就会表现出不同程度的盐害。不同作物对营养液总浓度的要求差异较大(表3-4),例如,番茄、甘蓝、康乃馨要求营养液的总浓度为0.2%～0.3%,荠菜、草莓、郁金香要求营养液的总浓度为0.15%～0.2%,显然前者比后者耐盐。

表3-4　不同植物对营养液总浓度的要求　　%

总浓度/%	适宜种植的植物
0.1	杜鹃花　仙人掌　蕨类植物　胡椒
0.15～0.2	鸢尾　水仙　仙客来　百合　非洲菊　郁金香　芥菜
0.2	昙花　葱头　胡萝卜　草莓　花叶芋　唐菖蒲
0.2～0.3	甜瓜　黄瓜　一品红　康乃馨　文竹
0.3	番茄　芹菜　甘蓝

因此,在确定营养液的总浓度时要考虑到植物的耐盐程度。当然,在确定营养液的总浓度时还要考虑到在较高浓度时是否会形成溶解度较低的难溶性化合物的沉淀。营养液总浓度见表3-5,以供参考。

表3-5　营养液总浓度范围

浓度表示方法	范围		
	最低	适中	最高
渗透压/Pa	0.3×10^5	0.9×10^5	1.5×10^5
正负离子合计数/(mmol/L)	12	37	62
在20 ℃时的理论电导率值/(mS/cm)	0.83	2.5	4.2
总盐分含量/(g/L)	0.83	2.5	4.2

2. 营养液中营养元素的用量和比例的确定

在制定营养液配方时,除了要明确种植某种作物时的营养液的总浓度之外,还需要根据植物的生理平衡性及营养元素之间的化学平衡性来确定配方中各种营养元素的比例和浓度,才可以最终制定一个平衡的营养液配方。

(1)生理平衡　生理平衡的营养液是既含有满足植物正常生长发育需要的一切营养元素,

又不影响其正常生长发育的营养液。

影响营养液生理平衡的因素主要是营养元素之间的相互作用。营养元素的相互作用分为两种：一是协同作用，即营养液中一种营养元素的存在可以促进植物对另一种营养元素的吸收；二是拮抗作用，即营养液中某种营养元素的存在会抑制植物对另一种营养元素的吸收，从而使植物对某一种营养元素的吸收量减少，以致出现生理失调的症状。

营养液中含有植物生长所需的所有必需营养元素，这些营养元素是以不同的形态存在于营养液之中的，因此这些不同形态的营养元素之间的相互关系就表现得很复杂。例如，营养液中的 Ca^{2+}、Mg^{2+} 离子能够促进 K^+ 的吸收，阴离子如 NO_3^-、$H_2PO_4^-$ 和 SO_4^{2-} 能够促进 K^+、Ca^{2+}、Mg^{2+} 等阳离子的吸收；但同时也存在着 Ca^{2+} 离子对 Mg^{2+} 离子吸收的拮抗作用，NH_4^+、H^+、K^+ 会抑制植物对 Ca^{2+}、Mg^{2+}、Fe^{2+} 等的吸收，特别是 NH_4^+ 对 Ca^{2+} 吸收的抑制作用特别明显。日本的番茄无土栽培试验表明，番茄脐腐病的发生率随营养液中铵态氮比例的增加而增加，其原因在于铵态氮的拮抗作用导致 Ca^{2+} 的吸收受阻而使番茄出现缺钙的生理失调症状。而阴离子如 $H_2PO_4^-$、NO_3^- 和 Cl^- 之间也存在着不同程度的拮抗作用。

营养液中的营养元素究竟在何种比例之下或多高的浓度时会表现出相互之间的协同作用或拮抗作用呢？现在并没有明确的答案，也没有一个统一的标准或明确的数值。不同的作物种类由于其长期生长的生态环境不同，形成了遗传特性的差异，因此不可能确定一种通用的比例和浓度。要解决这个问题，前人的经验告诉我们，可以通过分析正常生长的植物体内各种营养元素的含量及其比例来确定。美国的 Hoagland 和 Arnon 在 20 世纪 30 年代时就利用这种方法开展了许多深入实际的研究，并以此为基础确定了许多的营养液配方，这些配方经数十年的使用被证明是行之有效的生理平衡配方。

在利用分析正常生长植物吸收营养元素的含量和比例来确定营养液配方时要注意以下的几个方面问题：

①通过对生长正常的植物进行化学分析的结果而确定的营养液配方是符合生理平衡的要求的。这样确定的营养液配方不仅适用于某一种作物，而且可以适用于某一大类作物。但不同大类的作物之间的营养液配方可能有所不同，因此要根据作物大类的不同选择其中有代表性的作物来进行营养元素含量和比例的化学分析，从而确定出适用于该类作物的营养液配方。

②种植季节不同、植物本身特性的不同以及供应作物的营养元素的数量和形态等的不同，可能会影响对植物的化学分析的结果，有时分析的结果可能还会有较大的差异。例如，硝态氮可能会由于外界供给量的增大而出现大量的"奢侈吸收"，导致植物体内氮含量大为增加，这样测定的结果可能并不真实地反映植物的实际需要量。

③通过化学分析确定的营养液配方中的各种营养元素的含量和比例并非严格固定，它们可在一定的范围内变动而不至于影响植物的生长，也不会产生生理失调的症状。这是因为植物对营养元素的吸收具有较强的选择性，只要营养液中的各种营养元素的含量和比例不是严重地偏离植物生长所要求的范围，植物基本上能够选择吸收其生理上需要的数量和比例。一般而言，以分析植物体内营养元素含量和比例所确定的营养液配方中的大量营养元素的含量可以在一定范围内变动，大约变幅在±30%仍可保持其生理平衡。在大规模无土栽培生产中，不能够随意变动原有配方中的营养元素含量，必须经过试验证明对植物生长没有太大的不良影响时方可大规模地使用。

除了确定正常生长的植株体内营养元素的含量之外，还需要了解整个植物生命周期中吸收、消耗了的水分的量，这样才可以确定营养液的总浓度。

(2)化学平衡　这里所说的营养液配方的化学平衡性问题主要是指，营养液配方中的有些营养元素的化合物，当其离子浓度达到一定的水平时就会互相互作用而形成难溶性化合物而从营养液中析出，使得营养液中某些营养元素的有效性降低，以致影响营养液中营养元素之间的相互平衡。

任何平衡的营养液配方中都含有植物所必需的16种营养元素，在这些营养元素之间，如Ca^{2+}、Mg^{2+}、Fe^{2+}等阳离子和PO_4^{3-}、SO_4^{2-}、OH^-等阴离子之间在一定的条件下会形成溶解度很低的难溶性化合物沉淀，如$CaSO_4$、$Ca_3(PO_4)_2$、$FePO_4$、$Fe(OH)_3$、$Mg(OH)_2$等。在溶液中是否会形成这些难溶性化合物(或称难溶性电解质)是根据溶度积法则来确定的。所谓的溶度积法则是指存在于溶液中的两种能够相互作用形成难溶性化合物的阴、阳离子，当其浓度的乘积大于这种难溶性化合物的溶度积常数时，就会产生沉淀，否则，就没有沉淀产生。

任何生理平衡的营养液配方中都存在着以下产生沉淀的可能：Ca^{2+}与SO_4^{2-}相互作用产生$CaSO_4$沉淀；Ca^{2+}与磷酸根(PO_4^{3-}或HPO_4^{2-})产生$Ca_3(PO_4)_2$或$CaHPO_4$沉淀；Fe^{3+}与PO_4^{3-}产生$FePO_4$沉淀以及Ca^{2+}、Mg^{2+}与OH^-产生$Ca(OH)_2$和$Mg(OH)_2$沉淀。这些沉淀的产生与离子的浓度有关，而有些阴离子如磷酸根、氢氧根的浓度高低与溶液的酸碱度又有很大的关系。因此要避免在营养液中产生难溶性化合物就要采取适当方法降低阴、阳离子浓度，或者通过适当降低溶液的pH使得某些阴离子的浓度降低。

一般情况下，营养液的pH极少会达到9以上。只有在用碱液中和营养液的生理酸性时，如果所用的碱液浓度太高，而且加入碱液之后没能够及时在营养液中搅拌分散，才有可能出现营养液中局部碱性很强、pH过高而产生沉淀的可能。为解决这一问题，在加碱液中和酸性时，要用浓度较低的碱液，而且在加入碱液时要及时进行搅拌。

(三)营养液配方

在单位体积的营养液中，规定了含有各种必需营养元素的盐类的量，称为营养液配方。配方中列出的规定用量，称为这个配方的1个剂量。如果各种盐类都只使用规定用量的一半，则称为某配方的1/2剂量。一个生理平衡的营养液配方可能适用于某一类或几类作物，也可能适用于几类作物中的几个品种。营养液配方根据应用对象的不同，分为叶菜类和果菜类营养液配方；根据配方的使用范围分为通用性(如霍格兰配方、园试配方)和专用性营养液配方；根据营养液盐分浓度的高低分为总盐度较高和总盐度较低的营养液配方。

任务二　营养液的配制

进行无土栽培时，要在选定营养液配方的基础上，正确地配制营养液。即使是均衡的营养液配方，也存在着相互之间可能产生沉淀的盐类，只有采用正确的方法来配制，才可保证营养液中的各种营养元素能有效地供给作物生长所需，才可取得栽培的高产优质。而不正确的配制方法，一方面可能会使某些营养元素失效；另一方面可能会影响营养液中的元素平衡，严重时会伤害作物根系，甚至造成作物死亡。因此，要掌握正确的营养液配制方法，这是实施无土栽培的最起码的要求。

一、营养液的配制原则

营养液配制总的原则是确保在配制后和使用营养液时都不会产生难溶性物质沉淀。每一种营养液配方都潜伏着产生难溶性物质沉淀的可能性，这与营养液的组成是分不开的。营养液是否会产生沉淀主要取决于营养液的浓度。几乎任何均衡的营养液中都含有可能产生沉淀的 Ca^{2+}、Fe^{3+}、Mn^{2+}、Mg^{2+} 等阳离子和 SO_4^{2-}、PO_4^{3-} 或 HPO_4^{2-} 等阴离子，这些离子在浓度较高时会相互作用而产生沉淀。如 Ca^{2+} 与 SO_4^{2-} 相互作用产生 $CaSO_4$ 沉淀；Ca^{2+} 与磷酸根（PO_4^{3-} 或 HPO_4^{2-}）产生 $Ca_3(PO_4)_2$ 或 $CaHPO_4$ 沉淀；Fe^{3+} 与 PO_4^{3-} 产生 $FePO_4$ 沉淀，以及 Ca^{2+}、Mg^{2+} 与 OH^- 产生 $Ca(OH)_2$ 和 $Mg(OH)_2$ 沉淀。实践中运月难溶性物质溶度积法则为指导，采取以下两种方法可避免营养液中产生沉淀：一是对容易产生沉淀的两种盐类化合物分别溶解，分罐配制与保存，使用前再稀释、混合；二是向营养液中加酸，降低 pH，使用前再加碱调整至正常水平。

二、营养液的配制技术

（一）营养液配制前的准备工作

1. 正确选用和调整营养液配方

这是因为不同地区的水质和肥料纯度存在差异，会直接影响营养液的组成；栽培作物的品种和生育期不同，要求的营养元素比例也不同，特别是 N、P、K 营养三要素的比例；特别是基质栽培时，基质的吸附性和本身的营养成分都会改变营养液的组成；不同营养液配方的使用还涉及栽培成本问题。因此，营养液配制前应根据植物种类、生育期、当地水质、气候条件、肥料纯度、栽培方式以及成本，正确选用和灵活调整营养液配方.在证明其确实可行之后再大面积应用。

2. 选用适当的肥料

所选肥料既要考虑肥料中可供使用的营养元素的浓度和比例，又要注意选择溶解度高、纯度高、杂质少、价格低的肥料。

3. 阅读有关资料

在配制养液之前，先仔细阅读有关肥料或化学品的说明书或包装说明，注意肥料的分子式、纯度、含有的结晶水等。

4. 选择水源并进行水质检验

取得水质相关数据作为配制营养液时的参考。

5. 准备好贮液罐及其他必要物件

营养液一般配成浓缩 100～1 000 倍的母液，需要 2～3 个母液罐。小型母液罐的容积以 25 L 或 50 L 为宜，以深色不透光的为好。此外，还需准备好相关的检测设备和溶解、搅拌用具等。

（二）营养液的配制方法

生产上配制的营养液一般分为母液（浓缩营养液）和工作营养液两种。母液配制时，不能将所有肥料都溶解在一起，因为浓缩后某些阴、阳离子间会发生反应而沉淀。所以一般配成

A、B、C 3 种母液。A 母液以钙盐为中心，凡不与钙作用而产生沉淀的盐都可溶在一起，一般配成 100～200 倍的浓缩液；B 母液以磷酸盐为中心，凡不会与磷酸根形成沉淀的盐都可溶在一起，一般配成 100～200 倍的浓缩液；C 母液是由铁盐和微量元素化合物混配而成的，因其用量小，一般配成 1 000～3 000 倍的浓缩液。

工作营养液的配制方法有母液稀释法和直接配制法。其中，母液稀释法是生产上常用的工作液配制方法。

在实际生产应用上，营养液的配制方法可采用先配制浓缩营养液（或称母液）然后用浓缩营养液配制工作营养液；如在用量较少时也可以直接称取各种营养元素化合物直接配制工作营养液。可根据实际需要来选择一种配制方法。但不论是选择哪种配制方法，都要在配制过程中以不产生难溶性物质沉淀为总的指导原则来进行。

1. 浓缩营养液的配制

在配制浓缩营养液时，要根据配方中各种化合物的用量及其溶解度来确定浓缩倍数。浓缩倍数不能太高，否则可能会使化合物过饱和而析出，而且在浓缩倍数太高时，溶解较慢，操作不方便。一般以方便操作的整数倍数为浓缩倍数，大量元素一般可浓缩 100～500 倍，而微量元素由于其用量少，可浓缩 1 000～3 000 倍。

为了防止在配制营养液时产生沉淀，不能将配方中的所有化合物放置在一起溶解，而应将配方中的各种化合物进行分类，把相互之间不会产生沉淀的化合物放在一起溶解，一般将一个配方的各种化合物分为不产生沉淀的 3 类，这 3 类化合物配制的浓缩液分别称为浓缩 A 液、浓缩 B 液和浓缩 C 液（或称为 A 母液、B 母液或 C 母液）。其中：

浓缩 A 液以钙盐为中心，凡不与钙盐产生沉淀的化合物均可放置在一起溶解；一般包括硝酸钙、硝酸钾，浓缩 100～200 倍。

浓缩 B 液以磷酸盐为中心，凡不与磷酸盐产生沉淀的化合物可放置在一起溶解；一般包括磷酸二氢铵、硫酸镁，浓缩 100～200 倍。

浓缩 C 液是由铁和微量元素合在一起配制而成的。由于微量元素的用量少，因此其溶解倍数可较高。可配成 1 000～3 000 倍液。

配制浓缩营养液的步骤：按照要配制的浓缩营养液的体积和浓缩倍数计算出配方中各种化合物的用量后，将浓缩 A 液和浓缩 B 液中的各种化合物称量后分别放在一个塑料容器中，溶解后加水至所需配制的体积，搅拌均匀即可。在配制 C 液时，先取所需配制体积 80%左右的清水，分为两份，分别放入两个塑料容器中，称取 $FeSO_4 \cdot 7H_2O$ 和 Na_2-EDTA 分别加入这两个容器中，溶解后，将溶有 $FeSO_4 \cdot 7H_2O$ 的溶液缓慢倒入 Na_2-EDTA 溶液中，边加边搅拌；然后称取 C 液所需称量的其他各种化合物，分别放在小的塑料容器中溶解，然后分别缓慢地倒入已溶解了 $FeSO_4 \cdot 7H_2O$ 和 Na_2-EDTA 的溶液中，边加边搅拌，最后加清水至所需配制的体积，搅拌均匀即可。

为了防止长时间贮存浓缩营养液产生沉淀，可加入 1 mol/L H_2SO_4 或 HNO_3 酸化至溶液的 pH 为 3～4；同时应将配制好的浓缩母液置于阴凉避光处保存。浓缩 C 液最好用深色容器贮存。

2. 工作营养液的配制

将浓缩营养液稀释为工作营养液时，在加入各种母液的过程中，也要防止沉淀的出现。配制步骤为：先在贮液池中放入需要配制体积的 1/3～2/3 的清水，量取所需浓缩 A 液的用量倒入，开启水泵循环流动或搅拌使其均匀，然后再量取浓缩 B 液所需用量，用较大量的清水将浓缩 B 液稀释后，缓慢地将其倒入贮液池的清水入口处，让水源冲稀 B 液后带入贮液池中，保持水泵运转将其循环或搅拌均匀，加水至总液量的 80%。最后量取浓缩 C 液，按照浓缩 B 液的加入方法加入贮液池中，经水泵循环流动或搅拌均匀，即完成了工作营养液的配制(图 3-2)。

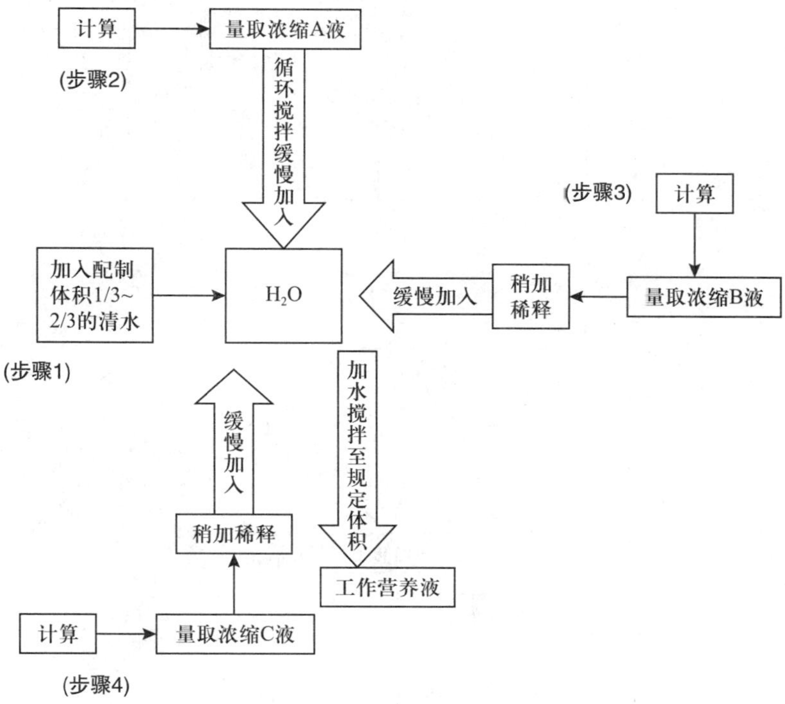

图 3-2 配制浓缩营养液并稀释为工作营养液的操作流程

在大规模生产中，因为工作营养液的总量很大，如果配制浓缩营养液后再经稀释来配制工作营养液，势必需要配制大量的浓缩营养液，这将给实际操作带来很大的不便，因此，常常称取各种营养化合物来直接配制工作营养液。

具体的配制方法为：在种植系统中放入所需配制营养液总体积 60%～70% 的清水，然后称取钙盐及不与钙盐产生沉淀的各种化合物(相当于浓缩 A 液中的各种化合物)放在一个容器中溶解后倒入种植系统中，开启水泵循环流动，然后称取磷酸盐及不与磷酸盐产生沉淀的其他化合物(相当于浓缩 B 液中的各种化合物)放入另一个容器中，溶解后用较大量清水稀释后缓慢地加入种植系统的水源入口处，开动水泵循环流动。再取两个容器，分别称取铁盐和络合剂(如 Na_2-EDTA)置于其中，倒入清水溶解(此时铁盐和络合剂的浓度不能太高，大约为工作营养液中的浓度的 1 000～2 000 倍)，然后将溶解了的铁盐溶液倒入装有络合剂的容器中，边加边搅拌。最后另取一些小容器，分别称取除了铁盐和络合剂之外的其他微量元素化合物置于其中，分别加入清水溶解后，缓慢倒入已混合了铁盐和络合剂的容器中，边加边搅拌，然后将已溶解了所有微量元素化合物的溶液用较大量清水稀释后从种植系统的水源入口处缓慢倒入种植系统的贮液池中，开启水泵循环至整个种植系统的营养液浓度均匀为止。一般在单棚面积为 1/30 hm^2 的大棚或温室，需开启水泵循环 2～3 h 才可保证营养液混合均匀。这种配制工作营养液的操作流程详见图 3-3。

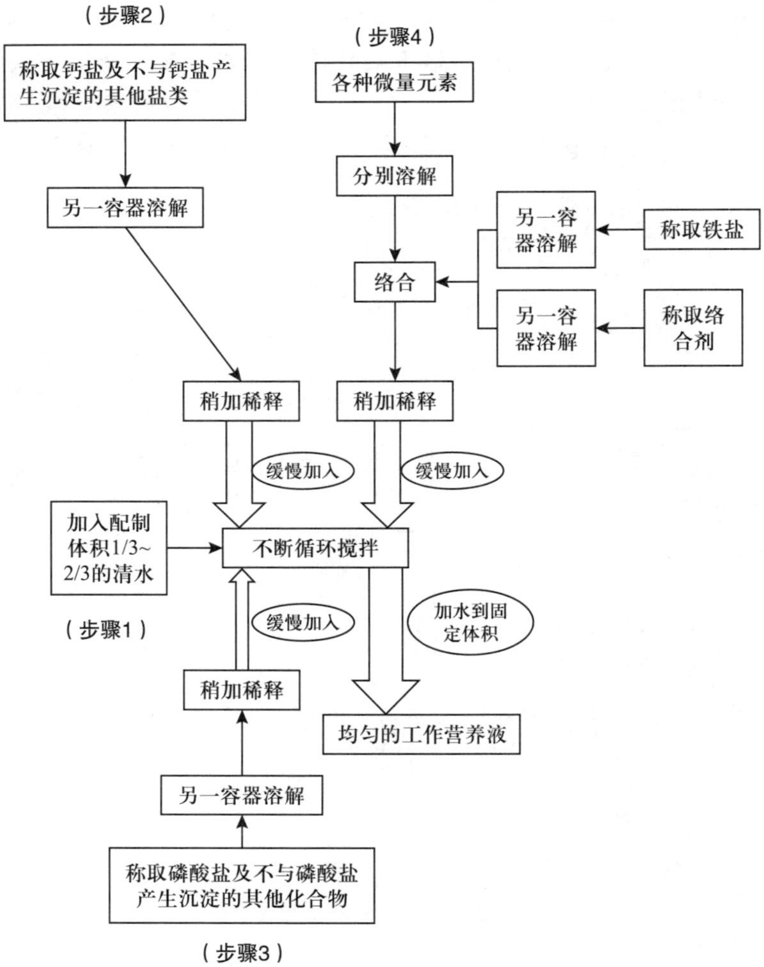

图 3-3　直接配制工作营养液的操作流程

（三）营养液配制的操作规程

为了保证营养液配制过程中不出差错，需要建立一套严格的操作规程。内容应包括：

（1）仔细阅读肥料或化学品说明书，注意分子式、含量、纯度等指标，检查原料名实是否相符，准备好盛装浓缩液的容器，贴上不同颜色的标识。

（2）原料的计算结果要经过 3 名工作人员 3 次核对，确保准确无误。

（3）各种原料分别称好后，一起放到配制场地规定的位置上，最后核查无遗漏，才能动手配制。切勿在用料及配制用具未到齐的情况下匆忙动手操作。

（4）原料加水溶解时，有些试剂溶解太慢，可以加热；有些试剂如硝酸铵，不能用铁质的器具敲击或铲，只能用木、竹或塑料器具取用。

（5）建立严格的记录档案，以备查验。

（四）营养液配制的注意事项

在直接称量营养元素化合物配制工作营养液时要注意，在贮液池中加入钙盐及不与钙盐产生沉淀的盐类之后，不要立即加入磷酸盐及不与磷酸盐产生沉淀的其他化合物，而应在水泵循环大约 30 min 或更长时间之后才加入。加入微量元素化合物时也要注意，不应在加入大量营养元素之后立即加入。

浓缩液稀释法与直接称量配制法两种配制营养液的方法可视生产上操作方便与否来选择，有时可将这两种方法配合使用。例如，配制工作营养液的大量营养元素时采用直接称量配制法，而微量营养元素的加入可采用先配制浓缩营养液再稀释为工作营养液的方法。

在配制工作营养液时，如果发现有少量的沉淀产生，就应延长水泵循环流动的时间以使产生的沉淀再溶解。如果发现由于配制过程加入营养化合物的速度过快，产生局部浓度过高而出现大量沉淀，并且通过较长时间开启水泵循环之后仍不能使这些沉淀再溶解时，应重新配制营养液，否则在种植作物的过程中可能会由于某些营养元素经沉淀而失效，最终出现营养液中营养元素的缺乏或不平衡而表现出的生理失调症状。例如，微量元素铁被沉淀之后出现的作物缺铁失绿的症状。

任务三　育苗营养的供应

在育苗过程中，营养对幼苗的生长发育起着至关重要的作用。苗期营养条件好时，幼苗生长健壮、根系发达、抗逆能力强，蔬菜幼苗花芽分化早、质量好；营养不足则使幼苗生长发育不良，影响蔬菜的花芽分化和发育，甚至产量。一方面，育苗时要选用健全饱满、活力强、种胚大、贮藏养分多的大粒种子；另一方面，做好苗期环境调控和施肥，改善秧苗的营养条件，保证充足的营养供应。

一、幼苗对营养的需求特性

播种后，作物种子吸足水分并在适宜的温度和充足的氧气条件下，经过一定的时间发芽出土。发芽出土时间长短依作物种类和发芽条件而异。出土以前，种子完全依靠其贮藏的养分生长；子叶转绿以后开始进行光合作用，进入幼苗正常生长发育的自养阶段。

幼苗不同生育期对营养的需求有差异，大致可分为发芽期、幼苗期、成苗期三个阶段。各阶段的营养需求特点分别如下。

1. 发芽期

从种子发芽至第一片真叶露心为发芽期。此期是由异养向自养的过渡阶段、时间长短因不同种类而异。如白菜类播种后 2～3 d 出土，芹菜则需 15～20 d。异养阶段靠种子贮藏的养分生长，因此，这一阶段不能太长。在播种后管理上要特别注意给予适宜的环境条件、促使幼苗尽快出土。虽然幼苗子叶转绿后已能进行光合作用，但此时制造的养分仍然较少，除提供给生长所需以外，积累更少。发芽期一方面要让秧苗增加光合作用，加大同化量；另一方面要尽量减少呼吸消耗，特别是降低夜间温度，增加一定的昼夜温差。

2. 幼苗期

从真叶露心至第一或第二片真叶展开为幼苗期，也称基本营养生长期。此期进行根、茎、叶等营养器官的生长，同时为后期的生长发育或花芽分化奠定基础。生长特点是秧苗地上部生长较缓慢，生长量较小，但地下部生长比较旺盛，根系质量迅速增加，侧根大量发生。环境条件(主要是基质温度)能够满足根系生长的需要，对秧苗进入下一生长阶段非常有利。这一时期的长短取决于作物种类和环境条件。叶菜类较短，果菜类稍长；早熟品种比晚熟品种要短；环境条件适宜则幼苗期短，不适宜则延长。

3. 成苗期

从第一或第二片真叶展开至定植为成苗期。这一时期是幼苗的迅速生长发育期。此期秧苗生长量迅速增加，根、茎、叶等营养器官继续生长并保持旺盛的长势。蔬菜的秧苗在这一时期除了正常的营养生长外，还要进行花芽分化。如番茄在3叶期就开始花芽的分化，黄瓜从1～2叶期开始。成苗期是秧苗培育的关键时期，环境条件对幼苗生长和花芽分化影响显著，特别是果菜类，存在着营养生长和生殖生长的矛盾，对环境条件更有其特殊的要求。此期的管理重点在于创造一个有利于秧苗生长和发育的良好环境，即适宜的温度、充足的光照、合理的水分和丰富的营养。

幼苗的根、茎、叶较小，单一植株所吸收的水分和养分数量也较少，但由于苗床中秧苗的密度较大，生长速度较快，在单位面积和单位时间内秧苗从基质中吸收的水分和养分的总量却很大。此外，秧苗对养分的忍耐能力有限，基质中养分浓度过高会出现烧根现象；但同时由于苗期较长，特别是冬春季节的茄果类蔬菜，要求基质能够源源不断地提供养分。

二、育苗过程中的营养供应方式

育苗基质中的养分供应是培育优质壮苗的重要技术措施，特别是氮、磷、钾的供应状况，将直接影响到幼苗生长、干物质积累以及定植后的产量。基质养分供应不足，秧苗生长发育受阻，容易出现老化苗和僵化苗，因此，基质中各种养分要齐全，并适当增加氮、磷、钾的用量，但不可偏施氮肥，否则容易出现幼苗徒长。有人就番茄苗期氮、磷、钾与幼苗生长的关系进行了研究（表3-6），结果表明，高氮浓度下（120 mg/L、240 mg/L），幼苗的株高、茎粗、展开叶片数和茎叶重均较高；氮浓度下降，幼苗生长变弱，30 mg/L以下的幼苗叶色淡、叶面积小，茎叶重仅为240 mg/L时的14.2%～30.9%。高磷浓度条件下，幼苗健壮，生长旺盛；20 mg/L以下的幼苗生长明显减弱，表现出缺磷症状。施钾量对幼苗生长发育影响不明显，但对培育壮苗，提高抗病性有良好的效果。因此，在基质育苗时，应注意氮、磷、钾的配合使用，以促进幼苗的生长发育。

表3-6　氮、磷、钾浓度对番茄幼苗生长的影响

营养元素	浓度/(mg/L)	株高/cm	茎粗/cm	展开叶片数/片	茎叶重/(g/株)
氮	12	7.5	3.4	5.1	3.5
	30	11.3	4.9	6.1	7.6
	60	13.4	5.7	7.1	15.5
	120	15.7	6.4	8.0	21.7
	240	17.8	6.5	8.2	24.6
磷	5	5.4	2.6	4.6	3.1
	20	9.5	4.4	6.1	7.7
	80	15.7	6.4	8.0	21.7
	160	17.1	6.5	8.0	24.6

续表3-6

营养元素	浓度/(mg/L)	株高/cm	茎粗/cm	展开叶片数/片	茎叶重/(g/株)
钾	10	12.4	5.2	7.4	16.1
	80	15.7	6.4	8.0	21.7
	160	18.3	6.5	8.1	23.4

在自养阶段，幼苗的养分供应主要来自种子本身所贮藏的养分。因此，选择优质种子非常关键。同时要创造适宜的环境条件，促使播种后幼苗尽快出土，幼苗异养阶段养分的供应主要有两种方式：一是定期浇灌营养液；二是将肥料直接配入基质中，管理时只浇清水。

1. 定期浇灌营养液

(1)营养液　营养液是将含有各种植物生长必需营养元素的化合物溶解在水中配制而成的供作物生长的溶液。其原料有水、含有各种营养元素的化合物及某些辅助性物质。幼苗生长量较大的种类进行基质育苗时，除了要求基质具有良好的物理性状外，还要求含有丰富的营养元素。当基质中营养元素较少或不完全时。育苗过程中需要通过浇灌营养液进行补充。

育苗所用基质种类、配比不同，培育作物不同，对营养液的要求也不同。蛭石中含营养元素很少，对营养液要求较严；炉渣含有丰富的微量元素，可以不添加微量元素；种过蘑菇的棉籽壳含各种营养元素均较多，对营养液配方的选择不严格。大部分有机基质营养丰富，而且本身就是一个动态变化系统，基质中的养分不断被幼苗吸收，同时一些缓效态养分又不断地转换为有效态释放出来。因此，育苗过程中的营养液应根据基质中各种养分的含量和幼苗对营养的需求适时调整，既有利于幼苗健壮生长，又可节约用肥。工厂化育苗多采用混合基质，营养液作为补充营养，一般不要使用过高的浓度。

(2)营养液的配制原则　所配制的营养液必须含有植物生长必需的全部营养元素，数量和比例符合植物生长发育的要求；各种营养元素的化合物必须是植物根系可以直接吸收的状态，在水中有良好的溶解性，在育苗过程中较长时间内保持其有效性；总盐分浓度及其酸、碱反应适合作物生长的要求，在被根吸收的过程中造成的生理酸、碱反应比较稳定。营养液的总浓度不宜超过0.4%，对绝大多数植物来说，它们需要的养分浓度宜在0.2%左右。

不同作物在不同育苗基质、不同生长发育时期甚至不同季节对离子的吸收有差异，需要根据实际情况对营养液做出适当调整。实际生产中，通常使用化学肥料代替化学试剂配制营养液，这样可以降低育苗成本，但应注意选择纯度较高的肥料。配制营养液的水源应不含有害物质，不受污染。水质过硬时应预先处理。

(3)营养液配制的一般步骤

①分析水源。了解水中的含盐量，特别是钙.镁离子的浓度，在计算营养液中肥料用量时将其考虑在内。

②计算肥料用量。微量元素使用化学试剂，可按纯品称取。有些肥料具有吸湿性，必须贮藏于通风干燥处，若已经吸湿，使用前需测定含水量并重新计算肥料用量。

③称取肥料。根据计算结果称取肥料，分别放置在干燥的容器中或塑料薄膜上。

④加水。向贮液池中注入占最终体积80%左右的水，检查酸碱度，并调整到微酸性(pH 5.5～6.5)。

⑤溶解肥料。将称量出的各种肥料分别溶解，也可以几种肥料混合。例如，将不与钙作用

产生沉淀的盐溶在一起，不与磷酸根形成沉淀的盐溶在一起，微量元素单独溶解。溶解后缓缓倒入贮液池中并迅速搅动，使之混合均匀。

⑥定容和调节。所有肥料都溶解后，加水到规定的体积并充分搅拌，然后测定酸碱度，不适宜的用酸或碱调节。

作物对微量元素的需求量极少，但它们所起的生理作用很大，供应不足易出现缺素症状，但含量过多也会造成中毒。一般水和基质中其含量足够，否则必须在营养液中加入微量元素（表 3-7）。

表 3-7　营养液中微量元素用量　mg/L

肥料名称	用量	肥料名称	用量
EDTA 铁钠盐	20～40	硫酸锰	2.13
硫酸亚铁	15	硫酸铜	0.05
硼酸	2.86	硫酸锌	0.22
硼砂	4.5	钼酸氨	0.02

定期浇灌营养液的营养供应方式可避免水溶性养分被固定，提高了养分的有效性，具有节肥等优点。但营养液的配制、定期浇灌费工费时。

2. 将肥料配入基质

即将磷、钙、镁和微量元素肥料混入基质中，氮、钾肥在整个生长期间随时施用。这样不仅保证了各种养分齐全，省掉配制营养液所需要的设施设备，而且减少了给植株浇灌营养液所花费的劳力，有利于出苗和壮苗。针对秧苗对养分的忍耐力较小、苗期较长的特点，为了既保证秧苗生长所需要的养分，又不至于养分浓度太高造成伤害，应尽量使基质中含有较多的有机肥。有机肥的养分缓慢释放，既满足秧苗生长的需要，又避免了盐分伤害。作物不同、育苗方式不同，基质中添加的肥料量也不同(表 3-8)。一般所育幼苗苗龄越大、每株苗所占有的营养体积越小，预混入的肥料数量就应越多。在冬春季节育苗中，要求配制良好的营养土，同时加入适量的腐熟有机肥，就是这个道理。

表 3-8　几种主要蔬菜穴盘育苗基质及养分配比

作物	穴盘规格/(孔/盘)	基质配比	每盘基质中加入肥料量/g		
		草炭：蛭石	尿素	磷酸二氢钾	无臭腐熟鸡粪
黄瓜	50	3∶1	3.0	4.0	10.0
番茄	72	3∶1	5.0	6.0	20.0
茄子	72	3∶1	6.0	8.0	40.0
辣椒	128	3∶1	4.0	5.0	30.0
甘蓝	128	3∶1	5.0	3.0	15.0
芹菜	288	3∶1	2.0	2.0	10.0

肥料与基质的混配随着栽培基质的发展而发展。近年来，随着有机废弃物作为基质的应用和推广，肥料直接混入基质的营养供应方式有了新的改进。在有机废弃物堆沤发酵过程中

配入一定的肥料，一方面为有机物的充分熟腐提供氮源；另一方面又能提高有机废弃物的养分含量。几种有机废弃物堆沤发酵肥料配比见表3-9。在花生壳或锯末基质的发酵中使用尿素、复合肥和鸡粪，可加快不稳定有机质向矿物质和稳定有机质的分解转化，且能改善基质的理化性状。将其与草炭.蛭石混合育苗，出苗整齐，生长健壮。

表3-9　几种有机废弃物发酵肥料配比

有机废弃物	肥料	配比
稻草	鸡粪(菜籽饼)、尿素	100∶30∶2
干草	鸡粪	5∶1
玉米秸秆	鸡粪	5∶2
玉米秸秆	鸡粪、尿素、硫酸铵	1 000∶100∶8∶17
蔗渣	尿素	200∶1
芦苇末	鸡粪、尿素	200∶40∶1
花生壳	鸡粪	4∶1

此种营养供应方式简便易行，成本低，目前被广泛采用，但无论是使用化肥还是有机肥均存在一定的弊端。化肥由于浓度较高，不可避免地存在磷、钾在基贡中的固定和转化，使之不能发挥应有的作用；有机肥的主要问题是氮供应不稳定，尤其是低温季节，氮供应不足，肥效慢。有机肥与化肥各有利弊，配合使用效果最好。这样，无机氮可提高有机氮的矿化率，有机氮能提高无机氮的生物固氮率。而且有利于改善基质的团粒结构，使其在育苗过程中不散坨，易于移苗。常用的有机氮源有鸡粪、猪粪、牛羊粪等各种牲畜粪便，棉籽壳、大豆饼等饼肥；无机氮源主要是各种含氮化肥，如硫酸铵、尿素、硝酸铵等。

关于基质与肥料的配比应注意以下3点：

①虽然肥料配方同基质配比一样是基质育苗的核心技术，但不必生搬硬套，合适的基质配比与肥料配方二者相辅相成，不能将其割裂开。各地使用的肥料种类和规格不一定相同，养分含量有很大差异。

②合理调节基质与肥料的配比。育苗基质内肥料过多，种子发芽后易被烧死，尤其不能添加未腐熟的生粪和未充分发酵腐熟的有机肥，一方面粪肥发酵容易烧苗；另一方面易造成寄生虫卵的大量污染。

③随着幼苗的生长，育苗中后期可能会出现基质中养分供应不足的现象，此时应按照原来的配比或根据不同作物在此阶段对养分的需求及时补充肥料。

【项目小结】

一、重点难点

1. 营养液的组成原料及其要求。
2. 营养液的组成原则。
3. 营养液的种类和浓度表示方法。

4. 营养液的配制和管理技术。

二、经验技巧总结

1. 多去无土栽培相关的企业观察无土栽培设施，认清楚无土栽培设施类型。

2. 调查当地无土栽培的类型和生产实例，进行分析，认清楚无土栽培发展趋势。

3. 营养液经验管理法

(1)三看两测管理法　营养液管理不同于土壤施肥，营养液只是配制好的溶液，专业户缺少检测手段，更难以管理。杨家书根据多年积累的经验，提出三看两测的管理办法：一看营养液是否混浊及漂浮物的量，二看栽培作物生长状况，生长点发育是否正常，叶片的颜色是否老健清秀，三看栽培作物新根发育生长状况和根系的颜色；两测为每日检测营养液的 pH 2 次，每 2 d 测 1 次营养液的电导率(EC)。根据三看两测进行综合分析，然后对营养液进行科学的管理。

(2)其他经验管理法　一些缺乏化学检测手段的无土栽培生产单位，也可采用以下方法来管理营养液：第一周使用新配制的营养液，在第一周后添加原始配方营养液的一半，在第二周后将营养液罐中剩余的营养液全部倒掉，从第三周开始再重新配制新的营养液，并重复上述过程。这种方法简单实用。

【技能训练】

技能训练一　水质检验

一、目的和要求

(1)熟练掌握水质检验的方法。

(2)掌握指示剂的应用条件和终点变化。

(3)操作规范、熟练，结果可靠。

二、实训准备

1. 材料与药剂

自来水，蒸馏水，纯净水。药剂及配制方法如下：

(1)6 mol/L NaOH 溶液。

(2)$NH_3(aq)$-NH_4Cl 缓冲液(pH 10)　取 6.75 g NH_4Cl 溶于 20 mL 水中，加入 57 mL 氨水(15 mol/L)，然后用水稀释到 100 mL。

(3)铬黑指示剂(0.5%)　铬黑 T 与固体无水 Na_2SO_4 或 NaCl 以 1∶100 比例混合，研磨均匀，放入干燥的棕色瓶中，保存于干燥器内。

(4)钙指示剂(1%)　钙指示剂与固体无水 Na_2SO_4 以 2∶100 比例混合，研磨均匀，放入干燥的棕色瓶中，保存于干燥器内。

(5)0.01 mol/L Mg^{2+} 标准溶液的配制　准确称取七水硫酸镁 0.615 8 g 溶于少量水中，

转入 250 mL 容量瓶中,稀释至标线。

(6)0.01 mol/L EDTA 溶液的配制　称取 3.7 g EDTA 二钠盐溶于 1 000 mL H_2O 中。若有不溶残渣,必须过滤除去。

标定:用 25 mL 移液管吸取 Mg^{2+} 标准溶液于 250 mL 锥形瓶中,加水 150 mL,加入氨水-氯化铵缓冲液 5 mL,铬黑指示剂 30 mg,用 EDTA 溶液滴定,不断搅拌,滴定至溶液由酒红色变成纯蓝色,即为终点。

2. 仪器与用具

托盘天平(或分析天平),碱式滴定管,50 mL 量筒,400 mL 烧杯,250 mL 锥形瓶,干燥器,pH 计或 pH 试纸,甘油。

三、实施

1. Ca^{2+} 的测定

用量筒称取水样 50 mL 于锥形瓶中,然后用移液管加入 6 mol/L NaOH 溶液 1.5 mL,用 pH 计或 pH 试纸检测,使溶液的 pH 大于 12。向溶液中加入钙指示剂约 30 mg,用 EDTA 溶液滴定。当溶液变为纯蓝色时,即为终点,记下所用体积(V_1),再用同样方法测定 1 份。注意滴定过程中要充分摇匀,特别是接近终点时,必须慢慢滴加,否则容易造成 EDTA 溶液过量。

2. Ca^{2+}、Mg^{2+} 总量的测定

取水样 50 mL 于锥形瓶中,加氨水-氯化铵缓冲液 5 mL,铬黑指示剂 30 mg,然后用 EDTA 溶液滴定。当溶液由酒红色变为纯蓝色时,即为终点,记下所需体积(V_2)。再用同样方法测定一份。

3. 计算

按下列公式计算出每升水样中 Ca^{2+} 和 Mg^{2+} 的浓度(mg/L)。

$$c(Ca^{2+})=\frac{M(EDTA)V_1\times M(Ca)\times 1\ 000}{50}$$

$$c(Mg^{2+})=\frac{M(EDTA)\times(V_2-V_1)\times M(Mg)\times 1\ 000}{50}$$

四、注意事项

(1)测定 Ca^{2+}、Mg^{2+} 含量时要求溶液调至不同的 pH。

(2)滴定时要细心、耐心,开始时速度可以稍快,接近终点时应稍慢,同时注意颜色变化,原来溶液颜色消失即为滴定终点。

(3)当溶液中 Mg^{2+} 含量较高时,水样中加入 NaOH 后会产生 $Mg(OH)_2$ 沉淀,使结果偏低或终点不明显(沉淀吸附了指示剂之故),可将溶液稀释后再测定。

五、思维拓展

(1)配制营养液对水质有何要求?

(2)如果水中 Ca^{2+}、Mg^{2+} 含量偏高,在配制营养液时应如何调整?

技能训练二　电导率仪的使用

一、目的和要求

熟练掌握电导率仪的使用方法；操作规范、熟练，结果可靠；清楚电导率仪构造；测量结果准确。

二、实训准备

1. 用具及设备

(1)材料与药剂　氯化钾标准溶液；待测营养溶液。

(2)仪器与用具　DDS-11D 型电导率仪；笔式电导率仪；500 mL 烧杯。

2. 电导率仪的使用方法

(1)DDS-11D 型电导率仪的使用　DDS-11D 型电导率仪的构造见图 3-4，其使用方法如下。

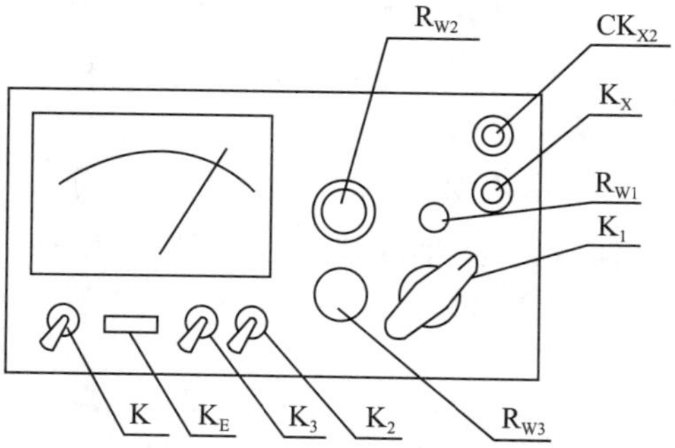

K. 电源开关
K_1. 量程选择开关
K_2. 校正、测量开关
K_3. 高周、低周开关
K_E. 电源指示灯
K_X. 电极插口
CK_{X2}. 10 mV输出插口
R_{W1}. 电容补偿调节器
R_{W3}. 校正调节器
R_{W2}. 电极常数补偿调节

图 3-4　DDS-11D 型电导率仪的构造

①安装电极。将电极插头插入电极插口内，旋紧插口上的紧固螺丝。使用时用电极夹夹紧电极的胶木帽，并把电极夹固定在电极杆上。为确保测量精度，电极使用前应用电导率小于 0.5 μS/cm 的蒸馏水(或去离子水)冲洗 2 次后，然后用待测液冲洗电极 2～3 次，将电极插入待测溶液中。按照以下方法选用电极：

A. 当被测溶液的电导率低于 10 μS/cm 时，使用 DJS-1 型光亮电极。这时应把 R_{W2} 调节在与所配套的电极常数相对应的位置上。例如，若配套电极的常数为 0.95，则应把 R_{W2} 调节在 0.95 处；若配套的电极的常数为 1.1，则应把 R_{W2} 调节在 1.1 处。

B. 当被测溶液的电导率在 10～10 000 μS/cm，则使用 DJS-1 型铂黑电极。同样应把 R_{W2} 调节在与所配套的电极常数相对应的位置上。

C. 当被测溶液的电导率大于 10 000 μS/cm，以至使用 DJS-1 型铂黑电极测不出时，则选用 DJS-10 型铂黑电极。这时应把 R_{W2} 调节在与所配套的电极常数相对应的 1/10 位置上。例如，若电极常数为 9.8，则应使 R_{W2} 指在 0.98 位置上，再将测得的读数乘以 10，即为被测溶液的电导率。

②接通电源，仪器预热 10 min。调节“校正调节器”使电表指针位于满刻度。

③校正。预先确定 K_3 的扳向位置。即当用(1)～(8)量程测量电导率低于 300 μS/cm 的

液体时，校正时 K_3 扳在低周；当用(9)～(12)量程测量电导率大于 300 μS/cm、小于 10^5 μS/cm 的液体时，则校正时 K_3 扳向高周。然后将 K_2 扳在“校正”位置，调节 R_{W2} 使指针指示在满刻度。注意：为了提高测量精度，当使用“$\times 10^3$”μS/cm 和“$\times 10^4$”μS/cm 这两挡时，校正必须在电导池接妥(即电极插头插入插孔，电极浸入待测溶液中)的情况下进行。

④将量程选择开关 K_1 扳到所需要的测定范围。如事先不知被测溶液的电导率大小，应先将其扳到最大电导率测量挡，然后逐渐下降，以防表针打弯。

⑤测量。将 K_2 扳向测量，这时的指针指示数×量程开关 K_1 的倍率即为被测液的实际电导率。例如 K_1 扳在 0～0.1 μS/cm 一挡时，指针指示为 0.6，则被测液的电导率为 0.06 μS/cm (0.6 μS/cm×0.1 μS/cm＝0.06 μS/cm)；如将 K_1 扳在 0～100 μS/cm 一挡时，电表指示为 0.9，则被测液的电导率为 90 μS/cm(0.9×100 μS/cm＝90 μS/cm)，依此类推。

当用 0～0.1 μS/cm 或 0～0.3 μS/cm 这两挡测高纯度水时，先把电极引线插入电极插孔，在电极未浸入溶液之前，调节 R_{W1} 使电表指示为最小值(此最小值即为电极铂片间的漏电阻，此漏电阻的存在，使得调 R_{W1} 时电表指示不能达到零点)，然后开始测量。

采用(1)、(3)、(5)、(7)、(9)、(11)各挡量程时，读数看表盘上面的刻度(0～1.0)；采用(2)、(4)、(6)、(8)、(10)各挡量程时，读数看表盘下面的刻度(0～3)。

⑥如果要了解在测量过程中电导率的变化情况，从 10 mV 输出端连接至自动记录仪即可。

⑦测量完毕，关闭电源开关，用蒸馏水冲洗电极，再用滤纸吸干，罩上保护罩，将电极拆下，放入电析盒即可。

(2)便携式电导率仪的使用　HANNA 便携式电导率仪的构造见图 3-4。其使用方法如下：

①打开仪器后面的电池盖，将 4 节 AA 碱性电池按照机箱内指示的“＋”“－”方向装入机箱，盖上电池盖。

②拔下保护罩。

③打开电源，预热 3 s。

④将电导电极插入待测溶液，稳定 3 s 后读数。

⑤测量完毕，取出电导率仪，关闭电源，用蒸馏水冲洗电导电极，再用滤纸吸干，罩上保护罩即可。

图 3-5　HANNA 便携式电导率仪

三、实施

(1)分组制订技能训练方案。

(2)熟悉电导率仪的构造。

(3)分组实践训练用不同方法测定电导率，并对照结果讨论不同方法的优劣。

(4)撰写技能训练总结。叙述不同电导率仪的构造及操作规程，结合测量结果分析不同测定方法的特点。

(5)将总结报告制作成 PPT，在班上演示交流。

四、注意事项

(1)使用 DDS-11D 型电导率仪时，要注意以下几点：

①在打开电源开关前，观察表针是否指零，如不指零，可调整表头上的螺丝，使表针指零。

②当量程开关 K_1 扳在“×0.1”，K_2 扳在低周，但电导池插口未插接电极时，电表就有示数，这是正常现象，因电极插口及接线有电容存在。只要调节“电容补偿”便可将此示数归零，但不必这样做，只需将电极插入插口，再将示数调为最小值即可。

③电极插头和插座绝对禁止沾水，以免造成不必要的测量误差。

④待测溶液的容器必须清洁。

⑤待测液中不应含有杂质，因为杂质会吸附在电极铂片上，损害铂黑层，引起测量误差。

⑥电极应定期进行常数标定。

⑦测量时电极的铂片部分应全部浸没在溶液中。

(2)使用 HANNA 便携式电导率仪时，电导率仪插入待测液时，液面不能超过 MAX 标线，其他注意事项同 DDS-11D 型电导率仪。

五、思维拓展

1. 电导率与营养液浓度有何关系？
2. 高纯水倒入容器后应迅速测量，否则电导率降低很快，这是为什么？

技能训练三　营养液的配制

一、目的和要求

(1)熟练掌握母液和工作液配制方法。

(2)理解营养液的组成原则。

(3)符合操作程序，操作规范、熟练。

(4)配制准确，无沉淀现象发生。

(5)营养液标识清晰，记录完整。

二、实训准备

1. 材料与药剂

配制日本园试配方母液所需的试剂或肥料见表 3-10；1 mol/L NaOH 和 1 mol/L HNO_3 溶液。

表 3-10　日本园试营养液配方　　mg/L

盐类化合物名称	用量	盐类化合物名称	用量
$Ca(NO_3)_2 \cdot 4H_2O$	945	H_3BO_3	2.86
KNO_3	809	$MnSO_4 \cdot 4H_2O$	2.13
$NH_4H_2PO_4$	153	$ZnSO_4 \cdot 7H_2O$	0.22
$MgSO_4 \cdot 7H_2O$	493	$CuSO_4 \cdot 5H_2O$	0.08
Na_2Fe-EDTA	20.00	$(NH_4)_4Mo_7O_{24} \cdot 4H_2O$	0.02

2. 仪器与用具

托盘天平或台秤；电子分析天平(感量 0.001 g)；水泵；酸度计；电导率仪；磁力搅拌器；黑色塑料桶(50 L，2 个)、塑料烧杯(500 mL、1 000 mL)或塑料盆、黑色塑料贮液罐(50 L，3 个)、塑料水管、标签纸、玻璃棒、短木棒或塑料钎、钢笔、记号笔、母液配制登记表、工作液配制登记表等。

三、实施

1. 母液配制

母液配制流程见图 3-6。

(1)计算　首先确定营养液配方和母液的种类、浓缩倍数和配制量，然后计算出各种试剂或肥料的用量。本次实训要求按照园试配方的要求配制 10 L、浓缩 100 倍的 A 母液[$Ca(NO_3)_2 \cdot 4H_2O$ 和 KNO_3]、B 母液($NH_4H_2PO_4$ 和 $MgSO_4 \cdot 7H_2O$)和 1 L、浓缩 1 000 倍的 C 母液(Na_2Fe-EDTA 和各种微量元素化合物)。经计算，各种试剂或肥料的用量如表 3-10 所示。

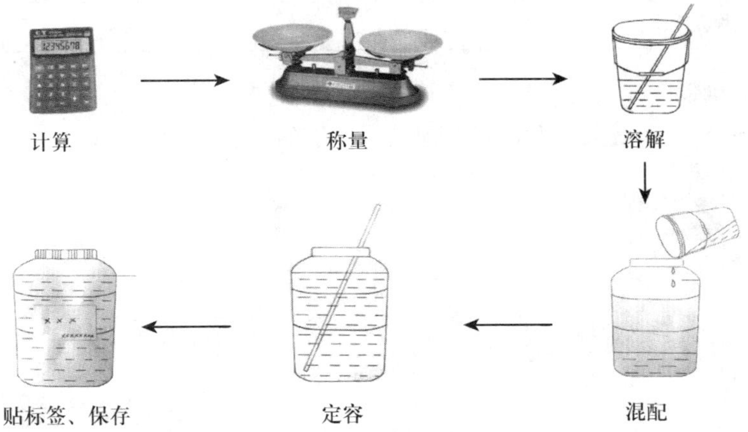

图 3-6　母液配制流程

(2)称量　用台秤、托盘天平或分析天平分别称取各种试剂或肥料，置于烧杯、塑料盆等洁净的容器内。注意称量时做到稳、准、快，精确到±0.1 g。

(3)肥料溶解与混配　母液分别配成 A、B、C 3 种母液，分别用 A、B、C 3 个贮液罐盛装。以钙盐为中心，凡不与钙盐产生沉淀的试剂或肥料放在一起溶解，倒入 A 罐；以磷酸盐为中心，凡不与磷酸盐产生沉淀的试剂或肥料放在一起溶解，倒入 B 罐；以螯合铁盐为主，其他微量元素化合物与螯合铁盐分别溶解后，倒入 C 罐。如果没有现成的螯合铁试剂，也可用 $FeSO_4 \cdot 7H_2O$ 和 Na_2-EDTA 自行配制。配制方法是分别称取 $FeSO_4 \cdot 7H_2O$ 13.9 g、Na_2-EDTA 18.6 g，用温水分别溶解后，将 $FeSO_4 \cdot 7H_2O$ 溶液缓慢倒入 Na_2-EDTA 溶液中，边加边搅拌，达到均匀，然后倒入 C 罐，然后再将分别溶解的各种微量元素化合物溶液分别缓慢倒入 C 罐，边加边搅拌，最后加水至最终体积，即成 1 000 倍的 C 母液。本次实训所配制的 A 母液由 $Ca(NO_3)_2 \cdot 4H_2O$ 和 KNO_3 的分别溶解后混配而成；B 母液由 $NH_4H_2PO_4$ 和 $MgSO_4 \cdot 7H_2O$ 分别溶解后混配而成；C 母液可以通用于任何作物的无土栽培。

(4)定容　分别向A、B、C贮液罐注入清水至需配制的体积,搅拌均匀即可。

(5)保存　在A、B、C贮液罐(桶)上贴标签纸或用记号笔标明母液名称、母液号、浓缩倍数或浓度、配制日期、配制人,然后置于阴凉避光处保存。如果母液存放时间较长,应将其酸化,以防沉淀的产生。一般可用 HNO_3 酸化至pH 3~4。

(6)做好记录　每次母液配制结束后,都要认真填写母液配制登记表,其样式见表3-11。

表3-11　母液配制登记表

配方名称			使用对象	
A母液	浓缩倍数		配制日期	
	体积		计算人	
B母液	浓缩倍数		审核人	
	体积		配制人	
C母液	浓缩倍数		备注	
	体积			
原料名称及称取量				

2. 工作液的配制

(1)浓缩液稀释　这是生产上常用的配制工作液的方法,见图3-7。

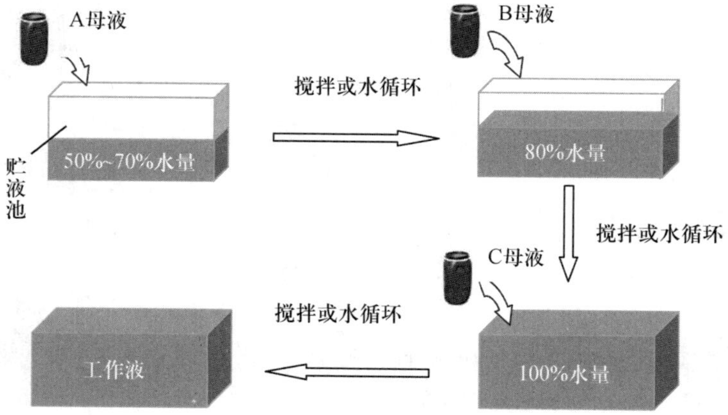

图3-7　工作液配制操作流程

①计算好各种母液的移取量。母液移取量的计算公式:

$$V_2(\text{母液移取量})=V_1(\text{工作液体积})/n(\text{母液浓缩倍数})$$

本次实训用上述母液配制100 L的工作液。根据母液移取量的计算公式可计算出A母液、B母液应各取1 L,C母液移取0.1 L。

②向贮液池内注入所配制营养液体积的50%~70%的水量。

③量取A母液倒入其中,开动水泵使营养液在贮液池内循环流动30 min或搅拌使其扩散均匀。

④量取B母液缓慢注入贮液池的清水入口处,让水源冲稀B母液后带入贮液池中,开动

水泵使营养液在贮液池内循环流动 30 min 或搅拌使其扩散均匀，此过程加入的水量以达到总液量的 80％为度。

⑤量取 C 母液，按照 B 母液的加入方法加入贮液池中，经水泵循环流动或搅拌均匀，此时水量已达 100％。

⑥用酸度计和电导率仪检测营养液的 pH 和 EC 值。如果 pH 的检测结果不符合配方和作物栽培要求，应及时调整。pH 调整完毕的营养液，在使用前先静置 30 min 以上，然后在种植床上循环 5～10 min，再测试一次 pH，直至与要求相符。

⑦填写工作液配制登记表，以备查验。工作液配制登记表样式见表 3-12。

表 3-12　工作液配制登记表

配方名称		使用对象	
营养液体积		配制日期	
计算人		审核人	
配制人		水的 pH	
营养液 EC 值		营养液 pH	
原料名称及称(移)取量			

(2)直接配制　在生产中，如果一次需要的工作营养液量很大，则大量元素可以采用直接称量配制法，而微量营养元素可采用先配制成 C 母液再稀释为工作营养液的方法。本次实训配制 100 L 园试配方的营养液，也可以采取直接称量配制的方法。具体方法是：

①按营养液配方和欲配制的营养液体积计算所需各种试剂或肥料的用量。

②向贮液池内注入 50％～70％的水量。

③称取相当于 A 母液的各种试剂或肥料，在塑料盆内溶解后倒入贮液池中，开启水泵使营养液在池内循环流动 30 min 或搅拌均匀。

④称取相当于 B 母液的各种化合物，在塑料盆内溶解，并用大量清水稀释后，让水源冲稀 B 母液带入贮液池中，开启水泵使营养液在池内循环流动 30 min 或搅拌均匀，此过程所加的水以达到总液量的 80％为度。

⑤量取预先配制的 C 母液并稀释后，在贮液池的水源入口处缓慢倒入，开启水泵使营养液在池内循环流动 30 min 或搅拌达到均匀。

其余操作方法同浓缩液稀释法。

四、注意事项

(1)试剂或肥料用量的计算结果要反复核对，确保准确无误；保证称量的准确性和名实相符。

(2)试剂或肥料用量计算时注意以下事项：

①无土栽培所用的肥料多为农用品或工业用品，常有吸湿水和其他杂质，纯度较低，应按实际纯度对用量进行修正。

②硬水地区应扣除水中所含的 Ca^{2+}、Mg^{2+}。例如，配方中的 Ca^{2+}、Mg^{2+} 分别由 $Ca(NO_3)_2 \cdot 4H_2O$ 和 $MgSO_4 \cdot 7H_2O$ 来提供，实际的 $Ca(NO_3)_2 \cdot 4H_2O$ 和 $MgSO_4 \cdot 7H_2O$ 的用量是配

方量减去水中所含的 Ca^{2+}、Mg^{2+} 量。但扣除 Ca^{2+} 后的 $Ca(NO_3)_2 \cdot 4H_2O$ 中氮用量减少了，这部分减少了的氮可用硝酸(HNO_3)来补充，加入的硝酸不仅起到补充氮源的作用，而且可以中和硬水的碱性。加入硝酸后仍未能够使水中的 pH 降低至理想的水平时，可适当减少磷酸盐的用量，而用磷酸来中和硬水的碱性。如果营养液偏酸，可增加硝酸钾用量，以补充硝态氮，并相应地减少硫酸钾用量。扣除 Mg^{2+} 的用量，$MgSO_4 \cdot 7H_2O$ 实际用量减少，也相应地减少了 SO_4^{2-} 的用量，但由于硬水中本身就含有大量的硫酸根，所以一般不需要另外补充，如果有必要，可加入少量 H_2SO_4 来补充。在硬水地区硝酸钙用量少，磷和氮的不足部分由硝酸和磷酸供给。

(3)营养液配制用品和称好的肥料有序地摆放在配制现场，经核查无遗漏，才可动手配制。切勿在用料未到齐的情况下匆忙动手操作。

(4)用于溶解试剂或肥料的容器须用清水涮洗，涮洗水一并倒入贮液罐或贮液池内。

(5)为了加速试剂或肥料溶解，可用温水溶解或使用磁力搅拌器搅拌。

(6)配制工作液时要防止由于加入母液的速度过快，造成局部浓度过高而出现大量沉淀。如果较长时间开启水泵循环之后仍不能使这些沉淀溶解，应重新配制营养液。

(7)建立严格的记录档案，以备查验。

五、思维拓展

(1)母液配制的目的是什么？

(2)营养液配制不准确会有什么后果？

(3)无土栽培所用的营养液与组织培养所用的培养基有何不同？

【拓展任务】

一、复习思考题

1. 如何理解营养液的含义及其在无土栽培中的地位和作用？

2. 何谓营养液配方？什么是配方的 1 个剂量、1/2 剂量、3/4 剂量？

3. 营养液的组成原则、配制原则有哪些？如何保证正确组配营养液？

4. 简要说明营养液栽培与土壤栽培在植物养分供应上的不同点。

5. 营养液经多次补充养分后，作物虽然正常生长，但电导率却居高不下，这种现象说明什么？

6. 在配制营养液时，如何解决硬水地区的水源中含较多钙盐、镁盐的问题？

7. 如何对营养液进行有效的管理？

二、案例分析

案例分析一：山崎肯哉确定营养液配方的方法

日本学者山崎肯哉认为，栽培植物的环境条件的改变，会引起植物体内吸收各种营养元素的数量和比例的变化，因此化学分析的结果与实际往往会有很大的差异。他还认为，正常生长的植物吸水和吸肥的过程是同步的，即吸收一定量的水的同时，也将这部分水中的营养元素同时吸收到体内。这样就可以通过测定植物生长过程中吸收水的数量以及利用水培来种植植物时营养液中养分的变化情况,利用原先加入、未种植作物前的营养液中营养元素的数量与种植一段时间之后营养液中剩余的营养元素的数量之间的差值来确定植物对各种营养元素的吸收量。目前用得较多的园试配方就是采用这种方法来设计的,实践证明这种方法是可行的。

现在以黄瓜营养液配方为例来说明这种确定营养液配方的方法和步骤(表 3-13)。

步骤 1、2、3:首先用一种目前较为良好的平衡营养液配方(所谓的通用配方)来种植黄瓜,在正常生长的情况下,每隔一段时间(间隔 1~2 周)用化学分析方法测定营养液中各种大量营养元素的含量,同时测定植株的吸水量,直至种植结束时将植物吸收营养元素和水的数量累加,以此算出植物一生中营养元素的吸收量(n 值,用 mmol 表示)和吸水量(w 值,用 L 表示)的比值 n/w。在本例中,经测定每株黄瓜一生的吸水量为 173.36 L,吸收的 N、P、K、Ca、Mg 的量分别为 2 253.8、173.4、1 040.2、606.8 和 346.8 mmol。

这样可算得这几种营养元素的吸肥量与吸水量的比值(n/w)分别为 13、1、6、3.5 和 2 mmol/L(这些数值只取近似值即可,不必十分准确)。

n/w 值反映的是植物吸水量和吸肥量之间的相互关系,即吸收 1 L 水时吸收的水中含有的各种营养元素的量。如上所述,黄瓜吸收 1 L 的水,就吸收了 13 mmol 的氮(N)、1 mmol 的磷(P)、6 mmol 的钾(K)、3.5 mmol 的钙(Ca)、2 mmol 的镁(Mg)。以 n/w 值来表示的植物吸收营养元素的量和吸水的关系实际上得到的是浓度,也可以说 n/w 值实际上反映植物生长过程需要的营养液的浓度。

表 3-13 以植物吸水和吸肥的关系确定黄瓜营养液配方

步骤	内容		N	P	K	Ca	Mg	S	吸肥量(g)与吸水量(L)的比值
1	每株正常生长的黄瓜一生吸收营养元素的数量(n 值,mmol/株)		2 253.8	173.4	1 040.2	606.8	346.8	未测	
2	每株黄瓜一生吸水量(w 值)为 173.36 L 时各营养元素的 n/w 值(mmol/L)		13	1	6	3.5	2	—	
3	确定各种肥料的用量								
	$Ca(NO_3)_2 \cdot 4H_2O$	15 mmol/L	NO_3-N:7	—	—	3.5	—	—	0.826
	KNO_3	6 mmol/L	NO_3-N:6	—	6	—	—	—	0.606
	$NH_4H_2PO_4$	1 mmol/L	NH_4^+-N:1	1	—	—	—	—	0.114
	$MgSO_4 \cdot 7H_2O$	2 mmol/L	—	—	—	—	2	2	0.492
合计	营养元素物质的量浓度/(mmol/L)		14	1	6	3.5	2	2	28.5
	配方肥料用量/(g/L)								2.038

步骤 4:选择合适的化合物作为肥源,并按分析测定的 n/w 值来确定其用量;在考虑选择合适的化合物作为肥源时要尽量先用副成分少的化合物作为肥源。在确定各种营养元素化合物用量时首先满足的是只有提供一种养分的盐类的用量,例如 Ca 营养只由 $Ca(NO_3)_2 \cdot$

$4H_2O$ 来提供，黄瓜要求的 Ca 为 3.5 mmol/L，这就要求 $Ca(NO_3)_2 \cdot 4H_2O$ 的用量也要为 3.5 mmol/L 才能满足此要求，而且带入了 7 mmol/L 的 N(NO_3^--N)；再用 KNO_3 来提供 K 的需要量(6 mmol/L)，即 KNO_3 用量为 6 mmol/L，且此时 KNO_3 带入 36 mmol/L 的 N(NO_3^--N)；用 $NH_4H_2PO_4$ 来提供黄瓜需要的 1 mmol/L 的 K，即 $NH_4H_2PO_4$ 用量为 1 mmol/L，此时又带入 1 mmol/L 的(NH_4^+-N)，这样由上述 3 种化合物带入的氮量为 14 mmol/L，比实际植物需要量的 13 mmol/L 多了 1 mmol/L，由于植物对氮，特别是硝态氮有较多的奢侈吸收，因此多出的 1 mmol/L N 对黄瓜的生长并无太大影响，实践证明也是如此。最后用 $MgSO_4 \cdot 7H_2O$ 来提供植物需要的 2 mmol/L Mg，同时又带入 2 mmol/L 的 S。而山崎在确定此黄瓜配方时没有测定 S 的用量，因此没有 S 的 n/w 值。一般认为，在确定 Mg 用量时以 $MgSO_4 \cdot 7H_2O$ 的形态加入所带入营养液的 S 对植物生长的影响不大。

最后，将确定了的各种盐类的用量从 mmol/L 换算成为用 mg/L 来表示的工作浓度。

经过上述步骤确定出来的营养液配方只是大量营养元素的用量，而微量元素的用量并不在内。现在除了一些作物对某些微量元素用量有特殊需要外，一般的微量元素用量可采用较为通用的配方(表 3-14)来添加，对多数作物都适用。掌握了不同营养液配方的特点，就能在实际生产中做到灵活应用。

表 3-14　通用微量元素配方

化合物名称(分子式)	每升水中含有的化合物的质量/mg	每升水中含有的元素的质量/mg
乙二胺四乙酸二钠(Na_2Fe-EDTA)	20～40*	2.8～5.6
硼酸(H_3BO_3)	2.86	0.5
硫酸锰($MnSO_4 \cdot 4H_2O$)	2.13	0.5
硫酸锌($ZnSO_4 \cdot 7H_2O$)	0.22	0.05
硫酸铜($CuSO_4 \cdot 5H_2O$)	0.08	0.02
钼酸铵[$(NH_4)_6Mo_7O_{24} \cdot 4H_2O$]	0.02	0.01

注：* 表示易缺铁的植物选用高用量。

案例分析二：以植株化学分析确定番茄营养液配方

以植株化学分析确定番茄营养液配方的步骤如下(表 3-15)。

表 3-15　以植株化学分析确定番茄营养液配方

步骤	内容	营养元素						小计
		N	P	K	Ca	Mg	S	
1	正常生长的番茄每株一生吸收营养元素的数量/(g/株)	14.79	3.68	23.06	7.10	2.84	1.80	53.27
2	步骤一的吸收量换算成物质的量/mmol	1 069.3	118.7	591.3	177.5	118.3	56.3	2 131.4

续表3-15

步骤	内容	营养元素						小计
		N	P	K	Ca	Mg	S	
3	每种元素占吸收总量的百分数/%	50.17	5.57	27.74	8.33	5.55	2.64	100.00
4	确定出配方的总浓度为 37 mmol/L 时各营养元素的量/mmol	18.56	2.06	10.27	3.08	2.05	0.98	37.00
5	确定各种配方中肥料的物质的量							(mg/L)
	$Ca(NO_3)_2 \cdot 4H_2O$　3 mmol	NO_3^-:6	—	—	3	—	—	708
	KNO_3　10 mmol	NO_3^-:10	—	10	—	—	—	1 011
	$NH_4H_2PO_4$　2 mmol	NH_4^+:2	2	—	—	—	—	230
	$MgSO_4 \cdot 7H_2O$　2 mmol	—	—	—	—	2	2	493
6	合计　营养元素物质的量/mmol	18	2	10	3	2	2	37
	合计　配方中肥料总量/(mg/L)							2 442

步骤 1:用化学分析的方法来确定正常生长的番茄植株一生中吸收各种营养元素的数量(微量元素的吸收量较少,因此,这里只考虑大量营养元素 N、P、K、Ca、Mg、S 的量)。

步骤 2:将分析所得的植株体内各种营养元素的量(g/株)换算成物质的量(mmol),以便确定配方的过程中进行计算。

步骤 3:计算出每一种营养元素吸收的数量占植株吸收的所有营养元素的总量的百分比。

步骤 4:通过番茄的吸收消耗的水量确定出营养液适宜的总盐分浓度为 37 mmol,并根据每一种营养元素占所有营养元素吸收总量的百分比计算出每一种营养元素在此总盐分浓度下的量(mmol/L)。

步骤 5:选择合适的营养化合物作为肥源,按照每种营养元素所占的数量来计算出选定的每种营养化合物的用量,这是营养液配方确定最后也是最关键的一步。前面我们已经讨论过,为了减少某些盐类伴随离子的影响以及总盐分浓度的控制,要使营养液配方选用的营养化合物的种类应尽可能地少。而且提供某种营养元素的化合物的形态可能有多种,例如,含氮的化合物有 NH_4NO_3、KNO_3、$Ca(NO_3)_2$、NH_4Cl、$(NH_4)_2SO_4$、$NaNO_3$、$(NH_2)_2CO$ 等,含磷的化合物有 KH_2PO_4、K_2HPO_4、$NH_4H_2PO_4$、$(NH_4)_2HPO_4$、$Ca(H_2PO_4)_2$ 等,含钾的化合物有 KNO_3、K_2SO_4、KCl、KH_2PO_4、KH_2PO_4 等。究竟选用哪些化合物来作为配方中的肥源,这要考察许多方面的问题,如硝态氮和铵态氮这两种氮源的生理酸碱性问题,某种营养元素的盐类本身的伴随离子是否为植物生长无用的或吸收量很少的.选用的盐类是否有缓冲性能等。在这个例子中,选用了 $Ca(NO_3)_2 \cdot 4H_2O$、KNO_3、$NH_4H_2PO_4$ 和 $MgSO_4 \cdot 7H_2O$ 这 4 种盐类来提供大量营养元素,其原因一方面是这 4 种盐类的每一种都能够提供两种植物必需的营养元素,没有多余的伴随离子,在保证提供足够的营养元素的同时,有利于降低营养液的总盐分浓度;另一方面,这 4 种盐类中 $Ca(NO_3)_2$ 和 KNO_3 均为生理碱性盐,它们提供的 Ca^{2+}、K^+、NO_3^- 离子都能够被植物吸收利用,因此营养液的生理碱性表现得不会过于剧烈。而且对喜硝作物番茄来说，选用硝态氮为配方中的主要氮源也是较为合适的。$NH_4H_2PO_4$ 是一种化学酸式盐，有一定的缓冲营养液酸碱变化的功能。它主要以提供磷源为主，而由 $NH_4H_2PO_4$ 中 NH_4^+ 所提供的氮的数量较少，只起到调节供氮量的作用。$MgSO_4 \cdot 7H_2O$ 是一种生理酸性盐，它能够同时提供 Mg 和 S，但作物吸收的 S 的数量比 Mg 的少，这样会在营养液中累积一定量的 S，但它的用量较少一般不会对作物生长产生危害。选定了这 4 种盐类作为肥源之后，就要确定其各自的用量。首先考虑的是提供一种营养元素的盐的数量，例如 Ca 只是由 $Ca(NO_3)_2 \cdot 4H_2O$ 来提供的，而需要的 Ca 为 3.08 mmol/L，这时用 3 mmol/L $Ca(NO_3)_2 \cdot 4H_2O$ 来提供即可，同时带入了 6 mmol 的 NO_3^--N，这个用量虽然比植物所需的 3.08 mmol/L Ca 低了 0.08 mmol，但只要取其最接近植物生长所需的而且比较方便的整数值即可。K 的需要量为 10.27 mmol/L，用 10 mmol/L KNO_3 来提供，同时也带入 10 mmol/L 的 NO_3^--N，这样由 KNO_3 和 $Ca(NO_3)_2 \cdot 4H_2O$ 两种盐类带入的氮为 16 mmol/L 的 NO_3^--N，此植物需要的氮量 18.56 mmol/L 少了 2.56 mmol。用 $NH_4H_2PO_4$ 来提供 P，植物需要的磷为 2.06 mmol，$NH_4H_2PO_4$ 加入量为 2 mmol 即可，此时可带入 2 mmol 的 NH_4^+-N，与 KNO_3 和 $Ca(NO_3)_2 \cdot 4H_2O$ 所带入的氮的总和已达 18 mmol，与植物需要量 18.56 mmol 相差不多，可不需另外补充。用 2 mmol/L $MgSO_4 \cdot 7H_2O$ 来提供植物所需的 Mg，这时也带入了 2 mmol 的 S，这要比植物需要的量(0.98 mmol)多出将近一倍，但不能够降低 $MgSO_4 \cdot 7H_2O$ 的用量来将就 S 的用量，因为植物吸收的 Mg 的量要比 S 多，如果降低了硫的用量势必会造成 Mg 的缺乏。而经过种植实践证明，这些过多的 S 对植物生长并没有太大的危害性。

步骤 6：将确定了的各种盐类的用量转换为用 mg/L 表示，即为工作营养液浓度。

项目四　固体育苗基质

【学习目标】

一、知识目标

1. 掌握常用基质的性质、作用、消毒方法与选用原则；
2. 理解固体基质的理化性质和常用基质的特性；
3. 了解基质更换要求与基质选用的发展趋势。

二、技能目标

1. 能识别不同类型的育苗基质；
2. 根据栽培作物选择正确的栽培基质；
3. 能进行栽培基质的消毒处理。

【学习前准备】

一、资源要求

1. 课前观看学习资料片；
2. 参观农业企业固体基质栽培基地；
3. 多媒体教室；
4. 通过互联网了解固体基质。

二、预备知识

1. 掌握与固体基质相关基础知识；
2. 掌握文献查阅的基本知识；
3. 了解一些基质栽培的应用；
4. 了解土壤、栽培的相关知识。

【任务实施】

任务一　固体基质的作用及理化性质

在工厂化育苗中，固体基质的使用非常普遍，育苗期间需要少量基质来固定和支持作物。基质是无土栽培的重要介质，也是无土栽培的基础，常用的基质有沙、石砾、珍珠岩、蛭石、岩棉、泥炭(草炭)、锯木屑、炭化稻壳、各种泡沫塑料和陶粒等。由于基质栽培设施简单、投资较少、管理容易、基质性能稳定，并有较好的实用价值和经济效益，因而基质栽培发展迅速，基质在工厂化育苗中得以广泛使用，并不断开发应用新型基质。

一、固体基质的作用

1. 支持固定植物

固体基质可以支持并固定植物，使其扎根于固体基质中而不致沉埋和倒伏，并给植物根系提供一个良好的生长环境，有利于植物根系的伸展和附着。

2. 保持水分

固体基质都具有一定的保水能力，基质之间的持水能力差异很大。如珍珠岩，它能够吸收相当于本身重量3～4倍的水分；泥炭则可以吸收相当于本身重量10倍以上的水分。基质具有一定的保水性，固体基质吸持水分在灌溉期间使作物不致失水而受伤害，如供液间歇期和突然断电时，植物不至于吸收不到水分和养分而干枯死亡。

3. 透气

固体基质的孔隙存在空气，可以供给作物根系呼吸所需的氧气。固体基质的孔隙也是吸持水分的地方。因此，在固体基质中，透气和持水两者之间存在着对立统一的关系，要求固体基质既具有一定量的大孔隙，又具有一定量的小孔隙，两者比例适当，可以同时满足植物根系对水分和氧气的双重需求，以利于根系生长发育。

4. 缓冲

缓冲作用是指固体基质能够给植物根系的生长提供一个稳定环境的能力，即当根系生长过程中产生的有害物质或外加物质可能会危害到植物正常生长时，固体基质会通过其本身的一些理化性质将这些危害减轻甚至化解。具有物理化学吸收能力的固体基质如草炭、蛭石都有缓冲作用，称为活性基质；而不具有缓冲能力或缓冲能力较弱的基质，如河沙、石砾、岩棉等称为惰性基质。

5. 提供营养

有机固体基质如泥炭、椰壳纤维、熏炭、苇末等，可在苗期或生产期间为作物提供一定的矿质营养元素。

总之，要求无土栽培用的基质不能含有不利于植物生长发育的有害、有毒物质，要能为植物根系提供良好的水、肥、气、热、pH等条件，充分发挥其不是土壤胜似土壤的作用；还要能适应现代化的生产和生活条件，易于操作及标准化管理。

二、固体基质的物理性质

基质的好坏首先决定于基质的物理性质。在水培中，基质是否肥沃并不重要，其一方面要起到固定植株的作用；另一方面为作物生长创造良好的水气条件。基质栽培则要求基质具有良好的物理性质。反映基质物理性质的主要指标的容重、总孔隙度、大小孔隙比、颗粒大小（粒径）等。

1. 容重

容重是指单位体积干燥基质的质量，一般用克/升（g/L）或克/立方厘米（g/cm^3）表示。容重与密度不同，密度是单位体积固体基质的质量，不包括基质中的孔隙，是基质本身的体积。测定容重的方法是：用一已知体积的容器装入待测基质，再将基质倒出后称其质量，以基质的质量除以容器的容积即可。

基质的容重与基质粒径和总孔隙度有关，其大小反映了基质的松紧程度和持水透气能力。容重过大，说明基质过于紧实，不够疏松，虽然持水性较好，但通气性较差；容重过小，说明基质过于疏松，虽然通气性较好，有利于根系延伸生长，但持水性较差，固定植物的效果较差，根系易漂浮。

不同基质的容重差异很大（表 4-1），同一种基质由于受到压实程度、颗粒大小的影响，其容重也存在着很大的差异。例如，新鲜蔗渣的容重为 0.13 g/cm^3，经过 9 个月堆沤分解之后容重为 0.28/cm^3。一般认为，容重小于 0.25 g/cm^3 属于低容重基质，0.25～0.75 g/cm^3 属于中容重基质，大于 0.75 g/cm^3 的属于高容重基质，而基质容重在 0.1～0.8 g/cm^3 时作物栽培效果较好。

表 4-1　几种常用基质的容重和相对密度　　g/cm^3

基质种类	容重	相对密度
土壤	1.10～1.70	2.45
沙	1.30～1.50	2.62
蛭石	0.08～0.13	2.61
珍珠岩	0.03～0.16	2.37
岩棉	0.04～0.11	—
草炭	0.05～0.20	1.55
蔗渣	0.12～0.28	—
树皮	0.10～0.30	2.00
松树针叶	0.10～0.25	1.90

值得指出的是，基质容重可分别从干容重和湿容重两个角度去衡量。假设珍珠岩和蛭石的干容重都是 0.1 g/cm^3，前者吸水后为自身重量的 2 倍，后者吸水后为自身重的 3 倍，则湿容重分别为 0.2 g/cm^3 和 0.3 g/cm^3。在实际使用中，有时湿容重可能较干容重更为实用。例如，人工土的干容重为 0.01 g/cm^3，极容易令人认为其太轻，不能将植物根系固定住，但其湿容重能达到 0.2～0.3 g/cm^3，与珍珠岩、蛭石相近。

2. 总孔隙度

总孔隙度是指基质中持水孔隙和通气孔隙的总和，以相当于基质体积的百分数(%)来表示。总孔隙度大的基质，其空气和水的容纳空间就大，反之就小。总孔隙度可以按下列公式来计算：

$$总孔隙度=(1-容重/相对密度)\times 100\%$$

如果一种基质的容重为 0.1 g/cm^3，相对密度为 1.55 g/cm^3，则总孔隙度为：

$$(1-0.1/1.55)\times 100\%=93.55\%$$

总孔隙度大的基质较轻，疏松，较有利于作物根系生长，但对于作物根系的支撑固定的效果较差，易倒伏。例如，蔗渣、蛭石、岩棉等的总孔隙度在 90%～95%及以上。总孔隙度小的基质较重，水气的总容量较少，如沙的总孔隙度约为 30%。因此，为了克服单一基质总孔隙度过大或过小所产生的弊病，在实际应用时常将两三种不同颗粒大小的基质混合制成复合基质来使用。

在基质的分类中，大孔隙占 5%～30%的基质属于中等孔隙度，小于 5%的属低孔隙度，大于 30%的属高孔隙度(这种基质持水量低，容易干燥)。一般来说，基质的孔隙度在 54%～96%即可。

3. 大小孔隙比(基质气水比)

总孔隙度只能反映在一种基质中能够容纳空气和水分的空间总和，它不能反映基质中空气和水分各自的空间。而在植物生长的根系周围，能提供多少空气和容易被利用的水分，这是园艺基质最重要的物理性质。最适宜的基质的总孔隙度状况是同时能够提供 20%的空气和 20%～30%容易被利用的水分。

气水比是指在一定时间内，基质中容纳气、水的相对比值，通常以基质的大孔隙和小孔隙之比来表示，并且以大孔隙值作为 1。大孔隙是指基质中水分所能够占据的空间，即持水孔隙。通气孔隙与持水孔隙的比值称为大小孔隙比。用下式表示：

$$大小孔隙比=通气孔隙/持水孔隙$$

通气孔隙一般指孔隙直径在 0.1 mm 以上，灌溉后的溶液不会吸持在这些孔隙中而随重力作用流出的那部分空间，因此这种孔隙的作用是贮气；持水孔隙一般指孔隙直径在 0.001～0.1 的孔隙，水分在这些孔隙中会由于毛细管作用而被吸持，充满于孔隙内，也称为毛管孔隙，存在于这些孔隙中的水分称为毛管水，这种孔隙的主要作用是贮水，没有通气作用。

大小孔隙比能够反映出基质中气、水之间的状况，是衡量基质优劣的重要指标，与总孔隙度合在一起可全面地表明基质中气和水的状态。如果大小孔隙比大，则说明空气容量大而持水量小。一般而言，大小孔隙比在 1∶(2～4)范围内为宜，这时基质持水量大，通气性又良好，作物能良好地生长，并且管理方便。

4. 粒径(颗粒大小)

基质颗粒的大小直接影响容重、总孔隙度和大小孔隙比。颗粒大小用粒径(mm)表示，同一种基质颗粒越粗，容重越大，总孔隙越小，大小孔隙比越大；反之，颗粒越细，容重越小，总孔隙度越大，大小孔隙比越小。因此，为了使基质既能够满足根系吸水的要求，又能满足根系吸收氧气的要求，基质的颗粒不能太粗。颗粒太粗，虽然通气性较好，但持水性就较差，种植管理上要增加浇水次数;颗粒太细,虽然能有较高的持水性,但通气不良,基质内水分过多,易造成过强的还原状态影响根系生长。因此,颗粒大小应适中,其表面粗糙但不带棱角,并且孔隙应多而比例适当。不同种类的基质,各自有适宜的粒径。沙粒径以 0.5～2.0 mm 为宜,陶粒粒径在 1 cm 以内为好,而岩棉(块状)等基质粒径大小并不重要。现将几种常用基质的物理性状列于表 4-2。

配制混合基质时,颗粒大小不同的基质混合后,其总体积小于原材料体积的总和。例如,1 m^3 的沙和 1 m^3 的树皮相混后,因为沙粒充填在树皮的孔隙中,总体积变为 1.75 m^3,而非 2 m^3。同时,随着时间的推移,由于树皮分解,总体积还会减小,这都会削弱其透气性。所以,配制混合基质时最好选用抗分解的有机基质,以免颗粒日久后由大变小。无机基质与有机基质相比,其颗粒不易因分解而变细变小。

此外,栽培基质还应有较好的形状,不规则的颗粒具有较大的表面积,能保持较多的水分,多孔物质还能在颗粒内部保持水分,因而保持的水分多。

表 4-2 几种常用基质的物理性状

基质名称	容重/(g/cm^3)	总孔隙度/%	大孔隙/%	小孔隙/%	大小孔隙比
菜园土	1.10	66.0	21.0	45.0	0.47
沙	1.49	30.5	29.5	1.0	29.50
煤渣	0.70	54.7	21.7	33.0	0.64
蛭石	0.13	95.0	30.0	65.0	0.46
珍珠岩	0.16	93.2	53.0	40.0	1.33
岩棉	0.11	96.0	2.0	94.0	0.02
泥炭	0.21	84.4	7.1	77.3	0.09
锯木屑	0.19	78.3	34.5	43.8	0.79
炭化稻壳	0.15	82.5	57.5	25.0	2.30
蔗渣(堆沤 6 个月)	0.12	90.8	44.5	46.3	0.96

三、固体基质的化学性质

对栽培作物生长有较大影响的基质化学性质主要有基质的化学组成及由此而引起化学稳定性、酸碱性、物理化学吸收能力(阳离子代换量)、缓冲能力和电导率。了解基质的化学性质及其作用,有助于在选择基质和配制、管理营养液的过程中增强针对性,提高栽培管理效果。

1. 基质化学组成及其稳定性

基质的化学组成是指其本身所含有的化学物质种类及其含量,包括植物可吸收利用的有机营养和矿质营养以及有毒有害物质。基质的化学稳定性是指基质发生化学变化的难易程度。有些容易发生化学变化的基质,发生变化后产生一些有害物质,既伤害植物根系,又破坏营养液原有的化学平衡,影响根系对各种养分的有效吸收。因此,无土栽培中应选用稳定性较强的材料作为基质。这样可以减少对营养液的干扰,保持营养液的化学平衡,也便于对营养液的日常管理。

基质种类不同,化学组成不同,因而化学稳定性也不同(表 4-3)。一般来说,主要由无机物质构成的基质,如河沙、石砾等,化学稳定性较高;而主要由有机物质构成的基质,如木屑、稻壳等,化学稳定性较差。但草炭的性质较为稳定,使用起来也最安全。

基质的化学稳定性因化学组成不同而差别很大。由无机矿物构成的基质(沙、石砾等),如其成分由石英、长石、云母等矿物组成,则其化学稳定性最强;由角闪石、辉石等组成的次之;而以石灰石、白云石等碳酸盐矿物组成的最不稳定。前两者在无土栽培生产中,不会产生影响营养液平衡的物质;后者则会产生钙、镁离子而严重影响营养液的化学平衡,这在无土栽培中要经常注意。

由植物残体构成的基质,如泥炭、木屑、稻壳、蔗渣等,其化学组成比较复杂,对营养液的影响较大。从影响基质的化学稳定性的角度来划分其化学成分类型,大致可分为三类:第一类是易被微生物分解的物质,如碳水化合物中的糖、淀粉、半纤维素、纤维素、有机酸等;第二类是有毒物质,如某些有机酸、酚类、丹宁等;第三类是难被微生物分解的物质,如木质素、腐殖质等。含第一类物质的基质(新鲜稻草、甘蔗渣等),使用初期会由于微生物活动而引起强烈的生物化学变化,严重影响营养液的平衡,最明显的是引起氮素的严重缺乏。含有第二类物质比较多的基质会直接毒害根系。所以含第一、二类物质较多的基质不经过处理是不能直接使用的。主要含第三类物质的基质最稳定,使用时也最安全,如泥炭,经过堆沤处理后腐熟了的木屑、树皮、甘蔗渣等。堆沤是为了消除基质中易分解和有毒物质,使其转变成以含难分解的物质为主的基质。

表 4-3　常见的基质的营养元素含量

基质	全氮/%	全磷/%	速效磷/(mg/L)	速效钾/(mg/L)	速效钙/(mg/L)	速效镁/(mg/L)	速效铜/(mg/L)	速效锌/(mg/L)	速效铁/(mg/L)	速效硼/(mg/L)
菜园土	0.106	0.077	50.0	120.5	324.70	330.0	5.78	11.23	28.22	0.425
煤渣	0.183	0.033	23.0	203.9	9 247.5	200.0	4.00	66.42	14.44	20.3
蛭石	0.011	0.063	3.0	501.6	2 560.5	474.0	1.95	4.0	9.65	1.063
珍珠岩	0.005	0.082	2.5	162.2	694.5	65.0	3.50	18.19	5.68	—
岩棉	0.084	0.228	—	1.338*	—	—	—	—	—	—
棉籽壳	2.20	0.210	—	0.17*	—	—	—	—	—	—
炭化稻壳	0.54	0.049	66.0	6 625.5	884.5	175.0	1.36	31.30	4.58	1.290

注:* 为全钾。

2. 基质的酸碱性(pH)

pH 表示基质的酸碱性。pH=7 为中性,pH<7 为酸性,pH>7 为碱性。pH 变化一个单位,酸碱度就增加或减少 10 倍。

基质本身有一定的酸碱性。基质过酸或过碱,都会影响营养液的酸碱性,严重时会破坏营养液的化学平衡,阻止植物对养分的吸收。所以,选用基质之前,应对其酸碱性有一个大致的了解,以便采取相应的措施加以调节。检测基质酸碱性的简易方法是:取 1 份基质,加入其体积 5 倍的蒸馏水,充分搅拌后用试纸或酸度计测定 pH。

尽管多数观赏植物比较适应5.5～6.5的pH范围，但基质的pH以6.5(微酸性)～7.0(中性)为宜，并且最好容易人为调节，不会在供液后影响营养液某些成分的有效性，导致植物出现生理障碍。

石灰质的砾石富含碳酸钙，供液后溶入营养液中，使pH升高，使铁发生沉淀，造成植物缺铁，故不适于作为基质。糠醛属于强酸性，必须用碱性物质调整其pH至微酸性否则也不宜用作基质。

一般来说，由于营养液大都偏酸性，基质经多次供液后pH会略有下降或保持与营养液的pH相近；如果用碱性物质调整基质的酸性，则有可能引起微量元素缺乏。

3. 阳离子交换量(CEC)

基质的阳离子交换量(CEC)以每千克基质代换吸收阳离子的厘摩尔数表示，单位为cmol/L。阳离子交换量可表示基质对肥料养分的吸附保存能力，并能反映保持肥料离子免遭水分淋洗并能缓缓释放出来供植物吸收利用的能力，对营养液的酸碱反应也有缓冲作用。有的基质几乎没有阳离子交换量(如大部分的无机基质)，有些却很高，它会对基质中营养液组成产生很大影响。有高阳离子交换量的基质有较强的养分保持作用，但过高时，因养分淋洗困难，容易出现可溶性盐类蓄积而对植物造成伤害；反之则只能保持少量养分，因而需要经常施用肥料。有高阳离子交换量的基质能缓解营养液pH的快速变化，但当调整pH时，也需要使用较多的校正物质。一般来说，有机基质具有高的阳离子交换量，故缓冲能力强，可抵挡养分淋洗和pH过度升降。

基质的阳离子交换量既有不利的一面，即影响营养液的平衡，使人们难以按需控制营养液的组分；也有有利的一面，即保存养分减少损失和对营养液的酸碱反应有缓冲作用。应对每种基质的阳离子交换能力有所了解，以便权衡利弊而做出选择。现将几种常用基质的阳离子交换量列于表4-4，以说明其差别。

表4-4 几种常用基质的阳离子交换量 cmol/L

基质种类	阳离子交换量
高位泥炭	140～160
中位泥炭	70～80
蛭石	100～150
树皮	70～80
沙、砾、岩棉等惰性基质	0.1～1

4. 基质的电导率

基质的电导率是指基质未加入营养液之前，本身具有的电导率，可用电导率仪测定。它反映基质中原来带有的可溶盐分的多少，将直接影响营养液的平衡。例如，受海水影响的沙，常含有较多的含盐成分，应做适当处理。基质中可溶性盐含量不宜超过1 000 mg/kg，最好≤500 mg/kg。使用基质前应对其电导率进行测定，以便用淡水淋洗或做其他适当处理。

基质的电导率和硝态氮之间存在相关性，故可由电导率值推断基质中氮素含量，判断是否需要施用氮肥。一般在花卉栽培时，当电导率小于0.5 mS/cm时(相当于自来水的电导率)，必须施肥；电导率达1.3～2.75 mS/cm时，一般不再施肥，并且最好淋洗盐分；栽培蔬菜作物时的电导率应大于 1 mS/cm。

5. 基质的缓冲能力

基质的缓冲能力是指基质在加入肥料后，基质本身所具有的缓和酸碱性(pH)变化的能力。缓冲能力的大小，主要由盐基交换量以及存在于基质中的弱酸及盐类的多少而决定。一般盐基交换量高，其缓冲能力就强。含有较多的碳酸钙、镁盐的基质对酸的缓冲能力大，但其缓冲作用是偏性的(只缓冲酸性)；含有较多腐殖质的基质对酸碱两性都有缓冲能力。依缓冲能力大小排序为：有机基质＞无机基质＞惰性基质＞营养液。在常用基质中，有些矿物性基质有很强的缓冲能力，如蛭石，但大多数矿物性基质缓冲能力都很弱。因此，应了解基质的缓冲能力，以便利用其优点，避免缺点。

6. 碳氮比

这是指基质中碳和氮的相对比值。碳氮比高(高碳低氮)的基质，由于微生物生命活动对氮的争夺，会导致植物缺氮。碳氮比很高的基质，即使采用了良好的栽培技术，也不易使植物正常生长发育。因此，木屑和蔗渣等有机基质，在配制混合基质时，用量不超过 20%，或者每立方米加 8 kg 氮肥，堆积 2～3 个月，然后再使用。另外，大颗粒的有机基质由于其表面积小于其体积，分解速度较慢，而且其有效碳氮比小于细颗粒的有机基质。所以，要尽可能使用粗颗粒的基质，尤其是碳氮比低的基质。

一般规定，碳氮比(200～500)∶1 属中等，小于 200∶1 属低，大于 500∶1 属高。通常碳氮比宜中宜低不宜高。C∶N＝30∶1 左右较适合作物生长。

任务二　固体基质的分类与特性

一、无机基质和有机基质

无机基质主要是指一些天然矿物或其经高温等处理后的产物作为无土栽培的基质，如沙、砾石、陶粒、蛭石、岩棉、珍珠岩等。它们的化学性质较稳定，通常具有较低的阳离子交换量，其蓄肥能力较差。

有机基质则主要是一些含 C、H 的有机生物残体及其衍生物构成的栽培基质，如草炭、椰糠、树皮、木屑、菌渣等。有机基质的化学性质常常不太稳定，他们通常有较高的阳离子交换量，蓄肥能力相对较强。

一般说来，由无机矿物构成的基质，如沙、砾石等的化学稳定性较强，不会产生影响平衡的物质；有机基质如泥炭、锯末、稻壳等的化学组成复杂，对营养液的影响较大。锯末和新鲜稻壳含有易为微生物分解的物质，如碳水化合物等，使用初期会由于微生物的活动，发生生物化学反应，影响营养液的平衡，引起氮素严重缺乏，有时还会产生有机酸、酚类等有毒物质，因此用有机物作基质时，必须先堆制发酵，使其形成稳定的腐殖质，并降解有害物质后才能用于栽培。此外，有机基质具有较高的阳离子交换量，故缓冲能力比无机基质强，可抵抗养分淋洗和 pH 过度升降。

二、化学合成基质

化学合成基质又称人工土，是近十年研制出的一种新产品，它是以有机化学物质(如脲醛、聚氨酯、酚醛等)作原材料,人工合成的新型固体基质。其主体组分可以是多孔塑料中的脲醛泡沫塑料、聚氨酯泡沫塑料、聚有机硅氧烷泡沫塑料、酚醛泡沫塑料、聚乙烯醇缩甲醛泡沫塑料、聚酰亚胺泡沫塑料中任一种或数种的混合物,也可以是淀粉聚丙烯树脂一类强力吸水剂,使用时允许适量掺入非气孔塑料甚至珍珠岩。

目前在生产上得到较多应用的人工土是脲醛泡沫塑料,它是将工业脲醛泡沫经特殊化改性处理后得到的一种新型无土栽培基质,它是一种具多孔结构、直径≤2 cm、表面粗糙的泡沫小块,具有与土壤相近的理化性质,pH 为 6~7,并容易调整;容重为 0.01~0.02 g/cm^3,总孔隙度为 82.78%,大孔隙为 10.18%,小孔隙为 72.60%,气水比 1∶7.3,饱和吸水量可达自身重量的 10~60 倍或更多,有 20%~30%的闭孔结构,故即使吸饱水时仍有大量空气孔隙,适合植物根系生长,解决了营养液水培中的缺氧问题。基质颜色洁白,容易按需要染成各种颜色,观赏效果好,可 100%地单独替代土壤长期用于栽种植物,也可与其他泡沫塑料或珍珠岩、蛭石、颗粒状岩棉混合使用。生产过程中,经酸、碱和高温处理杀灭病菌、害虫和草籽,不存在土传病害,适应出口及内销的不同场合、不同层次的消费需要,其产品的质量检验容易通过。

但由于人工土相对来说是一种高成本产品,所以,在饲料生产、切花生产、大众化蔬菜生产方面,目前不及泥炭、蛭石、木屑、煤渣、珍珠岩等实用,但在城市绿化、家庭绿化、作物育苗、水稻无土育秧、培育草坪草、组织培养和教学教具方面,人工土则具有独到的长处。

人工土又完全不同于无土栽培界有些人所称的人造土(人工土壤)、人造植料、营养土、复合土等。究其实质,后者不外乎是混合基质,将自然界原本存在的几种固体基质和有机基质按各种比例,甚至再加进田园土混合而已,没有人工合成出新的物质。因此,人工土是不同于人造土、人造植料的全新概念。

三、复合基质

复合基质又称混合基质,是指由两种以上的基质按一定的比例混合制成的栽培用基质。这类基质是为了克服生产上单一基质可能造成的容量过轻、过重,通气不良或通气过盛等弊病,而将几种基质混合产生的。在世界上最早采用混合基质的是德国的 Frushtifer,他在 1949 年将泥炭和黏土等量混合,并加入肥料,用石灰调整 pH 后栽培植物,并将这种基质称为"标准化土壤"。美国从 20 世纪 50 年代开始,用泥炭、蛭石、砂、珍珠岩等为原料,制成混合基质,这些基质以商品形式出售,至今仍在欧美各国广泛使用。

混合基质将特点各不相同的基质组合起来,使各自组分互相补充,从而使基质的各个性能指标达到要求标准,因而在生产上得到越来越广泛的应用。从理论上来讲,混合的基质种类越多效果越好,但由于混合基质时所需劳动力费用较高,因此从实际考虑应尽量减少混合基质的种类,生产上一般以 2~3 种基质混合为宜。

四、固体基质的选用原则

基质是无土栽培中重要的栽培组成材料,因此,基质的选择非常重要,要求基质不但具有像土壤那样能为植物根系提供良好的营养条件和环境条件的功能,并且还可以为改善和提高管理措施提供更方便的条件。因此,对基质应根据具体情况予以精心选择,基质的选用原则可以从 4 个方面考虑:一是植物根系的适用性,二是基质的经济性,三是市场性,四是环保性。

1. 适用性

适用性是指选用的基质是否适合所要种植的植物。基质是否适用可从以下几方面考虑：

(1)总体要求是所选用的基质的总孔隙度在60%左右、气水比在0.5左右、化学稳定性强、酸碱度适中、无有毒物质。

(2)如果基质的某些性状阻碍作物生长，但可以通过经济有效的措施予以消除，则这些基质也是适用的。基质的适用性还依据具体情况而定，例如，泥炭的粒径较小，对于育苗是适用的，但在基质袋培时却因太细而不适用，必须与珍珠岩、蛭石等配制成复合基质后方可使用。

(3)必须考虑栽培形式和设备条件。如设备和技术条件较差时，可采用槽培或钵栽，选用沙或蛭石作为基质；如用袋栽、柱状栽培时，可选用木屑或草炭加沙的混合基质；在滴灌设备好的情况下，可采用岩棉作基质。

(4)必须考虑植物根系的适应性、气候条件、水质条件等。如气生根、肉质根需要很好的透气性，根系周围湿度要大。在空气湿度大的地区，透气性良好的基质如松针、锯末非常适合，北方水质呈碱性，选用泥炭混合基质的效果较好。另外，有针对性地进行栽培试验，可提高基质选择的准确性。

(5)立足本国实际。如加拿大采用锯末栽培；西欧各国岩棉栽培居多；南非蛭石栽培居多。

2. 经济性

经济效益决定无土栽培发展的规模与速度。基质培技术简单，投资小，但各种基质的价格相差很大。有些基质虽对植物生长有良好的作用，但来源不易找或价格太高，因而不宜适用。

现已证明，岩棉、泥炭、椰糠是较好的基质，但我国对农用岩棉仍需靠进口，这无疑会增加生产成本。泥炭在我国南方贮量远较北方少，而且价格也比较高，但南方作物的茎秆、稻壳、椰糠等植物性材料很丰富，如用这些材料作基质，则来源广泛，而且价格便宜。因此，应根据当地的资源状况，尽量选择廉价优质、来源广泛、不污染环境、使用方便、可利用时间长、经济效益高的基质，最好能就地取材，从而降低无土栽培的成本，减少投入，体现经济性。

3. 市场性

目前市场上对绿色食品的需要量日益加大，市场前景好，销售价格也远高于普通食品。以无机营养液为基础的无土栽培方式只能生产出优质的无公害蔬菜，而采用有机生态型无土栽培方式能生产出绿色食品蔬菜。基质营养全面、不含生理毒素、不妨碍植物生长、具有较强的缓冲性能的以有机基质为主要成分的复合基质才能满足有机生态型无土栽培要求，从而生产出绿色食品蔬菜。

4. 环保性

随着无土栽培面积的日益扩大，所涉及的环境问题也逐渐引起人们的重视，这些环境问题主要有：环境法规的限制、草炭资源问题以及废弃物可能引起的重金属污染。

很多国家制定了相应的制度、法规，禁止将多余或废弃的营养液排到土壤或水中，避免造成土壤的次生污染和地区水体富营养化。荷兰是世界上无上栽培面积最大、技术最先进的国家，1989年规定温室无土栽培应逐步改为封闭系统，不许造成土壤的次生污染，要求选用的基质具有良好的理化性质，具有较强的pH缓冲性能和合适的养分含量，但目前该国面积最大的岩棉栽培是不能满足此要求的。

草炭是世界上应用最广泛、效果较理想的一种栽培基质，同时也是一种短期内不可再生资源，不能无限制地开采，应尽量减少草炭的用量或寻找草炭替代品。用有机废弃物作栽培基质不仅可解决废弃物对环境的污染问题，还可以利用有机物中丰富的养分供应植物生长所需，但应考虑到有机物的盐分含量、有无生理毒素和生物稳定性。而且必须对有机废弃物特别是城市生活垃圾及工业垃圾的重金属含量进行检测。

总之，如果仅从基质的理化性质、生物学性质的角度考虑，可用的基质材料很多，如果再考虑经济效益、市场需要、环境要求，则基质的选用范围大大减小，各地应因地制宜地选择基质。

任务三 固体基质选用实例

一、无机基质

无机基质作为基质的一大类，在生产上应用广泛，常用的有岩棉、沙、砾、蛭石等，这些基质虽归为同一类，但各自的物理化学性质却有差异。为了充分发挥无机基质在无土栽培中的潜能，以取得良好的效益，了解基质的特性尤为重要。

1. 沙

沙的来源广泛，在河流、大海、湖泊的岸边以及沙漠等地均有大量的分布，且价格便宜。不同地方、不同来源的沙，其组成成分差异很大。一般含二氧化硅在 50% 以上。沙没有阳离子交换量，容重为 1.5～1.8 g/cm^3。使用时选用粒径为 0.5～3 mm 的沙为宜。沙的粒径大小应相互配合适当，如太粗，基质中通气过盛，保水能力较低，植株易缺水，营养液的管理麻烦；如太细，则易在沙中滞水，造成植株根际的涝害。较为理想的沙基质粒径大小的组成应为：大于 4.7 mm 的占 1%，2.4～4.7 mm 的占 10%，1.2～2.4 mm 的占 26%，0.6～1.2 mm 的占 20%，0.3～0.6 mm 的占 25%，0.1～0.3 mm 的占 15%，小于 0.1 mm 的占 3%。

用于无土栽培的沙应确保不含有毒物质。例如，在石灰性地区的沙往往含有较多的石灰质，使用时应特别注意。海边的沙通常含较多的氧化钠，在种植前应用大量清水冲洗干净。石灰性地区所产的沙，只有碳酸钙的含量低于 20% 才可使用，超过 20%，要用过磷酸钙处理。方法是将 2 kg 过磷酸钙溶于 1 000 L 水中，用其浸泡沙 30 min 后，将液体排掉，使用前再用清水冲洗。

另外，在栽培上应用时必须注意在使用前应进行过筛、冲洗，除去粉粒及泥土；以采用间歇供液法为好，因连续供液法会使沙内通气受限。

2. 石砾

石砾的来源主要是河边石子或石矿场的岩石碎屑。由于其来源不同，化学组成和性质差异很大。一般在无土栽培中应选用非石灰质的石砾，如花岗岩等的石砾。如万不得已要用石灰质石砾，可用上述磷酸盐处理的方法来进行石砾的表面处理。

石砾的粒径应在 1.6～20 mm，其中一半的石砾直径为 13 mm 左右。石砾应较坚硬，不易破碎。选用的石砾最好为棱角不太锋利的，特别是株型高的植物或在露天风大的地方更应选用棱角较钝的石砾，否则会使植物茎部受到划伤。石砾本身不具有阳离子交换量，通气排水性能良好，但持水能力较差。

由于石砾的容重大（1.5～1.8 g/cm^3），给搬运、清理和消毒等日常管理工作带来很大的麻烦，而且用石砾进行无土栽培时需建一个坚固的水槽（一般用水泥砖砌而成）来进行营养液的循环。正是这些缺点，使石砾栽培在现代无土栽培中用得越来越少。特别是近 20～30 年来，一些轻质的人工合成基质如岩棉、多孔陶粒等被广泛应用，逐渐代替了沙、石砾作为基质，但石砾在早期无土栽培生产上起过重要作用，且在当今深液流水培技术中，用作定植杯中的固定植株的物体还是很适宜的。

3. 岩棉

岩棉是人工合成的无机基质，已被认为是无土栽培的最好的基质之一，世界上已普遍采用。因为它为植物提供了一个保肥、保水、无菌、空气供应充足的良好根际环境。无土栽培中岩棉主要应用在 3 个方面：一是用岩棉育苗；二是循环营养液栽培中植株的固定；三是用于岩棉基质的袋培滴灌技术。

荷兰于 1970 年首次将其应用于无土栽培，目前在全世界广泛使用的岩棉商品名为格罗丹(Grodan)。成型的大块岩棉可切割成小的育苗块或定植块，还可以将岩棉制成颗粒状(俗称粒棉)，目前国内已有一批中小型岩棉厂用此工艺生产。由于岩棉使用简单、方便、造价低廉且性能优良，被世界各国广泛运用在无土栽培中，面积居第一位。但岩棉要求配备滴灌设施以及良好的栽培技术。若与土壤或其他基质混合使用，由于块状或板状的岩棉难以撕碎成小块，不易混合均匀，故最好使用颗粒状的产品，另外，块板状的岩棉，废弃后在土壤中极难分解，损害土壤的耕作性能，故被视作污染物质。

岩棉的理化性质如下：

(1)有优良的物理性状　外观为白色或浅绿色的丝状体，质地较轻，不腐烂分解，容重一般为 70～100 kg/m^3。总孔隙度大，可达 96%～100%，其中大孔隙占 64.3%，小孔隙占 35.7%，气水比为 1∶0.55，透气性好，吸水力很强，可吸收相当于自身重量 13～15 倍的水分，岩棉吸水后，会因其厚度的不同，含水量从下至上递减，空气含量则自下上递增。岩棉块水分与空气垂直分布情况如表 4-5 所示。

表 4-5　岩棉块中水分与空气的垂直分布状况

高度(自上而下)/cm	干物容积/%	孔隙容积/%	持水容积/%	空气容积/%
1.0	3.8	96	92	4
5.0	3.8	96	85	11
7.5	3.8	96	78	18
10.0	3.8	96	74	22
15.0	3.8	96	74	42

(2)有稳定的化学性质　岩棉由氧化硅和一些金属氧化物组成，具有低碳氮比和低阳离子交换量，含全氮 0.084%、全磷 0.228%；矿质成分中二氧化硅占 35.5%～47.0%，铝、钙、镁、铁、锰、钠、钾、硫等占 53.0%～64.5%(表 4-6)。这些主要成分多数是植物不能吸收利用的，属于惰性基质。新岩棉的 pH 较高，一般为 pH 7～8，使用前需用清水漂洗，或加少量酸，经调整后的农用岩棉 pH 比较稳定。

(3)岩棉纤维不吸附营养液中的元素离子。

(4)岩棉经高温完全消毒，不会携带任何病原菌，可直接使用。

表 4-6 岩棉的化学组成 %

成分	含量	成分	含量
二氧化硅(SiO_2)	47	氧化钠(Na_2O)	2
氧化钙(CaO)	16	氧化钾(K_2O)	1
氧化铝(Al_2O_3)	14	氧化锰(MnO)	1
氧化铁(FeO)	8	氧化钛(TiO)	1

4. 蛭石

蛭石为云母类次生硅质矿物,为铝、镁、铁的含水硅酸盐,由一层层的薄片叠合构成;在800~1 100 ℃炉体中受热后形成海绵状物质。质地较轻,每立方米重 80~160 kg,容重较小(0.07~0.25 g/cm^3),总孔隙度达 95%,大小孔隙比约 1∶4,气水比为 1∶4.34,具有良好的透气性和保水性,电导率为 0.36 mS/cm,蛭石的吸水能力很强,每立方米可以吸收 100~650 kg 水,碳氮比低,阳离子交换量较高,具有较强的保肥力和缓冲能力。蛭石中含较多的钙、镁、钾、铁,可被作物吸收利用。蛭石 pH 因产地不同、组成成分不同而稍有差异。一般均为中性至微碱性(pH 6.5~9.0)。当其与酸性基质如泥炭等混合使用时不会出现问题。如单独使用,因 pH 太高,需加入少量酸进行中和。

无土栽培用蛭石的粒径应在 3 mm 以上,用作育苗的蛭石可以稍细些(0.75~1.0 mm)。其使用一段时间后由于坍塌、分解、沉降等原因易破碎而使结构遭到破坏,孔隙度减少,结构变细,影响透气和排水,因此在运输、种植过程中不能受重压;一般使用 1~2 次,其结构就劣变,故一般不宜用作长期盆栽植物的基质,使用之后可作肥料或施用到土壤中。

5. 珍珠岩

珍珠岩是一种灰色火山岩(铝硅酸盐),加热至 1 000 ℃时,岩石颗粒膨胀而形成质地均一、直径 1.4~1.5 mm 的灰白色、质轻、多孔性闭孔疏松核状颗粒,又称为膨胀珍珠岩或"海绵岩石"。珍珠岩容重小,为 0.13~0.16 g/cm^3,总孔隙度为 60.3%,气水比为 1∶1.04,可容纳自身重量 3~4 倍的水,易于排水和通气,化学性质比较稳定,含有硅、铝、铁、钙、锰、钾等氧化物,多不能为植物吸收利用。电导率为 0.31 mS/cm,呈中性,碳氮比低,阳离子代换量小,无缓冲能力,不易分解,但遭受碰撞时易破碎。珍珠岩可以单独使用,但质轻粉尘污染较大,使用前最好戴口罩,先用水喷湿,以免粉尘纷飞;浇水过猛,淋水较多时易漂浮,不利于固定根系,因而多与其他基质混合使用。

6. 膨胀陶粒

膨胀陶粒又称多孔陶粒或海氏砾石,它是用大小比较均匀的团粒状陶土(火烧页岩,含蒙脱石和凹凸棒石成分),在 800~1 000 ℃的高温陶窑中煅烧制成。外壳较致密,色赭红。从切面看,内部为蜂窝状的孔隙构造;质地较疏松,略呈海绵状,色微带灰褐。其容重为 0.5~1.0 g/cm^3,大孔隙多,pH 在 4.9~9.0,有一定的阳离子交换量,碳氮比低。膨胀陶粒较为坚硬,不易破碎;可反复使用,吸水率为 48 mL/(L·h)。颗粒横径为 0.5~1 cm 者占多数,少数横径小于 0.5 cm 或大于 1 cm。

膨胀陶粒作为基质排水通气性能良好,而且每个颗粒中间有很多小孔可以持水。常与其他基质混用,单独使用时多用在循环营养液的种植系统中或用来种植需要较好通气的花卉。

膨胀陶粒在连续使用后，颗粒内部及表面吸收的盐分会造成通气和养分上的困难，且难以用水洗去。

7. 炉渣

炉渣容重适中，为 0.78 g/cm^3，有利于固定作物根系。具有良好的总孔隙度 55%，持水量为 17%，电导率为 1.83 mS/cm，碳氮比低。含有较多的速效磷、碱解氮和有效磷，并且含有植物所需的多种微量元素，如铁、锰、锌、铝、铜等。与其他基质混用时，可不加微量元素。未经水洗的炉渣 pH 较高。炉渣必须过筛方可使用。粒径较大的炉渣颗粒可作为排水层材料，铺在栽培床的下层，用编织袋与上部的基质隔开。炉渣不宜单独用作基质，在基质中的用量也不能超过 60%(体积)。

炉渣的优点是价廉易得和透气性好，缺点是碱性大、持水量低、质地不均一，对营养液成分影响大。使用前须进行筛选，并且最好用碳酸液中和其碱性，或用清水洗碱，并淋洗去其所含碱、钠等元素。

8. 片岩

园艺上用的片岩是在 1 400 ℃的高温炉中加热膨胀形成的，容重为 0.45～0.85 g/cm^3，孔隙容积为 50%～70%，持水容积为 4%～30%。片岩的化学组成为：二氧化硅 (SiO_2)50%，氧化铝(Al_2O_3)28%，氧化铁(Fe_2O_3)5%，其他物质 15%。片岩的结构良好，在欧洲一些国家如法国等有使用。

9. 火山熔岩

火山熔岩由火山喷发出的熔岩冷却凝固而成。外表呈灰褐色，为多孔蜂窝状的块状物，打碎后可以使用。容重为 0.7～1.0 g/cm^3。其粒径为 3～15 mm 时，孔隙度为 27%，持水量为 19%。火山熔岩的化学组成为：二氧化硅 (SiO_2) 51.5%，氧化铝(Al_2O_3)18.6%，氧化铁(Fe_2O_3)7.2%，氧化钙(CaO)10.3%，镁(Mg)9.0%，硫(S)0.2%、碱性物质 3.2%。

火山熔岩不易破碎，结构良好，但持水能力较差。在法国曾广泛作为无土栽培的基质，使用时只要放入栽培箱中或盆钵中，采用营养液滴灌即可使作物生长良好。

二、有机栽培基质

有机基质的化学性质一般稳定性较差，它们通常具有较高的阳离子交换量，其蓄肥能力相对较强。在无土栽培中，有机基质普遍具有保水性好、蓄肥力强的优点，在实际无土栽培中使用十分广泛。

1. 泥炭

泥炭又称草炭，来自泥炭藓、灰藓、苔藓和其他水生植物的分解残留体，是迄今为止世界公认最好的无土栽培基质之一。尤其是现代大规模工厂化育苗，大多是以泥炭为主要基质，其中加入一定量蛭石、珍珠岩等基质，制成含有养分的泥炭钵(小块)，或直接放在育苗盘中育苗，效果很好。除用于育苗外，在袋培营养液滴灌或种植槽栽培中，泥炭也常用作基质，植物生长很好。容重为 0.2～0.6 g/cm^3(高位泥炭、低位泥炭分别低于或高于此范围)，总孔隙度为 77%～84%，大孔隙为 5%～30%，持水量为 50%～55%，电导率为 1.1 mS/cm，阳离子交换量属中或高，碳氮比低或中，含水量为 30%～40%，泥炭几乎在世界所有国家都有分布，但分布很不均匀，北方多，南方少。我国北方出产的泥炭质量较好。

根据泥炭形成的地理条件、植物种类和分解程度的不同，可将泥炭分为低位泥炭、高位泥炭和中位泥炭三大类。低位泥炭分布于低洼的沼泽地带，宜直接作为肥料来施用，而不宜作为无土栽培的基质；高位泥炭分布于低位泥炭形成的地形的高处，以苔藓植物为主，不宜作为肥料直接施用，宜作肥料的吸持物，在无土栽培中可作为复合基质的原料；中位泥炭是介于高位泥炭和中位泥炭之间的过渡类型，可在无土栽培中使用。在产区，泥炭由于开采加工简单，价格便宜；但在非产地，由于经过长距离运输和精细加工，优质泥炭（有机质 95%，灰分≤5%，膨胀率 200%）的价格相对较高。

用于室内盆栽花卉，由于其褐黑如土，浇水时会从盆底孔渗出泥炭细末，使用不当会影响环境清洁。世界上泥炭用作无土栽培基质的地位仅次于岩棉。不同来源泥炭的物理性质见表 4-7。

表 4-7 不同来源泥炭的物理性质

泥炭种类	容重/(g/L)	总孔隙度/%	空气容积/%	易利用水容积/%	吸水力/(g/100 g)
藓类泥炭（高位泥炭）	42	97.1	72.9	7.5	992
	58	95.9	37.2	26.8	1159
	62	95.6	25.5	34.6	1383
	73	94.9	22.2	35.1	1001
白泥炭（中位泥炭）	71	95.1	57.3	18.3	869
	92	93.6	44.7	22.2	722
	93	93.6	31.5	27.3	754
	96	93.4	44.2	21.0	694
黑泥炭（低位泥炭）	165	88.2	9.9	37.7	519
	199	88.5	7.2	40.1	582
	214	84.7	7.1	35.9	487
	265	79.9	4.5	41.2	467

2. 芦苇末

利用造纸厂废弃下脚料芦苇末，添加一定比例的鸡粪等辅料，在发酵微生物的作用下，堆制发酵合成优质环保型无土栽培有机芦苇末基质，其由南京农业大学等单位研制开发，已广泛应用于无土栽培和育苗之中，尤其在长江流域普遍采用。其理化性状如下：容重 0.20～0.40 g/cm^3，总孔隙度 80%～90%，大小孔隙比 0.5～1.0，电导率 1.20～1.70 mS/cm，pH 7.0～8.0，阳离子交换量 60～80 cmol/L，具有较强的酸碱缓冲能力。基本上可与天然泥炭相比拟，尤其是各种营养元素含量丰富，微量元素的含量能基本满足作物生长发育的要求，故又称人工泥炭。

3. 锯木屑

锯木屑是木材加工的下脚料，质轻，具有较强的吸水、保水能力，用作基质已有多年历史，但各种树木的锯木屑成分差异很大。一般锯木屑的化学成分为：含碳 48%～54%，戊聚糖 14%，纤维 44%～45%，木质素 16%～22%，树脂 1%～7%，灰分 0.4%～2%，氮 0.18%。pH 4.2～6.0；容重为 0.19 g/cm^3，总孔隙度为 78.3%，大孔隙为 34.5%，小孔隙为 43.8%，气水比为1∶1.27。阳离子交换量较高。经堆积腐烂后pH为5.2，干容量为0.36/cm^3，湿容重为0.84 g/cm^3，持水量为48%，大孔隙为5.4%，电导率为0.56 mS/cm。

锯木屑的许多性质与树皮相似，但通常锯木屑的树脂、丹宁和松节油等有害物含量较高，而且C/N很高，因此锯木屑在使用前堆沤时间较长(至少3个月)。

锯木屑作为无土栽培基质，在使用过程中结构良好，一般可连续使用2～6茬，每茬使用后应加以消毒。作基质的锯木屑不应太细，小于3 mm的锯木屑所占比例不应超过10%，一般应有80%在3.0～7.0 mm。多与其他基质混合使用。

木屑价格便宜，在产区货源充沛，有利用价值，但它是一种天然有机基质，难免有携带病虫害之虞(例如我国松树的线虫病，就是通过包装箱从境外传入的)，加之消毒不便和产地有一定局限性，所以，从大范围来看，除林区外，木屑在无土栽培中用作基质并不占优势。

4. 树皮

树皮是木材加工过程中的下脚料。在盛产木材的地方，如加拿大、美国等，常用来代替泥炭作无土栽培基质。树皮的化学组成因树种不同差异很大。一种松树皮的化学组成为：有机质含量为98%，其中蜡树脂为3.9%、丹宁木质素为3.3%、淀粉果胶4%、纤维素2.3%、半纤维素19.1%、木质素46.3%、灰分2%，C/N为135，pH 4.2～4.5.

有些树皮含有有毒物质，不能直接使用。大多数树皮中含有较多的酚类物质，这对于植物生长是有害的，而且树皮的C/N都比较高，直接使用会引起微生物对氮素的竞争作用。为了克服这些问题，必须将新鲜的树皮进行堆沤，堆沤时间应在1个月以上，因有毒的酚类物质的分解至少需30 d。

经过堆沤处理的树皮，不仅有毒的酚类物质分解，本身的C/N降低，而且可以增加树皮的阳离子交换量，CEC可以从堆沤前的8 cmol/L提高到堆沤后的60 cmol/L。经堆沤后的树皮，其含有的病原菌、线虫和杂草种子等大多会被杀死，在使用时不需进行额外的消毒。

树皮的容重为0.4～0.53 g/cm^3。树皮作为基质，在使用过程中会因物质分解而容重增加，体积变小，结构受到破坏，造成通气不良，易积水，但结构变差需1年左右时间。利用树皮作基质时，如果树皮中氧化物含量超过2.5%，锰含量超过20 mg/kg，则不宜继续使用。

树皮的性质和木屑基本相近，但通气性强些而持水量低些，并较耐分解。用前要破碎成1～6 mm大小，并最好堆积腐熟。一般与其他基质混合使用，用量占总体积的25%～75%。如单独使用，由于过分通气，必须十分注意浇水和施肥，仅见用于种植兰科植物。

5. 甘蔗渣

简称蔗渣，甘蔗制糖业的副产品，在我国南方来源广泛。新鲜蔗渣的C/N很高，可达169，不能直接作为基质使用，必须经过堆沤后才能使用。堆沤时可以采用两种办法：一是将蔗渣淋水至含水量70%～80%(用手握住一把蔗渣刚有少量水渗出为宜)，然后堆成一堆即可；二是以蔗渣干重的0.5%～1.0%的比例加入尿素。加尿素可以加速蔗渣的分解，加快C/N的降低，经过一段时间堆沤的蔗渣，其C/N以及物理性状都发生了很大的变化(表4-8)。

蔗渣堆沤时间太长(超过6个月以上)，蔗渣会由于分解过度而通气不良，且对外加速效氮的耐受能力差，所以在实际应用时以堆沤3～6个月为好。经堆沤和增施氮肥处理，蔗渣可以成为与泥炭种植效果相当的良好基质。这为生产甘蔗的南方地区发展无土栽培创造了良好的物质条件。用蔗渣作育苗基质时，蔗渣应较细，最大粒径不超过5 mm；用于袋培或槽培，粒径可稍粗大，但最大也不宜超过15 mm。

表 4-8　蔗渣堆沤后物理化学性质的变化

堆沤时间	全碳/%	全氮/%	C/N	容重/(g/L)	通气孔隙/%	持水孔隙/%	大小孔隙比
新鲜蔗渣	45.26	0.268 0	169	127.0	53.5	39.3	1.36
堆沤 3 个月	44.01	0.310 5	142	118.5	45.2	46.2	0.98
堆沤 6 个月	42.96	0.361 3	119	115.5	44.5	46.3	0.96
堆沤 9 个月	34.30	0.605 8	56	205.0	26.9	60.3	0.45
堆沤 12 个月	31.33	0.637 5	49	278.5	19.0	63.5	0.30

6. 稻壳

稻壳是稻米加工的副产品，在无土栽培上使用的稻壳通常是进行过炭化的，称为炭化稻壳或炭化砻糠。炭化稻壳容重为 0.15 g/m^3，总孔隙度为 82.5%，其中大孔隙为 57.5%，小孔隙容积 25%，含氮 0.54%，含速效磷 66 mg/kg，速效钾 0.66%，pH 为 6.5。如果炭化稻壳使用前没经过水洗，炭化形成的 K_2CO_3 会使其 pH 升至 9.0 以上，因此使用前宜用水洗。

炭化稻壳因经高温炭化，如不受外来污染，则不带病菌。炭化稻壳含营养元素丰富，价格低廉，通透性良好，但持水孔隙度小，持水能力差，使用时需经常浇水。另外，稻壳炭化过程不能过度，否则受压时极易破碎。

炭化稻壳质疏松，通气和吸水均较适中，不易出现过干或过湿现象(但由于吸湿性强，如厚度较厚再加供液充分，则易出现湿害)。虽吸附养分的能力较差，但自身含有丰富的钾、磷、钙等成分，可以满足幼苗需要，故适用于扦插和播种。由于偏碱性以及所含养分会干扰营养液的配制，加上资源不十分容易取得等原因，除扦插、播种外，一般不单独作为基质使用，而通常多用于混合基质以改进通气性和提高肥力。另外，砻糠用作燃料产生的灰烬称为砻糠灰或谷壳灰，实际上与炭化稻壳并非同一产品。前者燃烧程度高，含碳少，颗粒较细小，灰分含量多；后者则相反，性能优于前者。尽管有人将砻糠灰和炭化稻壳混同，无土栽培中用作基质的主要是指炭化稻壳。

7. 菇渣和棉籽壳菌糠

菇渣是种植草菇、香菇、蘑菇等食用菌后废弃的培养基质。刚种植过食用菌的菇渣一般不能直接使用，将废弃的菇渣取来后加水至含水量约 70%，再堆成一堆，盖上塑料薄膜，堆沤 3～4 个月，取出摊开风干，然后打碎，过 5 mm 筛，筛去菇渣中的粗大植物残体、石块和棉花等即可。菇渣容重约为 0.41 g/cm^3，持水量为 60.8%，菇渣含氮 1.83%，含磷 0.84%，含钾 1.77%。菇渣中含有较多石灰，pH 为 6.9(未堆沤的更高)。菇渣的氮、磷含量较高，不宜直接作为基质使用，应与泥炭、蔗渣、沙等基质按一定的比例混合制成复合基质后使用。混合时菇渣的比例不应超过 40%(以体积计算)

棉籽壳菌糠 pH 为 6.4，容重为 0.24 g/cm^3，总孔隙度为 74.9%，大孔隙为 72.3%，小孔隙为 2.6%，气水比为 1∶0.36。含全氮为 2.2%，含磷为 0.21%。其性质与发酵木屑有些相近。

8. 椰糠

椰糠又名金椰粉，压缩植物培养料，是椰子果实外壳加工后的废料。椰子果实外面包有一层很厚的纤维物质，将其加工成椰棕，可以做成绳索等物。在加工椰棕的过程中，可产生大量的粉状物，称为椰糠。因为它颗粒比较粗，又有较强的吸收力，透气和排水比较好，保水和持肥的能力也较强。另外,椰棕切成小块或椰壳切成块状物均可作为栽培基质。未经切细压缩者,含有长丝,质地蓬松。经过切细压缩者,呈砖状,每块重450 g或600 g,加水3 000～4 000 mL浸泡后,体积可膨大至6 000～8 000 cm^3,湿容重为0.55 g/cm^3。pH为5.8～6.7。吸水量约为自身重量的5～6倍。因为是植物性有机基质,磷、氮含量比较高,如果栽培植物时只浇清水,容易出现缺素现象,尤其是植株呈现叶色淡绿或黄绿(可能缺氮)。由于pH、容重、通气性、持水量、价格等都比较适中,用椰糠、珍珠岩、煤灰渣、火山灰等混合后,配成盆栽基质比较理想,尤其是观叶植物的基质,效果很好。我国南海等地椰糠资源丰富,开发利用前景较好。

9. 腐叶

腐叶对花卉无土栽培的意义非同一般,因为它能够给植株提供一个类似有土栽培的理想环境。有些花卉种类需要从基质中不断吸收所需的养分,仅靠人工调节营养液的供应往往满足不了植物的需要。而腐叶作为一个具有高离子交换量的栽培系统,能够很好地满足花卉的这种要求,因此腐叶在花卉栽培中的使用价值越来越为人们所重视。

腐叶来源广泛,容易制作。深秋时,选择合适地点挖一个大坑,然后把大量的阔叶树落叶集中在坑里,将其压实后灌水,然后在上面覆盖塑料薄膜,并覆土。经过一个冬季,可以在土地解冻后再将已经腐败的落叶从土中挖出,经常喷水、翻动,以利于其风化,然后再将其捣碎、过筛即可使用。

在操作时,应根据花卉的种类将腐叶与一定比例的其他基质混合在一起。腐叶不适合单独使用,与其他无土基质混用效果更好。研究表明,含有适量腐叶的基质具有较高的阴、阳离子交换量,有很好的持水性、透气性,因此很多种花卉都能在腐叶基质中茁壮成长。

10. 泡沫塑料

现在使用的泡沫塑料主要是脲醛泡沫、软质聚氨酯泡沫、酚醛泡沫和聚有机硅氧烷泡沫等,尤以聚苯乙烯泡沫最多。这些泡沫塑料可取自塑料包装材料制造厂家的下脚料。国外有些厂家有专门出售供无土栽培使用的泡沫塑料。泡沫塑料的容重小,为0.1～0.15 g/cm^3。有些泡沫塑料可以吸收大量的水分,有些则几乎不吸水。如1 kg的脲醛泡沫塑料可吸持12 kg的水。

泡沫塑料非常轻,用作基质时必须用容重较大的颗粒如沙、石砾来增加容重,否则植物难以固定。由于泡沫塑料的排水性能良好,它可以作为栽培床下层的排水材料。若用于家庭盆栽花卉(与沙混合),则较为美观且植株生长良好。

近两年,在我国推销的日本产"盆栽泡沫塑料",其外观和质地与海绵或软质聚氨酯非常相似,采用了含水质防腐剂的长效缓释肥料,日常管理简便,但只适用于栽种较小型的花卉,价格非常昂贵(栽种相同大小的1株花卉,价格比使用人工土高出30～40倍)。

三、复合基质

复合基质也叫混合基质,是由两种或几种基质按一定的比例混合而成的。基质种类和配比因栽培植物种类而异。

每种基质用于无土栽培都有其自身的优缺点,故单一基质栽培往往存在这样那样的问题,而混合基质由于能够优势互补,基质的各个性能指标都比较理想。由两种或两种以上基质按一定的比例混合,即可配成复合基质(混合基质)。美国在20世纪50年代就用草炭、蛭石、沙、珍珠岩等为原料，制成复合基质出售。我国较少以商品形式出售复合基质，生产上多根据作物种类和基质特性自行配制复合基质，这样也可降低栽培成本。

1. 基质选配(混合)的总原则

基质选配的总原则是容重适宜，增加孔隙度，提高水分和空气的含量。同时在栽培上要注意根据混合基质的特性，与作物营养液配方相结合，才能充分发挥其丰产、优质的潜能。理论上讲，混合的基质种类越多效果越好，生产实践上基质的混合以 2～3 种为宜。一般不同作物其复合基质组成不同，但比较好的混合基质应适用于各种作物，不能只适用于某一种作物。如 1∶1 的草炭、蛭石，1∶1 的草炭、锯末，1∶1∶1 的草炭、蛭石、锯末或 1∶1∶1 的草炭、蛭石、珍珠岩，以及 6∶4 的炉渣、草炭等混合基质，均在我国无土栽培生产上获得了较好的应用效果。

2. 基质的混合方法

在配制混合基质时，可预先混入一定的肥料，肥料可用 N、P、K 三元复合肥(15∶15∶15)以 0.25%比例加水混入，或按硫酸钾 0.5 g/L、硝酸铵 0.25 g/L、过磷酸钙 1.5 g/L、硫酸镁 0.25 g/L 的量加入，也可按其他营养配方加入。

混合基质用量小时，可在水泥地面上用铲子搅拌，用量大时，应用混凝土搅拌器。干的草炭一般不易弄湿，需提前一天喷水或加入非离子润湿剂，每 40 L 水中加 50 g 次氯酸钠配成溶液，能把 1 m^3 的混合物弄湿。注意混合时要将草炭块尽量弄碎，否则不利于植物根系生长。

以下是国内外常用的一些复合基质配方：

(1)配方 1　1 份草炭、1 份珍珠岩、1 份沙。

(2)配方 2　1 份草炭、1 份珍珠岩。

(3)配方 3　1 份草炭、1 份沙。

(4)配方 4　1 份草炭、1 份沙，或 3 份草炭、1 份沙。

(5)配方 5　1 份草炭、1 份蛭石。

(6)配方 6　4 份草炭、3 份蛭石、3 份珍珠岩。

(7)配方 7　2 份草炭、2 份火山岩、1 份沙。

(8)配方 8　2 份草炭、1 份蛭石、1 份珍珠岩，或 3 份草炭、1 份珍珠岩。

(9)配方 9　1 份草炭、1 份珍珠岩、1 份树皮。

(10)配方 10　1 份刨花、1 份炉渣。

(11)配方 11　2 份草炭、1 份树皮、1 份刨花

(12)配方 12　1 份草炭、1 份树皮。

(13)配方 13　3 份玉米秸、2 份炉渣灰，或 3 份向日葵秆、2 份炉渣灰，或 3 份玉米芯、2 份炉渣灰。

(14)配方 14　1 份玉米秸、1 份草炭、3 份炉渣灰。

(15)配方 14　1 份草炭、1 份锯末。

(16)配方 16　1 份草炭、1 份蛭石、1 份锯末，或 4 份草炭、1 份蛭石、1 份珍珠岩。

(17)配方 17　2 份草炭、3 份炉渣。

(18)配方 18　1 份椰子壳、1 份沙。

(19)配方 19　5 份葵花秆、2 份炉渣、3 份锯末。

(20)配方 20　7 份草炭、3 份珍珠岩。

3. 育苗、盆栽混合基质

育苗基质中一般加入草炭，当从育苗钵(盘)取出植株时，植株根部的基质不易散开。当混合基质中无草炭或草炭含量小于50%时，植株根部的基质将易于脱落，因而在移植时，小心操作以防损伤根系。如果用其他基质代替草炭，则混合基质中就不用添加石灰石。因为石灰石主要是用来提高基质pH的。为了使所育的苗长得壮实，育苗和盆栽基质在混合时应加入适量的氮、磷、钾养分。以下是常用的育苗和盆栽基质配方：

(1)"加州大学"混合基质　0.5 m^3 细沙(0.05～0.5 mm)，0.5 m^3 粉碎草炭，145 g 硝酸钾，4.5 kg 白云石或石灰石，145 g 硫酸钾，1.5 kg 钙石灰石，1.5 kg 20%过磷酸钙。

(2)康奈尔混合基质　0.5 m^3 粉碎草炭，0.5 m^3 蛭石或珍珠岩，3.0 kg 石灰石(最好是白云石)，1.2 kg 过磷酸钙(20%五氧化二磷)，3.0 kg 复合肥(氮、磷、钾含量5：10：5)。

(3)中国农业科学院蔬菜花卉研究所无土栽培盆栽基质　0.75 m^3 草炭，0.13 m^3 蛭石，0.12 m^3 珍珠岩，3.0 kg 石灰石，1.0 kg 过磷酸钙(20%五氧化二磷)，1.5 kg 复合肥(5：15：15)，10.0 kg 消毒干鸡粪。

(4)草炭矿物质混合基质　0.5 m^3 草炭，700 g 过磷酸钙(20%五氧化二磷)，0.5 m^3 蛭石，3.5 kg 磨碎的石灰石或白云石，700 g 硝酸铵。

任务四　固体基质的消毒与更换

一、基质的消毒

许多无土栽培基质在使用前可能含有一些病菌或虫卵，在长期使用后，尤其是连作的情况下，也会聚集病菌和虫卵，容易发生病虫害。因此，在大部分基质使用前或在每茬作物收获后、下一次使用前，有必要对基质进行消毒，以消灭任何可能存留的病菌和虫卵。

基质消毒最常用的方法有蒸汽消毒、化学药剂消毒和太阳能消毒。

(一)蒸汽消毒

蒸汽消毒简便易行，安全可靠，但需要专用设备，成本高，操作不便。将基质装入柜(箱)内(容积1～2 m^3)，通入蒸汽进行密闭消毒。一般在70～90 ℃条件下，消毒15～30 min就能杀死病菌。注意每次消毒的基质不可过多，否则处于内部的基质中的病菌或虫卵不能完全杀灭；消毒时基质的含水量应控制在35%～45%，过湿或过干都可能降低消毒效果。需消毒的基质量大时，可将基质堆成20 cm高，长度根据条件而定，覆上防水耐高温的布，导入蒸汽，在70～90 ℃下消毒1 h。

若用蒸汽锅炉供热的温室，可将蒸汽转换装置装在锅炉上，把蒸汽管直接通入每一个种植床，即可为基质消毒。如果表面通过蒸汽无效，可在床的底部装一永久性瓦管或其他有孔的硬质管，使蒸汽通过这种管道进入基质，达到消毒的目的。

(二)化学药剂消毒

常用的化学药品有甲醛、氯化苦、高锰酸钾、甲基溴(溴甲烷)、威百亩、漂白剂等。

1. 40%甲醛(福尔马林)

甲醛是良好的杀菌剂,但杀虫效果较差。一般将40%的原液稀释50倍,用喷壶将基质均匀喷湿,所需药液量一般为20～40 L/m^3。最后用塑料薄膜覆盖封闭24～48 h后揭膜,将基质摊开,风干2周或暴晒2 d,达到基质中无甲醛气味后方可使用。要求工作人员戴上口罩,做好防护工作。

2. 氯化苦

该药剂为液体,氯化苦熏蒸时的适宜温度为15～20 ℃,需要用喷射器施用。一般先将基质整齐堆放30 cm厚度,然后每隔20～30 cm向基质内10～15 cm深处注入氯化苦药液药液3～5 mL,并立即将注射孔堵塞。一层基质放完药后,再在其上铺同样厚度的一层基质打孔放药,如此反复,共铺2～3层;或每立方米基质中施用150 mL药液,最后覆盖塑料薄膜,使基质在15～20 ℃条件下熏蒸7～10 d。能有效防治线虫、昆虫等害虫,以及一些杂草种子和具有抗性的真菌等。氯化苦对活的植物组织和人有毒害作用,施用时要注意安全。

3. 高锰酸钾

高锰酸钾是强氧化剂,一般用于石砾、粗沙等没有吸附能力且较容易用清水冲洗干净的惰性基质的消毒,而不能用于泥炭、木屑、岩棉、陶粒等有较大吸附能力的活性基质或者难以用清水冲洗干净的基质,因为这些基质会吸附高锰酸钾,进而直接毒害作物,或造成植物的锰中毒。基质消毒时,用0.1%～1.0%的高锰酸钾溶液喷洒在固体基质上,并与基质混拌均匀,然后用塑料包埋基质20～30 min,再用清水冲洗干净即可。

4. 威百亩

威百亩是一种水溶性熏蒸剂,对线虫、杂草和某些真菌有杀伤作用。施用时1 L威百亩加入10～15 L水稀释,然后喷洒在10 m^3 基质表面,施药后将基质密封,半个月后可以使用。

5. 漂白剂(次氯酸钠或次氯酸钙)

该消毒剂尤其适于砾石、沙的消毒。一般在水池中配制0.3%～1%(有效氯含量)的药液,浸泡基质30 min以上,最后用清水冲洗,消除残留氯。此法简便迅速,短时间就能完成。次氯酸也可代替漂白剂用于基质消毒。

(三)太阳能消毒

在基质的消毒中,蒸汽消毒比较安全,但成本较高;药剂消毒成本较低,但安全性较差,并且会污染周围环境。太阳能消毒是一种安全、廉价、简单、实用的基质消毒方法,同样也适用于目前我国日光温室消毒。具体方法是,夏季温室或大棚休闲季节,将基质堆成20～25 cm高,长度视情况而定。在堆放基质的同时,用水将基质喷湿,使含水量超过80%,然后用塑料布覆盖起来。如果是槽培,可在槽内直接浇水,然后用塑料薄膜覆盖起来。密闭温室或大棚,暴晒15～19 d,即可达到消毒目的,效果很好。

二、基质的更换

基质使用一段时间(1～3年)后,各种病菌、作物根系分泌物和烂根大量积累,物理性状变差,特别是以有机残体为主体材料的基质,由于微生物的分解作用使得这些有机残体的纤维断裂,从而导致基质通气性下降,保水性过高,这些因素会影响作物生长,要及时更换基质。

基质栽培也提倡轮作,如前茬种植番茄,后茬就不应种茄子等茄科蔬菜,可改种瓜类蔬菜。

消毒大多不能彻底杀灭病菌和虫卵，轮作或更换基质才是更保险的方法。

更换下来的旧基质可经过洗盐、灭菌、离子重新导入、氧化等方法再生处理后重新用于无土栽培，也可施到农田中改良土壤。难以分解的基质如岩棉、陶粒等可进行填埋处理，防止对环境的二次污染。

【项目小结】

一、重点难点

1. 育苗用的基质不能含有不利于植物生长发育的有害、有毒物质，要能为植物根系提供良好的水、肥、气、热、pH 等条件，充分发挥其不是土壤胜似土壤的作用；还要适应现代化的生产和生活条件，易于操作及标准化管理。

2. 固体基质的分类方法很多，按基质的化学组成划分为无机基质（如沙、砾石、珍珠岩、蛭石、岩棉、矿棉、陶粒、聚乙烯、聚丙烯、酚类树脂、炉渣等）和有机基质（如泥炭、木屑、秸秆、稻壳、树皮、棉籽壳、蔗渣、椰糠等）；按基质的来源划分为天然基质（如沙、石砾、蛭石等）和合成基质（如岩棉、陶粒、泡沫塑料等）；按基质的组合划分为单一基质和复合基质；按基质的性质分为活性基质（如泥炭、蛭石）和惰性基质（如沙、石砾、岩棉、泡沫塑料）。

3. 基质混配总的要求是容重适宜，增加孔隙度，提高水分和空气的含量。生产上以 2～3 种基质混合为宜。

4. 基质在使用前应彻底消毒，常用的消毒方法有 3 种：蒸汽消毒、化学药剂消毒、太阳能消毒。有机基质在使用之前要进行发酵处理。基质使用一段时间后（1～3 年）应及时更换，废弃基质经过适当的处理后也可继续使用。

二、经验技巧总结

结合生活实际，深入生产现场观察操作，并与有土栽培对土壤条件的要求相对比来学习本项目内容。

【技能训练】

技能训练一　固体基质理化性质的测定

一、目的和要求

（1）理解基质理化性质对基质栽培的作用。

（2）掌握基质理化性质的测定方法。

（3）操作程序正确，计算与称量准确。

（4）操作规范、熟练。

二、实训准备

1. 材料与药剂

珍珠岩、炉渣、蛭石、沙等风干基质若干、1 mol/L HNO_3 溶液、1 mol/L NaOH 溶液、饱和 $CaCl_2$ 溶液、蒸馏水。

2. 仪器与用具

托盘天平(或电子分析天平)、台秤、pH 计、电导率仪、500 mL 罐头瓶、500 mL 烧杯、50 mL 烧杯、50 mL 量筒、精密 pH 试纸、纱布。

三、实施

1. 容重的测定

先用台秤对 500 mL 罐头瓶称重，记为 m_1，装满待测的干基质后，再称重，记为 m_2，V 为罐头瓶的容积。根据下列公式计算出基质的容重(单位为 g/L 或 g/cm^3)。

$$基质的容重=(m_2-m_1)/V$$

2. 孔隙度的测定

取一个已知体积(V)和质量(m_1)的罐头瓶，装满待测基质，称其总质量(m_2)，然后将其浸入水中 24 h，再称吸足水分后的基质及罐头瓶的质量(m_3)。注意加水浸泡时要根据下列公式计算出基质的总孔隙度。

$$总孔隙度=[(m_3-m_1)-(m_2-m_1)]/V\times100\%$$

取一个已知体积的容器，按上述方法测得总孔隙度后，将罐头瓶瓶口用一块湿润纱布(m_4)包住后倒置，让基质中的水分向外渗出，静止放置 2 h 后，直至容器中没有水分渗出为止，称重(m_5)。根据下列公式计算出通气孔隙和持水孔隙。

$$通气孔隙=[(m_3+m_4-m_5)/V]\times100\%$$

$$持水孔隙=[(m_5-m_2-m_4)/V]\times100\%$$

3. 基质 pH 与缓冲能力的测定

(1)基质酸碱度的测定　称取一定体积的干基质放入容器内，然后加入其体积 5 倍的蒸馏水，充分搅拌后过滤，再用 pH 计或精密 pH 试纸测定基质浸提液的酸碱度。或称取干基质 10 g 于 50 mL 烧杯中，加入 25 mL 蒸馏水后振荡 5 min，再静置 30 min，过滤后用 pH 计或精密 pH 试纸测定基质浸提液的酸碱度。

(2)基质缓冲能力的测定　向上述不同基质的浸提液中分别加入 1 mol/L HNO_3 溶液或 1 mol/L NaOH 溶液 1 mL，30 min 后用 pH 计或精密 pH 试纸测定不同浸提液的 pH，从而比较不同基质缓冲能力的大小。

4. 电导率的测定

取风干基质 10 g 放入 50 mL 烧杯中，加入饱和 $CaCl_2$ 溶液 25 mL，振荡浸提 10 min，过滤，取其滤液用电导率仪测电导率。

四、注意事项

(1)基质必须处于风干状态。

(2)测定孔隙度时一定要待水分彻底渗出后再进行。

五、思维拓展

(1)基质理化性质对栽培效果有何影响?
(2)作物生长良好的 pH 范围通常是多少?为什么?

技能训练二　基质混配与消毒

一、目的和要求

(1)掌握基质混配的原则与方法。
(2)掌握基质消毒的常用方法。
(3)基质混配均匀,无杂质杂物。
(4)基质消毒全面、彻底。

二、实训准备

1. 材料与药剂

珍珠岩、炉渣、蛭石、草炭、沙等常用的有机和无机基质若干,0.1%～1%高锰酸钾溶液,40%甲醛 50 倍溶液。

2. 仪器与用具

托盘天平,杆秤,小铁铲,铁锹,橡胶手套,喷壶,塑料盆,水桶,宽幅塑料膜。

三、实施

1. 基质的准备

(1)预先将各种有机基质、无机基质倒在塑料盆中,挑选出杂质、杂物,做到基质颗粒大小均一,纯度、净度高。

(2)学生分组混配两种复合基质。

2. 药剂消毒

预先配好 0.1%～1%高锰酸钾溶液和 40%甲醛 50 倍溶液,作为消毒液。将单一基质或复合基质置于塑料盆中或铺有塑料膜的水泥平地上。边混拌边用喷壶向基质喷洒消毒液,要求喷洒全面、彻底。采用高锰酸钾消毒时,在喷完消毒液后用塑料膜盖 20～30 min,之后可直接使用或暂时装袋备用;采用甲醛消毒时,将 40%的原液稀释成 50 倍溶液,按 20～40 L/m^3 的药量用喷壶均匀喷湿基质,然后用塑料膜覆盖封闭 12～24 h。使用前揭膜,将基质风干 2 周或暴晒 2 d,以避免残留药害。

3. 太阳能消毒

在温室、塑料大棚内地面或室外铺有塑料膜的水泥平地上,将基质堆成高 25 cm、宽 2 m 左右、长度不限的基质堆。在堆放的同时喷湿基质,使其含水量超过 80%,然后覆膜。如果是槽培,可在槽内直接浇水后覆膜。覆膜后密闭温室大棚,暴晒 10～15 d,中间翻堆摊晒一次。基质消毒结束后装袋备用。

四、注意事项

(1)针对不同的基质类型选用不同的消毒方式。

(2)基质混配后要目测基质的均匀度。

(3)太阳能消毒最好选择在高温季节进行,消毒快,消毒质量高。

五、思维拓展

(1)为什么生产上经常采用复合基质?

(2)基质消毒不彻底可能会带来什么后果?

技能训练三　鸡粪发酵处理

一、目的和要求

(1)了解有机固态肥的堆制工艺流程。

(2)掌握鸡粪的发酵技术。

(3)操作符合鸡粪发酵工艺流程。

(4)鸡粪发酵后略有香味、色纯、无杂物。

二、实训准备

1. 材料与药剂

新鲜鸡粪、粉碎的秸秆、锯末屑或菇渣、干泥土粉、麸皮或米糠、玉米粉、草炭或草粉、秸秆发酵剂、过磷酸钙、尿素。

2. 仪器与用具

杆秤,塑料布,喷壶,塑料盆,铁锹。

三、实施

1. 用微生物秸秆发酵剂发酵鸡粪

(1)混配　将干鸡粪呈长条状平铺在地上,按鸡粪重量的35%浇水,每吨鸡粪撒秸秆发酵剂2 kg,应先加入米糠或麸皮稀释,加入磷酸钙15 kg除臭,加草粉或草炭100~500 kg。如为鲜鸡粪,则应先在地上铺一层秸秆粉(也可以用米糠、草粉或草炭代替),然后将湿鸡粪铺在上面,按堆料重量的0.1%撒入尿素,按重量每吨撒入20 kg左右的过磷酸钙,将2 kg秸秆发酵剂与麸皮或米糠混合撒入。堆肥要翻倒2~3次。

(2)发酵处理　将堆肥堆成高约1 m、宽2 m的长方形物料堆,并在堆顶打孔通气最后用长方形塑料布将堆肥覆盖,保温、保湿、保肥。塑料布与地面相接触,每隔1 m压一重物,使膜内既通风又避免被大风吹起。夏、秋季节早晚揭膜通风一次(1~2 h),天气晴朗时可在前一天傍晚揭膜,次日早上覆盖。堆沤4~6 d,堆温可升至60~70 ℃。堆沤10 d后可翻堆一次,堆沤20 d即能熟透。

2. 用金宝贝Ⅰ型发酵助剂发酵鸡粪

(1)原料混配　按 1 t 有机物料(鲜料约 2.5 t)加 1 kg 金宝贝发酵剂,按每千克金宝贝发酵剂加 5 kg 米糠(或麸皮、玉米粉等替代物)稀释后均匀撒入物料堆,混拌均匀。注意最好使用新鲜米糠,不用“统糠”,因新鲜米糠的营养及通气性远优于陈旧米糠。

(2)发酵处理　物料堆大小参照用微生物秸秆发酵剂发酵鸡粪。发酵过程注意适当供氧与翻堆,升温控制在 70 ℃左右,温度太高对养分有影响。发酵物料的碎粉应控制在 60%～65%,过高过低均不利于发酵,水过少则发酵慢;水分过多会导致通气差、升温慢并产生臭味,可添加秸秆、锯末屑、蘑菇渣、干泥土粉来调整物料水分。如果用手紧抓一把物料,指缝见水但不滴水,落地即散则说明水分适宜。整个发酵过程 5～7 d 完成。成品有机肥为蓬松状,呈黑褐色,略带香味或泥土味,养分充足。

四、注意事项

(1)鸡粪与无机肥、秸秆发酵剂、金宝贝Ⅰ型发酵助剂要混合均匀。

(2)发酵过程中应注意通风换气,控温保湿。

五、思维拓展

(1)比较两种鸡粪发酵工艺的特点。

(2)了解消毒鸡粪在无土栽培中的应用价值。

【拓展任务】

一、复习思考题

1. 固体基质在无土栽培中有何作用?
2. 性能良好的基质应具备的条件有哪些?
3. 基质选用的原则是什么?
4. 固体基质主要理化性质的含义及其适宜范围?
5. 什么叫活性基质、惰性基质、复合基质?
6. 如何选择与组配基质?
7. 基质消毒的意义是什么?消毒的方法有哪些?如何对基质进行消毒?

二、案例分析

基质选用的发展趋势

进入 20 世纪 90 年代,有机基质栽培重新得到重视,特别是各种废弃物的利用使无土栽培进入了一个新的发展阶段,这主要缘于经济和环境两方面的因素。随着产业化、工业化生产规模的提高,各种工农业副产品和废弃物的排放量日益增多,其中有许多可用于无土栽培生产。

很多学者认为,无土栽培选用基质的方向应以有机废弃物的利用为主,实现资源可循环利用,但同时也认为草炭是各种复合基质的基础,具有不可替代的作用。也有科学家认为有机废弃物的选用不一定要以草炭为基础，完全可以根据废弃物理化性质进行配比。

基质发展的一个趋势是复合化，这一方面是植物生长的需要，单一基质较难满足作物生长的各项要求；另一方面则由经济效益、市场对有机食品的要求及环境因素所决定。郑光华等用消毒鸡粪和蛭石混配的复合基质进行番茄、生菜和黄瓜的栽培，取得了良好的经济效益，并且这种配比的排出液中盐分及硝酸盐含量远低于营养液栽培。

因此，不论是从适用性、经济性的角度出发，还是从市场需要、环境要求等方面考虑，选择能够循环利用、不污染环境并且能够解决环境问题的有机-无机复合基质是将来的主要发展方向，其中有机废弃物的合理使用是关键。

有机废弃物的利用是将来基质选料的一个主要发展方向，要明确研究的问题有：第一，各种有机废弃物作栽培基质的预处理如何进行；第二，有机废弃物是完全替代草炭还是部分替代；第三，配比合理的有机基质能否完全满足作物生长的需要而不必补充营养液。在我国，对有机废弃物如鸡粪仅作为养分的供应源进行了一定的研究，而没有把它真正作为栽培基质，有机废弃物作栽培基质还有待进一步深入研究。

项目五　工厂化育苗设施与设备

【学习目标】

一、知识目标

1. 掌握实施工厂化育苗的工艺流程步骤及原理；
2. 了解各种工厂化育苗设施、设备的结构和功能。

二、技能目标

1. 学会查阅相关资料，熟悉工厂化育苗工艺流程，掌握现代化工厂化育苗技术；
2. 了解目前最新的工厂化育苗设施类型及功能，以及育苗设备的应用情况。

【学习前准备】

一、资源要求

1. 查阅相关工厂化育苗工艺流程步骤；
2. 电子阅览室、电子资源库；
3. 多媒体教室；
4. 查阅园艺设施相关杂志。

二、预备知识

1. 掌握穴盘育苗相关基础知识；
2. 掌握文献查阅的基本知识；
3. 了解育苗设施结构、材料相关基础知识；
4. 了解育苗设备相关知识。

【任务实施】

任务一　工厂化育苗工艺流程

工厂化育苗工艺是用轻质基质无土育苗或穴盘育苗，在一定容器内用基质和营养液，迅速大量培育各类作物种苗的现代化育苗方法。一般是在人为控制环境条件下，选用泥炭、蛭石、珍珠岩等轻质材料作育苗基质，在育苗盘内装填基质，机械化精量播种，在现代化温室内一次成苗，并通过企业化的模式组织种苗生产和经营，供应和推广园艺作物优良种苗，达到节约种苗生产成本、降低种苗生产风险和劳动强度的目的，为园艺作物的优质高产打下坚实的基础。

育苗工厂将种苗培育和储运的全过程变成了一个工业化的生产和管理过程：采用专一的育苗基质配方，或将农业生产中的废弃物、畜禽粪便和菇渣等，利用生产基质或者有机肥料的设施设备，通过微生物作用，快速腐熟加工成为种苗培育的专用基质；用于工厂化育苗的种子需要经过特殊的种子处理技术，使之出苗整齐一致；精量播种机将不同质量、形状的种子一穴一粒播入穴盘，精准完成基质搅拌、基质装盘、压穴、播种、覆盖、浇水六道工艺流程；催芽室精确控制温度、湿度和气体交换条件，提供种子萌发的最佳条件；种子萌发后及时进入育苗温室，在人工控制环境中，通过温度、湿度、CO_2、灌溉和施肥等调控措施使幼苗苗壮成长，炼苗、包装后进入种苗储运阶段。

工厂化育苗的生产工艺流程形式很多，采用基质的工厂化育苗工艺流程为：

①准备阶段。种子处理过程包括选种→清毒→丸粒化；基质处理过程包括基质配方的选择→碎筛→加入有机肥→混合→消毒；穴盘清洗消毒待用。

②播种阶段。包括基质搅拌→装盘→打孔(压、穴)→播种→覆盖→浇水；放入种苗运输车。

③催芽阶段。按照不同种类种子萌发要求，设定昼夜温度、湿度和新风回风时间，在60%的种子萌发时送出催芽室。

④苗期管理阶段。种苗培育的主要阶段，时间较长，要做好种苗温室的环境设定，控制好苗床温度和温室温度，采用基质施肥或营养液补充施肥。

⑤炼苗阶段，降低夜间温度，降低基质含水量，适当使用防病农药。

概括来说可分为准备、播种、催芽、育苗、炼苗五个阶段(图5-1)。值得说明的是，当种子和基质达到商品化要求时，种子处理和基质准备步骤即可省去。

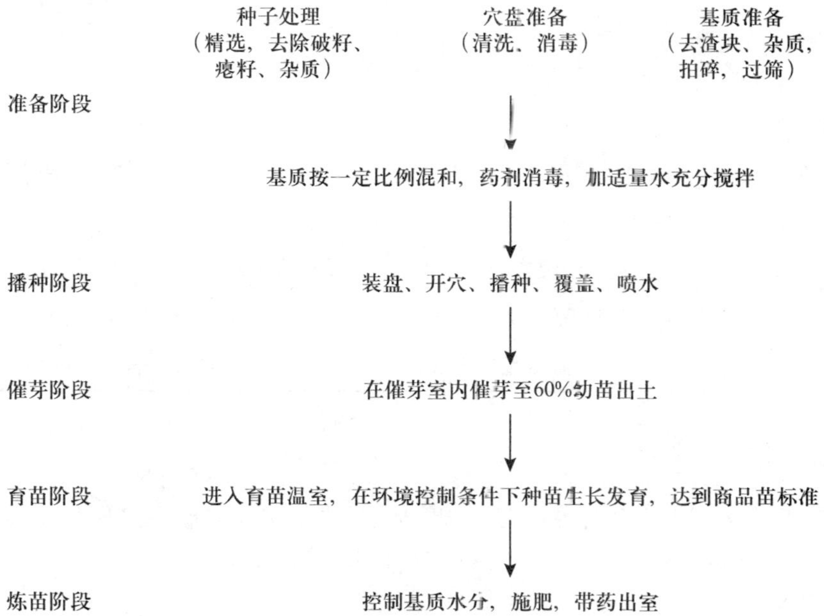

图5-1　工厂化育苗生产工艺流程

任务二　工厂化育苗设施

一、育苗温室

种苗生长发育的绝大多数时间是在育苗温室里度过的，种子完成催芽后，即转入育苗温室中，直至炼苗、起苗、包装后进入种苗运输环节。因此，育苗温室是幼苗绿化、生长发育和炼苗的主要场所，是工厂化育苗的主要生产车间，育苗温室应满足种苗生长发育所需要的温度、湿度、光照、水、肥等条件。

育苗温室设施设备的配置高于普通栽培温室，除了配置通风、帘幕、降温、加温等系统外，还应装备苗床、补光、水肥灌溉、自动控制系统等特殊设备，保证种苗的高效生产。

我国的农业生产受到投资能力和运行成本等限制，多数育苗温室的控制功能不强，设施比较简陋，很多关键设备采用一些替代装置，如电加温线结合薄膜覆盖代替热风炉或水暖加温，固定式喷灌代替自走式灌溉系统等，以此降低设备投资和运行成本，因此存在环境控制能力弱、操作管理技术要求高、种苗质量不稳定等问题。

上海闵行区马桥园艺场是国家“十五”农业产业化工程项目“工厂化农业示范工程”的实施单位，马桥园艺场和上海源怡种苗股份有限公司的育苗温室能够代表我国育苗温室的一般设置（表 5-1）。

表 5-1　育苗温室及主要设施设备

	上海闵行区马桥园艺场育苗温室（上海市农业机械研究所等研制）	上海源怡种苗股份有限公司育苗温室（荷兰 BRINKMANN 公司生产）
温室类型	塑料薄膜温室	芬洛型玻璃温室
跨度	7.5 m	9.0 m
顶高	5.0 m	4.8 m
外遮阳	配置	未配置
内遮阳保温幕	铝箔膜	镀铝膜
加温系统	燃油热风机	燃油热风机（悬挂式）
内循环风机	未配置	配置
二氧化碳施肥	配置	未配置
苗床	固定式节能苗床，利用率 55%	移动式苗床，利用率 85%
灌溉系统	电动自走式往复喷灌行车	悬臂式自走灌溉行车

（一）温室类型

用于种苗工厂化生产的育苗温室有塑料管棚、日光温室和玻璃温室等类型，它们的结构框架，通风、加温、降温、遮阴、补光、灌溉和自动控制等设施设备配置与栽培温室基本相同。

1. 塑料管棚

通常把不用砖石结构围护，只以竹、木、水泥或钢材等作为骨架，在表面覆盖塑料薄膜的大型保护地栽培设施称为塑料管棚。这些塑料管棚的应用是从育苗开始的。

塑料管棚按棚顶形状可以分为拱圆形和屋脊形，按骨架材料则可分为竹木结构、钢架混凝土柱结构、钢竹混合结构等，按连接方式又可分为单栋管棚、双连栋管棚及多连栋管棚(图5-2)。我国塑料管棚的棚顶多为拱圆形(图5-3)，少量为屋脊形；日本屋脊形连栋管棚比较普遍。

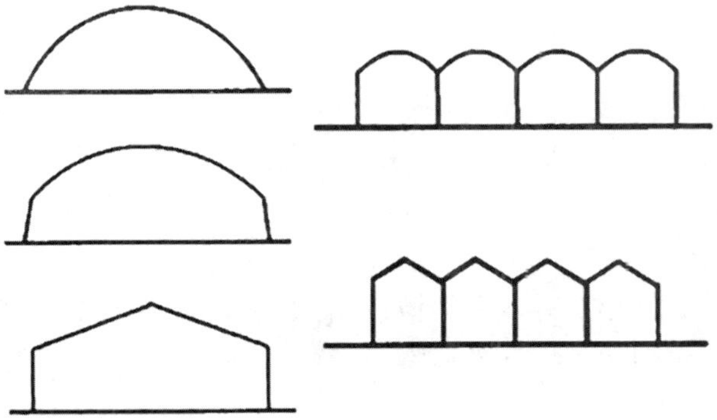

图5-2　单栋、连栋塑料管棚示意图

图5-3　拱圆形塑料管棚

塑料管棚的骨架是由立柱、拱杆(拱架)、拉杆(纵梁、横拉)、压杆(压膜线)等部件组成的，俗称"三杆一柱"。这是塑料管棚最基本的骨架构成，其他形式都是在此基础上演化而来的。但作为工厂化育苗场所，为了便于机械化操作，不宜选用有立柱的管棚。管棚骨架使用的材料比较简单，容易造型和建造，但管棚结构是由各部分构成的一个整体，因此选料要适当，施工要严格。

(1)竹木结构单栋管棚　这种管棚的跨度为8～12 m，高2.4～2.6 m，长40～60 m，每栋生产面积333～667 m^2。由立柱(竹、木)、拱杆、拉杆、吊柱(悬柱)、棚膜、压杆(或压膜线)和地锚等构成。

(2)钢架结构单栋管棚　这种管棚的骨架用钢筋或钢管焊接而成，其特点是坚固耐用，中间无柱或只有少量支柱，空间大，有利于苗床铺设和人工作业，但一次性投资较大。这种管棚按骨架结构不同可分为单梁拱架、双梁拱架、三角形(由三根钢筋组成)拱架。通常管棚宽10～12 m，高2.5～3.0 m，长50～60 m，单栋面积多为667 m^2。钢架管棚的拱架多用Φ12～16圆钢或直径相当的金属管材为材料；双梁平面拱架有上弦、下弦及中间的腹杆连成桁架结构；三角形拱架由三根钢筋及腹杆连成桁架结构。这类管棚强度大，刚性好，耐用年限可长达10年以上，但用钢材较多，成本较高。

(3)钢竹混合结构管棚　这种结构的管棚是每隔 3 m 左右设一平面钢筋拱架，用钢筋或钢管作为纵向拉杆，每隔约 2 m 一道，将拱架连接在一起。在纵向拉杆上每隔 1.0～1.2 m 焊一短的立柱，在短立柱项上设竹拱杆，与钢拱架相间排列。其他如棚膜、压杆(线)及门窗等均与钢筋结构管棚相同。钢竹混合结构管棚用钢量少，棚内无立柱，既可降低建造成本，又可改善作业条件，避免立柱的遮光，是一种较为实用的结构。

2. 日光温室

日光温室是我国特有的保护设施，是我国北方地区适用于育苗和栽培的主要温室类型。日光温室大多以塑料薄膜为采光覆盖材料，以太阳辐射为热源，达到最大限度采光；采用加厚的墙体和后坡以及保温御寒设备，达到充分利用光热资源、最小限度地散热、减弱不利气象因子影响的目的(图 5-4、图 5-5)。

日光温室从其结构和外形上有以下类型：短后坡高后墙日光温室、琴弦式日光温室、钢竹混合结构日光温室和全钢架无支柱日光温室，还有一种西北双拱形日光温室(图 5-6)，可以充分利用光热资源，并提高土地利用率。

图 5-4　甘肃日光温室

图 5-5　节能型日光温室

图 5-6　西北双拱形日光温室

日光温室由后墙、后屋面、前屋面和保温覆盖物四部分构成。它具有以下特点：

(1)具有良好的采光屋面，能最大限度地透过阳光。

(2)保温和蓄热能力强，能够在温室密闭的条件下，最大限度地减少温室散热，温室效应显著。

(3)温室的长、宽、脊高和后墙高、前坡屋面和后坡屋面等规格尺寸及温室规模适当。

(4)温室的结构抗风压、雪载能力强，温室骨架既坚固耐用，又尽量减少其阴影遮光。

(5)具备通风换气、排湿降温等环境调控功能,整体结构有利于作物生育和人工作业。

(6)部分日光温室土地利用率不够充分,应尽量节省非生产部分的占地面积。

3. 现代温室

现代温室的特征是能够进行环境的自动控制,是园艺设施的高级类型,设施内环境基本不受自然气候的影响,具有温度、湿度的记录反馈和自动调控能力,有自动灌溉、补光和补充CO_2的设施设备,能够全天候进行园艺作物种苗培育和生产的大型温室。现代温室是种苗工厂化生产首选的温室类型。

现代温室按屋面特点主要分为屋脊形连接屋面温室和拱圆形连接屋面温室两类(表5-2)。屋脊形连接屋面温室主要以玻璃作为透明覆盖材料,其代表为荷兰的芬洛型温室,这种温室大多数分布在欧洲,以荷兰面积最大。拱圆形连接屋面温室主要以塑料薄膜为透明覆盖材料,这种温室在法国、以色列、美国、西班牙、韩国等广泛应用。我国目前自行设计建造的现代温室也有屋脊形连接屋面温室和拱圆形连接屋面温室两种类型。部分温室内、外部构造见图5-7、图5-8。

表5-2　各国现代化温室类型　　m

温室类型	长度	跨度	脊高	肩高	骨架间距	生产、设计单位或国家
WSORZ型屋顶全开型	自选	6.4	5.0	4.3	4.0	上海都市绿色工程有限公司
WSBRZ型自控	自选	6.4	5.0	4.3	4.0	上海都市绿色工程有限公司
LBW63型	30.3	6	3.92	2.38	3.05	上海市农业机械研究所
LHW型	42	12	4.93	2.5	3.0	日本
普通型	42	12	5.75	2.7	2.625	日本
SRP型	42	8	4.08	2.5	3.0	日本
SH型	42	10	4.75	2.5	2.0	日本
荷兰A型	自选	3.2	3.05~4.95	2.5~4.3	3.0~4.5	荷兰
荷兰B型	自选	6.4	3.05~4.95	2.5~4.3	3.0~4.5	荷兰
荷兰C型	自选	9.6	4.20~4.95	2.5~4.3	3.0~4.5	荷兰

图5-7　上海WSORZ型屋顶全开型玻璃温室

图5-8　源怡种苗温室

(1)框架结构

①基础。框架结构的组成首先是基础,它将风荷载、雪荷载、作物吊重、构件自重等安全地传递到地基。基础由预埋件和混凝土浇筑而成,塑料薄膜温室基础比较简单,玻璃温室较复杂,且必须浇筑边墙和端墙的地固梁。

②骨架。荷兰温室骨架一类是柱、梁或拱架都用矩形钢管、槽钢等制成,经过热浸镀锌锈蚀处理,具有很好的防锈能力;另一类是门窗、屋顶等为铝合金型材,经抗氧化处理,轻便美观、不生锈、密闭性好,且推拉开启省力。

③排水槽。又称“天沟”,它的作用是将单栋温室连接成连栋温室,同时又起到收集和排出雨(雪)水的作用。一般要求在保证结构强度和排水顺畅的前提下,排水槽结构对光照的影响尽可能小,且在排水能力一定的情况下,每一种结构形式的排水槽都对应着一个最大的长度,这一参数也为温室的整体布局提供了设计依据。

(2)覆盖材料　屋脊形连栋温室的覆盖材料主要为平板玻璃(西欧、北欧、东欧多用),塑料板材(FRA 板、PC 板等,美国、加拿大多用)和塑料薄膜(亚洲、西班牙等多用)。寒冷地区、光照条件差的地区,玻璃仍是较常用的覆盖材料,保温透光好,但其价格高,且易损坏,维修不方便。玻璃质量大,要求温室框架材料强度高,也增加了投资。塑料薄膜价格低廉,易于安装,质地轻,但不适于屋脊形温室,且易污染、老化,透光率差,故屋脊形连接屋面温室少有使用。近年来开发的硬质塑料板材既坚固耐用又不易污染,是理想的覆盖材料,但价格较贵。

二、播种车间

播种车间是进行播种操作的主要场所,通常也作为成品种苗包装、运输的场所。播种车间一般由播种设备、催芽室、种苗温室控制室等组成,很多育苗工厂将温室的灌溉设备和储水罐也安排在播种车间内(图 5-9)。

播种车间内的主要设备是播种流水线,或者用于播种的机械设施。在播种车间的设计中,要根据育苗工厂的生产规模、播种流水线尺寸等合理确定播种车间的面积和高度,而且要注意空间使用中的分区,使基质搅拌、播种、催芽、包装、搬运等操作互不影响,有足够空间进行操作。播种车间也可以与包装车间连为一体,便于种苗的搬运,提高播种车间的空间利用率。

播种车间一般与育苗温室相连接,但不能影响温室的采光。播种车间目前多以轻型结构钢和彩色轻质钢板建造,可实现大跨度结构,提高空间利用率。此外,播种车间应该安装给排水设备,大门的高度应在 2.5 m 以上,便于运输车辆进出。

图 5-9　种苗播种车间

三、催芽室

种子播种后进入催芽室(图5-10、图5-11)，因此催芽室需要提供种子发芽适宜的温度、湿度和氧气等条件，有些种子在发芽过程中还需要光照。

图5-10　种苗催芽室外观

图5-11　种苗催芽室内部结构

催芽室多以密闭性、保温隔热性能良好的材料建造，常用材料为彩钢板。为方便不同种类、批次的种子催芽，催芽室的设计为小单元的多室配置，每个单元以20 m^2 为宜，一般应设置三套以上。催芽室中苗盘采用垂直多层码放，因而高度应在4 m以上。

催芽室设计的主要技术指标：温度和相对湿度可控制和调节，相对湿度75%～90%；温度20～35 ℃；气流均匀度95%以上。主要配备有加温系统、加湿系统、风机、新风回风系统、补光系统以及微电脑自动控制器等；由铝合金散流器、调节阀、送风管、加湿段、加热段、风机段、混合段、回风口、控制箱等组成。

1. 加湿系统

催芽室应保持较高的湿度，以保证种子萌发过程中的水分条件，如催芽室湿度过低，会加快穴盘中基质水分的散失，导致种子吸胀困难，影响发芽率和发芽势。催芽室的加湿可以选用离心式加湿器，制热器采用不锈钢电极棒。在空气相对湿度为55%时，如催芽室内相对湿度加至90%，20 m^2 的催芽室加湿量为2.5 kg/h左右。

2. 加温系统

种子萌发一般需较高温度，温度过低不仅降低种子发芽速度，而且影响种苗质量，冬春季育苗时，加温系统尤为关键。一间20 m^2 的催芽室，当室内温度由5 ℃升至35 ℃时，采用不锈钢热片式管道加温器，功率6 000 W，制热量8 932 W，即可满足生产需要。

3. 新风回风系统

种子发芽的一个重要条件是有充足的氧气，由于催芽室相对密闭，如不进行新鲜空气的补充和室内废气的排放，催芽室内的二氧化碳浓度将逐渐增加，氧气浓度逐渐下降，而且一些有害气体也会逐渐积累，严重影响种子萌发。新风回风系统用于调节新风、回风比率，为催芽室补充新风和排出废气，所设计的系统可调节为全新风或者内部循环风。

催芽室设计垂直单向气流，通过风机使室内气体发生交换和流动，从而保证室内气流的均匀度。风机选用防潮、耐高温管道风机，安装于新风回风系统前，是催芽室控制气流的主要设备。

催芽室的操作方式为：系统正常工作时温度、湿度达到设定范围时，系统自动停止工作，风机延时自动停止；温度、湿度偏离设定范围时，系统自动开启并工作。湿度进入设定范围时，加湿器自动停止工作；加热器继续工作，风机继续工作。如风机、加湿器、加热器、新风回风混合段等任何段发生故障，报警提示，系统自动关闭。

四、控制室

工厂化育苗过程中对温室环境的温度、光照、空气湿度和水分、营养液灌溉实行有效的监控和调节，是保证种苗质量的关键。育苗温室的环境控制由传感器、计算机、电源、配电柜和监测控制软件等组成，对加温、保温、降温排湿、补光和微灌系统实施准确而有效的控制。控制室一般具有育苗环境控制和决策、数据采集处理、图像分析与处理等功能(图 5-12)。

图 5-12　育苗温室现代化智能控制室

任务三　工厂化育苗设备

育苗温室的设施设备决定了工厂化育苗环境控制的能力和种苗质量，包括育苗温室环境控制系统和育苗生产设备两大部分。

育苗温室环境控制系统为种苗培育提供适宜的生长环境，由加温系统、降温系统、保温系统、二氧化碳补充系统、补光系统和计算机控制与管理系统等组成。

育苗生产设备主要指种苗工厂化生产所必需的种子处理设备、精量播种设备、基质消毒设备、灌溉和施肥设备，以及种苗储运设备等。

一、育苗温室环境控制系统

1. 加温系统

加温是冬季育苗和调控育苗环境的重要措施。加温设备与通风设备相结合，为育苗温室内种苗的生长发育创造适宜的温度和湿度条件，从而缩短种苗培育时间，获得长势均匀一致的优质种苗。

在我国北方的单屋面日光温室内，大多采用炉灶煤火加温，近年来也有安装锅炉水暖加温或地热水暖加温设备的日光温室。大型连栋温室和混合温室，多数采用水暖加温的集中供暖方式，也有部分采用热风采暖方式。6～9 m 不同宽度的单栋塑料管棚大多没有加温设备，少部分使用热风炉短期加温，冬季育苗仍然停留在营养钵保护地育苗的水平，环境控制能力较低。用液化石油气经燃烧炉产生热风加温，是小型育苗管棚有效防止低温冻害的加温方式。

各种加温方式所用的装置不同，其加温效果、可控制性能、维修管理以及设备、运行费用等都有很大差异(图 5-13)。目前在育苗温室内采用燃油热风炉加温的较多，利用燃油热水管道加温，运行安全性好。我国冬季的多数地区室外最低气温低于 0 ℃，种苗生产温室内的平均气温应控制在白天不低于 20 ℃，夜间最低气温不低于 15 ℃。但是在实际生产中，很多种苗厂的最低气温控制在 12 ℃左右，以取得加温成本和种苗质量、价格上的平衡。

图 5-13　常压燃油热水锅炉加温设备

根据育苗温室的面积和园艺作物种苗的加温要求配置加温设备，不同采暖及配热方式见表 5-3 和表 5-4。

2. 降温系统

保护设施内的降温最简单的途径是通风，但在温度过高，依靠自然通风不能满足园艺作物生长发育要求时，必须进行人工降温。降温措施可从三方面考虑：①减少进入温室的太阳辐射能；②增大温室的潜热消耗；③增大温室的通风换气量。

降温方法主要有湿帘降温、遮光降温、蒸发冷却和强制通风等方法，这就要求育苗温室有遮阳网、湿帘、风机等设备。

(1)内外遮阴帘幕　夏天温度高，光照强，不利于种苗生长，要采取遮阴设施来降低温室内的光照强度和温度。遮阴设施主要分为外遮阴系统和内遮阴系统。夏天气候较凉爽的地区可以只配备内遮阴系统；但夏天气候较炎热的地区，外遮阴系统是必不可少的。有条件的最好能够同时配备内外遮阴系统。在遮光 20%～30%时，温室内的温度可以降低 4～6 ℃。育苗温室顶部 40 cm 处安装遮阴帘幕，能够有效降低温室内的温度。遮阴帘幕辐射率越小越好，一般选用黑色。

(2)蒸发冷却设备　蒸发冷却可以安装湿帘排风、细雾降温和屋顶喷雾等设备，使空气经过水的蒸发冷却达到降温目的。在温室靠北面的山墙上安装专用纸制湿帘，厚度 10～15 cm，在对应的温室墙面上安装大功率的排风扇。使用时关闭温室顶窗，开启湿帘水泵使整个湿帘充满水分，吸入外界的空气，热空气通过湿帘时因水分的蒸发使温度降低，再打开排风扇排出温室内的空气，从而达到降低温室内空气温度的目的。当外界空气相对湿度小于 30%时，降温效果可达 6～8 ℃。细雾降温法是在室内高处喷以直径小于 0.05 mm 的浮游性细雾，用强制

表 5-3　各种取暖方式和特点

采暖方式	方式要点	采暖效果	控制性能	维修管理	设备费用	其他	适用对象
热风采暖	直接加热空气	停机后缺少保温性，温度不稳定	预热时间短，升温快	因不用水，容易操作	比热水采暖便宜	不用配管和散热器，作业性好，燃烧空气由室内补充时，必须通风换气	各种塑料大棚
热水采暖	用 60～80 ℃热水循环，或用热水与空气热交换，将热风吹入室内	因所用温度低，加热暖和，余热多，停机后保温性高，预热时间长，可根据负荷的变动改变温度	预热时间长，可根据负载的变动改变温度	对锅炉要求比蒸汽的低，水质处理较容易	需用配管和散热器，成本较高	在寒冷地区管道怕冻，必须充分保护	大型温室
燃气采暖	用 100～110 ℃蒸汽采暖，可转换成热气和热风采暖	余热少，停机后缺少保温性	预热时间短，自动控制稍难	对锅炉要求高，水质处理不严格时，输水管易被腐蚀	比热水采暖贵	可作土壤消毒，散热管较难配置适当，容易产生局部高温	大型温室群，在高差大的地形上建造的温室
电热采暖	用电热线和电暖风加热采暖器	停机后缺少保温性	预热时间短，自动控制稍难	使用容易	设备费用低	耗电多，生产用不经济	小型温室，育苗温室，地中加湿辅助采暖
辐射采暖	用液化石油气红外燃烧取暖炉	停机后缺少保温性，可升高植物体温	预热时间短，控制容易	使用方便、容易	设备费用低	耗气多，大量用不经济，有二氧化碳施肥效果	临时辅助采暖
火炉采暖	用地炉或铁炉烧煤，用烟囱散热取暖	封火时仍有一定的保温性，有辐射加热效果	预热时间长，烧火费劳力，不易控制	较容易维护，但操作费工	设备费用低	注意通风，防止煤气中毒	土温室、大棚短期加湿

表 5-4 各种配热方式和特点

配热方式	方式要点	采暖方式	气温分布	作业性能	其他
上部吹出	从热风机上部吹出热风	热风采暖	水平分布均一，但垂直梯度大，上部形成高温区	良好	由于上部高温，热损失增大
下部吹出	从热风机下部吹出热风	热风采暖	垂直分布均一，但水平分布不均一	良好	
地上管道	在垄间和通道处设置塑料管道吹出热风	热风采暖（或热水蒸气交换成热风）	可通过管道的根数、长度、位置自由地调节温度分布	必须注意保护管道	通常用末端开放型的管道
顶上管道	一般在 2 m 以上高度设塑料管吹出热风	热风采暖		良好	管道末端封闭，在下侧开小孔，向下方吹出热风较好
垄间配管	在垄间和试验台下地面上 10～30 cm 高处配管道	热水采暖、蒸汽采暖	若散热管配置不当，会产生固定的不均匀	较难	兼有提高地温效果
周围叠置配管	在温室四周及天沟下面集中配置几根管道	热水采暖、蒸汽采暖	高管道 10 m 以内距离处，水平、垂直温度分布都比较均匀	良好	由于管道层叠，散热效率下降，配管根数增加，因高温空气沿覆盖面上升，热损失变大
顶上配管	在顶上（一般 2 m 以上高处）配置管道	热水采暖、蒸汽采暖	管道上部形成高温，下部形成低温	良好	为消除上部高温，必须用周围配管和垄间配管组合，热损失量大，有辐射加温作用

通风气流使细雾蒸发达到全室降温，喷雾适当时室内可均匀降温。屋顶喷雾法是在整个屋顶外面不断喷雾湿润，使屋面下冷却了的空气向下对流，降温效果不如上述通风换气与蒸发冷却相配合的好。

(3)强制通风设备　温室面积在 2 000 m^2 以上时，应安装大功率的排风扇，达到强制通风的目的。通风设备的种类和安装位置、自然通风的通风量是由窗口大小和窗口位置决定的。通风量大能减少温差，特别是能减少垂直温差，若窗口的位置不适合，容易产生无风区而增加温差。强制通风的通风量比自然通风大，容易使垂直温差减少。强制通风一般是由一侧面吹向另一侧面的过道风，即从外边进来的低温的空气开始向低流，逐渐被加热后向高流，在排气口前变高温，并在排气口附近与外气混合，边降温边排出。由于这种水平气流的影响，上下形成了两个循环气圈。这种气流依风力的大小、进出口的位置以及气流的方向等而产生种种变化，影响温室内的温度分布。

另外，也可采用温室玻璃涂白、屋面流水等方式降低温室内的温度。屋面流水降温法中流水层可吸收投射到屋面 8%左右的太阳辐射，并能用水吸热冷却屋面，室温可降低 3～4 ℃。采用屋面流水降温方法时需考虑安装费和清除玻璃表面的水垢污染问题，水质硬的地区需对水质做软化处理。

3. 保温系统

育苗温室的温度要求达到并维持适宜于园艺种苗生育的设定温度，并且温度的空间分布均匀，时间变化平缓，因此保温系统十分重要。

保温的原理是在不加温情况下，利用地表辐射在夜间增加保护设施内空气的热量，同时减少热量失散。夜间地中供热量的大小取决于日间地中吸热量和土壤面积，土壤对太阳辐射能吸收率与射入温室的太阳辐射能有关；热量失散包括贯流放热和换气放热，主要取决于热贯流率和通风换气量。常见的保温措施有：减少向设施内表面的对流传热和辐射传热；减少覆盖材料自身的热传导散热；减少设施外表面向大气的对流传热和辐射传热；减少覆盖面的漏风而引起的换气传热。具体方法是增加保温覆盖的层数，采用隔热性能好的保温覆盖材料，以提高设施的气密性。

保温效果取决于覆盖的材料与方法。保温覆盖使用的材料归纳如下(图 5-14)：

- 保温覆盖
  - 温室大棚覆盖物
    - 中空复合板材
    - 固定式双层玻璃或薄膜
    - 双层薄膜充气结构
  - 室内覆盖
    - 保温幕
      - 单层活动保温幕
      - 双层活动保温幕
      - 顶部单层侧面两层
    - 小拱棚
      - 单层小拱棚
      - 双层小拱棚
  - 其他
    - 外面覆盖（屋面上盖草苫、蒲席、纸被、棉被等）
    - 泡沫颗粒充填温室

图 5-14　保温覆盖材料类型

4. 二氧化碳补充系统

温室是相对封闭的环境，CO_2 浓度白天低于外界，为增强温室园艺作物的光合作用，需补

充 CO_2。最早增加 CO_2 的方法是利用有机物质的分解。最安全有效的方法是施用液态 CO_2，将 CO_2 的贮液罐安放在温室内，直接输送 CO_2 到温室中。在荷兰、美国等国家采用 CO_2 发生器，将煤油或天然气等碳氢化合物通过充分燃烧产生 CO_2，通常 1 L 煤油燃烧可产生 1.27 m^3 的 CO_2 气体，在我国也有使用化学方法来补充温室中 CO_2 的。为了控制 CO_2 浓度，需在温室内安装 CO_2 气体传感器等设备，育苗温室最佳 CO_2 浓度为 400～600 μL/L。

5. 补光系统

为满足幼苗生长期间对光照的需求，尤其是在冬季及早春自然光照较弱、阴天多雨的气候条件下，为了满足幼苗对光照的需求，促进幼苗健壮、快速生长，育苗温室一般需配置人工补光系统。研究表明，当温室苗床上日光照总量小于 100 W/m^2，或有效日照时数不足 4.5 h/d 时，就应进行人工补光。

蔬菜、花卉等种苗补光的目的：一是人工补充光照，用以满足作物光周期的需要。当黑夜过长而影响作物生育时，应进行补充光照；为了抑制或促进花芽分化，调节开花期，也需要补充光照。这种补充光照要求的光照强度较低，称为低强度补光。二是作为光合作用的能源，补充自然光的不足，多数用于种苗培育阶段。

蔬菜和草本花卉苗期对光照的要求主要是光强和光质，目前补光系统的光源大多采用高压钠灯，并选用具有合适配光曲线的反光罩提高补光效果。用于人工补光的主要电光源及太阳光的辐射特性见表 5-5，高压钠灯中以高显色高压钠灯在 400～700 nm 波长范围的转化率较高。

表 5-5 主要电光源及太阳光的辐射特性

光源	可见光/%	紫外线/%	红外线/%	热损耗/%	发光效率/(lm/W)
白炽灯	6	—	75	19	8～18
荧光灯	22	2	33	43	65～93
高压汞灯	14.8	18.2	15	52	50
氙灯	10～13	9.7	51.5	34	20～45
高压钠灯	30	0.5	20	49.5	125
太阳光	45	9	46	—	—

6. 计算机控制与管理系统

现代工厂化育苗生产是一个复杂的系统，除了受到包括生物和环境等众多因子的制约外，还与市场状况和生产决策密切相关。各个子系统间的运行与协调、环境的控制与管理，只有通过计算机系统才能实现复杂控制和优化管理的目标。

(1)育苗温室环境的计算机控制　种苗的培育是植物生产的关键环节，在育苗过程中，计算机可以进行复杂的环境控制、各种数据的采集与分析处理等工作(表 5-6)。种苗温室计算机控制系统通过各设施的有效运作，给种苗培育创造一个适宜的环境条件，以减小外界环境的不利影响。育苗温室的计算机控制系统是信息技术、计算机技术、生物技术、自动化技术的综合应用。

通过网络信息技术，构建种苗温室计算机远程监控系统，可以满足异地种苗生产的监控和管理需求。控制系统采用现场总线架构，智能节点将检测到的温室环境因子、作物生长状况等参数数字化，并完成相关的控制功能。中央控制室采集需要的数据，通过有线或无线连接到互联网上,使得管理者可在远程对被控对象实现监测、查询、管理,及利用网络上的丰富资源,实现温室环境的精准控制。目前国际上最先进的温室计算机控制系统是荷兰最新的 Priva Intégro 温室环境计算机控制系统。

表 5-6 计算机综合环境管理系统的主要功能

功能类别	控制内容	控制对象
综合环境调节	①维持环境要素的设定值水平	温室;二氧化碳浓度;空气流动
	②按不同时间变更设定值	温室
	③按不同日射量水平修正设定值	通风窗;加热温室;二氧化碳浓度
紧急处理	①强风	天窗
	②异常温室	警报
	③机械故障	打印机
	④计算机故障、停电	后备模拟量控制
	⑤输入了异常设定值	后备电池组
数据采集和处理	①瞬时值	温室和外气温
	②日平均值、最高最低值、日积分	风向风速
	③紧急处理记录	日射量日积算值
	④机器运行记录	加温机器动作时间
		保温幕开关状态
		天窗机器动作状态
		输入的设定值

育苗温室环境控制系统包括对光照、温度、湿度、气体、土壤等影响因子的控制。图 5-15 是上海孙桥现代农业联合发展有限公司 1996 年引进的荷兰连栋温室计算机测量和控制系统。

(2)种苗生产管理和决策支持系统　利用计算机技术辅助穴盘育苗的生产管理已经成为一种趋势,主要做法是为温室提供基于计算机的环境监测和控制系统,以便为种苗生长提供最适宜的环境。目前,这方面的研究深入到了种苗生产专家系统的研制,以便能够根据种苗的生长生理要求自动调整,营造种苗最适宜的生长发育环境。但是,仅仅有以上的计算机辅助生产系统是不够的。穴盘育苗作为一种生产经营,生产者关心的不仅仅是种苗在温室中如何生产,还需要更好的技术和手段辅助他们进行种子、原料等生产资料的采购、管理,种苗产品的销售,以及如何快速地适应国内外市场对种苗质量的要求等。

此外,各个国家和地区纷纷制定法律或法规规范并督促农产品的安全生产,一个重要的方面就是要求产品信息具有可追溯性,即最终消费者或零售商可以很方便地知道产品的产地、原料,以及生产过程中所使用的化肥、农药等信息。部分国家更是将产品可追溯性作为产品进口的一个硬性要求,比如欧盟就要求进口的蔬菜必须符合相关规范。

上海交通大学开发的 JDS 种苗生产管理和决策支持系统,涵盖了种苗生产的各个环节,包括订单管理、客户管理、生产管理、人事管理、财务管理等模块,可以为种苗企业进行工厂化育苗的生产和销售提供一体化的管理和决策支持(图 5-16)。该系统实现了从生产资料管理到

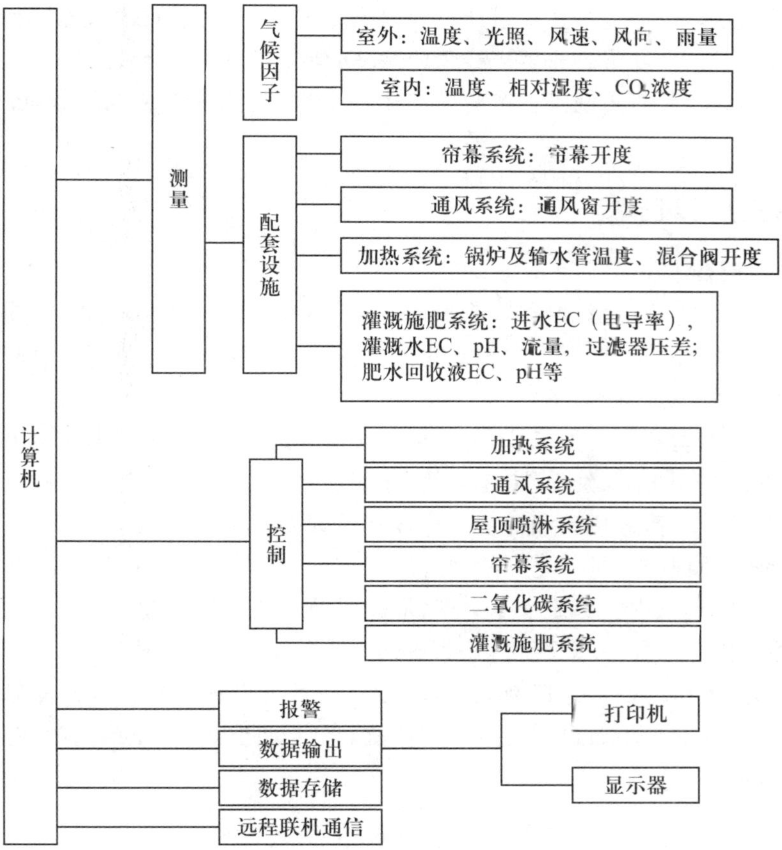

图 5-15　计算机测量与控制系统

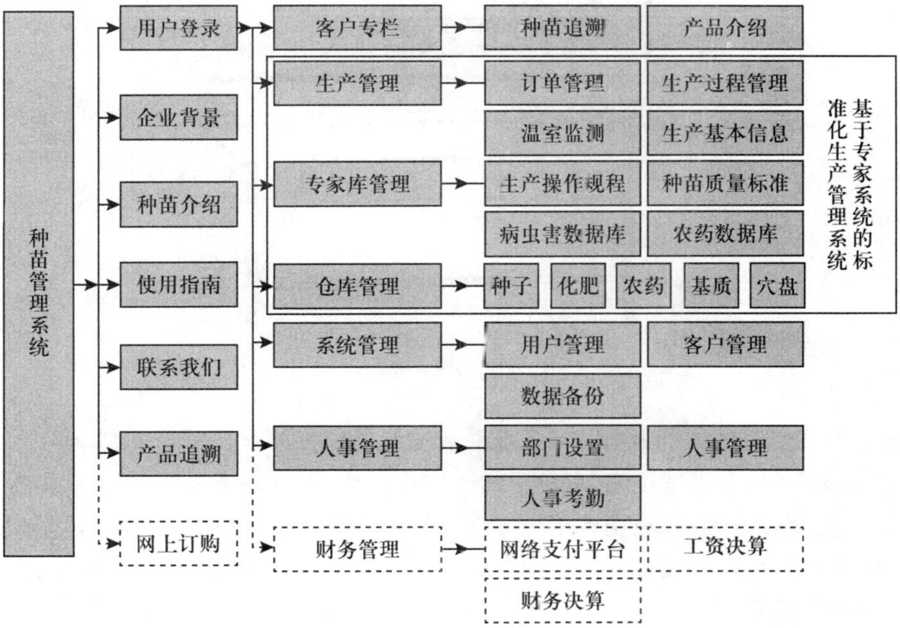

图 5-16　JDS 种苗生产管理决策支持系统

种苗发货的全程管理，并为整个种苗生产过程提供专家指导和咨询；建立了种苗生产经营的网络电子商务平台，可提高种苗企业生产经营的效率；建立了种苗生产的过程性记录文档，可实现产品信息的可追溯，从而实现了种苗的标准化安全生产，同时显著地降低生产风险，提高种苗企业的效益。

二、育苗生产设备

1. 种子处理设备

种子处理设备是指育苗前，根据农艺和机械播种的要求，采用生物、化学、物理和机械的方法处理种子的设备。播种经过处理的种子能提高种子的发芽率和出苗率，促进幼苗生长，减少病虫危害，为作物高产稳产创造条件。

常用的种子处理设备包括种子拌药机、种子表面处理机械、种子单粒化机械和种子包衣机等，以及用 γ 射线、高频电流、红外线、紫外线、超声波等物理方法处理种子的设备。广义的种子处理设备还包括种子清选机械和种子干燥设备。现在拥有成套设备的现代化种子加工厂，已逐步取代了种子处理的单机作业。这种工厂拥有自动化的运输系统、控制中心和完善的检验设备，种子处理的全过程实行流水线生产，形成了种子处理和供应中心。

(1)种子拌药机　由种子箱、药粉箱、药液桶和搅拌室等组成(图 5-17)。可拌药粉或拌药液。在种子箱和药粉箱内设有搅拌推送器，以防物料架空。在搅拌室内装有螺旋片式或叶片式搅拌器。种子箱内的种子通过活门落入搅拌室，与定量进入搅拌室的药粉或药液混合，拌好的种子由出口排出。

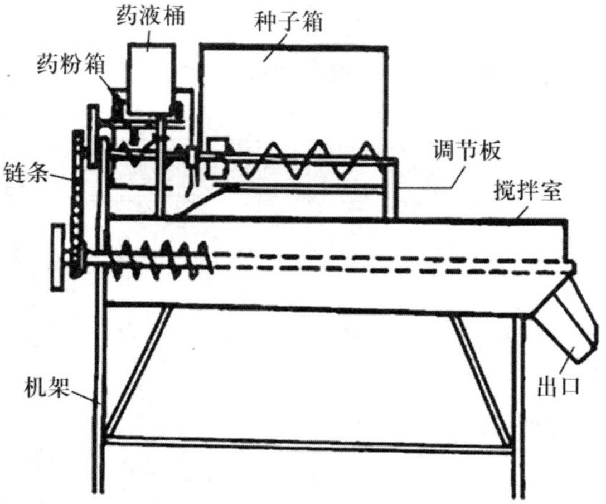

图 5-17　种子拌药机

(2)种子表面处理机械　用剥绒机或硫酸清洗设备脱去种子表面的短绒，其中以泡沫酸洗设备的处理效果较好，脱绒净度高，对种子的伤害少。苜蓿、草木樨等外皮坚硬、厚实的种子常用气喷装置使其擦过硬磨面，或用碾米机等设备轻微擦伤种皮，使种子在播后能较快地吸收水分，加速种子发芽。用红外线或射频电流处理则效果更好，既能改善坚硬的种皮、果皮的通透性，又不损伤种子胚芽。

(3)种子单粒化机械　这是一种将种(子)球剥裂、研磨成单粒种子的机械。种子剥裂机常用带斜纵纹的冷硬铸铁碾辊，其线速度在 5 m/s 以下，米刀与铁辊斜纹在入口处的间隙为 1～

2 mm，出口处 3～4 mm。种球在铁辊与辊筒室内壁之间在挤压和搓离作用下被研磨成大小均匀的单粒种粗制品，经清选机除去空壳及半仁种子，即可用于播种。也可用包衣机将单粒种包上肥衣后使用。

(4)种子包衣机　种子包衣机将种子裹上包衣物料后制成大小均匀的球形丸粒，包衣物料由填料、肥料(包括微量元素)、农药及黏结剂组成。常用的种子包衣机有一个倾斜低速旋转的扁圆形不锈钢锅，种子投入锅内后随着锅的旋转而滚动，喷入黏结剂溶液及分层加入粉状包衣物料并均匀附着后，即可获得圆粒包衣种子。使用丸粒种子播种能促进苗齐苗壮。

2. 精量播种设备

工厂化育苗的精量播种设备(图 5-18)一般由搅拌机、自动上料装填机、压窝装置、精量播种机、覆土设备、喷淋灌溉设备等组成整个流水线，流水线各工序自动进行，基质(土壤)搅拌、装盘、压窝、播种、覆盖、喷水等工序一次完成。为便于搬运、安装、调试、维修，整套流水线一般按功能划分成几套设备，各设备可组合成整个流水线，也可单独运行。设备之间的协调一般通过传送带的同步来保证，整个播种系统由电脑控制，可对流水线传动速度、播种速度、喷水量等进行自动调节，一般每小时可播种 1 000～1 200 盘。

图 5-18　种苗工厂精量播种流水线

精量播种机是精量播种流水线的核心部分，常用的有滚筒式、真空吸附式等类型，此外，还有颤振式、送料式等类型。

国内外专家学者在利用不同原理实现精密播种方面不断探索，如日本提出的静电播种，英国提出的液体播种，以及我国研制的电磁振动式水稻精密播种机等。

滚筒式播种机通过旋转运动的方式进行播种。一般采用大口径滚筒，并具有多重种子分离器，可最大限度地保证单粒播种。为适应不同种子，滚筒有多种类型，可按需选择、更换。滚筒式播种机可移动性零件少，结构牢固，寿命持久，可靠性高，操作简单。整个播种过程不间断，从而保证了播种的连续性和高速性，最多每小时可播种 1 200 盘。

滚筒式播种机的缺点是种子适应范围相对较窄，对一些种子要求丸粒化，播种精度略低，而真空吸附式精量播种机对种子形状和粒径大小没有十分严格的要求，在生产中采用较多。

(1)Bouldin & Lawson 183 型播种系统　主要包括基质搅拌机、斜面上料机、平板式充填机、播种机、喷雾机和传送系统等，能一次完成基质搅拌、装盘、压窝、播种、覆土、喷水等工序(图 5-19)。

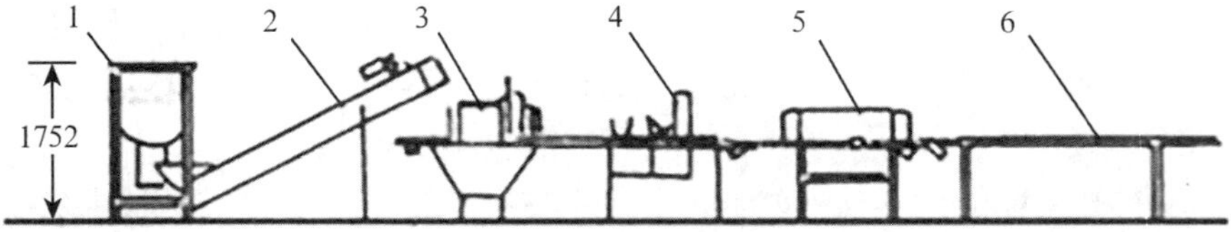

图 5-19 Bouldin&Lawson 183 型播种流水线(单位:mm)

1. 基质搅拌机 2. 斜面上料机 3. 平板式充填机 4. 播种机 5. 喷雾机 6. 传送系统

①TEISTER Ⅱ型基质搅拌机(混料机)。TEISTER Ⅱ型基质搅拌机采用螺条混合器,原料从中心快速混合,然后向四周扩散,最后从搅拌机下部的出料口输出,可用于任何育苗材料,如珍珠岩、河沙、蛭石、泥炭、腐熟树皮等的搅拌、混匀,配备 5 516 W、220 V 的单相电机或配备三相电机,一个开关转换器及单相磁性启动器。

TEISTER Ⅱ型基质搅拌机设计容量为 0.765 m^3,每小时可混料 6 批,一般如要得到较好的混合效果,基质装填量以装填至搅拌螺旋臂的顶部为宜。当搅拌较重的河沙或土壤时,一般以加到机器容量的 1/2～3/4 为宜,以确保筛出其中较大的树皮、石块等。当搅拌几种材料时,较重基质最好最后加入,以获得更佳的搅拌效果。

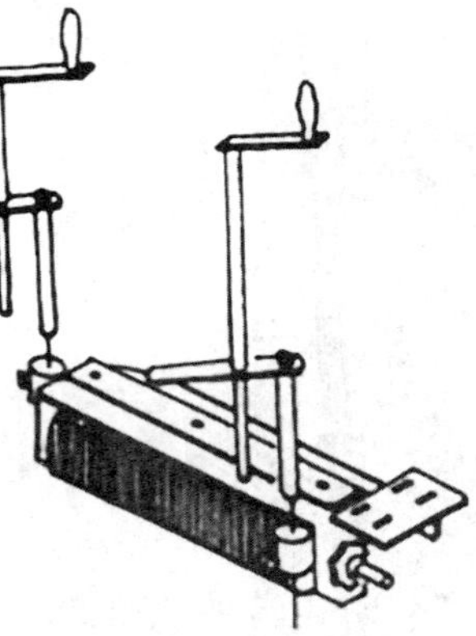

图 5-20 曲柄调节器及旋转毛刷

通过两个曲柄调节器,可调节旋转毛刷的高度,使穴盘顺利通过

TEISTER Ⅱ型小型基质搅拌机速度为 4.6 m^3/h,大型混料机速度更快,且可同时连续混合各种难填的基质、化肥、农药等材料,如 MM-10 型混料机混料速度可达 9.24 m^3/h。

②Bouldin & Lawson 134 小型加料充填机。Bouldin & Lawson 134 小型加料充填机可用于填充穴盘、秧盘及其他最高 10.16 cm、最宽 35.56 cm 的容器。加料充填机应安装于有足够空间的地方,而且穴盘、基质、播好种子的苗盘之间不应互相干扰。通过调整曲柄调节器及旋转毛刷(图 5-20)、传送带边轨(图 5-21)、电刷(图 5-22)、传送带电刷(图 5-23)、弧形刷(图 5-24)等机构以及速度设定,可方便实现各种装填容器间的转换。

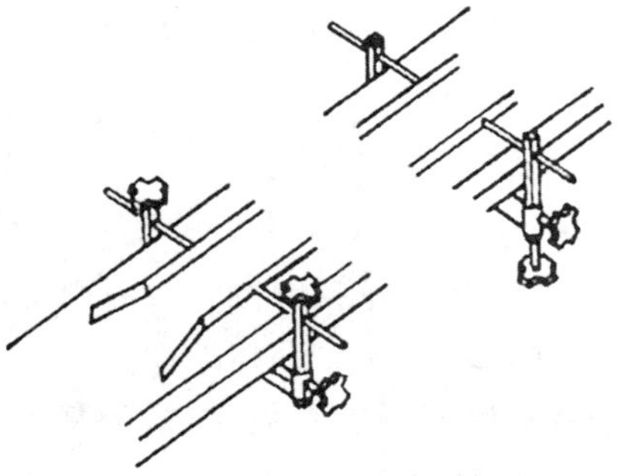

图 5-21 传送带边轨

通过调节两边螺母,以适合不同宽度和高度的育苗容器

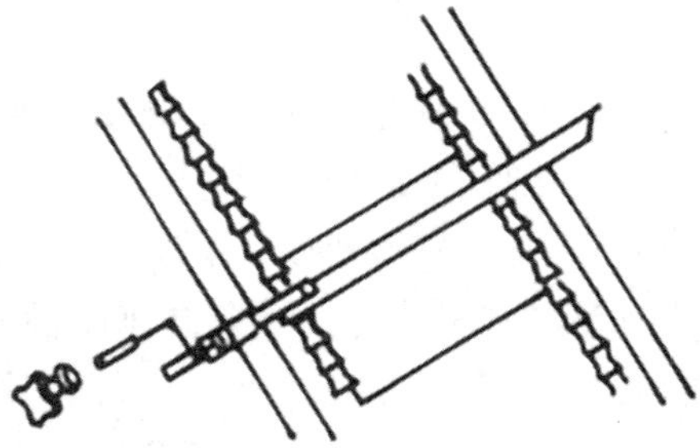

图 5-22 电刷

通过曲柄调节电刷和传送带电刷,使穴盘经过时触到此电刷,以保证基质的平稳分布及增加或降低穴盘行进的紧凑性

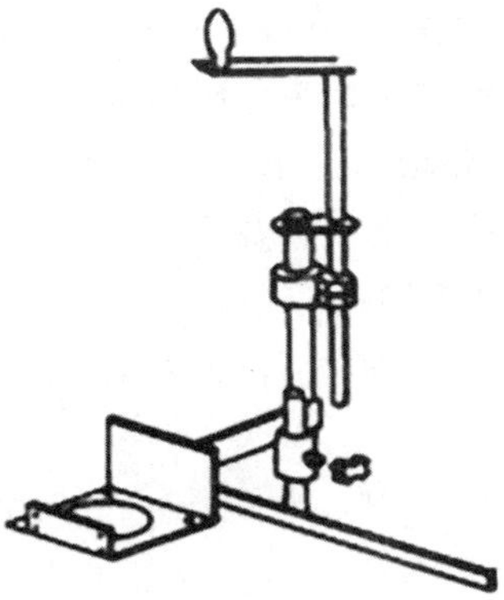

图 5-23　传送带电刷

传送带电刷可用旋钮组件调节，电刷应调节至穴盘上方 3.175～6.35 mm 处，不要触到穴盘，否则会使穴盘行进停止或被拉出

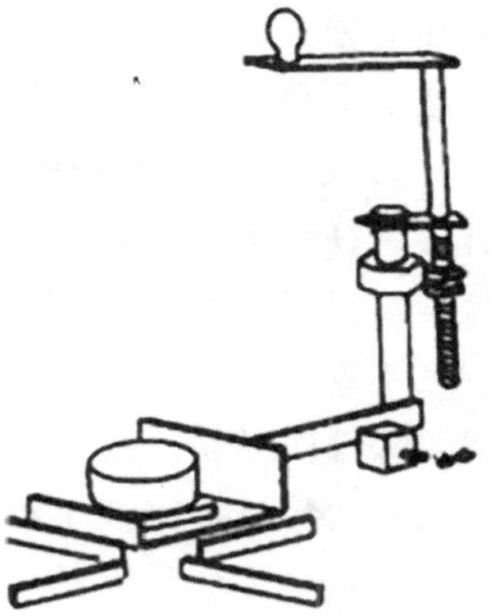

图 5-24　弧形刷

用来限定穴盘基质装填量，可松开或锁定手柄，根据需要上调或下调

③Bouldin & Lawson 183 型精量播种机。Bouldin & Lawson 183 型播种机为真空吸附式播种机，主要用于穴盘苗生产，长 150 cm、宽 90 cm、高 120 cm，平均播种速度为 200 盘/h（288 孔穴盘），可播种任何形状的种子及微小种子。主要由以下几个部分组成：线性运动式播种头、播种针头、可调式振动器、种子盘、自动压窝装置、覆土装置、台架、底座、传送带、计算机面板以及操作控制系统等，采用微尘分离器、光纤传感器、PLC 控制器等使整个流水线的填料、刮平、播种、覆土、喷水等实现自动化。该型号播种机有两个动力源，一个是单相 110 V 电源，主要用于计算机、光纤传感器等；另一个是压力 100 PSI（6.9×10^5 Pa）、4.5 CFM（0.178 m^3/min）的核定气源，用于播种机的运动部分。

（2）荷兰 BRINKMAN VISSER 19657 型精量播种系统　荷兰 BRINKMAN VISSER 19657 型精量播种系统长 5.3 m、宽 0.95 m、高 1.36 m，质量为 550 kg。驱动电压为 380 V 交流电，控制系统使用 24 V 直流电，总功率 2 kW，压缩空气消耗量为 145 L/min。播种机为真空吸附式精量播种机，系统通过传感器、脉冲发生器以及微电脑等实现播种过程自动化。该系统在控制、运行、调试等方面与 Bouldin & Lawson 播种机相似，但其播种机播种横杆的运动方式为机械臂移动式，播种速度相对稍慢。

（3）国产工厂化育苗播种流水线

①2XB-400 穴盘精量播种系统。1991 年农业部“八五”重点科研项目曾经设立了一个专门研究穴盘育苗技术的项目，由中国农业工程研究设计院等单位研制成功了一台 2XB-400 穴盘精量播种系统。2XB-400 穴盘精量播种机是机械式播种机，除一些外表光滑接近圆形的种子如油菜、甘蓝等可以直接上机播种外，其他种子需用丸粒化机把种子包上包衣剂和胶料，使之成为一定大小的丸粒后才能进行播种。许多圆形种子由于太小，一般也要用丸粒化机加工成较大的丸粒才比较好用，因此 2XB-400 播种机附带一套配套的丸粒化机。根据在青岛、石家庄等地的试验和生产情况看，该系统可以适应当时些蔬菜和花卉的播种要求。

②振动气吸式播种机。1997 年由农业部南京农业机械化研究所主持的农业部重点科研项目“水稻机械化育秧精量播种成套设备研制”课题，首创了振动气吸原理，实现了对穴盘的机械化对靶播种，安全满足每穴 1～2 粒精量播种要求，空穴率在 3%以下，合格率在 90%以上，更换吸种部件，可适用于蔬菜、花卉等作物的单粒播种。

经过催芽的种子装在振台穴盘内，穴盘由 4 根振动弹簧支承，在一套曲柄滑块组成的振动机构带动下做上下高频振动。当振动频率足够大时，种子就产生向上的抛掷运动，使种子间相互分离，呈“沸腾”状态。此时种子间的内摩擦力几乎为 0，并均匀地平铺在种盘上。当带有负压的吸种盘移到种盘上方并降下与种子接触时，种子即被吸附在吸种盘下方开设的小孔上，然后将吸种盘移到穴盘上方相应位置，切断气源，种子落入对应的孔穴中，实现对靶播种。播种流水线由供盘装置、输送机构、基质填充装置、播种装置、基质覆盖装置、洒水装置及托盘组成，输送机构将各部件按序串接起来，构成有机的整体。

③真空吸附式精量播种流水线。上海交通大学 2000 年研制出我国第一台真空吸附式精量播种流水线(图 5-25)。该系统播种速度为 120 盘/h(12 800 粒/h)，日播种量 12 万粒以上，能够播种异型种子，对穴盘适应性强，可适应各种不同宽度、高度的有苗穴盘；漏播率在 3%以下，系统自动化程度高，达到了国际同类产品先进水平。

图 5-25　上海交通大学研制的真空吸附式精量播种流水线

A. 整体结构。整套流水线由基质自动上料装盘输送设备、自动播种覆土设备、自动洒水喷淋设备组成，各设备可以组合使用，也可单独使用，便于搬运、安装、调试和维修，实用性强。

B. 自动上料装盘输送设备。此设备用于育苗基质的自动上料、装盘及输送。该系统具备以下五个功能：上料提升，基质在穴盘中的均匀分布，穴盘清扫，余料回收，穴盘输送。上料提升机构将基质送至设备的顶部，基质在重力作用下落在传送带上的穴盘里；刮板机构将穴盘上的基质刮平；穴盘经过旋转毛刷机构时，毛刷可将穴盘上多余的基质清扫干净；多余的基质由余料回收系统回收；穴盘随传送带进入自动播种机。

C. 自动播种及覆土设备。自动播种及覆土设备包括以下几个部分。

a. 传动系统：该流水线采用连续式传动，传送带一直不停地前进，播种机在穴盘行进中完成压窝、播种、覆土等工序。为使流水线适合不同穴盘，传送带速度必须可调，因而系统选用步进电机调速，由可编程逻辑控制器(PLC)控制步进电机的速度，调速方便，价格适中。传送带选用不锈钢丝传送带，下面加装不锈钢支撑板，落到传送带上的基质可直接落进回料机构。

b. 压窝机构：为适应不同穴盘，压窝机构采用铝型材作为冲压头底座，充分利用铝型材的“T”形槽，只要适量增减冲压头数量，并根据需要调节冲压头间距，且压窝机构高度可调，从而可满足不同规格穴盘的压窝要求。压窝机构的控制采用光电传感器、PLC 等控制压窝机构气缸的运动，进行自动控制。

c. 播种机：播种机是整套流水线的核心部分，也是流水线中最复杂的部分。本系统播种机由真空发生器、气缸、光电传感器、PLC 等组成，播种速度平均为 120 盘/h，可播种各种形状和大小的种子。

d. 振动机构：振动机构包括振动器和种子盘。播种机吸种时种子盘上的种子需呈“沸腾”状态，选择合适的振动器最为关键。该系统设计了新型反馈式气动振动器，振动频率和振畅通过调整气流量进行调节，结构简单，价格较低。

e. 覆土机构：覆土机构采用气缸-棘轮机构实现覆土的动作，包括气缸、棘轮机构、曲柄和刮土轮等。气缸活塞杆的往复运动带动刮土轮间歇式运转，同时把料箱中的基质刮出，进行播种后穴盘的覆盖。

f. 喷淋结构：喷淋设备由输送系统和喷淋系统组成，其中喷淋系统由增压泵、喷头、控制电磁阀、光电传感器等组成。另外，本装置还设置了玻璃防护罩、余水回收箱等设备，喷嘴选用方形喷雾喷嘴，可保证喷淋的均匀度。

④浙江大学等研发的播种育苗生产线。该生产线设备包括填料设备、混料机、全自动精量播种机、覆料淋水机、喷灌施肥车等。其中，在精量播种机上利用旋转气缸和步进电动机控制驱动式吸嘴排种器，利用 PLC 等控制电磁阀切换气路；在基质覆料淋水机上采用光传感器和时间继电器，控制水流呈细线状及根据穴盘宽度调节覆料量；在喷灌施肥车上设置 PLC 控制和磁位传感器控制等技术为首次应用。

混料机适用于各种无土栽培基质以及农药和化肥等多种原料的混合，可以同时连续、均匀地混合各种难填的基质、化肥和农药等材料。填料设备能适于各类育苗穴的基质填料，可将填料、压实、余料清扫回收一次完成。全自动精量播种机能自动完成打孔、播种、覆料等工序，可精播各种类型的小粒种子。喷淋施肥机能配合温室计算机控制技术，完成自动化、高精度、高灵活性、高可靠性的喷淋和施肥作业。生产线能满足 200 盘/h 的播种速度，每穴播种数量能精确调节，合格率在 92%以上。

⑤江苏大学研发的磁吸式穴盘精密播种机。该播种机首次将磁吸式精密播种技术应用到穴盘育苗播种技术上，主要由排种机构、输送带、磁吸头、种箱、传感器等组成。待播种子需预先在其外表均匀地裹上一层磁粉，磁粉由铁粉与种子包衣用粉剂按一定比例混合而成。工作时，通过调节磁吸力的大小来控制播种量和播种精度，整机由步进电机驱动，并由单片机协调控制来自动作业。通过对小白菜、番茄、黄瓜等作物种子的初步试验，其单粒精播率达 90%，漏播率低于 5%，具有较高的播种精度和对不同类型种子良好的适应性，而且整机结构简单，自动化程度高。

(4)小型针式播种机、点播器　小型针式播种机、点播器(表 5-7)可作为精量播种流水线的替代品用于种苗生产，可降低设备投资。在小型育苗工厂、种植农户中使用，可大大提高播种速度和精度，提高播种效率，节省劳动力。

3. 基质消毒设备

国际上，工厂化育苗都采用工厂化生产的育苗基质，消毒和合成过程在基质生产厂完成。我国这类基质生产企业很少，多数地区的育苗工厂都需要因地制宜地选择和合成基质。在基质的生产和加工过程中往往需要杀灭致病菌、虫卵和杂草种子等，因此需要配置基质消毒设备。

表 5-7　小型针式播种机、点播器性能特点

类型	特点	播种速度	适用育苗盘	适用种子
小型针式播种机	体积小，重量轻，可折叠，移动方便，操作简单，选种、振动调节、播种、控制等均采用气压驱动	每秒播种一排穴孔（288 孔穴盘）	高度低于 11.4 cm，宽度不超过 43 cm 的各类穴盘	配备 9 套吸种针头，大多数种子均可适用，小粒种子也可应用
小型点播器	手持式，操作简单，便于携带	8 000～10 000 粒/h	无限制	标准配置带有 3 个吸嘴，可根据种子大小更换不同直径的吸嘴，适于多数种子

根据工作原理不同，基质消毒有物理消毒和化学消毒两种方法。物理消毒包括热风消毒、微波消毒、太阳能消毒、高温蒸汽消毒等方法，其中以高温蒸汽消毒较为普遍，效果较好。化学消毒法是指将液体或气体消毒药剂注入基质中达一定深度，并使之气化和扩散，从而达到灭菌消毒的作用。消毒面积较大时一般采用动力式消毒机，按机械运动方式有犁式、凿刀式、旋转式和注入棒式四种类型，药液注入方式有线状、点状等形式。

蒸汽消毒机一般使用内燃烟管式锅炉。燃烧后的气体从炉管经烟管从烟囱排出，传热面上的水在蒸汽室汽化后排出进行消毒。为保证安全运行，一般要求以最大蒸发量设置给水装置，蒸汽压力超过设定值时安全阀打开，安全装置起作用。蒸汽消毒机除可以对基质消毒外，还可对苗床、穴盘、花盆等温室用具进行有效消毒。

在基质消毒前，需将待消毒的基质疏松好，用帆布或耐高温的厚塑料布将待消毒的基质密封，通过覆盖物下的高温蒸汽传送管通入蒸汽，即可进行消毒。需注意的是，因消毒时基质类型、天气情况等相关因素和条件差异较大，实际采用的消毒时间应根据具体情况增加或缩短。

Sioux S90 型蒸汽发生器是温室、育苗工厂、苗圃等土壤、基质和器材消毒（图 5-26）的专用设备，是一种燃油式锅炉，每小时蒸汽输出量为 91 kg，从开始气动到达到消毒要求只需要 30 min 左右，安装使用比较方便。其主要参数见表 5-8。

表 5-8　Sioux S90 型蒸汽发生器主要参数

热量输入/W	蒸汽输出/(kg/h)	最高输出温度/℃	熏蒸面积/(m^2/h)	耗油量/L	油箱容量/L	锅炉容量/L	质量/kg
97 506.5	91	121	1.5×1.5	16	91	632	576
尺寸（长×宽×高）	295 cm×112 cm×127 cm						
电源	220 V/两相/50 Hz/5 A						
正常工作压力	$(5.5\times10^4)\sim(6.9\times10^4)$Pa						
锅炉功率	4 265.89 W						
配件	帆布管件、蒸汽用胶带、蒸汽用膜等						

图 5-26　基质消毒设备

4. 灌溉和施肥设备

灌溉和施肥设备是种苗生产的核心设备，通常包括水处理设备、灌溉管道、贮水及供给系统、灌溉和施肥设备、灌水器如滴头、喷头等。其中，贮水设施可按混合罐原理制作成一个系统。

(1)水处理设备　根据水源的水质不同选用不同的水处理设备，例如，以雨水和自来水作为灌溉用水，只要安装一般的过滤器；以河水、湖水及地下水作为灌溉用水时，应该根据 pH、EC 和杂质含量的不同，配备水处理设备。水处理设备通常由抽水泵、沉淀池、过滤器、氢和氢氧离子交换器、反渗透水源处理器、加酸配比机等组成(图 5-27)。

(2)贮水及供给系统　污水经收集系统进入集水池。集水池的主要功能是均衡水量和水质，同时在其前端设置粗细格栅，拦截水中粗大的悬浮物和漂浮物，保护提升泵和后续工艺的正常运行。在集水池中设置提升泵，将污水提升进入复合生物滤池处理系统，大部分有机污染物在这里得到去除。复合生物滤池系统处理出水进入中间水池，沉淀去除复合生物滤池系统脱落的生物膜后经分配井分别进入水平潜流人工湿地系统和垂直潜流人工湿地系统，进一步去除水中污染物。人工湿地系统处理出水进入清水池，供育苗场生产用水和绿化浇灌，多余尾水达标排放。

种苗温室根据温室面积、灌溉方式等设计灌溉管道。为了防止管道内滋生青苔，通常选用不透明的 U-PVC 给水管道。铺设原则是每间温室至少设置一个给水口，口径不小于 20 mm。位置最好在主通道边上，根据温室控制的自动化程度选用手动阀门或者电磁阀。另外配置人工浇水的塑料软管以备补水。

(3)灌溉和施肥设备　种苗生产的灌溉主要采用喷灌和潮汐灌溉(图 5-28)两种方式，喷灌有固定式和自走式两种形式。

灌溉和施肥设备设有电子调节器及电磁阀，通过时间继电器，调整成时间程序，可以定时、定量地进行自动灌水。灌溉系统还可以进行液肥喷灌和喷施农药，并在控制盘上可测出液肥、农药配比，电导率和需要稀释的加水量。

灌溉系统是育苗温室中的关键设备。理想的工厂化育苗灌溉系统应满足以下要求：灌溉均匀度高；压力、流量可调；可结合灌溉施入肥料、农药等，且用量控制性能良好；灌溉区域定位准确，可对选定苗床区域进行灌溉；开启或停止时无滴状水形成，以免对灌溉系统下方的种苗造成伤害或导致种苗生长不均匀；可有效消除育苗盘的“边际效应”。

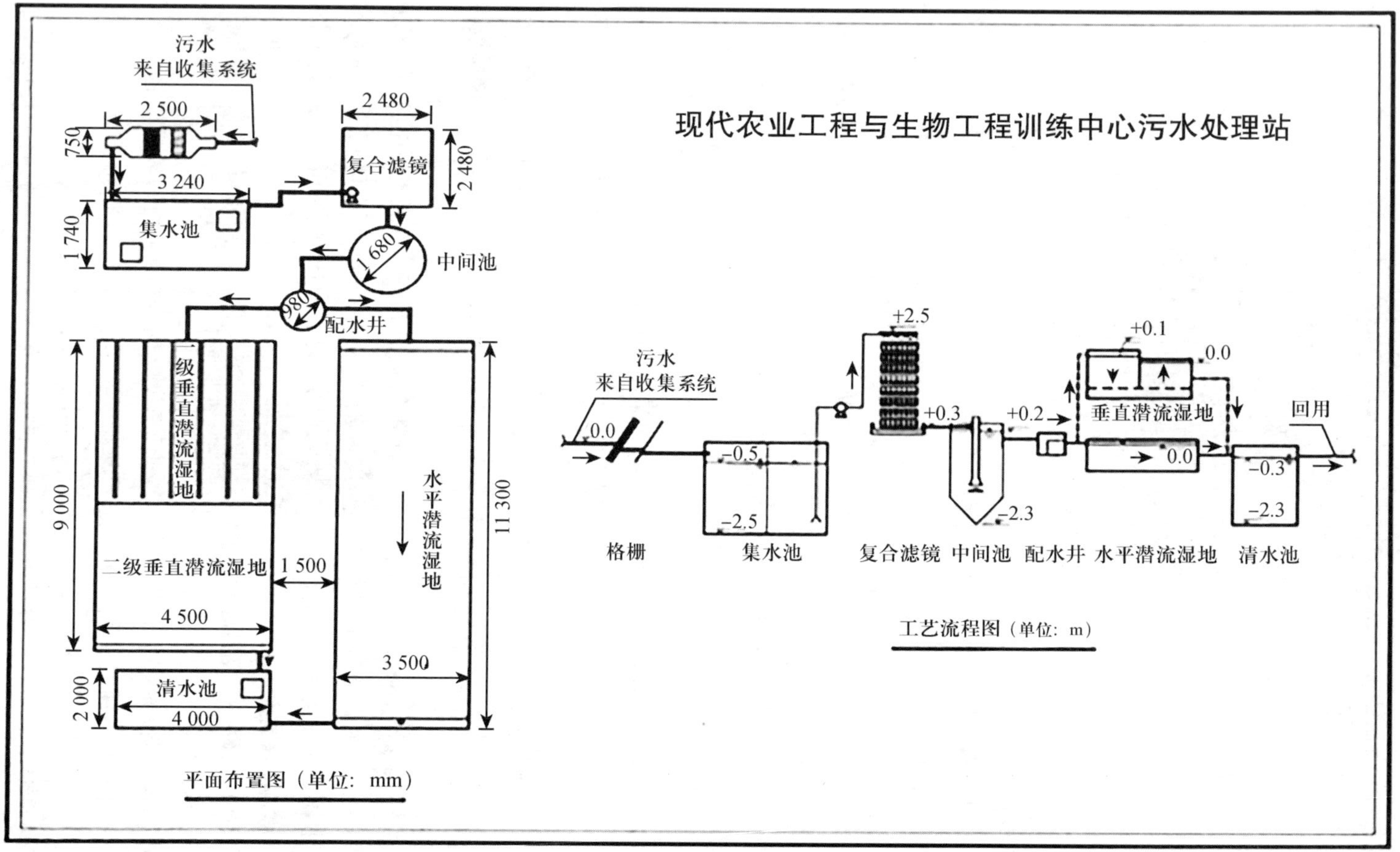

图5-27　上海交通大学现代农业与生物工程训练中心污水处理站

图 5-28　潮汐式苗床灌溉系统

①顶部固定式微喷灌溉系统。顶部固定式微喷灌溉系统(图 5-29)即在苗床上部安装微喷装置进行灌溉,这种方法因灌溉均匀度不高、可调节性差等缺点而采用较少。

②自走式灌溉系统。自走式灌溉系统(图 5-30)通过行走轮或钢丝牵引使灌溉行车沿轨道往复行走进行灌溉,均匀度优先于固定式灌溉系统,比人工浇水节水约 50%,比固定式微喷灌溉系统节水约 25%,且在行走速度、距离、施肥、浇水等方面都可实现自动调控,目前育苗工厂大多采用此种系统。

图 5-29　顶部固定式微喷灌溉系统

图 5-30　自走式苗床灌溉系统

自走式灌溉系统由控制部分、动力部分和浇水机构三部分组成。控制系统通过微电脑编程控制灌溉区城、灌溉次数和灌水量,动力部分通过减速电机和机械皮带控制灌水机的行走速度。自走式灌水机的动力部分通常在中间,两旁各有一根浇水横杆,由中间延伸到两侧,横贯整个温室的一跨。浇水横梁通常为圆形或者方形不锈钢管,上面等距离配置浇水喷头。

自走式灌溉系统的运行参数:流量平均偏差 $\Delta q=3.58$;流量均匀系数为 93.54%(即灌水均匀度),平均流量为 744.9 mL/min;喷灌行车速度为 4 m/min;灌水有效利用率为 0.88;灌水强度为 0.59 mm/次(单程)。不同自走式苗床灌溉系统的性能及特点见表 5-9。

③自动肥料配比机。通过自动肥料配比机,同时对种苗培育区的多种不同作物使用不同肥料配比营养液进行自动选肥定时定量灌溉,从灌溉首部接出几根独立的管道直接通向滴灌、喷灌各小区,按设定的肥料配比等目标值进行精确的比例均衡全自动化施肥,同时可以实现 EC/pH 实时精确监控,计算机根据设定的 EC/pH,自动调节肥料泵的施肥速率。

表 5-9　不同自走式苗床灌溉系统的性能及特点

上海市农业机械研究所研制灌溉系统	上海交通大学研制灌溉系统	苏州维生种苗有限公司灌溉系统	胖龙温室工程有限公司灌溉系统
电动自走往复式，运行速度 4 m/min 流量 3.3～5.7 m^3/h 可调 单喷头流量 0.75 L/min（工作压力 0.3 MPa 时） 营养液浓度 0.2%～1.6%可调 肥料加注采用比例注入式吸肥器 具手动和自动调节两种控制方式	电动自走往复式 灌溉量 2～8 L/m^2 可调 营养液浓度 0.02%～0.3%可调 肥料加注采用分体肥料泵 喷嘴下 30 cm 处喷射力 25.9～31.8 Pa 喷嘴出口高于喷淋架总管液面，停机后无滴淋 具手动和自动控制两种调节方式	悬挂式，喷嘴至苗床位置可调 水压(3.4×10^4)～(4.15×10^5)Pa 可调 流量分 60、120、160 L/h 三段，运行速度有 5、15、30 m/min 三挡 肥料加注采用比例注入式吸肥器 磁性开关，可在任意位置停止，可根据需要设置行走速度、时间、往返形式、次数、距离等	悬挂式 运行速度 1.5～21 m/min 可调 可由一栋温室穿行至另一栋温室，日单机灌溉面积可达 2 000 m^2 肥料加注采用比例注入式吸肥器 可自动选择灌溉苗床区域、自动施肥、自动变速、自动停止和退回

肥料配比机的种类很多，使用较多的是水流动力式肥料配比机，其原理是因水流而产生真空吸力作用，可从原液桶内吸取一定量的肥料，按设计比例与水混合，以达到需要的肥料浓度。Dosatron 肥料配比机（表 5-10）、Nutriflex 灌溉施肥系统（图 5-31）等性能优越，可靠性高，控制精确。

表 5-10　Dosatron 肥料配比机的型号与参数

肥料机型号	流量/(L/min)	混合比例	工作安全压力/Pa
11 加仑 16 型	0.23～50	1：[500(0.2%)～64(1.6%)]	(2.442×10^4)～(4.823×10^5)
20 加仑 DSA 型	2～91	1：[500(0.2%)～66(1.5%)]	(4.835×10^4)～(4.831×10^5)
40 加仑 D8R 型	10～181	1：[500(0.2%)～50(2.0%)]	(1.383×10^4)～(7.830×10^5)
100 加仑 D20S 型	22～454	1：[500(0.2%)～64(1.6%)]	(1.383×10^4)～(8.282×10^5)
132 加仑 D30S 型	100～600	1：[400(0.25%)～80(1.25%)]	(1.036×10^5)～(9.110×10^5)
264 加仑 D40S 型	200～1 200	1：[1 000(0.1%)～142(0.7%)]	(1.518×10^5)～(1.001×10^6)

图 5-31　种苗灌溉与施肥系统

5. 种苗储运设备

种苗的包装和运输是种苗生产过程的最后一道程序，对种苗生产企业来说非常重要，如包装和运输方法不当，可能造成较大损失。

种苗的包装设计包括包装材料的选择、包装设计和装潢、包装技术标准等。种苗包装设计应根据苗的大小、育苗盘规格、运输距离的长短、运输条件等确定包装规格尺寸，包装装潢和包装技术，包装标志必须注明种苗种类、品种、苗龄、叶片数、装箱容量、生产单位，每个穴盘在进入包装箱之前应该仔细检查标签是否完整、正确。

包装箱(图 5-32)多为多层包装纸箱，一般可放置 4～6 个穴盘，采用纸板分层叠加，内隔层纸板经防潮处理，可避免因潮湿造成穴盘挤压。包装箱应注意在箱外标注“种苗专用箱”“向上放置↑”等标记，并设置种苗标签粘贴处，注明品种、数量、规格等。

种苗的运输设备(图 5-33)有封闭式保温车、种苗搬运车辆、运输防护架等；根据运输距离的长短、运输条件等选择运输方式；种苗运输过程中，经过包装的秧苗放在运输防护架上，这样不仅装卸方便，而且能保证在运输过程，秧苗处于适宜的环境中，减少运输对苗的危害和损失。运输车辆尽可能使用冷藏车，运输途中温度尽量接近目的地的自然温度，冬季 5～10 ℃，不得高于 15 ℃；空气相对湿度保持在 70%～75%；其他季节的运输温度 15～20 ℃，不得高于 25 ℃；空气相对湿度保持在 70%～75%。

图 5-32　种苗包装箱

图 5-33　国外种苗专用运输车

任务四　育苗辅助设备

一、苗床

为便于操作和创造更佳的育苗环境，育苗温室配置有苗床，种子经播种放入穴盘，催芽后即放入育苗温室的苗床上进行绿化。苗床一般分为固定式和移动式两种，设计时主要考虑最大限度地利用育苗温室的面积、便于操作和提高利用率等因素。

1. 固定式苗床

固定式苗床(图 5-34)主要由固定床架、苗床框以及承托材料等组成。床架用角铁、方钢等制作，育苗框多采用铝合金制作，承托材料可采用钢丝网、聚苯泡沫板等。固定式苗床因位置固定，作业时较为方便；但走道面积大，育苗温室利用率相对较低，苗床面积一般只有温室总面积的50%～65%。

2. 移动式苗床

移动式苗床（图5-35）床架固定，育苗框可通过滚动杆的转动而横向移动，或将育苗框做成活动的单个小型框架，在苗床床架上纵向推拉移动。与固定式苗床相比，可大幅提高温室利用率，最高可达90%以上，但对制作工艺、材料强度等要求高。有些苗床的育苗框和承托材料之间密封，可以以浸灌方式为幼苗供应所需水分和肥料。另外，苗床的高度也可通过床架的螺栓进行调节。

图5-34　固定式苗床

图5-35　移动式苗床

3. 节能型加温苗床

节能型加温苗床用镀锌钢管作为育苗床的支架，质轻绝缘的聚苯板泡沫塑料作为苗床铺设材料，电热线加热，并用珍珠岩等材料作导热介质，温室内保温、固定式苗床灌溉等设备和方法设计制作了工厂化育苗的苗床设施。在承托材料上铺设珍珠岩等保温和绝热性能好的材料作填料，在填料中铺设电热线，上面再铺设无纺布。电热线由独立的组合式控温仪控温。这种节能型苗床可节省加温成本，保证育苗时的热量和温度要求，创造更适宜于幼苗根系生长的环境条件。温度较低时，苗床加温结合温室加温，可确保达到要求的温度；温度不太低时，只用苗床加温即可满足温度要求。

节能型加温苗床具有以下优点：

①节能。由于苗床架空，隔绝了热量向土壤的传递途径，减少热量损失；采用在苗床上铺设塑料拱棚，在相对较小的空间加温，使热量有效利用率提高；采用了轻质、保温性能良好的珍珠岩作为导热介质，便于温度提升和控制，又能较好地保存加温线所产生的热量，达到节能效果，与常规电加温线苗床相比，可节能25%以上。

②温度可控性高，可局部控制。由于采用了小空间加温方法和良好的导热保温材料，使温度的可控性大为提高，电热线分床铺设，控温仪分点设置，从而有利于进行育苗温室内苗床的局部控制，可以在同一间温室内培育不同类型和不同育苗阶段的种苗。

③操作方便。架空苗床和合理的苗床宽度设置，轻质育苗材料的采用，可控性良好的加温设施，使育苗操作的劳动强度大为降低，效率提高。

④设备成本低。采用固定式的苗床灌溉设备使育苗温室的建造成本大为降低，与国外同类育苗温室相比，单位造价不到国外的1/7。

二、穴盘

穴盘是工厂化育苗必不可少的重要器具。20 世纪 90 年代中期以前，我国所使用的穴盘多数从国外引进，90 年代后期起所用穴盘 90%以上实现了国产化。穴盘是蔬菜、花卉、绿化苗木等穴盘苗生长的场所，种子和种苗培育过程在穴盘中完成。穴盘的种类按照材质、孔穴数量或者颜色划分。

采用穴盘育苗具有以下优点：

①提高出芽率，苗生活力强，可以大大节约种子，使种苗产业可以放心采用价格很高的优秀种子。穴盘育苗适于采用高精度播种流水线，便于实现机械化育苗，且操作简便。用高精度播种生产线实行机械化播种，作业质量高，每穴中基质填装量一致，播种深浅相差无几，压实程度、覆盖深度等都很接近。进入温室后规范化管理，苗成活率高，出苗日期和苗大小较整齐一致。

②穴盘的穴与穴之间相对独立，既减少了一些土传病虫害的发生和蔓延，又可避免幼苗之间的营养竞争，根系可得到充分发育。

③穴盘育苗比传统育苗高几倍的密度，节省了育苗所需温室面积。每株商品苗所需的温室投资（固定成本）和冬季采暖费用（作业成本）显著下降，便于集约化管理，可提高温室利用率；穴盘育苗也有利于统一操作和控制育苗的生长发育，有利于提高种苗均匀度和种苗质量。

④穴盘所育的种苗起苗时非常方便，移栽简单。在起苗时，根系和基质网结而成的根坨相当结实，不易散开。不论是手工或机械化移栽，根坨都不易散结而使根系受伤。穴盘苗定植后成活率高，缓苗期非常短或基本没有缓苗期，有利于定植后迅速恢复生长和提高幼苗对逆境的耐受力和抵抗力。即使没有经验的农户，用穴盘苗移栽也容易取得成功。

⑤穴盘苗便于存放，适宜远距离运输。如果措施得当，种苗存放时间可延长数周而品质不受影响；穴盘苗由于采用轻基质、轻容器，便于实现集装运输也便于装卸，使得种苗远程运输成为可能，可以扩大供应和销售范围，国外育苗工厂的供苗半径可达 1 000 km 以上，非常有利于实现种苗商品化供应。

穴盘可以看作是把许多营养钵连成一体的连体钵。现代的穴盘已经逐渐规格化，一只穴盘上连接十几个甚至几百个大小一致上大下小的锥形小钵，每个小钵称为穴，穴与穴之间紧密连接，这样就达到最大的种植密度。现代穴盘育苗大多用泥炭、蛭石、珍珠岩等轻材料作基质，操作上省时、省力，育苗密度大大增加，节省基地建设投资、冬季采暖费用和劳力耗费，经济效益大为提高。

育苗盘按照材质可划分为聚乙烯注塑、聚乙烯薄板吸塑及发泡聚苯乙烯三种。穴孔的形状有圆形和方形两种，国内厂家生产的有方口盘、圆口盘两种，一般长 54 cm，宽 27 cm；50 孔育苗盘每个穴孔上径 5 cm，下径 4 cm，深 5 cm，此外还有 72 孔、84 孔等规格；美国、德国等普遍采用方口育苗盘，一般长 54～55 cm，宽 27.5 cm 左右，常用规格有 50、72、84、128、200、288 孔等，穴孔深度视孔大小而异。日本还开发出莴苣育苗专用穴盘，可与水稻育苗箱配套使用，盘长 59 cm，宽 30 cm，253 孔，穴孔上口 2 cm×2 cm，下口 1 cm×1 cm，高 4 cm，该型穴盘也可用于白菜、芹菜、青花菜等的育苗。育苗中应根据育苗种类及所需苗的大小，相应选择不同规格的育苗盘（图 5-36）。育苗盘一般可以持续使用 2～3 年。

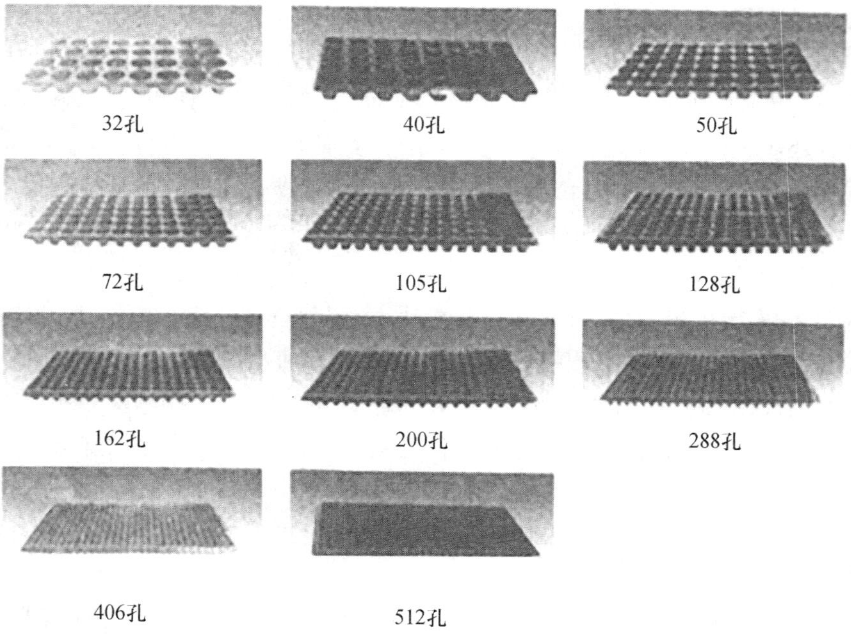

图 5-36　不同规格的育苗盘

1. 韩国通用型穴盘型号及规格

韩国通用型穴盘也为方口盘，每个穴孔的四壁均注塑两条加强条纹，以增加穴盘强度，常用型号及规格见表 5-11。

表 5-11　韩国通用型穴盘型号及规格

型号	长度/mm	宽度/mm	穴孔深度/mm	容积/mL	穴孔规格/mm
512(15×32)	545	280	24	2.2	16×14
406(14×29)	540	280	26	4	17×17
338(13×26)	545	280	35	5.3	21×18
238(12×24)	545	280	46.5	9	18.5×18.5
200(10×20)	543	280	44	11	23×23
162(9×18)	540	280	45	15	28×28
128(8×16)	540	280	51	24	31×31
105(7×15)	540	280	50	46	34×34
72(6×12)	545	280	43	52	37×37
50(5×10)	545	280	53.5	60	45×45
32(4×8)	545	280	66.5	153	57.5×57.5

2. 德国耐久型穴盘型号及规格

德国耐久型穴盘为方口盘，常用型号及规格见表 5-12。

表 5-12 德国耐久型穴盘型号及规格

型号	长度/mm	宽度/mm	穴孔深度/mm	容积/mL	穴孔规格/mm
576(18×32)	530	310	30	3	13×13
273(13×21)	515	310	40	11	20×20
150(10×15)*	515	335	65	37	30×30
96(8×12)*	515	335	75	75	38×38
77(7×11)	515	335	53	55	40×40
60(6×10)*	530	310	170	240	50×50
48(6×8)	515	335	53	90	45×50
35(5×7)	515	335	70	160	56×56
35(5×7)*	360	280	115	200	50×50
24(4×6)*	360	280	160	330	55×60
15(3×5)	515	335	80	330	80×80
15(3×5)*	360	215	155	410	64×64
12(3×4)*	360	280	180	650	80×80
6(2×3)*	360	280	200	1600	110×110

注：* 表示加厚、加高型育苗盘，可用于大规格种苗或绿化苗木的育苗。

3. 聚苯塑料穴盘(EPS 穴盘)型号及规格

聚苯塑料穴盘即通常所说的 EPS 盘，为倒金字塔形，四边呈方形，底部加强，穴盘比较牢固。育苗时穴盘直接架空放在育苗床架上，下部悬空，幼苗根部透水性、通气性良好，有利于根系生长良好，穴盘不用于育苗时翻转倒扣在育苗床架上，可作盆花栽培床使用。另外，此种穴盘由于具有一定刚性，运输时不需要再加运输盘，直接将穴盘架在运输苗车上，较为方便。常见型号及规格见表 5-13。

表 5-13 EPS 六盘型号及规格 mm

型号	长度	宽度	穴孔深度	穴孔直径
EPS200	673	343	60	29
EPS128	673	343	60	36
EPS595	673	343	25	14
VFT	540	280	50	59
VFT	540	280	50	31
VFT	540	280	50	20

一般穴盘规格及容积见表 5-14。

表 5-14　穴盘规格及用料量

产地	规格/（孔/盘）	上口边长/cm	下口边长/cm	深度/cm	容积/（cm³/穴）	容积/（cm³/盘）	每立方米基质装盘量/个
美国	50	4.9	2.8	6.1	97.14	4 857	205
	72	4.0	2.0	5.9	59.00	4 248	235
	98	3.5	1.5	5.4	39.15	3 836	260
	128	3.1	1.5	4.8	28.46	3 643	274
	200	2.3	1.2	4.5	15.14	3 028	330
	288	2.0	0.9	4.0	9.62	2 771	360
	392	1.5	0.8	3.8	5.49	2 140	467
韩国	32	5.5	3.7	5.5	120.84	3 867	258
	50	4.7	3.2	5.2	84.06	4 203	237
	72	4.0	2.2	4.9	51.06	3 576	272
	105	3.4	2.0	4.8	37.34	3 921	255
	128	2.9	1.9	4.8	28.85	3 693	270
	162	2.6	1.6	4.5	20.97	3 397	294
	200	2.3	1.4	4.2	15.23	3 046	328
	288	2.0	1.0	3.8	9.50	2 736	365
	406	1.6	1.0	3.5	6.23	2 529	395
	512	1.3	1.0	2.6	3.50	1 792	558

三、种苗转移车

种苗转移车包括穴盘转移车（移动式发芽架）和成苗转移车（图 5-37）。穴盘转移车将播种完的穴盘运往催芽室，车的高度及宽度根据穴盘的尺寸、催芽室的空间和育苗的数量来确定。成苗转移车采用多层结构，根据商品苗的高度确定放置架的高度，车体可设计成分体组合式，以适合于不同种类园艺作物种苗的搬运和装卸。

图 5-37　种苗转移车

四、种苗分离机

在种苗生产量非常大，不带穴盘销售的种苗生产企业应配备种苗分离机，种苗分离机的配备不损伤种苗，保证育苗基质完整，有利于保证种苗的质量，提高工作效率。种苗分离机有横杆式和盖板式两种，横杆式种苗分离机适合将株型较高的种昔脱离穴盘（图 5-38）。

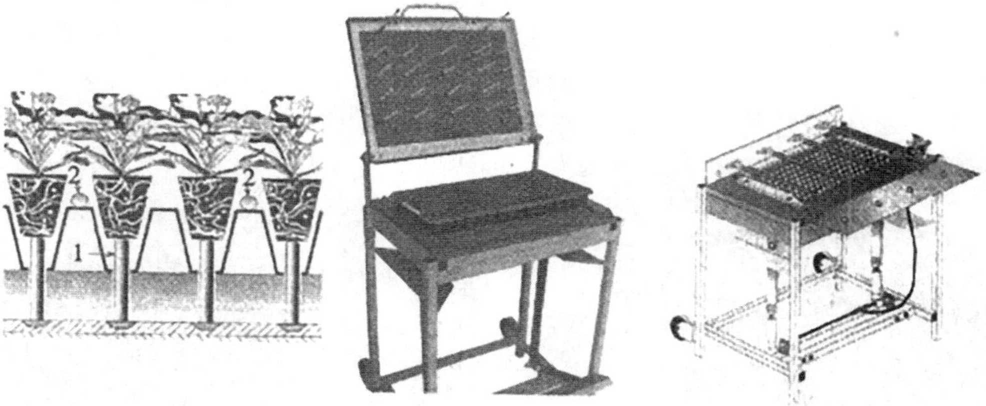

a　　　　b　　　　c

图 5-38　种苗分离机

a. 顶苗操作示意图（1. 铝钉　2. 穴盘固定装置）　b. 盖板式种苗分离机　c. 横杆式种苗分离机

五、移苗机

移栽是园艺作物生产过程中的重要环节之一，机械移栽对气候有补偿作用，并对作物有生育提早的综合效益，可以充分利用光热资源，其经济效益和社会效益均非常可观。长期以来，园艺作物生产被认为是一项劳动密集型产业，劳动力成本占整体生产成本的 50％以上。约有 60％的蔬菜是采用育苗移栽方式种植的，并且移栽作业仍以人工为主。采用人工移栽，劳动强度大，作业效率低，生产效益低下，制约了园艺作物生产的发展，实现移栽作业机械化已成为我国园艺作物生产中亟待解决的问题。

为了减少移栽的劳动力投入和降低劳动强度，移苗机随着蔬菜、花卉和苗木生产数量的增加应运而生。一些发达国家将移苗机称为移苗机器人，它能辨别好苗和坏苗，把好苗准确地移栽到预定的位置上，把坏苗抛到一边，而且能够保证移栽深浅一致，间距均匀，有利于作物成活和生长（图 5-39）。有些移苗机还能够根据光反射和折射的原理，准确地测定植物需水量，进行灌溉的控制。一些发达国家还进行了相关种苗的特性、优质种苗的选择、间苗方法等基础技术研究，与育苗移栽机械化形成一个系统工程，使育苗过程实现机械化、工厂化和设施化。通过制定统一的技术标准和评价方法，形成种苗产品的标准化、系列化和规格化；通过解决钵苗整钵、断根、装盘和运输等中间环节工作过程的机械化和自动化等问题，使工厂化育苗延伸到机械移栽过程，研制出多种适合蔬菜等种苗农艺要求的全自动移栽机，实现了种苗工厂化生产和移栽机械化作业的育苗生产新模式，美国 Bouldin&Lawson 公司生产的 1020 型移苗机，可实现打孔、移苗、注水等一次完成，采用造型独特的移苗棒，可适用于不同种类和生长期的幼苗，也适用于多种不同型号的穴盘，移苗时基本不伤根系和叶片，最大限度地缩短缓苗期。移苗速度最高可达 19 000 株/h。

我国最早出现的移栽机械主要用于移栽棉花和甘薯。栽植机械的研究始于 20 世纪 50 年代末，70 年代开始研制裸根苗移栽机械，主要用于甜菜移栽。20 世纪 80 年代研制成半自动化蔬菜栽植机，同时也从国外引进了多种适合于移栽蔬菜、烟叶、甜菜等经济作物的移栽机械，但均因育苗技术落后、配套性能差，以及机具本身性能不稳定和生产率低等原因，未得到推广使用。随着育苗技术的发展以及劳动力成本的上升，推动了移栽机械的研制开发工作。到目前为止，已研究成功了多种类型的移栽机械，部分机型已申请了专利，也有部分机型投入了小批量生产(图 5-40)。其中，吉林工业大学孙廷琮等应用美国 B. K. Huang 发明的空气整根育苗技术研究开发了空气整根营养钵育苗移栽系统，在此基础上研制了空气整根钵苗全自动移栽机，实现了移栽过程的全自动化，大大提高了移栽机的作业效率。

图 5-39　荷兰移苗机

图 5-40　中国移苗机

六、嫁接机械

嫁接栽培是克服瓜菜等园艺作物连作病害和低温障碍的最有效途径，抗病、增产效果显著，嫁接苗根系发达，具有抗逆、壮根、增强植株长势、延长生长期与减轻地表上部病害等优点，可大幅度增产，广泛用于黄瓜、西瓜、甜瓜、茄子、番茄栽培，因此，嫁接育苗也成为育苗工厂的重要工艺。

嫁接苗的砧木苗直径为 3～4 mm，穗木苗直径只有 1～2 mm，幼苗脆嫩细弱，嫁接的效率低，费工费时。而且，每个人所掌握的嫁接技术要领、手法及熟练程度不同，难以保证高嫁接质量和高成活率。为了解决蔬菜的手工嫁接效率低、劳动强度大、嫁接苗成活率低等问题，机械嫁接或者嫁接机器人技术近年来研究和应用发展较快，国际上出现的一种集机械、自动控制与设施园艺技术于一体的高新技术，能完成砧木、接穗的取苗、切苗、接合、固定、排苗等嫁接过程的自动化作业。操作人员只需把砧木和接穗放到相应的供苗台上，其余嫁接作业均由机器人自动完成，可以大幅度提高嫁接速度，显著降低劳动强度，提高嫁接成活率。

日本西瓜生产的 100%、黄瓜的 90%、茄子的 96%靠嫁接栽培，每年嫁接十多亿棵。从 1986 年起日本开始了对嫁接机器人的研究，以日本“生物系特定产业技术研究推进机构”为主，一些大的农业机械制造商参加了研究开发，其成果已开始在一些“农协”的育苗中心使用。由于看到了蔬菜嫁接自动化及嫁接机器人技术在农业生产上的广阔前景，日本一些实力雄厚的厂家也竞相研究开发嫁接机器人，嫁接对象涉及西瓜、黄瓜、番茄等。日本研制开发的嫁接机器人有较高的自动化水平，但是机器体积庞大，结构复杂，所研究的嫁接方法主要有以下几种：

(1)斜接法 削去砧木的生长点和一片子叶，削去接穗的下半部，把砧木、接穗贴合，用塑料夹固定，用于黄瓜、甜瓜的嫁接。

(2)切断法 把砧木、接穗切断后，用瞬间黏结剂将它们黏合在一起，用于茄子、番茄的嫁接。

(3)圆锥插接法 用超声波电机将砧木、接穗切削成可吻合的圆锥面，将两者接合，还处于试验阶段。

(4)嫁接板机械嫁接法 可同时嫁接5株番茄幼苗。它包括一个带凹坑的板和一个驱动板，将二者结合起来很容易将接穗和砧木的顶部固定在特定部位。具体方法是将接穗与砧木的适当部位水平切去，用嫁接板将二者固定在一起，使切面相贴，再用黏着剂和硬化剂将它们支撑在一起。这种机械对茄科蔬菜很适用。

20世纪90年代初，韩国也开始了对自动化嫁接技术进行研究，但其研究开发的技术只是完成部分嫁接作业的机械操作，自动化水平较低，速度慢，而且对砧木、接穗苗的粗细程度有较严格的要求。韩国自行研发的Yupoog自动嫁接机(或机械手)，可进行南瓜、黄瓜、瓠瓜和西瓜的嫁接及番茄、茄子种内嫁接，每小时平均嫁接420株，是人工的4～8倍，成活率达95%。在蔬菜嫁接育苗配套技术方面，日本、韩国已生产出专门用于嫁接苗的育苗营养钵盘。在欧洲，农业发达国家如意大利、法国等，蔬菜的嫁接育苗相当普遍，大规模的工厂化育苗中心全年向用户提供嫁接苗。由于这些国家尚未有自己的嫁接机器人，所以嫁接作业仍采用手工，也有采用日本的嫁接机器人进行作业的。

我国蔬菜、瓜果的生产和设施农业技术的发展已经具备了大力发展自动嫁接机器人技术的基础和条件，发展自动化嫁接技术，有利于高新技术迅速转化为生产力，推动我国农业现代化。中国农业大学率先在我国开展蔬菜自动嫁接机器人技术研究，解决了蔬菜幼苗的柔嫩性、易损性和生长的不一致性等难题，实现了蔬菜幼苗嫁接的精确定位、快速抓取、良好切削，利用传感器和计算机图像处理技术，实现了嫁接苗子叶方向的自动识别、判断，嫁接机器人能完成砧木、接穗的取苗、切苗、接合、固定、排苗等嫁接过程的自动化作业，操作者只需把砧木和接穗放到相应的供苗台上，其余嫁接作业均由机器人自动完成。针对营养钵苗机器人嫁接工序繁多和时间长的问题，为了提高嫁接速度，采用双CPU系统对机器人进行控制。设计的机器人控制系统按功能划分为识别和嫁接两个子系统，识别子系统主要实现取苗及子叶方向和生长点高度的识别，嫁接子系统控制对砧木和接穗进行搬运、切削、接合固定及排苗等。通过I/O接口，两个CPU可互通信息，以协调动作，实现了对嫁接机器人的并行控制。采用该控制系统的嫁接机器人作业速度可达360～480棵/h，与传统的单CPU顺序控制系统相比，工作效率提高了近1倍，成功率在95%以上。

在我国，中国农业大学张铁中自1993年率先进行蔬菜自动嫁接机的研制，先后开发研制了顶端直插式的蔬菜自动嫁接装置(采用插接法的嫁接方式)和2JSZ-600型蔬菜自动嫁接机(采用贴接法的嫁接方式)。山东省潍坊市农业机械研究所也生产了一种SJZ-1型蔬菜自动嫁接机，其工作原理和外形类似于韩国的自动嫁接机。

国内外几种蔬菜嫁接机的主要参数比较见表5-15。通过上述主要几种国内外蔬菜嫁接机，发现蔬菜自动嫁接技术还存在一些问题。对于日本的自动嫁接机，机械化程度和效率均较高，但技术复杂，体积庞大，质量大，另外价格也比较昂贵，如洋马的全自动嫁接机价格近 2 000 万日元，与我国同类型的嫁接机也达 800 万日元，是我国的 20 倍左右。对于韩国研究的嫁接机，则嫁接效率比较低，自动化程度低，成活率也相对较低。而我国的自动嫁接技术主要存在的问题是供夹方式采用人工提供砧木、接穗固定夹，消耗劳动力，且放夹空间小，不宜操作；供苗方式也采用人工单棵供苗，劳动强度变大，因此，不管在砧木输送还是送夹车输送方面，都需要进一步提高自动化水平。目前我国的砧木营养钵育苗十分普遍，进行钵体直接嫁接具有广阔的应用前景，砧木供苗自动化可在此基础上进行研究设计。

表 5-15　国内外几种蔬菜嫁接机的主要参数比较

生产者		日本生研	日本洋马	日本三菱	日本全农	韩国	中国农业大学
嫁接机型号		接ぎ木ロボット	全自动接ぎ木ロボット AG1000	自动接ぎ装置	全自动接ぎ木ロボット KGMD128	接木太郎	2JSZ-600 型蔬菜自动嫁接机
机器外形/mm	长	1 160	2 500	2 450	2 050	340	800
	宽	720	1 800	1 380	1 875	220	600
	高	1 000	1 700	1 310	1 650	240	1 000
质量/kg		120	800	400	>800	<25	<100
供苗及嫁接方式		人工，单棵	72 穴苗盘，单排	13 穴专用苗盘，单棵	128 穴苗盘，整盘	人工，单棵	人工，单棵
供夹方式		自动	自动	自动	—	人工	人工
嫁接效率/(棵/h)		660	1 000	400	1 000	150～310	600
嫁接成功率/%		90	97	95	95	90	98

嫁接机器人的主要部件由接穗操作端和砧木手柄端组成。接穗操作端有安全盖、嫁接机、控制面板、夹子供应盖、接秧苗工作台、压缩室、刷子和坩埚、容器、传输带等。砧木手柄端包括砧木工作台、序列控制室、容纳电控装置、工具箱、调试螺栓和气枪等。

嫁接的机械过程(接穗端)包括接穗切割臂、切割刀片、连接器、接穗苗装入器、接穗感应器、接穗装入手柄感应器、接穗装入手柄、安全感应器、接穗手柄等。

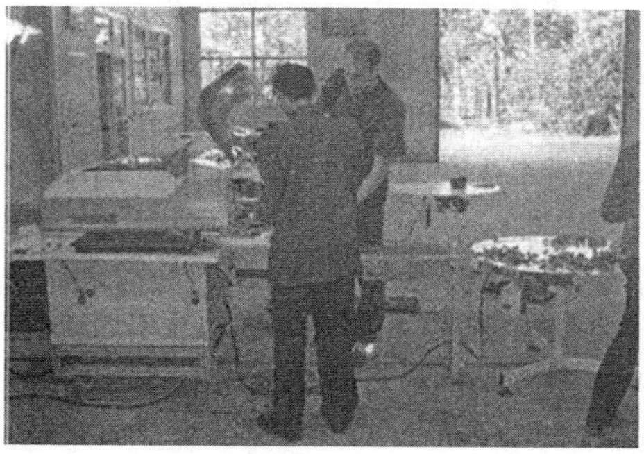

图 5-41　嫁接机器人

嫁接机械(砧木处理部分)由砧木切削臂、砧木传输柄传感器、砧木苗进料器、砧木进料臂、砧木苗传感器、切割机清洗机、砧木臂、幼苗排放器等组成。

但鉴于蔬菜自动嫁接机售价偏高，作业性能的稳定性有待进一步提升，目前仍处在试验示范阶段，尚未产业化开发和规模化应用。

嫁接机器人见图 5-41，采用机械嫁接生产的西瓜苗见图 5-42、图 5-43。

图 5-42 机械嫁接生产的西瓜苗(一)

图 5-43 机械嫁接生产的西瓜苗(二)

【项目小结】

一、重点难点

1. 工厂化育苗以现代生物技术、环境调控技术、施肥灌溉技术、信息管理技术贯穿种苗生产过程,现代化温室和先进的工程装备是工厂化育苗最重要的基础。

2. 工厂化育苗最重要的设施是育苗温室,在中国不同的地区和不同的生产条件下,工厂化育苗所选择的温室类型有塑料管棚、日光温室和现代温室三大类型。

3. 从播种到种苗运输,工厂化育苗的主要生产设备有种子处理设备、精量播种设备、基质消毒设备、灌溉和施肥设备和种苗储运设备等,保障种苗培育的机械化、自动化。苗床、穴盘、种苗转移车、种苗分离机、移苗机、嫁接机械等也是工厂化育苗的重要辅助设备。

4. 工厂化育苗要求有完整配套的设施、设备,熟练使用和维护无土育苗的相关设备是育苗顺利进行的根本保证。

二、经验技巧总结

1. 育苗设施由育苗温室、播种车间、催芽室、计算机管理控制室等组成。

2. 不同类型温室环境控制系统的配置差异较大,对环境的监测和控制能力有差异,种苗的生长速度和质量也不同。现代温室具备完善的加温、降温和遮阴保温系统,能够精确控制种苗不同培育阶段的温度;配置二氧化碳补充系统补充育苗温室内的二氧化碳,提高种苗的光合作用效率;补光系统能够在阴雨天提高光照强度,增加种苗的光合作用时间或者调节光周期;应用计算机、网络技术,能够实现种苗环境控制的自动化,并且实现种苗生产的信息化管理。

【技能训练】

技能训练　穴盘规格对蔬菜秧苗质量的影响

一、目的和要求

穴盘孔穴容积小，对水分和养分的缓冲能力低，容易引起根系生长受阻和地上部相互竞争空间，影响幼苗正常生育。本实训旨在学习和掌握主要蔬菜的穴盘育苗技术，了解穴盘规格对不同蔬菜及不同苗龄秧苗质量的影响。

二、实训准备

1. 材料

黄瓜和番茄种子、草炭、蛭石、营养液、地膜。

2. 仪器设备

50、72、128、288孔穴盘；电子天平、烘箱、恒温箱、温度计、信封、卷尺、游标卡尺、叶面积测定仪、量筒、烧杯、玻璃棒、纱布、吸水纸、镊子、喷壶等。

三、实施

(1)基质配制、装盘　按2∶1的配比将草炭、蛭石两种基质混合均匀，装入不同规格的穴盘中。装盘前用量筒测定不同规格穴盘的孔穴容积并做记录。

(2)浸种、催芽　将黄瓜和番茄种子分别用55 ℃温水浸种，浸种结束后将种子捞出，沥干，用纱布包好，放恒温箱中催芽。

(3)播种　在孔穴中央戳一小孔，将发芽种子小心放入孔穴内，覆盖基质厚度0.5～1.0 cm，浇透水，覆盖地膜。

(4)管理　幼苗出土后及时去除地膜，加强管理，培育壮苗。待子叶展平后开始浇营养液，每天1～3次，浇水与浇营养液交替进行。

(5)测定　分别在子叶展平、2叶1心、4叶1心和6叶1心期(番茄)取样，分别测量根系体积、株高、茎粗、叶片数、叶面积和各器官鲜重。在100 ℃下杀青10 min，然后在80 ℃下烘至恒重，测量并记录器官干重。

四、结果分析

根据测量和记录的数据计算根冠比(根重/冠重)和壮苗指数(茎粗/株高×全株干重)，写出实验报告，结合图表分析穴盘规格对蔬菜秧苗生长的不同影响。

五、思维拓展

穴盘孔穴规格影响幼苗质量的根本原因是什么？如何选择适宜规格的穴盘？

【拓展任务】

复习思考题

1. 工厂化育苗的工艺流程包含哪些具体步骤？

2. 工厂化育苗设施有哪些？

3. 以美国 Bouldin&Lawson 公司 183 型播种系统为例，精量播种设备一般应具有哪些功能？

4. 工厂化育苗中，灌溉施肥设备一般应具有哪些功能？

5. 节能型加温苗床具有哪些优点？

6. 穴盘育苗具有哪些优点？

项目六　工厂化育苗方式

【学习目标】

一、知识目标

1. 掌握主要育苗方式的技术流程；
2. 了解不同育苗方式的发展历史、现状及优缺点。

二、技能目标

学会查阅相关资料，熟悉穴盘育苗的概念、特点及其在生产中的应用。

【学习前准备】

一、资源要求

1. 纸质图书馆、期刊阅览室；
2. 电子阅览室、电子资源库；
3. 多媒体教室；
4. 规范化育苗生产基地。

二、预备知识

1. 掌握与工厂化育苗相关基础知识；
2. 掌握文献查阅的基本知识；
3. 了解一些工厂化育苗的基本原理；
4. 了解农业气象、农业法规的知识。

【任务实施】

任务一　穴盘育苗

一、穴盘育苗的定义

穴盘育苗是一种以草炭、蛭石、珍珠岩等轻型基质材料为育苗基质，以不同规格的塑料穴盘为育苗容器，采用机械化自动精量播种生产线完成基质装填、压穴、播种、覆土、镇压和浇水等系列作业，然后在催芽室和温室等设施内进行有效的管理，一次培育成苗的现代化育苗技术体系。

美国在20世纪60年代最先研究开发了穴盘育苗技术，70年代实现商品化，80年代穴盘育苗技术在欧美、日本等地普及推广，目前已成为许多国家专业化生产商品苗的主要方式。穴盘育苗技术自1985年引进我国，曾先后被列为农业农村部"七五"和"八五"重点科研项目，1987年在北京建立了第一个工厂化穴盘育苗场——花乡工厂化育苗场，进行穴盘苗商品化生产的示范和推广，"九五"以来，各地积极调整种植业结构，农业现代化、产业化步伐明显加快，传统的育苗方式和技术已不能适应较大规模的蔬菜、花卉等园艺作物生产的需要，这给穴盘育苗带来了新的发展契机，目前，工厂化穴盘育苗已成为我国园艺作物育苗的重要形式。

穴盘育苗是现代育苗技术发展的较高层次，它以先进的温室工程设备装备种苗生产车间，将现代生物技术、环境调控技术和信息管理技术贯穿于整个育苗过程中，以现代企业经营模式进行优质种苗的生产与销售，使育苗实现快速、优质、高效和规模化，穴盘育苗播种时一穴一粒，成苗时一穴一株，根系与基质紧密缠绕，根坨呈上大下小的塞子形，适于蔬菜、花卉等作物的工厂化育苗。

二、穴盘育苗的技术流程

穴盘育苗是在人工控制的最佳环境条件下，采用科学化、标准化技术措施，运用机械化、自动化手段，使育苗实现快速、优质、高效和规模化生产，穴盘育苗的一般流程如图6-1所示。

三、穴盘育苗的设施

穴盘育苗的设施可根据育苗要求、目的和条件综合考虑，工厂化穴盘育苗的设施应具有先进和完整配套的特点，一般要求性能良好、环境调控能力较强的玻璃或加温塑料温室；局部小面积的穴盘育苗也应因地制宜，配置必要的育苗设施和设备，北方地区也可采用结构性能较好的日光温室，但要配备适当的加温或补温设备，如电热温床等，以防地温过低等极端条件出现。

1.基质处理车间

穴盘育苗多为批量生产，基质用量较大，而且常使用复合基质，需要基质混合、搅拌、消毒等机械，所以，基质处理车间不仅要存放一定数量的育苗基质，而且要能容纳相应的机械设备，并留有作业空间，基质存放在天棚内或者是通风良好的车间内，不要露天存放，消毒后的基质要避免与未消毒的基质接触。

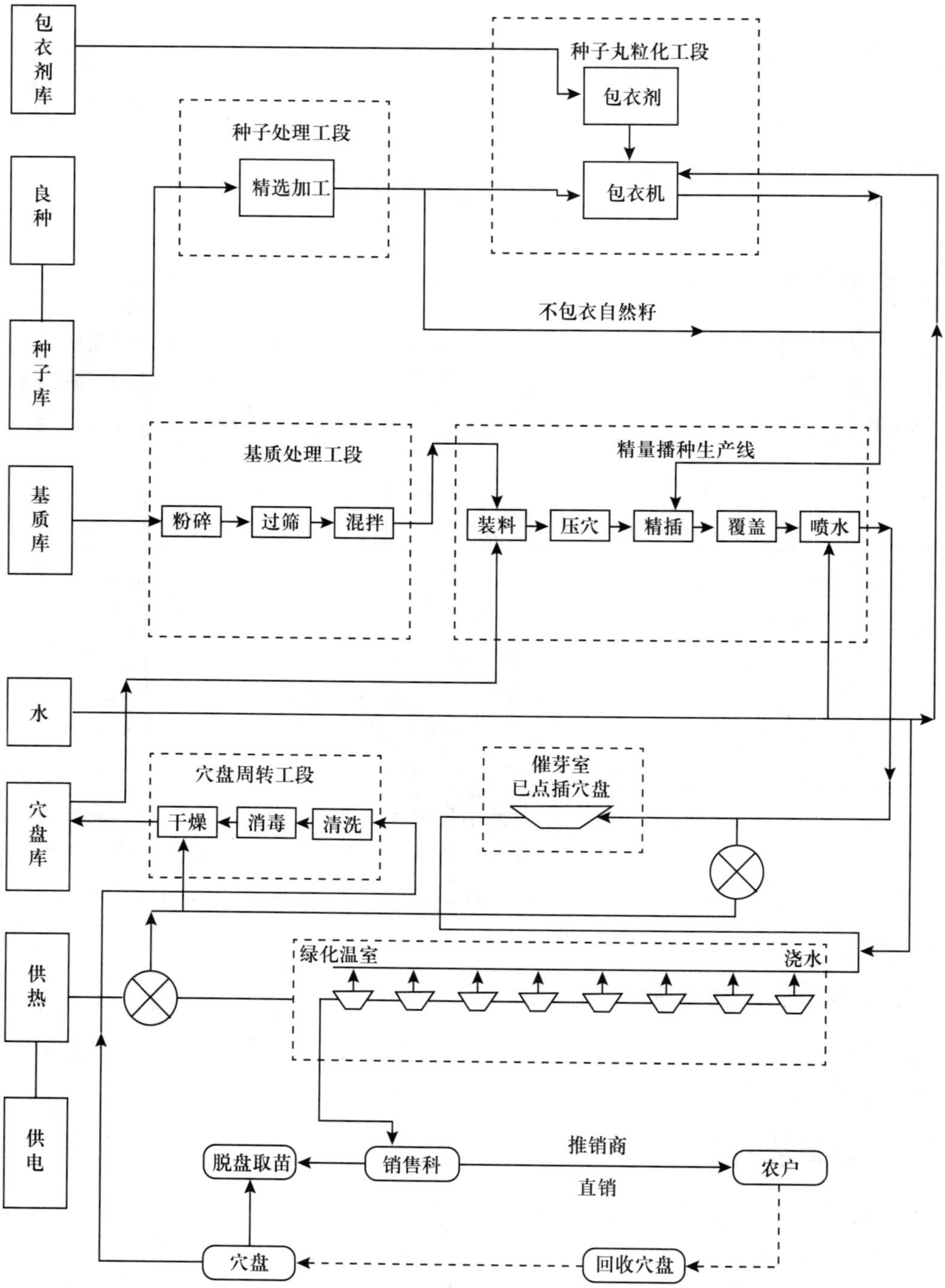

图 6-1　工厂化穴盘育苗的生产工艺流程示意图

2. 装盘及播种车间

工厂化穴盘育苗过程中，基质的混合、搅拌、装盘机械一般与播种流程机械连接在一起，所以要求作业场所至少要有(14～18) m×(6～8) m 的作业空间，在车间内完成基质的自动搅拌、装盘、播种、覆土、浇水等全过程，播种车间要求通风良好，有充足的水源。

3. 催芽室

催芽室是专供种子催芽、出苗使用的设施，工厂化穴盘育苗的一次播种量较大，需设置催芽室，将播种后的穴盘放入催芽。催芽室要有一定空间，而且室内的温度、湿度条件能够根据各种作物种子发芽的最适温、湿度进行调节。

催芽室可以自行设计建造，建造专用催芽室可以砌双层砖墙，中间填充隔热材料或一层5 cm厚的泡沫板以利于保温，出入口的门采用双重保温结构，内设空调设备或利用电热线加温，建在温室或大棚内的催芽室可以采用钢筋骨架，双层塑料薄膜密封，两层薄膜间距7～10 cm，既能透光，增加室内温度，又能使出土幼苗及时见光，不致黄化，为避免阴雨低温天气，催芽室内应设加温装置，一般采用电热线加温，还要有自动喷雾调湿装置，并在室内上方安装1～2个小型排气扇用来促进空气对流，保持室内温、湿度均匀。

4. 绿化、驯化设施

穴盘苗在催芽室内催芽，待幼苗出土后需立即转移到有光并能保持一定温、湿度的绿化室内绿化，否则，幼芽黄化会影响幼苗的生长和质量，穴盘培育的嫁接苗需要经过一段时间的驯化过程，以促进伤口愈合。因此，穴盘育苗要有绿化和驯化的设施，一般为性能较好、环境条件能够调控的玻璃温室或加温塑料大棚，玻璃温室为钢架结构、铝合金窗框，屋面和侧窗全部用玻璃覆盖，室内配备加温、遮阳、保温、自动供液装置，二氧化碳发生器，人工或自动灌溉、通风装置以及必要的补光装置等。等屋面单栋温室一般南北延长(屋脊方向)，长度在100 m以内；等屋面连栋温室一般以3～5连栋为宜，育苗大棚一般跨度为8 m，高度为2.8～3.0 m，冬季育苗采取多层覆盖并备有加温设备，夏季育苗在通风处设防虫网，并将保温幕改换成遮阳网，连栋式拱圆形大棚应具有双层薄膜覆盖、保温幕(用无纺布等)、燃油(燃气等)加温设备等，标准、规格和类型因地制宜。

四、穴盘育苗的关键设备

穴盘育苗的关键设备主要有基质消毒机、基质搅拌机、育苗穴盘、自动精播生产线装置、恒温催芽设备、育苗设施内的喷水系统、二氧化碳增施机等，这些设备是现代化水平较高的工厂化穴盘育苗必备的，实践中可根据当地的条件和财力，选用其中的一部分设备，以提高育苗效率。

1. 基质消毒机

为防止育苗基质中带有致病微生物或线虫等，最好将基质消毒后再使用。育苗基质由专业生产公司制作消毒后装袋出售，自己配制育苗基质时，如果选用新挖出的草炭或刚刚烧制出炉的蛭石，可以不再进行消毒，直接混合使用；如果掺有其他有机肥或来源不卫生的基质材料，则需要消毒后使用。

基质消毒分干热消毒和蒸汽消毒两种，干热消毒是使用燃料加热机内空气，基质在消毒机进出过程中由机内热空气加热消毒；蒸汽消毒由蒸汽锅炉产生的蒸汽加热基质进行消毒，基质用量少时，可采用大铁锅上放蒸笼的方式进行蒸汽消毒。

2. 基质搅拌机

育苗基质在被送往送料机、装盘机之前，一般要用搅拌机重新搅拌，一是避免原基质中各种成分不均匀；二是防止基质在贮运过程中结块，影响装盘质量，如果基质过于干燥，还应加水进行调节。

3. 育苗穴盘

穴盘是工厂化育苗的必备容器，是按照一定规格制成的带有很多小型钵状穴的塑料盘，使用时先在孔穴中装满基质，然后进行播种，播种时一穴一粒，成苗时一穴一株，用于机械化播种的穴盘一般按自动精播生产线的规格要求制作，国际上使用的穴盘外形大小多为 27 cm×54 cm，小穴深度视孔的大小而异，3～10 cm 不等，穴盘的规格及制作材料不同，在形状上有方锥形穴盘、圆锥形穴盘、可分离式穴盘等；在制作材料上有纸格穴盘、聚乙烯穴盘、聚苯乙烯穴盘等，根据孔穴的数目，穴盘可分为 32、40、50、72、128、200、288、392、512、648 孔等不同规格，其中 72、128、288 孔穴盘较为常用，即使孔穴的数目相同，其大小和容积却未必一样，依据育苗用途和作物种类，可选择不同规格的穴盘，一次成苗或培育小苗供移苗用。

4. 自动精量播种生产线装置

穴盘自动精播生产线装置是工厂化育苗的一组核心设备，由穴盘摆放机、送料及基质装盘机、压穴及精播机、覆土机和喷淋机等五大部分组成，这五大部分连在一起形成自动生产线，拆开后每一部分又可独立作业，精量播种机有真空吸入式和齿轮转动式，后者要求用丸粒化种子。

自动生产线装置在美国、荷兰、日本、韩国等都有产品，我国也已拥有自己的产品，一般的自动精量播种生产线包括穴盘摆放机，送料、基质装盘机，压穴、精播机，覆土机，喷淋机等。

5. 恒温催芽室

恒温催芽室是一种能自动控制温度的育苗催芽设施。利用恒温催芽室催芽，温度易于调节，催芽数量大，出芽整齐一致，标准的恒温催芽室具有良好的隔热保温性能，内设加温装置和摆放育苗穴盘的层架。

6. 育苗设施内的喷水系统

在绿化室或幼苗培育设施内，设有喷水设备或浇灌系统。工厂化育苗温室内的喷水系统一般采用行走式喷淋装置，既可喷水，又可喷洒农药，行走式喷淋系统或人工喷洒方式，在幼苗较小时，喷入每穴基质中的水量比较均匀，但当幼苗长到一定大小、叶片面积比较大时，从上面喷水往往造成穴间水分分布不匀，此时可采用底面供水方式，底面供水方式在摆放育苗盘时应事先做好苗床，即将地面整平压实，床内四周打堰，两端要有一定的坡度，便于流水。整好的床面铺上塑料薄膜（有条件者可在摆放穴盘处铺垫上 0.2～0.4 cm 厚的吸水无纺布），将穴盘成列摆放在上面，由床面浇水，水分通过穴盘底部的孔吸入基质中，在寒冷的冬季，底面供水要比上面喷淋优越得多。

7. 二氧化碳增施机

在穴盘育苗过程中，增施二氧化碳可以促进壮苗，特别是在寒冷的季节，保护设施无法通风的情况下，培育果菜类幼苗时，增施二氧化碳对花芽分化，以及定植后果实的产量都有较大影响。

8. 运苗车和育苗层架

运苗车可以采用多层结构，根据成苗的高度来确定每层的高度。育苗层架的高度和宽度要与建造的催芽室相匹配，同时根据育苗穴盘的大小来确定。一般来说，育苗层架的层间距在 10～15 cm，最下层离开地面 20 cm，下部安装方向轮，以便推运。

五、穴盘育苗的技术要点

1. 种子选择

工厂化育苗每穴播 1 粒种子，因此种子发芽率应大于 90%，籽粒饱满，发芽整齐，特别是培育甜椒.番茄等果菜类幼苗，应选用抗病、高产的优良品种。

2. 育苗穴盘的选择

根据不同作物种类和种苗大小，选择不同规格的穴盘，培育叶面积小、苗龄短的幼苗，可使用孔径小、孔数多的穴盘；培育叶面积大、苗龄长的幼苗，则以较大孔径的穴盘为宜，蔬菜适宜穴盘规格及幼苗大小如表 6-1 所示。

表 6-1　不同蔬菜种类的适宜穴盘规格及种苗大小

栽培季节	种类	穴盘规格/(孔/盘)	种苗大小
春季	茄子、番茄	72	6～7 片真叶
	辣椒	128	7～8 片真叶
	黄瓜	72	3～4 片真叶
	青花菜、甘蓝	392	2 叶 1 心
	青花菜、甘蓝	128	5～6 片真叶
	青花菜、甘蓝	72	6～7 片真叶
秋季	芹菜	200	5～6 片真叶
	青花菜、甘蓝	128	4～5 片真叶
	莴苣	128	4～5 片真叶
	黄瓜	128	2 叶 1 心
	茄子、番茄	128	4～5 片真叶

3. 育苗基质的选择

育苗基质应具有优良的理化特性，疏松透气，保水保肥，化学性质稳定，呈微酸性，不带病菌、虫卵、杂草种子以及对秧苗有害的物质，常用穴盘育苗复合基质的组成及理化特性见表 6-2，由于穴盘内基质用量很少，易干燥或缺肥，因此一般都混以堆肥、缓效性肥料或培养土等，以促进根系发育，保证秧苗生长所需营养，减少移栽时伤根，育苗基质由专业工厂生产或自行配制，主要原料是草炭和蛭石(表 6-3)，各地依据就地取材原则，尽量选用资源丰富、价格低廉的轻基质，一般 2～3 种即可，有些基质混以珍珠岩、堆(腐)叶土、炭化稻壳、菇渣、苇末、椰子纤维、细炉渣或园土等。

在我国一些地区，将肥沃的壤土和腐熟好的优质厩肥按 6∶4 比例混合或者将草炭土、壤土和圈肥按 4∶3∶3 比例配制，配好的营养土中每立方米再掺入腐熟粪干 20 kg、氮磷钾复合肥 1.5 kg、草木灰 5 kg、50%多菌灵可湿性粉剂 80 g、80%敌百虫粉剂 60 g，混合均匀过筛后作为育苗基质。

表 6-2 常用育苗复合基质及其理化特性比较

复合机质	容重/ (g/cm^3)	相对密度/ (g/cm^3)	总孔隙度/%	通气孔隙/%	持水孔隙/%	pH	EC/ (mS/cm)	阳离子交换量/ (mmol/kg)
草炭:蛭石:炉渣:珍珠岩=2:2:5:1	0.67	2.29	70.7	17.1	53.6	6.71	2.62	137.7
草炭:蛭石=1:1	0.34	2.32	85.3	38.1	47.2	6.09	1.19	303.7
草炭:蛭石:炉渣:珍珠岩=4:3:1:2	0.41	2.22	81.5	25.3	56.2	6.44	2.82	290.3
草炭:炉渣=1:1	0.62	1.93	67.9	17.7	50.2	6.85	2.43	215.0

表 6-3 各国常用穴盘育苗基质原料组成

国家	原料组成
英国	50%草炭、50%细沙
美国	75%草炭、25%细沙
荷兰	50%草炭、50%蛭石
德国、芬兰	100%草炭
丹麦	50%草炭、25%秸秆堆肥、25%玻璃纤维

4. 营养液配方与管理

营养液配方取决于基质本身的成分。采用草炭、有机肥和复合肥合成的专用基质，以浇水为主，适当补充大量元素即可；采用草炭、蛭石各半的通用育苗基质，则需要严格的营养液配方和肥料用量。

营养液配方一般以大量元素为主，微量元素多由基质提供，氮素肥料以酰胺态氮和 NH_4^+-N 占 40%～50%，NO_3^--N 占 50%～60%，氮、磷、钾比例以 1:1:1 或 1:1.7:1.7 为宜，pH 5.5～7.0，磷的浓度稍高有利于培育壮苗，我国穴盘育苗常用营养液配方见表 6-4。

表 6-4 几种常用育苗营养液配方

g

肥料种类	配方 1	配方 2	配方 3	配方 4
$Ca(NO_3)_2 \cdot 4H_2O$	500	450	—	—
$CO(NH_2)_2$	250	—	—	340
NH_4NO_3	—	250	200	—
$NH_4H_2PO_4$	500	—	—	—
KNO_3	500	400	400	—
KH_2PO_4	100	—	—	465
$Ca(H_2PO_4)_2$	—	250	250	—
$MgSO_4 \cdot 7H_2O$	500	250	250	—

注：表中数据系每立方米水中加入肥料的量(g)，配方 1、2、3 为无土轻基质育苗配方，根据不同作物种类及不同生育期，稀释或加浓使用，必要时可加入微量元素螯合铁 25 g/m^3 及硼酸 20 g/m^3；配方 4 适用于含培养土的基质育苗。

营养液浓度视情况而定，经常灌水结合施用液肥时，氮素浓度 40～60 mg/L 就已足够（其他元素类推），若基质中混有有机肥，自真叶展开后开始喷淋，每日 1～3 次，因气候和幼苗长势而异，每次每盘浇灌量 200～250 mL，使用无基肥基质时，自发芽后每日浇灌液肥（氮浓度 40～60 mg/L），真叶展开后调整次数和浓度，若每周仅浇灌两次液肥，每次每盘浇灌量 500～750 mL 为宜，而且氮素浓度要提高到 130 mg/L，随植株长大，营养液浓度逐渐提高。

为防止盐分积累，一般每浇 3～4 d（夏季 2～3 d）营养液后，浇 1 次清水。

5. 环境控制与幼苗管理

（1）环境控制　苗期的环境控制包括适宜的温度、充足的水分和氧气。播种完毕后将育苗穴盘转移到催芽室进行催芽，催芽室的空气相对湿度要保持在 90%以上，根据作物种类控制催芽室和育苗室的温度（表 6-5），对于茄果类蔬菜育苗，播种出苗后、子叶展平前应保持较高的温度，并给予充足的光照，子叶展平后适当降温。

表 6-5　蔬菜催芽室和育苗室的适宜温度

种类	催芽室		育苗室	
	适温/℃	催芽时间/d	白天/℃	夜间/℃
番茄	25～28	3～4	22～25	13～15
茄子	28～30	5	25～28	15～18
辣椒	28～30	4	25～28	15～18
黄瓜	28～30	2	22～25	13～16
甜瓜	28～30	2	23～26	15～18
西瓜	28～30	2	23～26	15～18
生菜	20～22	3	18～22	10～12
甘蓝	22～25	2	18～22	10～12
花椰菜	20～22	2	18～22	10～12
芹菜	15～20	7～10	20～25	15～20

（2）穴盘位置调整　行走式微喷系统出水量不均匀易造成秧苗间生长的差异，应及时调整穴盘的位置。

（3）灌溉管理　苗床边际水分蒸发强烈，特别是晴天高温期，为此要对周围 10～15 cm 范围内进行补充灌溉，防止生长不匀均。

（4）肥水管理　种子出苗后即可浇水，以保持基质湿润为宜，从子叶展平到 2 叶 1 心期，保持基质水分含量为最大持水量的 70%～75%，3 叶 1 心期后保持在 65%～70%。

（5）病虫害防治　预防为主、综合防治。通过提高秧苗素质、控制环境、设置防虫网、严格消毒等措施减少病虫害的发生，采取物理和生物防治，辅以必要的化学药剂防治。

（6）补苗　工厂化穴盘育苗播种时一穴一粒，易出现缺苗。在 1 片真叶展开时应及时补齐，并浇缓苗水。

（7）定植前炼苗　出室前 5～7 d 通过降温通风、减少肥水供应次数进行炼苗。出室前 2～3 d 应施一次肥水，喷一次杀菌、杀虫剂，让幼苗带肥带药出室。

任务二　水培育苗

深液流栽培、营养液膜栽培、浮板毛管栽培、深水漂浮栽培等常采用水培育苗。水培育苗又称营养液育苗，是利用成型的膨化聚苯乙烯格盘或泡沫为载体，利用泡沫块、海绵块等介质直接在营养液内培育秧苗。

一、水培育苗的主要类型

1. 聚氨酯泡沫小方块育苗

将育苗专用的聚氨酯泡沫小方块平铺于育苗盘中，育苗块约 4 cm 见方，高约 3 cm，在每一小块的中央切一个“×”形缝隙。育苗时，将已催芽的种子逐个嵌播于缝隙中，整片聚氨酰泡沫放置于塑料育苗盘中，在育苗盘中加入营养液，让种子出苗、生长，待成苗后一块块分离，进行定植。此法适用于深液流水培或营养液膜栽培。

2. 深水漂浮育苗

在温室或塑料棚内建造营养液池，然后将苗盘漂浮于含有完全营养液的水池中，完成种苗的萌发、生长和成苗过程，此法在湖北、云南、福建、河南、贵州等地已大规模应用于烟草生产中，被国家烟草专卖局列为“十五”期间推广的育苗技术之一。

二、水培育苗的特点

1. 水培育苗的优点

(1)营养液量大，缓冲性好，作物根系所处环境的营养成分、pH 和温度相对稳定。

(2)深水漂浮育苗时，育苗板漂浮于营养液表面，操作时移动方便。

(3)换茬方便、迅速，土地利用率高。

(4)营养液循环使用，省水省肥。

(5)可实现自动化控制。

(6)幼苗整齐度好，有利于培育壮苗。

2. 水培育苗的缺点

(1)营养液消毒和无菌操作要求严格，一旦感染病害将难以控制，有时会造成严重损失。

(2)小株型作物育苗方便，大株型作物管理不便。

三、水培育苗的主要设施和设备

1. 设施

水培育苗的主要设施包括育苗床、育苗板、营养液循环系统、自动控制系统和营养液消毒装置。

2. 苗床

水培育苗以集中育苗为宜，苗床多为长方形，用红砖、空心砖或木板做成，用黑色塑料薄膜铺底，薄膜边缘盖在苗床边梗或木板上，并检查是否漏水，如发现渗漏应及时更换薄膜或彻底补好漏洞。水培育苗的苗床宽度根据设施的规格而定，以大于 120 cm 为宜；苗床长度依播种面积而定，一般以 10 m 为宜。用 100 m^2 以上的大棚育苗，则应尽可能扩大水面，在大棚中间做一条 50 cm 宽的走道，两侧沿大棚走向做成大营养液池，以提高幼苗生产效率，大棚两侧最好有 100 cm 的垂直高度，以利于管理操作和通风，苗床做好后，于播种前一周灌营养液，盖上薄膜提高营养液温度。

四、水培育苗的技术要点

1. 水源和水质

水源对避免秧苗染病很重要，而水质会影响营养液 pH 和各种元素的有效利用，水培育苗的苗床用水必须清洁、无污染，可用井水、自来水或河水，禁止用坑塘水，以防黑胫病、根黑腐病等病害的发生。有条件的地方，最好事先进行水质分析，了解所用水的 pH 及营养元素含量，以便调节。

2. 营养液的配制

育苗营养液可使用无土栽培的配方，常用配方如日本园试配方和山崎配方，使用标准浓度的 1/3～1/2 剂量，也可使用育苗专用配方。实验表明，水培育苗时，叶菜类蔬菜育苗配方可采用氮 140～200 mg/kg、磷 70～120 mg/kg、钾 140～180 mg/kg；茄果类蔬菜育苗配方前期采用氮 140～200 mg/kg、磷 90～100 mg/kg、钾 200～270 mg/kg，后期采用氮 150～200 mg/kg、磷 50～70 mg/kg、钾 160～200 mg/kg，此外，也可用氮磷钾复合肥（N∶P_2O_5∶K_2O＝15∶15∶15）配成溶液喷灌秧苗，子叶期的适宜浓度为 0.1%，1 片真叶后可提高到 0.2%～0.3%。

水培育苗对营养液的总体要求是养分齐全、均衡，使用安全，配制方便。在实际配制过程中，应合理选择肥料种类，尽量降低营养液的成本，并将 pH 调整在 5.5～6.8。营养液中铵态氮浓度过高容易对秧苗产生危害，抑制秧苗生长，严重时导致幼根腐烂，幼苗萎蔫死亡。因此，在氮源的选择上应以硝态氮为主，铵态氮占总氮的比例最高不宜超过 30%。

3. 营养液的管理

水培育苗营养液管理是一项非常重要的工作，要调节好营养液浓度和 pH，科学控制供液时间和供液量。

实验表明，供液早晚对幼苗生长有明显影响。从幼苗出土时开始供液与子叶展平期或第 1 片真叶期开始供液相比较，幼苗生长量显著增加，说明幼苗出土后，在异养向自养过渡阶段，适当提前供液时间是必要的。一般在幼苗出土、进入绿化室后即开始浇灌或喷洒营养液，每天一次或两天一次。

不同作物对营养液浓度要求不同，同一作物在不同生育时期也不一样。总体说来，幼龄苗的营养液浓度应稍低一些，随着秧苗生长，浓度逐渐提高。有人认为，幼苗期的营养液浓度应为成株期标准浓度的 1/2 或 1/3，但也有人认为苗期也应使用标准配方的浓度。

营养液的酸碱度直接影响养分的溶解度和根系的吸收功能，进而影响作物的生长发育。所以，营养液酸碱度的调节在营养液管理中必不可少，营养液的 pH 变化受生理酸性盐和生理碱性盐的用量和比例、栽种植物种类（植物根系的选择性吸收）、每株植物所占营养液体积的多少、营养液的更换频率等多种因素影响。在实际生产过程中，最好选用一些生理酸碱性变化较平稳的营养液配方，种植密度不要太大，并及时更换营养液，当营养液的 pH 上升时，可用稀硫酸（H_2SO_4）或稀硝酸（HNO_3）溶液来调节；当营养液的 pH 下降时，可用氢氧化钠（NaOH）或氢氧化钾（KOH）溶液来调节。

水培育苗的幼苗根系大部分生长在营养液中，液层深厚很容易造成根系缺氧，不同作物种类对营养液中溶解氧浓度的要求不同，水生植物对营养液的溶解氧含量要求较低，旱生植物要求较高，晴天时，温度越高，光照强度越大，植物对营养液中溶解氧的消耗越多，因此，要根据具体情况设法提高营养液溶解氧量，在生产上主要通过人工的方法增氧，如搅拌营养液、通入压缩空气、营养液循环流动等。

4. 苗床液位的调控关系

水培育苗的一个很重要的方面是要根据作物生长进程对营养液液位高低进行调控，这一环节直接影响幼苗的发芽、根系生长和养分吸收，调控不当有可能抑制幼苗根系的生长，间接影响后期产量，液位管理应遵循使所有幼苗根系能吸收到营养液，又不致根颈窒息死亡的原则。

任务三　容器育苗

容器育苗是指将种子直接播入装有固体基质的容器内，培育成半成苗或成龄苗的方法，容器育苗有很多好处，便于机械化生产和秧苗运输，有利于保护秧苗根系，而且容器成本低廉，经济效益较好。

一、容器育苗的方式

1. 育苗钵育苗

按照制钵的材料，分为塑料钵、纸钵、营养钵等不同类型。

(1)塑料钵　应用广泛，种类很多，外形有圆形和方形，组成有单体钵和连体钵，塑料有聚乙烯和聚氯乙烯，目前主要用聚乙烯制成的单体软质圆形钵，上口直径和钵高分别为 8～14 cm，下口直径 6～12 cm，底部有一个或多个渗水孔以利于排水，育苗时根据作物种类、苗期长短和秧苗大小选用不同规格的钵，蔬菜育苗多使用上口直径 8～10 cm 的钵，花卉和林木育苗可选用较大口径的钵，一次成苗的作物可直接播种；需要分苗的作物则先在播种床上播种，待幼苗长至一定大小后再分苗至钵中，塑料钵盛装的基质可以是单一基质，也可以是混合基质，营养液从上部浇灌或从底部渗灌，硬质塑料连体钵一般由 50～100 个钵连成一套，每个钵的上口直径 2.5～4.5 cm，高 5～8 cm，可供分苗或育成苗。

有些塑料钵的侧面和底部有孔，容积 200～800 mL 不等，使用时装入砾石或其他基质，然后放在营养液深 1.5～2.0 cm 的育苗盘中育苗，待成苗后直接定植到栽培槽的定植板孔穴中或盛有基质的花盆中，作物根系通过底部和侧面的小孔伸到营养液或基质中，这种育苗方法主要用于沙砾培、深液流培的果菜类等蔬菜，播种床仍需要基质，幼苗一片真叶时转移到塑料钵中培育成苗，有的塑料钵不用基质，在钵上有一塑料盖，中间有一孔，只要将秧苗裹以聚氨酯泡沫后固定于孔中即可(图 6-2)。

(2)纸钵　主要用于培育叶菜类蔬菜的小株型幼苗，通常用牛皮纸浆，加入 10%～30%的亲水性维纶纤维、少量防腐剂和化肥制成，在育苗期间不会腐烂和破碎，这种纸钵展开时呈蜂窝状，由许多上下开口的六棱柱形纸钵连接在一起制成，不用时可折叠成册，每册中纸钵数和每个纸钵的直径因育苗作物种类而异，日本及西欧一些国家已经采用机械化大规模生产，其规格和型号因育苗用途而异(表 6-6)。

图 6-2 水培用各种成型塑料有孔育苗钵

表 6-6 日本纸钵的型号和用途

型号	钵口径×高/cm	钵数/(个/袋)	展开宽×长/cm	适用品种
1号	1.9×1.9	1 400	31×116	胡萝卜
2号	3×13.5	700	31×127	胡萝卜、萝卜
3号	6.5×6.8	180	33×180	花椰菜、甘蓝、白菜
4号	4.7×5	72	28×56	甘蓝、莴苣
5号	5×5	104	30×59	番茄

为了使钵中的培养土不散开，而相邻钵间的土块又容易分开，纸钵必须和特制的垫板配合使用，要求垫板透水性好，表面平整，有弹性，不易被根系穿透，垫板上有许多小孔，以便调节钵中土的水分，日本蔬菜育苗所用的垫板是盖有一层塑料薄膜的聚氨基甲酸乙酯树脂板，或用发泡维纶板，育苗时先展开一册纸钵放在垫板上，装填基质、播种、定植均由配套机械完成。

(3)营养钵　利用制钵机将营养基质或营养土压制成中间有孔的方形小块，供播种或移苗用，其中，泥炭钵以泥炭为主要成分，再加一些其他有机物压制而成，国外广泛采用，常见的如基菲(Jiffy)营养钵、基菲育苗小块等。基菲营养钵是由70%泥炭和30%纸浆，再加上一些化学肥料配制而成的，外包有弹性的尼龙网状物，具有通气、吸水力强、肥沃、轻巧、使用方便等优点，主要用于蔬菜、花卉、林木育苗，其直径4.5 cm，厚仅7 mm，体积小，搬运方便，使用时先将其放入盘中喷水或者从底面吸水使之膨胀，膨大成高4.5～5.0 cm的钵状育苗块后再播种或移苗，幼苗根系穿出尼龙网时定植，育苗期间无须另行提供养分。

2. 育苗盘(箱)育苗

目前，生产中用的育苗盘(箱)多为塑料制品，用聚乙烯树脂加入耐老化剂压模成型，也可用木头制作，不同规格的育苗盘大小、深浅不同，常用的蔬菜育苗盘规格一般为60 cm(长)×30 cm(宽)×5 cm(深)或40 cm×30 cm×5 cm，底部有细孔透水透气，使用时，装入基质直接播种，或者在盘中盛放育苗钵，以便于搬运和机械化栽植，育苗盘既可用于播种出苗，也可用于育小苗，适于立体育苗，有的育苗盘中间设有纵横格板，装入培养土，每小格育一株苗。

常用硬质塑料育苗箱的规格为50 cm(长)×40 cm(宽)×12 cm(深)，可在里面直接育苗，也可作为运苗的工具。

3. 育苗筒育苗

按照制作材料分为塑料筒和纸筒，塑料筒由工厂吹塑切制而成，规格多样，也可用旧塑料薄膜自行制作；纸筒用旧报纸、牛皮纸等粘制而成，育苗筒直径7～8 cm，高9 cm以上，筒内填装基质后育苗。

二、容器育苗的技术流程及设备

1. 技术流程

钵盘育苗和营养土块育苗的技术流程如图 6-3、图 6-4 所示。

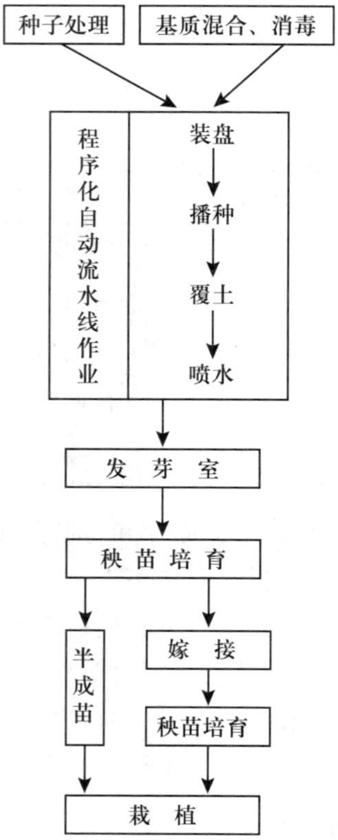

图 6-3　钵盘育苗的技术流程

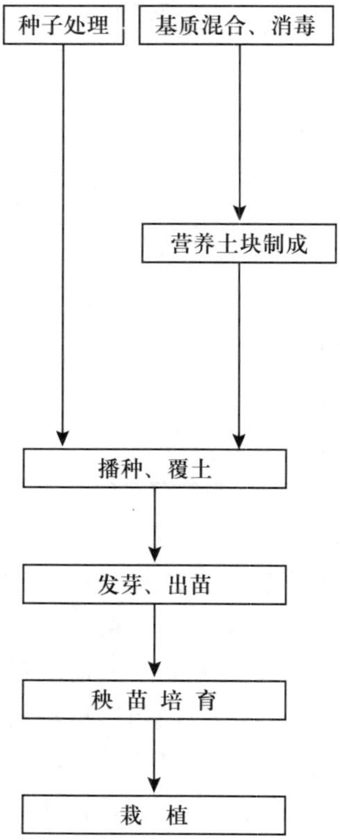

图 6-4　营养土块育苗的技术流程

2. 容器育苗的主要设备

容器育苗的主要设备：①种子处理、包衣车间；②基质混合和消毒设备；③播种车间，包括自动送钵（盘）机，基质装钵（盘）、压穴、播种、覆土、喷水设备等；④营养土块制作车间；⑤自动控温、控湿装置，能够自动调控温、湿度以及 CO_2 浓度等；⑥全自动式智能嫁接机、促进愈合装置（光、温、湿自动调控）。

三、容器育苗的技术要点

利用容器育苗时，营养土与自然土隔离，秧苗的根系局限在容器内，故可利用的水分有限，因此，浇水次数与浇水量远大于常规育苗，一般宜掌握“控温不控水”的原则，即主要以控温来调节秧苗生长，每次浇水时都要浇透，以减少浇水次数，定植前炼苗时要注意适当控制浇水，炼苗期不宜过长，当幼苗白天出现萎蔫时则需及时浇水。

利用营养土块育苗，前期土坨之间的缝隙要撒土弥合，以利于保墒、护根，育苗期间搬坨、倒坨后要适当提高育苗场所内的温度，以利于根系恢复生长。

合理搭配，使用不同的育苗容器，以提高容器的利用率，降低育苗成本，如用育苗盘培育小苗，然后分苗于营养土块或塑料钵内培育成苗。

塑料育苗钵、育苗盘用后要及时清洗干净，晾干后保存，一般可用 3～5 年，如果多年连续使用，再次使用前必须消毒，可用浓度为 1%的漂白粉溶液浸泡 8～12 h；也可用 0.5%的福尔马林溶液浸泡 30 min 后取出，用塑料薄膜密封 5～7 d，揭去薄膜待用。

任务四　其他育苗方式

除了穴盘育苗、水培育苗和容器育苗外，工厂化育苗还有许多方式，如岩棉育苗、扦插育苗、试管育苗等。

一、岩棉育苗

1. 岩棉育苗的优点

①岩棉具有良好的缓冲性能，可以为秧苗根系创造一个稳定的生长环境，受外界影响较小，便于规范化育苗。

②岩棉育苗配以滴灌装置，能很好地解决水分、养分和氧气的平衡供应问题。

③岩棉质地均匀，栽培床中不同位置的营养液和氧气的供应状况相近，不会造成植株间的太大差异，以利于秧苗整齐。

④岩棉育苗装置简易，不受地面平整与否等条件的限制。

⑤岩棉本身不传播病、虫、草害，可以减少土传病害的发生。

⑥岩棉经过消毒后可以连续使用，降低育苗成本，增加经济效益。

⑦营养液的供应次数可以大大减少，不受停电停水的限制，节省水、电。

2. 岩棉育苗的方法

岩棉育苗的方法如图 6-5 所示。岩棉块的形状和大小可根据作物种类而定(图 6-6)，育苗用的岩棉块一般有以下几种规格：3 cm×3 cm×3 cm、4 cm×4 cm×4 cm、5 cm×5 cm×5 cm、7.5 cm×7.5 cm×7.5 cm、10 cm×10 cm× 5 cm 等，较大的岩棉块面上中央开有一个小方洞，用以嵌入一小方块岩棉，小方洞的大小刚好与嵌入的小方块相吻合，称为“钵中钵”，大岩棉块除了上下两个面外，四周用黑色或乳白色不透光的塑料薄膜包裹，以防止水分蒸发、四周积盐和滋生藻类，育苗时，首先选择适宜大小的育苗箱或育苗床，在底部铺一层塑料薄膜，防

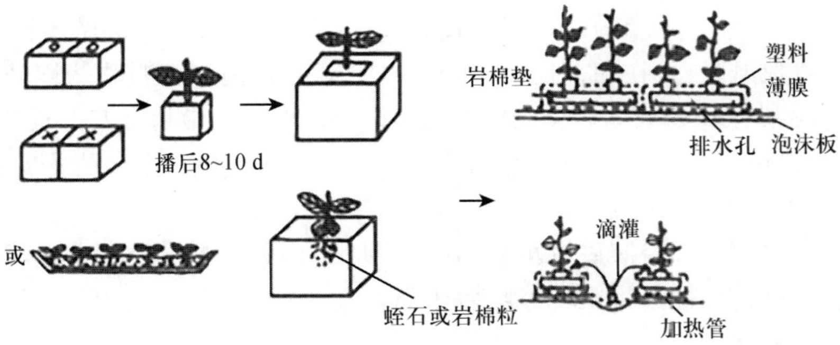

图 6-5　岩棉育苗

图 6-6　各种规格的育苗岩棉块

止营养液渗漏，然后将岩棉块平放其中，用清水浸泡 24 h 后方可使用，播种前先在小岩棉块面上割一小缝或用镊子在岩棉上刺一小洞，嵌入已催芽的种子，每块 1～2 粒，播种宜浅不宜深，然后将岩棉块密集置于育苗箱或育苗床中，先用低浓度营养液浇湿，保持岩棉块湿润；出苗后，育苗箱或育苗床底部维持厚度 0.5 cm 以下的液层，靠底部毛细管作用供水.供肥；幼苗第一片真叶出现时，将小岩棉块移入大育苗块中，然后排在一起，并随着幼苗的长大逐渐拉开间距，避免互相遮光，移入大育苗块后，营养液深可维持在 1 cm 左右。还有一种供液方法是将育苗块底部的营养液层用一层 2 mm 厚的亲水无纺布代替，无纺布垫在育苗块底部 1 cm 左右的一边，并通过滴灌向无纺布供液，利用无纺布的毛细管作用将营养液传送到岩棉块中(图 6-7)，此法的效果比浇液法和浸液法好。

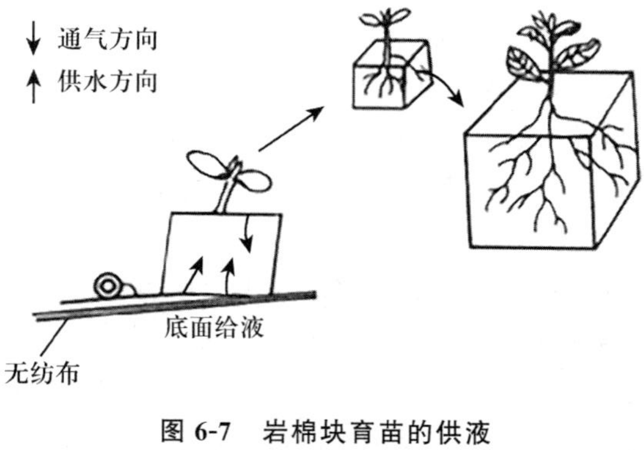

图 6-7　岩棉块育苗的供液

第三种供液方式是把水或营养液蓄在育苗床内，苗床一般用塑料板或泡沫板围成槽状，长 10～20 m，宽 1.2～1.5 m，深 10 cm 左右，床底平且不漏水，底部铺一层厚 0.2～0.5 mm 黑色聚乙烯塑料薄膜作衬垫，保持薄层营养液厚度在 2 cm 左右，通过营养液循环流动增加氧气含量，冬季育苗需要加温时，先在底部铺一层稻草或聚苯乙烯泡沫塑料作为隔热层，上面再盖 2 cm 厚的沙层，在沙层中安放电热线，功率密度 70～80 W/m^2，最后在其上设置育苗床，也有的将床底做成许多深 2 mm 的小格子，育苗块排列其上，底部供液，多余的营养液则从按一定间隔设置的小孔中排出(图 6-8)。

为了降低育苗成本，营养液供液可采用循环回收的方式，工厂化育苗过程中，营养液循环装置主要包括进液管、排液管、贮液池，对于循环使用的营养液务必及时调整其浓度和酸碱度。

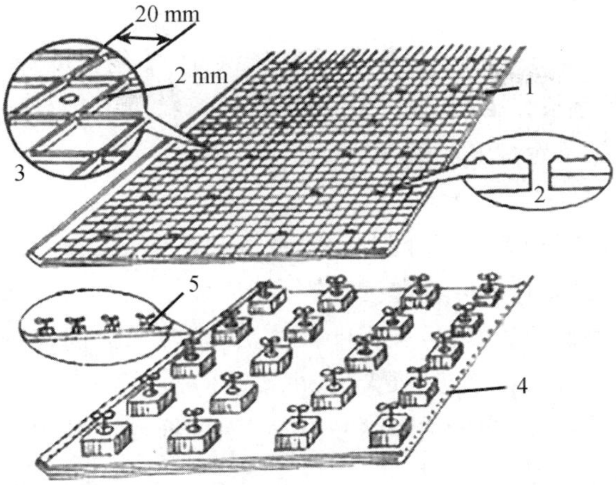

图 6-8　育苗床与育苗块供液系统

1. 育苗床　2. 排水孔　3. 育苗床小格放大　4,5　供液孔

3. 岩棉育苗的技术关键

(1)作物种类　适于岩棉育苗的作物种类较为广泛,主要用于茄果类、瓜类、豆类、叶菜类蔬菜的播种育苗。

(2)岩棉的选择　要选用亲水性好、理化性能稳定、无毒的农用岩棉,使用前最好先用清水浸泡 24 h 以上。

(3)防止苗床中营养液局部聚集　由于岩棉质地不匀、栽培床面不平、供液量过大等原因,使育苗床局部聚集过多营养液,会造成通气不良、碱性物质积累和作物根腐病的发生,因此,要及时排出育苗床内过多的营养液。

(4)水质的选择　岩棉育苗对水质的要求较高,水中钠和氯的含量最好小于 1.5 mmol/L,而且镁、锌、钙、铁的含量也不能太高。

(5)选用适宜的营养液　由于岩棉育苗作物根系供氧充足,对氮、磷、钾的吸收能力增强,容易造成过量吸收,同时引起钙、镁过剩,因此,必须选择适宜的营养液配方,营养液 pH 应控制在 5.0～6.0。

二、扦插育苗

取植物体的部分营养器官插入基质中,在适宜环境下使其生根,然后培育成苗的技术叫扦插育苗,扦插育苗有利于保持种性,取材容易,发根快,开花结果早,节省种子,可缩短育苗周期,有利于实行多层立体工厂化育苗,因此在多种园艺作物上得到应用,主要是花卉、果树的无性繁殖,在蔬菜作物上也有应用,如利用大白菜、甘蓝等的腋芽,佛手瓜的侧芽,番茄、人参果、无籽西瓜的侧枝扦插育苗等。

决定扦插育苗成功与否的关键主要有以下几点。

1. 扦插时间

扦插育苗一年四季都可进行,一般在早春和夏末,此时的自然环境较好,而且植株正处在分裂旺盛期,有利于扦插生根成活。

2. 插穗的选择

应选择易生根且遗传变异小的部位作为繁殖材料，木质化程度低的植物，如番茄、秋海棠等，可剪取有节间的带叶茎段作插穗；木质化程度高的植物可以用硬枝或嫩枝作插穗，还有些植物可以用根作插穗诱导不定芽和不定根发生。

3. 扦插方法

通常依据选取植物器官的类型可分为叶插、枝插和根插。

(1)叶插　剪取植物的叶片或叶柄作插穗，扦插后发根成苗的方法即为叶插，凡是叶上可产生不定芽及不定根的植物种类，均可采用叶插法，适合叶插法的植物应具有粗壮的叶柄、叶脉或肥厚的叶片，如落地生根、石莲花、景天树、虎皮兰等。

(2)枝插　枝插又可分为软枝扦插和硬枝扦插，软枝扦插主要用于温室花卉和常绿花木，如天竺葵、秋海棠类、倒挂金钟、茉莉、杜鹃、夹竹桃等，一般 5—9 月进行，选取当年生的健壮、充实、带叶枝条作插穗，过嫩容易腐烂，过老生根困难，插穗长度 6～10 cm，至少带 2～3 个芽，扦插时剪去下部叶片及部分上部叶片以减少蒸发，硬枝扦插多用于花卉和果树，如石榴、月季、木槿、一品红、迎春、葡萄等，选 1～2 年生健壮枝条作插穗，入冬前沙藏于窖里，春季扦插或在温室内提前扦插，插穗应选取枝条中段、芽饱满处，长度 10～25 cm，嫩枝扦插或常绿果树扦插，插入基质的深度为插穗长的 1/3～1/2；硬枝扦插时，顶芽与地面相平。

(3)根插　根插主要用于芍药、牡丹、荷兰菊、宿根福禄考等根上能生不定芽的花卉种类和枝插不易成活的某些果树，如枣、柿、核桃等，用这种方法繁殖的苗木生理年龄小，达到开花阶段需要的培养时间长。

在扦插育苗中，为了促进插穗生根，提高成活率，常常在扦插之前用生长素类物质处理，常用的药剂有吲哚乙酸(IAA)、吲哚丁酸(IBA)、萘乙酸(NAA)、2,4-D、ABT 生根粉等，处理方法主要包括浸泡和蘸粉，浸泡浓度草本植物为 5～10 mg/kg，木本植物为 50～200 mg/kg，时间 12～24 h。

4. 扦插基质

扦插基质要求通气、保水、排水性良好，且无病原菌感染，常用的有蛭石、珍珠岩、泥炭、炉渣、沙、锯末等，复合基质以沙、炉渣比例为 1∶1，蛭石、珍珠岩比例为 1∶1，泥炭、珍珠岩比例为 1∶1，泥炭、蛭石比例为 1∶1. 泥炭、沙子比例为 1∶1 等作为扦插基质效果较好。

不同作物育苗应选择各自适宜的扦插基质，有些花卉如一品红、榆叶梅、爬山虎、菊花等，用沙子作为扦插基质效果较好，但对杜鹃花等一些难生根花卉，生根部位对水、空气条件要求严格，用珍珠岩或珍珠岩和锯末的复合基质更易成功，许多研究认为，蛭石安全卫生，保水透气，是花卉扦插的良好基质。

5. 影响扦插生根的环境因素

(1)光照　叶插和软枝扦插带有芽和叶片，在光下可进行光合作用，产生生长素，制造营养物质，促进生根，因此保持一定的光照条件非常必要，此外，光照还可以提高基质的温度，但是，扦插后 2～3 d 内应适当遮阳，夏季强光下更需遮阳，防止土壤蒸发和插条蒸腾过强，破坏水分平衡，影响成活。

(2)温度　不同作物要求的扦插生根温度不同，多数为 15～25 ℃，热带物种较高，耐寒性植物和硬枝扦插时温度可略低些，气温高于 35 ℃时最好不要扦插，基质温度高于气温 3～5 ℃可抑制地上部分生长，促进根的发生，所以在扦插床或扦插箱底部设加温装置，可以促进提早生根，保持一定的昼夜温差有利于生根，对许多作物来说，昼间 21～26 ℃、夜间 15～21 ℃较适宜。

(3)湿度　插穗只有在湿润的基质中才能生根，基质适宜含水量因作物种类而异，有些花卉可直接插入水中生根，如夹竹桃、橡皮树、月季等；有些则必须在相对湿度 80%以上、通气良好的基质中才能生根，如杜鹃花、一品红、葡萄等，通常，扦插后要浇足水，最好采用喷雾法，然后在扦插床上覆盖塑料薄膜，一周内应保持较高的空气相对湿度，尤其对嫩枝扦插，以 80%～90%为宜，生根后逐渐降低到 60%左右。

(4)氧气　愈伤组织及新根发生时，植株呼吸作用旺盛，因此要求扦插基质具有良好的通气条件，多数植物插条生根需要保持 15%以上的氧气含量，理想的扦插基质要求既能保湿，又通气良好。

三、试管育苗

试管育苗是在人工控制条件下，将植物组织如茎、叶或花药等，在试管内的人工培养基上进行离体培养，形成具有根、茎、叶的幼苗后，再经试管外驯化成苗，这种育苗方法不是用种子繁育秧苗，而是利用植物组织的再生能力培养成苗，运用营养体进行快速繁殖，因此，属于无性繁殖，这种育苗方法对于难以得到种子的植物，或能结籽而种子量很少的植物以及属于营养体繁殖的植物来说，是一种好的快繁方法，试管育苗法最早应用于育种过程中，目前已广泛应用于蔬菜等植物的秧苗扩大繁殖中，如马铃薯、甘薯、生姜、大蒜、草莓等的脱毒快繁。

试管育苗能够保持原有品种的优良性状，获得无病毒苗木，提高繁殖系数，有利于实现育苗的自动化、工厂化和周年生产，使在室内人工控制条件下以高密度、快速度繁殖，但是，试管育苗成本较高，有一定的技术难度。

试管育苗的作业流程及所需设备如图 6-9 所示。

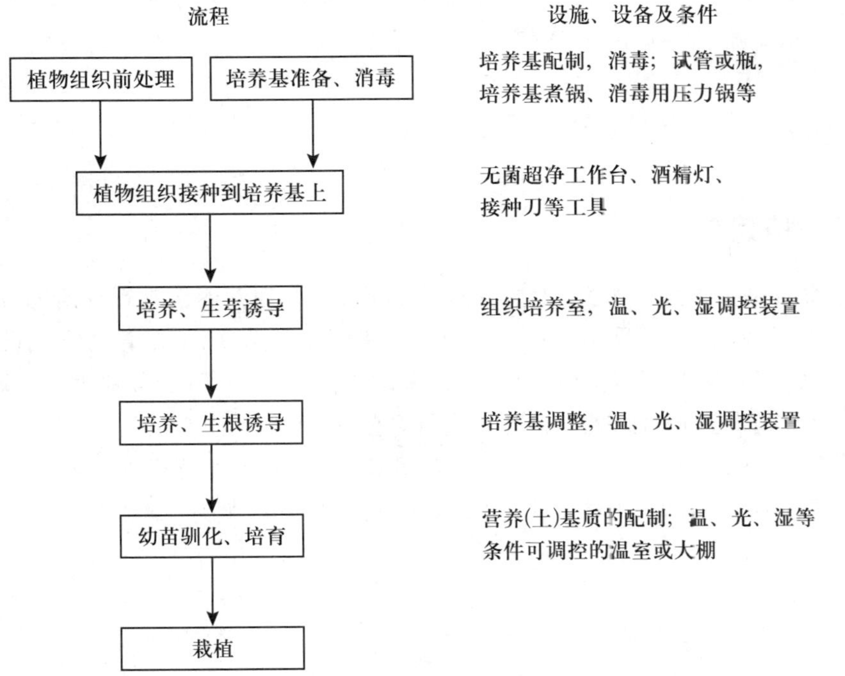

图 6-9　试管育苗的流程

试管育苗过程是在植物激素的调控下进行的，使用的植物生长调节物质主要有：生长素类，如吲哚乙酸、吲哚丁酸、萘乙酸等，主要调控向根方向的分化；细胞分裂素类，如6-BA(6-苄基腺嘌呤)、玉米素等，调控向茎、芽方向的分化。两类激素的比例最终控制着细胞和组织的分化方向。

当组培苗生根长度达到1～2 cm时，准备移栽，移栽之前可用降低培养温度(20 ℃以下)和增加光照强度(3 000 lx以上)的方法进行1周左右的炼苗，移出前1～2 d将培养瓶移入温室，打开瓶口，从培养瓶中小心地取出生根试管苗，用清水仔细洗去培养基，用纸将水吸干，再移栽到锯末与泥炭比例为1∶1或蛭石与珍珠岩比例为1∶1的基质中，喷透水，基质应预先消毒，开始阶段覆盖保湿，空气相对湿度在80%～90%及以上，温度在20～25 ℃，适当遮阴，防止强光照射，1周后降低湿度，浇营养液，保持基质相对湿度在60%～70%为宜。

试管苗在试管内的扩增阶段，对管内和室内微环境以及培养基的组成要求较高，在驯化阶段，对环境中的温度、湿度及光照条件要求严格，如果控制不当，难以顺利成苗和培育壮苗，因此，对设施、设备条件和技术水平要求较高。

【项目小结】

一、重点难点

1. 工厂化育苗是传统育苗技术和方式的重大变革，它摆脱了自然条件的束缚和地域的限制，实现了种苗的工厂化生产、商品化供应，是更高层次的现代化的育苗技术。

2. 目前，工厂化育苗的方式主要有穴盘育苗、容器育苗、水培育苗、营养土块育苗、试管育苗等，育苗方式不同，所需要的设施、设备及工艺流程有很大差异。

3. 熟练掌握普通无土育苗和工厂化穴盘育苗的操作流程，包括种子精选、种子处理、因地制宜地选用育苗基质、播种、秧苗培育等环节，操作要规范、技术要求严格，培育的秧苗整齐、健壮。

4. 苗期管理是保证育苗质量的必要条件，包括营养液的管理和温度、光照、水分、气体等环境的调控。

二、经验技巧总结

1. 无土育苗是指不用土壤，而用基质和营养液或单纯用营养液进行育苗的方法。随着设施园艺的发展，蔬菜、花卉等反季节农作物的发展速度非常迅猛，常规育苗方式已远远不能满足生产需求，无土育苗因其先进性和科学性越来越受到农户的欢迎，各地生产实际不同，在生产中可根据具体情况选择合适的育苗方式进行育苗。

2. 育苗期间经常会出现各种问题，如秧苗颜色发黄、根系坏死或发育不良、幼苗徒长、秧苗生长停滞等，要留意观察，及时发现问题，找出原因，并有效解决。

【技能训练】

技能训练　蔬菜无土育苗

一、目的和要求

根据作物种类、苗龄选择适宜的无土育苗方法，熟练掌握无土育苗的操作流程，能够准确分析并有效解决无土育苗的实际问题。

二、实训准备

1. 材料

莴苣、辣椒、番茄等作物种子(各 100 g)，蛭石、珍珠岩、泥炭适量，3%～5%磷酸钠溶液，0.1%氯化汞溶液，0.3%～0.5%次氯酸钠(次氯酸钙)溶液，3 mmol/L NaOH 或 KOH 的稀溶液，3 mmol/L 硫酸或磷酸的稀溶液，配制华南农业大学叶菜类和果菜类营养液所需的农用或工业用肥料。

2. 营养液

(1)华南农业大学叶菜类营养液配方　$Ca(NO_3)\cdot 4H_2O$，472 mg；KNO_3，202 mg；NH_4NO_3，80 mg；KH_2PO_4，100 mg；K_2SO_4，174 mg；$MgSO_4\cdot 7H_2O$，246 mg；pH 6.1～6.6。

(2)华南农业大学果菜类营养液配方　$Ca(NO_3)\cdot 4H_2O$，472 mg；KNO_3，404 mg；KH_2PO_4，100 mg；$MgSO_4\cdot 7H_2O$，246 mg；pH 6.4～7.8。

3. 仪器与用具

催芽室、育苗穴盘(72 孔、128 孔)、塑料育苗钵(7 cm×8 cm)、喷壶、干湿度计、镊子、托盘天平(或电子分析天平)、杆秤、50 mL 量筒、酸度计或 pH 试纸、电导率仪、500 mL 烧杯、塑料盆(桶)、塑料标签。

4. 制订实施方案

(1)选种　选择饱满、整齐、无病虫害的种子，备用。

(2)工具及人手消毒　用 3%～5%磷酸钠溶液消毒处理。

(3)种子及基质消毒　将选好的种子用 0.1%氯化汞溶液消毒 5 min 左右，再用清水冲洗 3～5 次以除去残毒。用 0.3%～0.5%次氯酸钠(次氯酸钙)溶液浸泡沙子、泥炭基质 30 min，然后用清水冲洗若干次。

(4)基质装盘　将珍珠岩、蛭石按 2∶1 的比例混合后，均匀装盘(距盘沿 1 cm)。

(5)播种　将种子用镊子小心放入穴盘。每穴 1～2 粒，播完后再撒上一薄层蛭石基质，刮平稍压后，浇透水。

(6)移苗　待第一片真叶展开后，移入预先装好岩棉、泥炭、沙子、珍珠岩和蛭石等单一基质的育苗钵中，浇足 1/3 剂量的营养液。

(7)营养液管理　种子发芽前，不浇营养液，只浇清水；移苗后初期可浇灌 1/3 剂量的营养液；中期和后期浇灌 1/2 剂量的营养液。每隔 2～3 d 浇一次，夏季高温季节每天可酌情浇 1～2

次清水，以防基质过干。

(8)环境管理　苗盘播种后，重叠移入催芽室，温度控制在 25～26 ℃。出苗后再移入温室，及时见光绿化。注意中午通风、降温和遮光，并防止蒸发过大；夜间注意拉大昼夜温差(低于昼温 5～10 ℃)和保温，必要时可搭建小拱棚。当第一片真叶展开时，应及时移苗以免互相影响。移至塑料钵后，随着幼苗的长大，及时拉大株行距。当达到不同作物要求的生理苗龄或日历苗龄及育苗规格后再定植。

(9)跟踪记录　育苗期间要跟踪调查秧苗的生长状况和环境变化情况，并及时记录。苗期记录要及时整理归档。

三、实施

(1)分组制订蔬菜穴盘育苗的方案。

(2)根据不同蔬菜特点选择适宜的穴盘，进行穴盘育苗操作，分组实施。

(3)交流评价。

【拓展任务】

一、复习思考题

1. 什么是穴盘育苗？
2. 穴盘育苗有哪些突出优点？
3. 工厂化穴盘育苗的主要设施设备有哪些？
4. 简述穴盘育苗的技术要点。
5. 什么是水培育苗？水培育苗有哪些特点？
6. 简述水培育苗的技术要点。
7. 容器育苗的方式主要有哪些？
8. 简述岩棉育苗的优点及技术要点。
9. 什么是扦插育苗？影响扦插生根的环境因素有哪些？
10. 什么是试管育苗？
11. 试述试管育苗的作业流程及设施设备。

二、案例分析

济南伟丽种业有限公司是山东省较早开展工厂化集约育苗的企业，目前已建立占地 10.67 hm^2 和 3.33 hm^2 的两处育苗基地，年育苗量在 3 000 万株以上，其西瓜、甜瓜、黄瓜嫁接育苗数量达 1 400 万株，形成了一套完整的技术体系，嫁接苗成活率和壮苗率达到了很高的水平，在瓜类蔬菜嫁接育苗方面走在了全国前列。

寿光新世纪种苗有限公司成立于 2001 年，经过近 10 年的努力，形成了年育苗量 3 000 万株以上的规模，并率先开展了番茄、茄子、辣(甜)椒嫁接苗的研究和开发。他们依托经营的蔬菜品种和建立的种苗推广服务体系，增加了企业的市场竞争力，也体现了企业为农民热心服务的理念。

针对育苗基质成分复杂，作为主要成分之一的草炭资源逐渐匮乏的实际，原济南鲁青园艺研究所研究制定的“果菜基地标准”已经通过了山东省市场监督管理局组织的专家审查，将作为省级地方标准发布实施。目前，该科技企业已成为全国规模较大的育苗基质生产企业之一，产品已销往山东、河北、宁夏、广西等多个省、自治区。

山东省在蔬菜育苗基质、营养液配方、育苗环境调控、苗期病害防控、秧苗标准等研究上取得了显著进展。科研、教学单位与育苗企业合作的研发平台已初步建立，目前已研究制定了西瓜、黄瓜、番茄、茄子、辣(甜)椒工厂化集约育苗的技术规程，将作为省级地方标准发布实施。育苗方面的科技进步为山东省工厂化集约育苗产业的发展提供了重要的技术支撑。

项目七　工厂化育苗环境调控

【学习目标】

一、知识目标

1. 了解影响工厂化育苗质量的因素，会根据种苗生长出现的问题进行种苗质量环境调控；

2. 了解育苗设施内各环境因子的特点和影响因子；

3. 掌握育苗设施环境综合调控的目标与原则；

4. 掌握育苗设施环境内各环境因子的具体调控措施。

二、技能目标

1. 能够正确观测育苗设施内各种环境因子的变化；

2. 能够掌握本地区主要育苗设施类型的环境变化特点，并能进行有效的调控。

【学习前准备】

一、资源要求

1. 图书馆、期刊阅览室；

2. 育苗温室内环境调控；

3. 温室大棚、日光温室等育苗设施。

二、预备知识

1. 掌握与工厂化育苗技术相关基础知识；

2. 掌握文献查阅的基本知识；

3. 了解一些工厂化育苗的基本原理；

4. 了解农业气象、农业法规的知识。

【任务实施】

任务一　影响幼苗质量的环境条件

工厂化育苗一般是以大型的育苗企业(如种苗中心、公司)为生产场所,根据市场需求,采用优良品种及先进的育苗技术有计划地成批生产秧苗,以商品的形式为生产者提供优良种苗。这种有计划、专业化的秧苗生产方式完全是模拟工厂生产商品的过程,这样严格按照商品规格进行秧苗生产的方式,只有在各种因子的全面、严格控制的条件下,才能保证育苗生产中"量"和"质"目标的实现。因此,必须了解和明确秧苗质量的概念及其控制的意义,才能为工厂化育苗质量控制提供有力的技术保障。

环境条件包括广义的营养条件,即营养面积和气象及栽培因子(包括温度、光照、水分、气体、养分等)。工厂化育苗对环境要求严格,可控性强,创造最适的环境条件是培育壮苗的技术关键,也是获得早熟高产的前提条件。幼苗期环境条件是决定秧苗质量的重要因素,幼苗对营养面积和温、光,水、肥、气方面的要求既严格又敏感。因此,正确认识和掌握幼苗的各种环境生理,制定环境调控措施,对于培育符合生产需要的健壮幼苗具有十分重要的意义。

一、营养面积和苗龄

工厂化育苗一般采用穴盘育苗。穴盘育苗是高度集约化的育苗方法,即在较大的资金与技术投入条件下,在相对较短的育苗期内,培育出单位育苗面积内更多更好的蔬菜秧苗。做到这一点的重要的基础在于营养,而实现的手段就是适宜的苗龄结合适合的营养面积。也就是说,依据营养面积确定苗龄或根据一定的苗龄选用不同孔穴的穴盘是穴盘育苗中的首要问题。

大量试验和生产经验证明,苗龄大小主要影响产量的分布,大苗具有明显的早熟性,早期产量增高,但由于早衰,总产量有所下降;虽然小苗早期产量较低,但由于活力较强,生长旺盛,总产量较高;中等大小的秧苗(中苗)兼有大苗与小苗双方的特点,在保证较高前期产量的情况下,总产量仍能保持在较高的水平。针对穴盘育苗的条件,应提倡培育适龄中苗,如番茄 5～6 片真叶,育苗期 40～45 d;黄瓜 3～4 片叶,育苗期 30～35 d;茄子、辣椒 7～8 片叶,育苗期 50～55 d。

另外,育苗营养面积的大小应与苗龄相匹配,在穴盘育苗时,培育上述中苗时采用普遍使用的 72 孔穴盘为宜;营养面积增大,如应用 50 孔穴盘育苗,秧苗质量稍有提高,但单位育苗面积的成苗量却明显降低,育苗成本增加。

即使如此,在上述的苗龄与营养面积条件下育苗,不一定能够完全满足秧苗生长对营养面积的要求,秧苗生长到一定大小时,就容易出现秧苗徒长的问题,特别是瓜类蔬菜容易徒长,必要时应采取一定的控制措施,如矮化技术,以保证秧苗的质量。

因此,穴盘育苗的苗龄与营养面积必须处理好。需要强调的是,传统育苗中的长龄大苗已经不适于当今的育苗要求,随着生产的发展,特别是进入产业化阶段,市场供应发生很大变化,片面强调通过培育大苗来提高前期产量的意义不大,不仅对生产效益没有显著好处,而且明显降低秧苗质量，尤其是影响总产量。工厂化育苗必须根据不同的作物种类，不同的育苗目标（苗龄）来确定适宜的营养面积，这是幼苗发育首要的环境条件。

二、温度

温度对幼苗生长发育起着重要的作用，幼苗对温度的适应性既敏感又严格，因此温度是决定秧苗质量的关键因素。

温度对幼苗的影响主要通过气温和地温来实现。

1. 气温

气温的影响主要有两个方面：第一，影响生长速度及生长量；第二，影响幼苗质量。作为生长的动力因素，在一定范围内提高日均温可加速生长或增大一定期间的生长量，从而在一定程度上提前生育，起到了延长生育期的效果。温度升高达到一定程度后再继续提高，虽然生长量仍然增大，但幼苗质量下降，突出的生理表现是叶薄，色淡，根冠比增大，茎高/茎粗增大，表现出徒长的现象，生理上的反应为消耗型，即积累少，消耗多。降低日均温，幼苗为矮壮苗，但与适温比较，其生理反应为迟缓型，生长较缓慢，消耗不太多，积累也较少，但与高温消耗型比较，这种苗的生产力还是较高的。

气温对产量特别是早期产量的影响程度以及产生何种影响必然与幼苗的生长总量即苗龄的大小相联系。一般来说，大苗龄处理在较低温度下获得较高产量，而小苗龄处理反以较高温度产量更高。

昼夜温差对幼苗生长发育的影响是一个比较复杂的问题。仅从幼苗的营养生长来看，生长量的大小主要决定于日均温高低。蔬菜正常生长需要有一定的昼夜温差。昼夜温差的影响包括日平均温度的影响及夜温的影响两个方面。合理的昼夜温差的确定实质上就是根据日温确定适宜的夜温，不存在恒定不变的适宜温差。

2. 地温

幼苗出土后，虽然地温和气温同时作用于幼苗的生长，但气温比地温对幼苗生长的影响更大，起主导作用。在子叶生长阶段，除茎粗外，株高、全株干重、根干重、叶面积受气温的影响显著高于地温。秧苗生长中后期，大部分生长指标都表现为气温影响极显著地大于地温。可见，气温对生长的主导作用从幼苗出土后就表现出来，随着植株生长量的增加愈加明显。

地温是否适宜，比较明显地反映在以下几个生态指标上，可以作为判断地温适宜程度的参考指标。

(1)根冠比(T/R)　根冠比是从生态上判断适宜土温的重要指标。地上部、地下部质量一般均随土温增高而增加，但往往地上部增长迅速且对高温抑制作用的反应慢，而根系增长速度较缓慢，且温度一增高即产生抑制。这样，刚开始 T/R 是随土温升高而降低，当温度升高至一定程度后即很快上升，显出徒长的趋势，越是耐高温的作物，这种趋势越明显。因此，在寒冷季节采取措施提高土温是有实际意义的，但必须控温，超过适宜土温无利而有害。应该指出，T/R 并不是一个绝对指标，壮苗应有适宜的 T/R，但具有适宜的 T/R 的秧苗不一定都是壮苗。

(2)株高/茎粗(H/D)　H/D 是地上部对土温反应比较敏感的指标。H/D 一般随着土温的提高而增高，也就是说，与 T/R 一样，随着土温的升高，茎高增长快，茎粗增长缓慢，H/D 加大；越是生长较快的作物，在提高温度条件下这种趋势越明显。H/D 值是和生长量联系在一起的，低土温下 H/D 小有时是因为低土温抑制了生长。在保证正常生长速度的前提下，适当的 H/D 有利于培育健壮植株，特别在密度很大的育苗条件下更应注意这一点；反之，如果为了降低 H/D 而过分抑制生长就有些本末倒置。

(3)干重/鲜重(干鲜比) 干鲜比也可看作衡量土温实际效果的指标之一。通过提高土温能提高干鲜比，说明较高地温有利于幼苗体内的养分积累。但是，如果土温过高，特别是夜间土温过高，也会出现干鲜比下降的情况。当然，与以上两项指标比较，干鲜比指标难以直接用于生产。

地温与气温之间也有一定的补偿作用，如气温高且地温在适温下限以上，地温高低对幼苗生长无太大影响。气温偏低时，地温提高可明显促进生长，起到一定的补偿作用，这种补偿作用随着气温的升高而降低。但是这种补偿作用是有限度的，实际生产中应尽量同时控制适合的气温与地温。

三、光照

光照的构成要素主要有光照时间、光照强度及光质，它们分别对幼苗生育产生不同的影响。

根据光照时间对大多数需要育苗的主要作物幼苗相关壮苗指标的研究，育苗期间的光照时间以 8～12 h 为宜，在我国北方冬季育苗光照最短时只有 5～6 h，如能将其延长至 8～10 h 对幼苗质量的提高将会产生明显的效果。但要注意，如果在光补偿点以下补光反而生育延迟，光照时间越长，由于光呼吸加强而延迟生育，叶色淡，叶绿素含量降低；如果光照强度合适(正常应大于 3 000 lx)，随着光照时间的延长(4～16 h)，对生育的促进作用越明显，尤其在高光照强度下(25 000 lx)更加显著，高光照强度下延长光照时间对生育的促进作用主要表现在前、中期，到生育后期则不同，照明时间越长，下位叶的叶脉黄化越显著，叶片凋萎、下垂，以致最后下位叶枯死，生育延缓。与此同时，低照度区虽然生育较为缓慢，但此时叶色加浓，株高及叶片生长都较正常。黄化现象的产生不单是因为暗期不足，还与受光数量(接受能量的强度或时间)有关。

光照强度除了影响秧苗的生长量之外，对花芽分化影响更大，较强的光照有利于花芽分化。如在茄子幼苗期，光照强度减弱，花发育延迟，花器官发育不良，花小，使长花柱花减少，短花柱花增多，这种影响可达第 5 朵花及以上。

不同光质对秧苗的影响，有人以普通日光型荧光灯为对照，研究不同光质荧光灯对黄瓜、番茄幼苗的生长影响，研究结果表明，黄瓜和番茄幼苗对光质反应的趋势基本一致，红光下幼苗的干物质积累多，叶面积扩展快，光合速率、叶绿素含量、可溶性糖及总糖的含量均较高；叶绿素 a 与叶绿素 b 比值及总氮含量最低。两种蔬菜对光质反应有量上的差异，可能与它们原产地的光环境不同有关。红、蓝混合光生长的幼苗稍优于红光。这为开发蔬菜育苗中补充光照的理想光源提供了依据。

四、水分

水分对幼苗的影响作用首先表现在生长速度和最终的生长量上。幼苗根、茎、叶干重及株高、茎粗、叶面积等形态指标同基质含水量呈显著相关，大部分作物种类在 60%～80%的基质水分含量条件下幼苗生育速度最快，成苗生长量最大，而且具有较高的增产潜力。

此外，干旱胁迫与过湿胁迫对作物的危害虽然都能导致植株生理紊乱，如光合速率、根系活力等关键性指标降低，但起因不同。过湿胁迫主要是根系缺氧消耗大量呼吸基质而导致植株生育障碍；干旱胁迫主要是直接缺水而导致一系列生态和生理的发育紊乱。这是两种途径和方式，且两种胁迫危害的程度有异，从某种意义上来说，过湿胁迫要比干旱胁迫程度缓和些，加之从生产上对水分的要求和水分的变化特点来看，在工厂化育苗条件下，对水分的要求应以促为主，因此掌握的原则应该是“宁湿不干”，但理想状态应该是保持在最适水分管理指标范围内。

五、营养

一直以来工厂化育苗均采用营养液浇灌的供养方式，营养液的配制是养分供应的关键。严格地说，营养液的成分必须兼备碳、氢、氧、氮、磷、钾、钙、镁、硫、铁、铜、锌、锰、钼、硼和氯 16 种元素，其中有氮、磷、钾被称为肥料三要素。

在一定范围内，各种矿质元素（N、P、K）浓度越高，越能促进生长，提前花芽分化，降低花芽着生节位，增加花数，增大花器官，花的素质提高；反之，矿质营养水平降低，花芽分化期推迟（一般不影响花芽分化），花芽着生节位上升，花芽数减少，花芽发育缓慢，有的在发育过程中（在雄蕊突起至花药形成期）停止发育，花小。

尽管大部分情况如此，但不同的作物对矿质营养的要求不尽一致，如黄瓜是对氮、磷较敏感的蔬菜，即使在苗期也表现很明显。黄瓜幼苗对氮元素适应范围较窄，床土施氮太多，容易发生生理性障碍：新叶迅速黄化，向内侧翻卷，有时出现浓绿色的缩叶，严重时生长点停止生长，花苞顶株率不断增加；黄瓜对磷素的适应范围较广，适当增高浓度有较明显的促进生长的效果，水培下以 100～200 mg/L 为宜。

此外，同一种元素的不同存在形态对蔬菜的生长的影响也不一样，如氮素的铵态氮及硝态氮对幼苗的作用有显著差异。以典型的喜硝酸性作物番茄为例，在营养液育苗条件下，铵态氮超过一定的比例（30%左右），生长减慢，这种现象在低温条件下更为严重。

还有实验表明，在采用草炭与蛭石混合基质育苗条件下，必须采用全元素营养液配方，否则，秧苗的生长及以后的产量均会受到明显的影响。因此，在营养液配方的简化上，不应在组成、浓度上减少或降低，可以从肥料品种上加以选择，如采用质量较好的复合肥（氮、磷、钾含量和比例适宜，微量元素全面），可以获得比较理想的育苗效果，甚至可以达到标准营养液配方的效果。

六、气体

气体营养主要是指植物光合作用的基本原料即 CO_2。在空气中，CO_2 一般占总体积的 0.033%，远低于光合作用的最适浓度（空气中 CO_2 浓度的 3～5 倍），尤其在设施栽培的环境条件下，CO_2 经常处于亏缺状态。工厂化育苗是在设施内进行的，因此，在适宜浓度范围内进行 CO_2 施肥，对提高幼苗光合强度，增加干物质积累是十分必要的。

在苗期增施 CO_2 可显著促进幼苗生长，这已经作为一条成功的经验被广泛推广。并且苗期以早期施用效果最佳（子叶期处理），这种早期效果不仅与施用时期长短有关，更重要的是早期效应，即施用时间长短相同，以早施效果最好，这种早期效应是由于早期叶数、叶面积的增加，使幼苗及早捕获光能，同时植物光合物质的积累过程是以“复利”形式进行的，而不单纯是积加的过程,因此早期生物量的微小差异将造成后期生物量的较大差异。

因此,工厂化育苗应注重气肥的利用,这是促进秧苗生育,提高秧苗质量的重要措施,考虑到应用效果与施用成本,浓度以 1 000 μL/L 为宜。

任务二 育苗环境调控

工厂化育苗均在保护地条件下进行,因此育苗环境可以采取措施进行调控,以适应与改善不良因子。

一、温度的调节与控制

1. 以设施选择与设备条件调控环境温度

工厂化育苗,特别是冬春培育喜温性作物秧苗,温度不足是突出的问题。对于多数喜温性作物如果菜类蔬菜早熟栽培秧苗的培育不仅要求一定的绝对温度,而且要求有 1 000～1 200 ℃的活动积温或 400～500 ℃的有效积温。尤其在寒冷地区(特别是北纬 38°～40°及以北地区)建立育苗场必须选用保温采光性能好的温室,不仅能保证育苗所需的温度,而且能大大降低加温的能耗与育苗加温费用。即使如此,育苗温室均应有加温设备,以保证冬季育苗的效果与质量。加温目前主要以高效热风炉为主,燃料可以选择煤、油、气等,但要注意避免产生有毒气体。作为工厂化生产的育苗场,秧苗生产是周年进行的,夏季的降温也是必须注意的,尤其是南方地区,降温常采用湿帘、微喷和通风机等设备来实现。

2. 以栽培手段调节根际温度

根际温度首先影响根系发育,间接影响地上部生育,所以调节根际温度很重要。现代穴盘育苗主要采用床架式育苗,可有效提高根际温度;还可采用优良无土基质增强基质的保温性,采用专用蓄水池和喷灌设施避免传统浇灌方式带来的温度突变等问题。

二、光照的调节与控制

1. 选择合理的营养面积,确定合理的育苗密度

工厂化育苗是集约化生产方式,秧苗的群体密度较大,选择合理的营养面积,确定合理的育苗密度至关重要,否则会因过于郁闭影响光照条件,造成秧苗质量变劣。往往合理的营养面积与适宜的苗龄相对应,必须依据可能提供的营养面积来确定苗龄及播种期,防止先确定苗龄而营养面积跟不上所造成的生产失误。

2. 提高透光性能

提高透光性能常用的措施如下:①提高覆盖材料的透光量(保持干净、消除水滴、选用无滴膜等);②确定合理的屋面角度(尽可能使玻璃屋面与地面的角度大一些;温室东西向,大棚南北向);③选用遮光率小的建筑材料。

3. 利用反射光

可在育苗场所内涂白色、挂反光膜等,充分利用反射光。

4. 人工补充光照

冬季育苗日照时间短,光照强度低,若遇阴、雪、雨天则秧苗生长弱,素质差。为解决光照不足的问题,除改善温室采光条件外,必要时可采用人工补光。补光的灯具由日光灯、白炽灯发展到采用生物效应灯和农用荧光灯。

原呼和浩特市灯泡厂等单位研制了农用荧光灯。这种灯有三个不同类型:一种产生红光(R),一种产生蓝光(B),一种是混合型(BR)的。

生物效应灯适用于秧苗补光,光色为日光色,产生连续光谱,具有 80 lm/W 的高光效,热量损耗小,光照度均匀,光谱分配比例与太阳光相似,如与白炽灯搭配使用效果更佳。

通过增加光照强度,延长光照时间,如番茄苗期延长光照到 16 h,可以提前开花结果;大白菜等长日照蔬菜温室冬春采种,育苗期延长光照时数至临界光周期以上,可以促进抽薹开花。此外,人为进行光周期调节,可以促进长日照作物开花。

三、水分的调节与控制

1. 灌溉方式的选择

工厂化育苗条件下穴盘的穴格体积较小,基质持水量有限,加之无土基质的疏松和透气性较强,因此基质水分状况变化较快,在成苗期间几乎每天必须浇灌。传统的灌溉方式不能满足工厂化育苗的水分需要,一方面劳动强度较大;另一方面灌溉的均匀性较差,导致秧苗生长参差不齐。工厂化育苗的条件下必须采用专用喷灌设施,过去主要从国外引进,现在已经有了国产化喷淋设施,性能与价格相对较好。

2. 保水剂的使用

基质穴盘育苗由于营养体积小,持水量小,且本身的水分流失快,幼苗的蒸腾作用又强,因此水分管理较为困难。使用保水剂后,保水剂在吸足水分的情况下呈膨化状态,覆盖在根系周围,可源源不断地供给水分,并且基质中含有充足的空气,有利于根系活动,从而改善秧苗的供水状况。保水剂不仅可以在穴盘无土育苗中推广使用,在实行营养基质育苗时,能够有效地解决长期以来存在的育苗中需水严格与供水保水不足的矛盾。以前解决这一矛盾的办法是勤浇勤灌,导致基质中水分饱和时间延长,影响根系的正常发育;温室内空气湿度大,容易诱发苗期病害;在气温特别是夜间温度较高时加速秧苗的徒长,降低秧苗的质量。保水剂的应用在一定程度上缓解了这个矛盾,为工厂化穴盘育苗增加了可控的技术含量,与营养基质无土育苗技术相配套,创造出独具特色的工厂化育苗技术体系肥水管理系统。

保水剂的种类很多,如目前生产中常用的有羧甲基纤维素、淀粉接枝保水剂、高分子吸水树脂等,但需注意正确使用保水剂(种类和浓度)是获得良好应用效果的基本保证。

3. 抗蒸腾剂的使用

抗蒸腾剂的使用可以从植株角度起到保水的效果,例如,腐殖酸类除了具有促进生长发育的作用以外,还有一个重要功能就是抗旱节水。腐殖酸类物质可以增强植物的抗旱性能,它的应用是农业生产中抗旱保丰收的重要措施,并已大面积推广使用。其中黄腐殖酸又是目前研究及生产中认为效果最为理想的腐殖酸类型,因为黄腐殖酸分子量小,易被植物吸收,功能团含量多,生理活性大,以此为主要成分生产的各种抗蒸腾剂在工厂化育苗中的应用范围和前景广阔。

此外,工厂化育苗必须注意空气相对湿度的变化并提供一定的保证,才能保证秧苗苗壮生长,主要措施有地面和墙体喷水,有条件的可以安装微喷设施。

四、营养的调节与控制

1. 矿质营养的调控与幼苗的营养诊断

无土育苗的基质中可供秧苗利用的养分很少，甚至基本没有养分，尤其缺乏速效养分，秧苗生长所需的养分基本完全依靠另外供给。

(1)喷浇营养液　在配制营养液时应最大限度地满足作物生长发育的需要，要配制均衡营养液，并注意溶液中的离子平衡。尽可能注意降低成本和肥料来源方便，为便于大面积推广应用，配方不宜过于复杂。

在配制过程中应防止沉淀发生，如硫酸镁和硝酸钙、硝酸钙和硫酸铵以高浓度原液混合时，很容易产生硫酸钙沉淀。因此，最好先将各种肥料分别溶解，然后再加入盛水容器中，充分搅拌。尿素、硫酸镁、磷酸二氢钾等都比较易溶，而硝酸钾、硝酸钙、磷酸二氢钙溶解需要一定时间。常用的几种钙肥除硝酸钙外溶解度都比较小，溶解时应加一定量的水。微量元素用量低，为避免每次称量烦琐，一般先配成原液，在暗处保存，使用时按一定比例取出原液加入营养液中。溶解肥料时可用温水，有加快溶解的作用。

为控制营养液适宜的 pH，应进行测定，然后矫正。可用硫酸调低 pH，用氢氧化钠或氢氧化钾调高 pH。大部分有效营养液的 pH 应在 4.5～6.5，以 5.5～6.5 为最适。配制营养液的水质要达到饮用水标准，沿海或盐碱地地区的地下水有的含盐量较高，用这种水配营养液经过一段时间后，盐分浓度容易超过允许界限，导致秧苗受害，所以使用前应进行测定，盐分浓度不超过 400 mg/L。

一般出苗前只需浇清水，不浇营养液，子叶展开时，应及时供液。第一次供液稍晚会对小苗的生长有一定的影响。穴盘育苗情况下，一般每天浇一次营养液，如遇阴、雨、雪天可以少浇或不浇，浇 2～3 次营养液后浇一次清水。每次喷浇营养液均需浇透，促进根系的发育。采用不完全元素营养液配方时，如果出现缺素症状，应及时补充所缺养分。

(2)应用营养基质　国内外蔬菜无土育苗一般都采用营养液喷浇的方法供给营养。这种方法的最大优点是完全依据秧苗不同生长时期的需要适时适量地提供营养，一般不会出现因营养缺乏或浓度过大而造成伤害的现象。但是，这种供液方法需要经常配制营养液，如采用电脑自动配制不仅方便，而且准确率高；人工配制不仅麻烦，而且容易出差错，特别是在无土育苗推广的初期，易发生问题。另外，在生产情况下，等到秧苗整体达到一定生长程度时浇营养液，往往偏晚，明显影响子叶期小苗的正常生长。鉴于以上情况，为了育苗方便，根据生产的需要，目前已经研制和生产出专门的营养基质，即模拟传统育苗营养土的配制方法，将营养物质一次性均匀混合加入基本不含养分(尤其是速效养分)的原始基质中(如草炭、蛭石等)，这种育苗营养基质一般具有以下三个条件：①无机养分的组成与浓度合适；②有一定比例的有机肥；③加入具有一定吸附力的中性材料。因此，如果配方选择得当，苗期不会出现缺素或浓度障碍等问题，不仅出苗正常，其秧苗生长及其质量能完全赶上甚至超过喷浇营养液的秧苗。另外，应用营养基质，不仅简化了供液的操作程序，还能降低营养供给的生产成本。

营养基质的应用方法简单，只要按厂家说明书的要求直接装盘育苗，育苗效果好，成本低，是工厂化育苗的一大技术改革。

(3)缺素症状　无论采用何种养分供给方法，即使是全元素供给，偶尔也会出现缺素症状，如果采用的是均衡营养配方，一般认为是基质中某种养分不足，应该补充或进行必要的喷施探查。缺素的识别可以参考营养缺乏症状检索表(图 7-1)。

营养缺乏症状检索表

1. 缺乏营养症状首先表现于老叶,整个植株生长衰弱,茎细,叶小,老叶黄化或枯死,往往伴随出现花青素,叶全部为黄绿色,从下面叶片黄化,枯死,落叶 …………………………………… 缺 N
2. 叶浓绿色,无光泽,下叶变色,落叶 …………………………………… 缺 P
3. 叶片凋萎状,叶色减退 …………………………………… 缺 Cu
4. 生育初期一般不表现症状,生长到一定阶段时症状才表现出来,症状首先从下叶(外叶)表现,以后逐渐向幼叶扩展,下叶的周缘及尖端变黄或发生褐色坏死斑而落叶 …………………………………… 缺 K
5. 下部叶叶脉之间变黄,以后发生坏死斑而落叶 …………………………………… 缺 Mg
6. 老叶除叶脉处外均黄化,新生叶为绿色,长大后黄化,黄化部分突起,叶片内卷,从周缘及先端枯死 …………………………………… 缺 Mo
7. 缺乏营养症状首先表现于新叶或顶芽,顶芽不枯死,最初叶脉间部分失绿,仅叶脉保持绿色,最后全部变成黄白色,不产生坏死斑 …………………………………… 缺 Fe
8. 叶脉间黄化,以后该部分坏死,叶脉处仍保持绿色 …………………………………… 缺 Mn
9. 叶面全部发生似日灼病的坏死斑,然后枯死 …………………………………… 缺 Zn
10. 顶芽枯死,以后发生的侧芽尖端也坏死,根部伤害严重,茎的先端及幼叶边缘发生坏死 ……… 缺 Ca
11. 茎的先端坏死,茎或叶柄脆,茎、花蕾肥大,根的髓部变色坏死 …………………………………… 缺 B

图 7-1　营养缺乏症状检索表示例

2. 营养面积的选择与化学调控

(1)营养面积的选择　育苗营养面积是育苗期间营养环境的综合体现,对秧苗质量的影响非常深刻,对产量的作用也很显著;在育苗期间依据一定苗龄给予适宜的营养面积是育苗成败的关键。苗龄大小是依据生产或种苗质量标准的需要确定的,而育苗营养面积的大小必须根据苗龄大小选定,如果满足不了该苗龄对营养面积的要求,宁可适当降低苗龄也不要减小营养面积,否则会降低秧苗质量,影响作物的生长发育及早熟、高产。具体作物及其育苗标准营养面积的选择原则不尽相同,如以番茄苗为例,对于培育 45 d(6 叶 1 心)苗龄的番茄苗,在正常的管理条件下选择 72 孔的穴盘较为适宜,30 d(3～4 叶 1 心)苗龄的番茄苗则选择 105～128 孔的穴盘较为适宜。

(2)化学调控　穴盘是工厂化育苗的关键设备之一,由于其特殊构造使幼苗易于产生徒长现象,即营养面积很小,特别是地上部对秧苗的株型发育有很大的影响,即使在正常的管理条件下也易产生徒长现象。徒长苗不仅影响秧苗的质量。化学调控方法一般都是在育苗的前中期以植物生长调节剂(生长抑制剂类,如矮壮素、多效唑、比久等)进行喷雾或灌根处理,但要严格控制使用的浓度。

①化学调控技术是提高穴盘育苗秧苗质量的有效途径之一。在穴盘无土育苗条件下,秧苗生长到适当时期(如番茄 3～4 片真叶,黄瓜 1～2 片真叶),采用生长调节剂矮壮素 CCC(50～150 mg/L)与营养液一起浇灌的方法进行株型调控(每盘浇灌 1 L),可有效地抑制徒长,促进根系发育,提高秧苗干物重,增强秧苗活力及其他有关生理特性,从而达到培育壮苗及增加产量的目的。但要注意选择适当的生长调节剂种类和使用浓度,原则上应选择残效期较短的生

长调节剂，以免影响定植后的生长速度。

②化学调控技术可在较小的营养面积下培育出适龄的健壮秧苗。在大面积工厂化穴盘无土育苗条件下，秧苗的生长受到较小的营养面积的限制，如果育苗的苗龄过小，早熟性差，满足不了生产者的要求；苗龄增大，营养面积成为难以克服的限制因子，幼苗徒长，必然导致秧苗质量下降。在这种情况下，正确地应用化学调控技术可以在一定程度上克服上述问题，培育出苗龄适中、秧苗质量较好的商品苗。例如，在春季日光温室内用72孔育苗穴盘培育6片叶的番茄秧苗，在管理到位并辅以化学调控技术的条件下，可以更有把握地培育出健壮的秧苗。

③目前生产中广泛应用的生长调节剂种类很多，在使用中要注意其实际效果和使用方法，不可千篇一律，以免造成不良后果。

因此，在穴盘育苗中，尤其是对于容易徒长的作物种类，化学调控技术不仅没有干扰秧苗的正常生长发育，而且可较大程度地缓解由于营养面积不足而产生的抑制作用，为秧苗质量的提高提供了价廉、方便、有效的途径。

五、气体的调节与控制

1. 通风换气

通风换气是气体调控的主要措施，可以通过放风或鼓风机等设备来实现，经常保持通风换气可以保证秧苗对气体的需要，促进秧苗生长和提高秧苗质量。

2. 补充 CO_2

育苗期间施 CO_2 对秧苗生长发育有很大的促进作用。为了提高设施内 CO_2 浓度，促进光合作用和增加光合产物，常采用补充 CO_2 气肥的措施。目前国内主要是采用钢瓶施 CO_2，也有用丙烷燃烧发生 CO_2 的；国外有烧煤油、烧煤球发生 CO_2 的，也有用干冰（固体 CO_2）和压缩 CO_2 进行补充的。其中燃烧丙烷、煤油和煤球，都要有 CO_2 发生器。一般晴天 CO_2 施用浓度为1 000～1 500 μL/L，阴天为500～1 000 μL/L，要注意浓度问题，浓度过高可产生毒害。另外，温室内气体干燥、植物气孔关闭，会影响 CO_2 的利用效果，因而必须保证一定的空气相对湿度。下面介绍几种 CO_2 发生器。

(1)自注式 CO_2 发生器　以碳酸氢铵和硫酸为原料，经化学反应产生 CO_2，副产物为硫酸铵（可作肥料）。

(2)NC-A型农用 CO_2 发生器　由中国科学院山西煤炭化学研究所和太原重型机械集团有限公司研制生产。它的产气量为60 m^3/h，其中含 CO_2 9 m^3，气体中 CO_2 占15%，CO＜0.01%，SO_2＜10 μL/L。功率为0.6 kW，使用三相电，碳源为焦炭或木炭。最简单的方法是用钢瓶释放 CO_2，成本稍高一些。也可采用酸碱中和的方法产生 CO_2，现在市场已有这种成型的产品出售。

(3) TF-80型 CO_2 发生器　整机外壳为0.6 mm镀锌铁板咬合并铆固于铝异型材骨架上，结构牢固，便于移动。该机采用机电式高压脉冲点火及钟式定时开关，以液化石油气为碳源，每小时产生1.2 kg CO_2。

任务三　工厂化育苗的质量标准

工厂化育苗的目的是使秧苗作为现代企业的商品进入市场，和其他商品一样，其必须有明确的质量标准。制定秧苗质量标准的作用是规范技术、获得订单与市场竞争。也就是说，质量标准既是对商品的定位，也是对技术的要求。因此，工厂化育苗质量标准的制定不仅具有一定的理论意义，更具有生产实际意义。一般来说，秧苗质量标准可以分为两个部分，即成苗标准和秧苗质量标准，但商品苗还存在贮运的问题，严格地说，应包括成苗标准、秧苗质量标准、秧苗贮运质量保持标准三方面。

一、成苗标准

虽然成苗标准并非技术标准，但它是所有技术的综合和集中的反映，原则上说，成苗标准应该和秧苗出厂所要求的规格一致，即和客户订单的要求一致。但是成苗标准制订时应考虑市场的需要，一旦标准成型，就应该看作工厂化育苗场所的产品规格，不能随意改变，也应成为签约订单的主要产品规格依据。成苗标准应按作物种类以及不同品种、不同栽培型、不同栽培期的要求制定，这样比较复杂。可以把生产上常用的种类、品种、栽培型与栽培期所需秧苗的标准制定出来，其他的参考执行。具体的成苗标准应根据不同的作物种类、不同的育苗目的和生产条件等具体情况制定，不可一概而论。

二、秧苗质量标准

同样达到成苗标准，秧苗质量可能会有所不同。如果说成苗标准侧重于秧苗的苗龄，则质量标准侧重于反映秧苗的生产潜力，即秧苗的增产潜力大小。质量标准一般在签约订单时不会写得十分具体，但是，作为生产者的厂家，必须有明确的质量标准，甚至可以将标准制订得更具体一些，不仅有形态指标，还要有一些生理指标，这样便于厂家对秧苗质量进行检查，也有利于分析与改进技术，促使产品质量的不断提高。

1. 形态指标

单一的形态指标往往难以代表真实的秧苗质量，根据多种复合形态指标与产量的相关性分析，目前生产中多采用如下指标作为判断秧苗质量的依据：

①全株干重/育苗天数。

②壮苗指数，即茎粗/株高×全株干重。

③叶面积/株高。

还有其他代表秧苗质量的壮苗指标表示方式，实际生产中应灵活选择应用。

2. 生理指标

通过测定一些生理（生化）指标用以说明某些生理上的变化或某项育苗技术所产生的生理上的反应，从而作为判定秧苗质量的标准。这在工厂化育苗条件下是实用和可靠的壮苗指标，因为工厂化育苗条件下有先进的测试手段和条件，这类指标往往更能代表秧苗的真实活力和质量。这些指标主要包括代谢活性指标（如光合强度、呼吸强度、根系活力、吸水力、过氧化物酶活性等）、体内物质含量（如碳、氮含量及其比值；糖、蛋白、生长激素类物质等）及其抗逆性（相对电导率、脯氨酸、丙二醛等）等的测试。

三、秧苗贮运质量保持标准

秧苗质量标准中不可忽视秧苗贮运质量的保持，因为在工厂化育苗条件下，大量的秧苗主要用于异地栽植，贮运是不可避免的生产环节，因此秧苗贮运质量保持标准必须有明确的指标。

秧苗贮运质量保持标准可按秧苗质量评价标准分级。

优级贮运苗:子叶发育正常,无黄化,无萎蔫。

1 级贮运苗:子叶发育正常,有部分子叶(10%)发黄萎蔫但不脱落。

2 级贮运苗:子叶变黄(10%),少量脱落(10%)。

3 级贮运苗:子叶全部发黄,大部分子叶(70%左右)脱落。

3 级贮运苗以外应视为等外苗。

但现代工厂化育苗要尽可能用量化指标来衡量秧苗贮运质量,常用的有:

1. 秧苗质量保持率

秧苗质量保持率是指蔬菜秧苗育成后到定植以前的贮运过程中秧苗质量保持程度的一种特定含义的数量化指标。宁伟根据"指标相关→指标筛选→指标转换"的研究方法,推导出秧苗质量保持率经验公式:

$$Y_n = 0.31 + 0.19X_1X_2 + 0.21X_2X_3$$

$$Q_n = Y_n / Y_0$$

式中,Q_n——贮运第 n 天秧苗质量保持率;

Y_n——贮运第 n 天秧苗质量保持值;

Y_0——贮运第 0 天秧苗质量保持值;

X_1——呼吸强度;

X_2——根系活力;

X_3——叶绿素含量。

根据此公式可以确定秧苗质量的保持标准,一般认为秧苗质量保持率达到 80%以上就可视为质量较好。

2. 叶片褪变指数或叶片健全指数

叶片褪变分级标准如下。

0 级:叶片发育正常,无黄化,无萎蔫。

1 级:叶片发育正常,10%叶片发黄萎蔫,但不脱落。

2 级:叶片有 10%脱落,未脱落叶片有 10%变黄。

3 级:叶片 20%~70%脱落,叶片全部发黄。

4 级:叶片 80%~90%脱落,仅剩叶片萎蔫发黄。

5 级:叶片全部脱落。

叶片褪变指数的计算公式为:

$$\sum x_a / (n \sum x) = (x_1a_1 + x_2a_2 + x_3a_3 + \cdots + x_na_n) / n \sum x$$

式中,$x_1, x_2, \cdots, x_n$——各级叶片伤害的幼苗株数;

$a_1, a_2, \cdots, a_n$——叶片褪变等级。

叶片健全指数的计算公式为:

$$叶片健全指数 = 1 - 叶片褪变指数$$

叶片健全指数在 0.80 以上视为质量合格。

四、秧苗质量控制关键技术

1. 穴盘的选择

穴盘是工厂化穴盘育苗的重要载体。按材质不同分为聚乙烯注塑穴盘、聚丙烯薄板吸塑穴盘及发泡聚苯乙烯穴盘。由于轻便、节省面积，塑料穴盘的应用更为广泛。塑料穴盘的尺寸多为 54 cm×28 cm，一个穴盘可有 20、50、72、128、200、288、400、512 个育苗孔。一般瓜类如南瓜、西瓜、冬瓜、甜瓜多采用 50 孔，黄瓜多采用 72 孔或 128 孔，茄科蔬菜如番茄、辣椒采用 128 孔和 200 孔，叶菜类蔬菜如西兰花、甘蓝、生菜、芹菜可采用 200 孔或 288 孔。穴盘孔数多时，虽然育苗效率提高，但每孔空间小，基质也少，对肥水的保持性差，同时植株见光面积小，要求的育苗水平更高。

2. 基质的选择和配比

适合穴盘根系生长的栽培基质应具备以下特色：①保肥能力强，能供应根系发育所需养分，并避免养分流失；②保水能力好，避免根系水分快速蒸发干燥；③透气性佳，使根部呼出的二氧化碳容易与大气中的氧气交换，减少根部缺氧情况发生；④不易分解，利于根系穿透，能支撑植物。

使用过于疏松的基质，植株容易倒伏，基质及养分容易分解流失。根据这些特点，穴盘育苗主要采用轻型基质，如草炭、蛭石、珍珠岩等。三种物质适当配比可以达到最佳的育苗效果。可以根据不同地区的特点调整配比，如南方高湿多雨地区可适当增加珍珠岩的含量，西北干燥地区可以适当增加蛭石的含量，因地制宜。一般草炭、蛭石、珍珠岩的比例为 3∶1∶1。除此之外，还可以选择其他可以替代草炭的基质，如棉籽壳、锯木屑等。现在也出现了一些商品化的育苗基质，如加拿大的 Fafard 育苗专用草炭，不仅持水性好，透气性也特别优秀。另外，常用的进口草炭还有美国的 Sungro、Berger，德国的 Klasman 等。进口草炭与国产的草炭相比较，进口草炭一般都经过较好的消毒，不易发生苗期病害；而且，进口草炭的 pH 与 EC 均已经过调节，可直接应用于生产，使用非常方便；更重要的是，进口的育苗专用草炭经过特殊的处理，添加了吸水剂，并加入了缓释的启动肥料，因此育苗效果极好，出苗率和种苗叶片大小、颜色均比国产草炭有着明显的优势。但进口育苗专用草炭的价格是国产的数倍之多，一般的生产者难以承受，只是作为高档作物育苗或出口种苗生产时使用。目前我国也已经开发出对应的专用育苗基质，并在生产中取得了很好的效果，如沈阳农业大学开发的系列蔬菜育苗专用基质。

3. 对水质的要求

水质是影响穴盘苗质量的重要因素之一，由于孔穴内基质少，对水质与供给量要求极高。水质不良将对作物造成伤害，轻则减缓生长、降低品质，严重时导致植株死亡，水质评价可参照表 7-1 进行。

表 7-1　穴盘育苗水质评价标准

指标	很好	好	尚可	差	极差
EC/(mS/cm)	<0.25	0.25～0.75	0.75～2	2～3	>3
pH	5.5～6.5	5.5～6.5	6.5～8.4	>8.4	>8.4

4. 播种和催芽

穴盘苗生产对种子的质量要求较高。出苗率低，造成穴盘空格增加，形成浪费；出苗不整齐则使穴盘苗质量下降，难以形成好的商品。因此，蔬菜穴盘育苗通常需要对种子进行预处理。国外一些种苗公司如日本的 SAKATA、TAKII 和荷兰的一些公司，种子质量高，很多品种的出苗率可达 98%以上，且已经过包衣，可以不必经过种子处理直接播种，效果也很好。未经包衣处理或发芽率低于 90%的种子应采用先浸种催芽再播种的方法，也可形成整齐的种苗，发挥穴盘育苗的优势。种子处理的方法包括精选、温汤浸种、药剂浸(拌)种、搓洗、催芽、引发等。

5. 苗床管理

工厂化穴盘育苗的苗床管理是育苗的重要环节，贯穿整个育苗过程，是培育优质种苗的关键。在大规模育苗条件下，穴盘苗因孔穴小，每株幼苗生长空间有限，穴盘中央的幼苗容易互相遮蔽光线及湿度高而造成徒长；穴盘边缘的幼苗通风较好但容易失水，边际效应非常明显，尤其是在我国干燥地区。因此，为了维持正常生长，同时防止幼苗徒长，水量的平衡需要精密控制。穴盘苗发育阶段可划分为四个时期：第一期，种子萌芽期；第二期，子叶及茎伸长期(展根期)；第三期，真叶生长期；第四期，炼苗期。每个生长发育时期对水量需求不一，第一期对水分及氧气需求较高以利于发芽，相对湿度维持在 95%～100%，供水以喷雾粒径 15～80 μm 为佳；第二期水分供给稍减，相对湿度应降到 80%，使基质通气量增加，以利于根部在通气较佳的基质中生长；第三期供水应随幼苗成长而增加；第四期则限制给水以健化植株。除此四个时期水分管理遵循上述原则外，在实际育苗中水分供应还应该注意以下几点：①阴雨天日照不足且湿度高时不宜浇水；②浇水以正午前为主，15:00 后绝不可灌水，以免夜间潮湿使幼苗徒长；③穴盘边缘苗易失水，必要时进行人工补水。

工厂化穴盘育苗，由于容器空间有限，需要及时补充养分。目前有许多市售的水溶性复合化学肥料，具有各种配方，皆可溶于灌溉水中进行施肥，十分方便。在穴盘育苗上经常选用氮、磷、钾含量为 20∶20∶20、20∶10∶20、14∶0∶14、15∶0∶15、25∶5∶20、15∶10∶30 等配方的完全复合肥料，依不同作物、不同苗龄交替施用，若以营养液方式高频施用，其浓度在 25～350 mg/kg。子叶及展根期可用氮、磷、钾含量为 20∶5∶20 或 20∶20∶20 的复合肥料 50 mg/kg；真叶期用量可增至 125～350 mg/kg；成苗期的培育目的在健化幼苗，应减少施肥，增施硝酸钙($CaNO_3$)。常见肥料的使用浓度如表 7-2 所示。

表 7-2　穴盘苗生产常用肥料配比

肥料类型	适用期	浓度/(mg/kg)	常用配比/倍	备注
20∶10∶20	种苗早期	50	4 000	与 14∶0∶14 交替使用
	种苗后期	100～150	2 000～1 500	与 14∶0∶14 交替使用
14∶0∶14	种苗早期	50	2 800	与 20∶10∶20 交替使用
	种苗后期	100～150	1 400～1 000	与 20∶10∶20 交替使用
10∶30∶20	全时期	100	1 000	

施肥管理应以育苗基质处于适当的离子含量与电导率为原则(表 7-3)。但一般栽培时易施肥过量。所以应定期测定 EC,EC 高表示基质中营养元素浓度高,幼苗易产生盐害凋萎,或抑制幼苗正常生长,因此,必须用清水大量淋洗基质,把多余盐分洗出。另外,很多商品基质已添加肥料,使用前应先了解其成分。

表 7-3　育苗期养分管理的适当基质酸碱度和离子含量(一般性标准)

指标	pH	EC/(mS/cm)	N/(mg/kg)	P/(mg/kg)	K/(mg/kg)	Ca/(mg/kg)	Mg/(mg/kg)	SO_4^{2-}/(mg/kg)	Cl^-/(mg/kg)
萌芽期	5.8～6.5	0.75～1.2	40～75	10～15	35～50	50～75	25～35	75～200	10～20
成苗期	6.2～6.5	1.0～1.5	60～100	10～15	50～80	80～120	40～60	75～200	10～20

6. 穴盘苗的矮化技术

穴盘苗地上部及地下部受生长空间限制,往往造成生长形态徒长细弱,这是穴盘苗生产品质上最大的缺点,也是其无法全面取代传统育苗的主要原因,故如何生产矮壮的穴盘苗是专业育苗生产者和科学家一直探索的问题。一般可利用控制光照度、温度、水分等方式来矮化秧苗;也可使用生长调节剂控制植株高度。

常用的生长调节剂有比久、嘧啶醇、矮壮素、多效唑、烯效唑,另外,农药粉锈宁的矮化效果也很好,但不宜应用于瓜类,否则易产生药害。比久的化学成分容易在土壤中分解,因此通常使用叶面喷施,使用浓度为 1 000～1 300 mg/kg;嘧啶醇既可浇灌也可喷施,使用浓度为 50～150 mg/kg;矮壮素的使用浓度 100～2 000 mg/kg;多效唑一般使用浓度为 5～15 mg/kg,烯效唑的使用浓度是多效唑的一半。

7. 穴盘苗的炼苗

穴盘苗由播种至幼苗养成的过程中水分或养分几乎充分供应,且在保护设施内幼苗生长良好。当穴盘苗达出圃标准,经包装贮运定植至无设施保护的田间,各种生长逆境如干旱、高温、低温,以及贮运过程的黑暗弱光等,往往会造成种苗品质降低,定植成活率差,使农户对穴盘苗的接受度大打折扣。为了使穴盘苗在移植定植后迅速生长,穴盘苗的炼苗就显得非常重要。

穴盘苗在供水充裕的条件下生长,地上部发达,有较大的叶面积。但在移植后,田间日光直晒及风的吹袭下叶片水分蒸散速率快,容易发生缺水情况,使幼苗叶片脱落以减少水分损失,并伴随光合作用减少而影响幼苗恢复生长能力。若出圃定植前进行适当控水,则植物叶片角质层增厚或脂质累积,可以反射太阳辐射,减少叶片温度上升,减少叶片水分蒸散,以增强对缺水的适应力。

夏季高温季节,采用荫棚育苗或在有湿帘风机降温的设施内育苗,使种苗的生长处于相对优越的环境条件下,这样一旦定植于露地,则难以适应田间的酷热和强光。出圃前应增加光照,尽量创造与田间比较一致的环境,使其适应,可以减少损失。冬季温室育苗,温室内环境条件比较适宜蔬菜的生长,种苗从外观上看质量非常优良,但定植后难以适应外界严寒,容易出现冻害和冷害,成活率大大降低。因此,在出圃前必须炼苗,将种苗置于较低的温度环境下 3～5 d,可以起到理想的效果。

8. 蔬菜穴盘种苗生产主要参数

蔬菜穴盘育苗的主要生产参数和技术要点见表 7-4。

表 7-4　蔬菜穴盘苗生产参数与技术要点

蔬菜种类	浸种时间/h	发芽温度/℃	催芽天数/d	要点
西兰花	—	18～21	2	用热水处理种子,可防止黑腐病;适当减少浇水,加强通风,施用杀菌剂以防止霜霉病的发生;调节昼夜温差,适当控制浇水,以控制植株高度;控制温度不超过 25 ℃
结球甘蓝	—	18～21	3	同上
花椰菜	—	18～21	3	同上
芹菜	12～16	21～24	5～7	用热水处理种子,防止种皮带菌;低于 15 ℃或高于 25 ℃会降低发芽率和延迟发芽时间;发芽要求水分较多,播种后覆盖不宜过厚;适当增施磷肥
黄瓜	2	25	2	发芽后晚上应降低温度,以防止植株徒长,低温高湿容易引起霜霉病,高温易发生白粉病
茄子	3	24～25	5～6	避免过冷的环境,以利于发芽;发芽后还应保持较高的基质温度,否则根系发育不良,并易引起死苗和僵苗,适当减少浇水,加强通风,以防止苗期病害;调节昼夜温差,加强光照以避免植株的徒长
生菜	—	18～21	3	控制湿度,注意通风,施用杀菌剂,以防止霜霉病的发生;调节昼夜温差,控制湿度,适当加强光照,防止植株徒长
甜瓜	3	25	2	属喜光喜热作物,对低温特别敏感,调节昼夜温差,控制湿度,加强光照,以防止徒长
洋葱	4	21～24	4～8	发芽到子叶展开期间的胚根生长非常缓慢,要注意不能缺水;控制湿度,加强通风,施用杀菌剂以防止灰霉病的发生
辣(甜)椒	3	25	5～7	避免过湿的环境和冷凉的温度,以利于种子发芽,并有利于防止病害的发生,控制湿度,注意通风,施用含铜的杀菌剂,以防止细菌性叶斑病的发生
南瓜	4	25	2	发芽后避免施肥过度,同时加强通风,晚上要注意降低温度,以防止植株徒长
番茄	3	24～25	3	控制湿度,加强通风,施用杀菌剂以防止苗期病害;调节昼夜温差,控制湿度,加强光照以防止徒长
西瓜	4	28	2	喜高温,干燥环境,不耐寒;播种前用热水处理种子

9. 穴盘种苗生产中常见的问题及解决方法

穴盘种苗生产中常见的问题及解决方法见表 7-5。

表 7-5 工厂化穴盘育苗常见问题及解决方法

常见问题	问题分析	解决方法
不发芽	水分过多,导致基质缺氧,种子腐烂	选择合格可靠的基质,根据种子发芽条件的要求供给适宜的水分
	种子萌动后缺水,导致胚根死亡	选择合格可靠的基质,根据种子发芽条件的要求供给适宜的水分。易发生于西瓜
	基质 EC 与 pH 不当	一般纯草炭的 pH 只有 3.4～4.4,不能直接使用。因此,若购买的不是已经配制好的育苗草炭,则必须自己调节 pH 和 EC。一般调节 pH 为 5.5～5.8,EC 为 0.75 mS/cm
	种子被老鼠吃掉	易发生于瓜类的育苗,注意防鼠
	拆包后未播完的种子贮存不当	种子应保存在低温干燥的地方。尤其是干燥条件比低温更为重要。一般在室温下保存,如干燥条件好,可以保存较长时间
	芹菜、芦笋、番杏等种子休眠,影响发芽	种子预处理,打破休眠
发芽率低	水分过多或基质黏性重,引起基质氧气不足	选择合格可靠的基质,根据种子发芽条件的要求供给适宜的水分
	水分较少或基质沙性重,发芽水分不足	选择保水性好的基质,根据种子发芽条件的要求供给适宜的水分
	发芽温度过高	保证在适宜的温度下发芽
	发芽温度过低	主要发生在冬季育苗,做好加温措施
	施用基肥过多,引起盐害	适当使用肥料,严格控制 EC 值
	pH 不当	调节 pH 至适宜的范围
成苗率低	病害	基质消毒,种子处理,加强预防,经常观察,注意防治
	浇水过多,基质过湿,引起沤根死亡	注意浇水,干湿交替
	移出催芽室后湿度不够,引起“戴帽”	保持合适的湿度
	虫害	加强防治
	肥害,药害	合理施肥,施药
	浇水时水流过大,使种苗倒伏死亡	采用细喷头浇水
	除草剂残留	打过除草剂后仔细清洗喷药工具
	浇水不及时,过干	注意浇水
僵苗或小老苗	早春温度低	保持适宜的温度
	生长调节剂使用不当	合理使用生长调节剂
	缺肥	注意施肥
	经常缺水	注意浇水
	喷药时施药工具残留有矮壮素等	施用过矮壮素后仔细清洗喷药工具

续表7-5

常见问题	问题分析	解决方法
早花	环境恶劣，缺肥、缺水、苗龄过长等	提供适宜的环境条件，根据需要适当施肥，及时浇水，注意播种期的计划，保证适宜的苗龄
徒长	氮肥过多	平衡施肥
	挤苗	选择合适的穴盘规格
	光照不足	连阴雨天气应注意尽可能加强光照，并结合温度、水分供应以控制徒长
	水分过多，过湿	合理控制水分和湿度
顶芽死亡	虫害如蓟马为害	注意防虫
	缺硼	增施硼肥
叶色失常	缺氮引起的叶色偏淡	注意施肥
	缺钾引起下部叶片黄化，易出现病斑，叶尖枯死，下部叶片脱落	增施钾肥
	缺铁引起新叶黄化	补充铁肥，或施用叶面肥增施全营养微量元素肥料
	pH 不适引起叶片黄化	浇水时注意 pH 的调节

任务四　育苗过程病虫害控制

秧苗质量的判断标准之一就是健壮、无病虫，育苗过程中能否有效地防治病虫害是育苗成败的关键，也是蔬菜栽培成败的关键。工厂化育苗是集约化生产，病虫害发生和传播迅速，但由于管理比较集中，又有利于病虫害的防治。苗期病虫害与成株期害虫有一定的共同性，也有一定的差异性，目前生产中常见的病虫害种类及防治方法如下。

一、生理病害的种类与防治

1. 徒长

(1)表现和特点　叶色浅，茎节长，根系发育差，根重比低，茎粗与茎高的比值低；细胞含水量、含糖量低，抗病性差；定植后往往开花结果期延迟，早熟性差，但总产量影响程度较小。

(2)原因及对策　幼苗在子叶期相对生长速率较快，此期如果遇到高温高湿尤其是高夜温，极易引起幼苗徒长，俗称“拔脖”；真叶展开后相对徒长的现象有所缓和，因此主要是控制子叶期的湿度不能太大，尤其出苗后要及时降低夜温，必要时可在播种前浇灌底水时添加低浓度的矮壮素(10～20 mg/L)，对于预防徒长效果较好。

2. 老化

(1)表现和特点　叶片肥厚而色深，发暗，苗矮、瘦、细，茎部硬化，根系发育差，生理活性低，代谢不旺盛；植株可以积累养分，但不能用于正常生长，反而会产生障碍；定植后生长迟缓，尤其是总产量表现较低。

(2)原因及对策　营养液浓度过高或基质中积累的盐分浓度过高，长期低温，尤其是根际温度偏低、干旱、过分应用生长抑制剂等导致幼苗植株老化。实际生产中，营养液浓度和化学控制措施要适当，同时应控制基质中累积的盐分含量，避免根际低温。

3. 边际效应

(1)表现和特点　在利用穴盘进行工厂化种苗生产时往往出现一种特殊现象，处于穴盘边缘的植株生长势弱于盘中央的植株，称为边际效应。育苗盘或育苗床架的周边秧苗表现植株低矮，生育量小，严重的会出现植株老化的症状和表现。

(2)原因及对策　主要是水分分布不均匀造成的。因穴盘边缘通风状况良好，基质的持水量小，而且边缘往往是不容易充分浇水的地方，因此很易出现缺水现象，长期缺水势必影响秧苗的生长发育速度并导致秧苗老化。预防对策是除了正常喷雾外，应额外边缘补水。国外喷雾器水平末端多加双喷雾头以保证水分易蒸发部位的给水。

4. 逆边际效应

(1)表现和特点　部分处在苗盘中央的幼苗在生长发育过程中出现生长速度较慢的现象，而且随着育苗期的延长，植株长势越来越弱，以致最终被周围植株全部覆盖而失去育苗价值。这种幼苗往往初期表现低矮和长势较弱，越到后期越明显，严重的则停止生长或逐渐因周围秧苗的茎叶覆盖而黄化或死亡。

(2)原因及对策　种子质量良莠不齐，光照、水肥供给不均匀，育苗环境通风不良都易引起逆边际效应，但水分分布不均匀是主要原因。生产时应选择整齐一致的种子进行播种，增强通风透气性，给予充足的光照和均匀的灌水，育苗应特别注重喷水的均匀度，局部水分过大也会造成生长不均

5. 烧根

(1)表现和特点　秧苗发生烧根时，根尖发黄，须根少而短，不发或很少发出须根，但秧苗拔出后根系并不腐烂。茎叶生长缓慢，矮小脆硬，容易形成小老苗，叶色暗绿，无光泽，顶叶皱缩。

(2)原因及对策　在无土育苗条件下，产生烧根的主要原因是盐分障碍，有机肥混合不均匀，营养液浓度过高，或在连续喷浇过程中盐分在基质中逐渐积累而产生盐害。配制营养液时铵态氮的比例较大(超过营养液总氮量的 30%)也易引起烧根现象。因此必须按正式推广应用的营养液配方配制营养液，如果想改进营养液配方，必须经过试验，有把握后再应用于大面积生产。在育苗过程中，一般应在浇 2～3 次营养液后浇一次清水，避免基质内盐分浓度过高。应用营养基质进行无土育苗必须选用定型的产品，切忌自己随意乱配，以免发生盐害。

6. 沤根

(1)表现和特点　沤根的症状是根部不发新根，根皮发朽腐烂，幼苗萎蔫，茎叶生长受到抑制，叶片逐渐发黄，不生新叶，幼苗很容易拔起。

(2)原因及对策　产生沤根的主要原因是苗床土温长期处于低温高湿状态，根际始终处于冷湿与缺氧状态；光照不足，也易引起沤根。预防沤根可实行床架育苗，这样通气条件较好，基质内湿度不会太大(多余的水分从盘底小孔流出)；发现沤根后应及时控制浇水，提高室温或根际温度。

7. 叶片黄化、白化和斑枯

(1)表现和特点　叶片部分或全部变黄、变白、干枯或形成斑点状的黄化、干枯，引起植株

生长迟缓，严重的导致苗期死苗现象。

(2)原因及对策　由于温度过高，强光直射灼伤叶片使之失绿而形成白斑；高温放风过猛，冷风闪苗失绿造成叶片白斑；基质中氮肥严重缺损时造成心叶黄化；基质中酸碱度不适和盐分浓度超标时，真叶叶缘形成黄化；出现病毒病或蚜虫刺吸叶片时会在真叶叶片上形成黄绿相间的斑纹；补施叶面肥时，喷施浓度过大，之后没有及时用清水清洗叶片，也会造成叶片灼烧黄化。防治方法：主要注意基质的 pH，呈弱酸性或中性，严禁用含盐量高的有机肥配制基质；放风炼苗时不宜过猛，应根据外界温度和风向逐渐放风；注意保持苗床温度，防止低温冻害；对于蔬菜类，基质中氮素含量要保持在 5～7 mg/kg；出苗后每隔 3～5 d 要用多菌灵配合蚜虱净防治病虫害；叶面追肥量要适中，喷后及时用清水清洗叶面；夏季育苗时，12:00～15:00 要使用遮阳网，以防阳光直射灼烧秧苗。

二、传染性病害的种类与防治

1. 猝倒病

(1)表现和特点　猝倒病由鞭毛菌亚门腐霉菌侵染所致，幼苗出土前染病造成烂种、烂芽，出土后染病则表现茎基部初呈水浸状，很快褪绿变黄呈黄褐色，最后病斑绕茎一周使茎缢缩呈线状，幼苗失去支撑折倒在地。该病传染性强，湿度大时在病苗残体表面及附近基质上密生白色絮状菌丝。

(2)原因及对策　种子和基质带菌是该病发生的主要条件，湿度大和温度过高或过低是发病的客观条件，因此要做好基质和种子的消毒，加强苗床管理。一旦发病，可用药剂及时喷洒或最好灌根处理，要注意灌根浓度一般比喷洒浓度低 10 倍左右，以免引起药害。

2. 立枯病

(1)表现和特点　立枯病由半知菌亚门丝核菌属的立枯丝核菌侵染所致，受害幼苗在茎基部产生椭圆形暗褐色病斑，发病初期幼苗白天萎蔫，晚上恢复，当病斑横向扩展绕茎一圈后，茎病部凹陷缢缩，地上部茎叶逐渐萎蔫枯死，一般病苗枯死时仍然直立，故称立枯病。该病传染性强，潮湿条件下发病严重，并可见淡褐色蛛网状菌丝。

(2)原因及对策　发病原因与猝倒病类似，可参照猝倒病的防治方法来防治立枯病。

3. 病毒病

(1)表现和特点　感染病毒病的幼苗一般均表现植株矮化，叶片斑驳花叶，严重者叶片皱缩畸形，植株生长停滞。病毒病发生轻重程度因病原及作物种类而异。另外，病毒病发生要求高温干旱环境，且随蚜虫大面积传播。

(2)原因及对策　病毒的种类很多，一般均为种子内部传播，带毒种子是重要的病毒来源，防治上要严把种子质量关，并采用种子处理方法如干热处理或用 10%磷酸钠溶液浸种 20～30 min，有钝化病毒的作用。防止高温干旱的情况发生和控制蚜虫也是防治病毒病的主要措施。

4. 白粉病

(1)表现和特点　白粉病也是多数作物容易感染的一种传染性病害，主要为害叶片。初期在叶片正、背面出现近圆形白色小粉点，或白色丝状物，以叶面居多，后逐渐扩展连接形成边缘不明显的连片白粉，严重时整个叶片布满白粉，病叶变黄变脆最后枯死，白粉病在高温干旱与高温高湿交替出现时极易流行。

(2)原因及对策　环境不适是发病的主要因素，主要应加强环境管理如加强通风透光和肥水管理，保持环境洁净。另外可用药剂防治，如25%粉锈宁可湿性粉剂2 000倍液、42%粉必清悬浮剂600倍液和70%甲基托布津可湿性粉剂100倍液等均对白粉病有较好的防治作用。

5. 霜霉病

(1)表现和特点　多数作物幼苗容易感染霜霉病，如瓜类、白菜类等蔬菜作物。苗期感病往往叶片开始褪绿并出现不规则黄斑，后期斑枯连片，潮湿时叶背产生灰黑色霉层，随病情进一步发展而变黄干枯。除了种子带菌外，霜霉病还可借风、昆虫和农事操作传播，传染性很强。

(2)原因及对策　种子带菌是霜霉病的发病原因之一，应加强对种子的管理和消毒处理；相对湿度较大造成的高湿环境是发病的重要条件，应当适当控制浇水，注重通风排湿，合理调节温湿度，减少结露时间。

此外，苗期根据不同作物种类还会出现其他相应的传染性病害，应根据具体情况进行防治。

三、虫害的种类与防治

1. 蚜虫

(1)表现和特点　在幼苗的叶背上，成蚜和若蚜群集吸食叶内汁液，形成褪色斑点，叶片发黄，卷曲，生长受阻。蚜虫还可传播病毒病，造成的损失往往要大于蚜虫的直接危害。

(2)原因及对策　蚜虫主要依靠有翅蚜迁飞扩散。在田间发生时有明显的点片阶段。菜蚜繁殖受环境的影响很大，在平均气温23～27 ℃，相对湿度75%～85%条件下繁殖最快。药剂可选用50%抗蚜威可湿性粉剂2 000～3 000倍液；或21%灭杀毙乳油6 000倍液；或2.5%天王星乳油3 000倍液；或2.5%功夫乳油3 000倍液；或20%速灭杀丁乳油3 000倍液；或2.5%敌杀死乳油3 000倍液等。在育苗温室放风部位应该装上防虫网(20目)，温室内挂黄板(每667 m^2 设30块)等都是有效的防治措施。另外，应及时清除育苗温室周围的杂草，切断蚜虫的栖息场所和中间寄主。

2. 红蜘蛛

(1)表现和特点　红蜘蛛是为害幼苗的红色叶螨的总称。成螨和若螨群集在叶背常结丝成网，吸食汁液，被害叶片初始出现白色小斑点，后褪绿为黄白色，严重时发展为锈褐色，似火烧状，俗称“火龙”。被害叶片最后枯焦脱落，甚至整株死亡。红蜘蛛蔓延迅速，是苗期的一大虫害。

(2)原因及对策　红蜘蛛依靠爬行或叶丝下垂借风雨在田间传播，向四周迅速扩散。农事操作时，可由人或农具传播。预防应从早春起就不断清除育苗场所周围的杂草，可显著抑制其发生。在苗期注意灌溉，增施磷、钾肥，促使秧苗健壮生长。夏秋育苗，如遇高温干旱天气，应及时灌水，增加空气湿度，防治螨害的发生，控制螨情发展。也可参照防治蚜虫药剂种类进行药剂防治。

3. 茶黄螨

(1)表现和特点　俗称白蜘蛛，发生较普遍，食性杂，可为害多种蔬菜。成螨或若螨集中在秧苗的幼芽与嫩叶刺吸汁液，致使被害叶片变窄，增厚僵直，叶背呈黄褐色或灰褐色，带油浸状或油质状光泽，叶缘向背面卷曲。

(2)原因及对策　该虫可在温室内周年繁殖为害。防治上应将育苗温室和生产温室分开并隔离。育苗前彻底清除温室内的残株和杂草,并彻底熏杀残余虫口。育苗期间经常检查,发现为害立即用药防治。药剂种类选择基本上同红蜘蛛防治。

4. 白粉虱

(1)表现和特点　白粉虱分布广,为害重。成虫和若虫群集在叶片背面吸食蔬菜植株的汁液,受害叶片褪绿变黄,萎蔫,严重时全株枯死。除直接为害外,白粉虱成虫和若虫还能排出大量的蜜露,污染叶片诱发叶霉病和灰霉病等。

(2)原因及对策　在温室内,一年可发生十多代,环境适宜时开始迁移扩散。防治方法:除了要求将育苗温室与栽培温室隔离一定距离外,育苗温室在育苗前应彻底清除残株、杂草,用敌敌畏熏蒸残余成虫。育苗过程中要在通风口加上尼龙纱网防止外来虫源进入。在发生初期,可在温室内张挂镀铝反光幕驱避白粉虱,或在温室内设置涂有10号机油的橙黄色板,诱杀成虫。在白粉虱发生初期应及时喷药以降低虫源数量。25%扑虱灵可湿性粉制2 500倍液或10%扑虱灵乳油1 000倍液等药剂对防治白粉虱有特效。其他防治螨类害虫的药剂也可选择应用。

四、苗期其他灾害

1. 药害

幼苗的抗药性较差,稍有不慎就易出现病害,这在生产上屡见不鲜。产生药害的秧苗叶片干枯、坏死、变白,叶缘叶尖最为明显,幼苗畸形或扭曲,生长停止,严重时秧苗死亡。

产生药害的原因多种,例如,叶面喷药或叶面追肥浓度过大,药剂喷雾时雾化不好或停留时间过长,喷雾用水或器械被除草剂污染后未洗净而用于喷药时出现的药害,高温期或秧苗生长衰弱时喷药等,应该有针对性地防止上述各种原因产生的药害。应该指出,无土穴盘育苗时,由于基质的缓冲性较小,且穴盘的穴内根系布满,如果给药总量太大,容易使根际药液浓度高而产生药害,为了防治地上部侵染的病害,应采用细雾喷布供给药液,而不要采用浇灌的方法。如果为了防治土传病害而必须浇灌药液时,需降低药液浓度。

2. 草害

工厂化育苗条件下一般不会出现秧苗的草害,因为无土育苗的基质中不含草籽,但某些种子中容易混杂杂草种子,杂草生长速度往往比秧苗快,很快就会欺压秧苗,造成草荒,对秧苗的生长非常不利,如不及时清除杂草,秧苗将会因此而受害。

为了防治育苗时的草害,首先应注意保证正常而较快地出苗。用化学除草剂灭草,方法简单,成本较低,效果显著。如芹菜在播种后出苗前用25%除草醚喷雾处理基质表面,处理一次基本上可以解决苗期草荒问题。另外可选用的除草剂有50%扑草净可湿性粉剂1.5 g/m^2,25%绿麦隆可湿性粉剂0.5 g/m^2,50%除草剂1号可湿性粉剂0.3 g/m^2,25%除草醚可湿性粉剂0.75 g/m^2 等。

3. 运输中的秧苗障碍

在工厂化穴盘育苗生产中,秧苗根坨运输过程中也会发生种种障碍。常见的秧苗运输障碍有两种:一种是经过运输后基质严重脱落,秧苗根系得不到保护,以至于定植后缓苗期延长,甚至影响定植成活率。产生这种情况的主要原因是根系的生长量不够,没能将孔穴内的基质紧紧裹住,以至于经过运输的颠簸而“散根”;另外也和装箱不当有关,应该防止在运输过程中秧苗的相互撞击与过激的震动。另一种容易发生的运输障碍就是秧苗失水萎蔫，关键因素就是运输中的温湿度控制不当，高温低湿及箱内通风量过大都容易造成秧苗的萎蔫。在没有空调车的条件下，夏季运输应尽量在夜间进行，秧苗装车后应用篷布全面覆盖，防止大风直接吹到箱内秧苗上，运苗箱的通气孔要设置适当，在运输前 2 h 应向苗盘浇水，保持根部适宜的湿度。此外，在冬季运输时，应该做好防冻准备，防止运输中出现秧苗冻害而造成的严重损失。

任务五　秧苗的贮藏与运输

一些发达国家如美国、荷兰、法国、意大利等，比较普遍地创建了不同规模的蔬菜种苗公司，在其所建的育苗工厂中大批量地培育蔬菜商品苗，其中多数或全部运往异地定植，路途短的有数百千米，长的可达数千千米，甚至空运到国外。异地育苗的最大优越性是能够充分利用育苗地区的气候、热源、资金、技术等各方面的优势，降低育苗成本，提高秧苗质量，并以此形成产业，大批量生产商品秧苗。不仅有利于蔬菜种苗产业的发展，获得很好的经济效益，而且也能产生较大的社会效益，这是蔬菜产业化发展的必然趋势。因此秧苗贮藏与运输是工厂化育苗的重要组成部分。

一、运前准备

1. 运输计划

运输前要做好计划，买方要做好定植前的准备。注意收听天气预报，选择天气状况较好时运输可减少损失。

2. 运前处理

如果运输路途较远，必须对秧苗进行保鲜药剂处理，防止水分过度蒸发及根系活力减退，增强缓苗力。Jaworski 等研究认为，远途运输的番茄苗（5～7 片真叶）用乙烯利（300 μg/L）处理，可促进秧苗定植以后的缓苗及发根，并提高产量。Minges 等证明，在番茄起苗运输前喷施糖液，有利于定植后秧苗快复生长。KH-841 可作为长距离运输的秧苗保根剂，用 800 倍的水溶液处理后存放 48 h 或 72 h，定植后其果实数均高于对照，存放 48 h 的处理产量比对照增加 28.9％ 。近年来证明，采用一些新型药剂如施特灵处理，贮运 3～9 d，质量保持率较对照提高 6.1％～17.6％；基因活化剂处理贮运 3～9 d，质量保持率较对照提高 7.3％～17.6％；富里酸处理贮运 3～9 d，质量保持率较对照提高 11％～35.5％。在试验范围内，药剂的施用效果随着贮运时间的延长而提高，这充分说明药剂在防止生理衰变方面所起的作用，根据以上原理，研制出了以富里酸为主要成分的复配型蔬菜秧苗保鲜剂，保鲜剂处理只需在贮运前一天喷施一次，施用方法简单易行，成本很低，效果显著，可以推广应用于蔬菜及其他作物工厂化育苗的生产实践。

3. 根系保护

在运输时，可以带盘运输（穴盘育苗），也可以不带盘运输，但后者应特别注意根系保护。带盘运输运输量较小，但对根系保护较好；不带盘运输应密集排列，以防止因基质散落而造成根系散落。

二、包装与运输工具

1. 秧苗包装

秧苗育成后，应及时包装运输。运输秧苗的容器如纸箱、木箱、木条箱、塑料箱等均可采用，应依据运输距离选择不同的包装容器。容器应有一定的强度，能经受一定的压力与路途中的颠簸。远距离运输时，每箱装苗不宜太满，装车时既要充分利用汽车空间，又要留有一定的空隙，防止秧苗受呼吸热的伤害。为提高单位空间的秧苗运输量，育成的蔬菜秧苗应该从穴盘中取出，按次序平放在容器内。在装箱过程中，应注意不要破坏秧苗根系，以免影响定植后的缓苗生长。

2. 秧苗运输工具

工厂化育苗，运输是其中重要的一环。为保证秧苗快速、安全地运输到栽培现场，一般均应用汽车运输，以减少中间的卸装环节。因为秧苗运输对温度以及通风等都有一定的要求，最好采用保温空调车，但这样会使运输成本加大。采用一般大卡车运输时，冬季要注意保温，防止秧苗冻害的发生。在运输过程中，穴盘秧苗应该用苗箱装运，苗箱的选用以价格较低、不易压坏为原则。

三、秧苗贮运质量保持技术

育苗是根据生产需求周年进行的。在天气的选择上几乎没有余地，也就是说，秧苗贮运的大环境是无法改变的，只能从贮运的小环境甚至秧苗所处的微环境加以改变，以求达到秧苗保鲜的目的。在防止秧苗贮运中质量下降的技术措施上，应该特别注意以下几点。

1. 防止秧苗受冻

在我国北方地区冬季异地育苗远途运输的首要问题就是必须防止秧苗受冻或寒害。根据试验，番茄秧苗较长时间处于 5 ℃条件下，即会受到寒害。主要预防措施有：

(1)秧苗锻炼　在秧苗运输前 3～5 d 逐渐降温锻炼。例如，果菜类一直可以将温度降到 10 ℃左右，夜间最低可以降到 7～8 ℃，并适当控制灌水量。秧苗通过降温、控水进行锻炼，生长速度缓慢，光合产物积累量增加，茎叶组织的纤维增加，含糖量也明显提高，且降低了叶片的含水量，表皮增厚，气孔阻力加大。这些形态、生理变化说明秧苗的抗逆性增强，有利于抵抗贮运中低温的伤害。但是，锻炼不可过度，更不宜控水过分，以免降低秧苗培育质量。另外，在育苗前就应将锻炼的时间计划在内，保证秧苗有足够的苗龄。

(2)喷施植物低温保护剂　在运输前用 1%低温保护剂喷施 2～3 次，可获得耐低温的良好效果。

(3)选用较好的装箱方法　在冬季贮运秧苗，不要采用穴盘包装方法，否则秧苗容易受冻。应采用裸根包装(将秧苗从穴盘中取出，一层层平放在箱内)。包装箱四周衬上塑料薄膜或其他保温材料，防止寒风侵入伤害秧苗。

(4)做好覆盖保温　装箱后在顶部和四周用棉被覆盖严实保温，并用绳子固定，防止大风吹开。

2. 防止秧苗"伤热"

在夏季高温季节运输秧苗，应采取措施防止秧苗"伤热"而受到伤害。

(1)避免高温装箱　贮运前秧苗处于活力旺盛的生长阶段，在正常生长条件下，光合强度大，呼吸作用旺盛，一旦离开正常的生长环境（断绝光、水、肥），光合作用受阻断，但呼吸作用仍在进行，温度每升高 10 ℃，秧苗一切体内的化学反应速度均提高 1～2 倍。以呼吸作用为例，Q_{10}（温度系数）＝2～3。因此，为了减少秧苗的呼吸消耗，不仅要控制贮运期间的适宜温度，同时必须注意装箱时的秧苗温度，尽量避免高温时装箱，防止将“田间热”带入箱内，加大秧苗的呼吸量而降低秧苗质量。

（2）喷施秧苗保鲜剂　各种秧苗质量保鲜剂（如 0.04％的富里酸复配保鲜剂）具有防病、降低水分蒸散和提高植物免疫等功能，在秧苗贮运前一天按规定浓度喷施可以获得比较明显的保鲜效果，显著提高秧苗的质量保持率。

（3）增加秧苗包装箱内的湿度　秧苗贮运阶段已经失去水分的供给，维持较高的空气湿度可以降低秧苗水分的蒸散强度，从而起到保鲜的效果。但是，湿度过高，特别是高温高湿有利于微生物活动，导致病害的发生与秧苗的腐烂。因此，在贮运时温度适宜或在适宜温度范用内偏低，可以通过装箱前浇水或喷水以增加贮运期间的箱内小环境的空气湿度；如果大环境气温高而贮运工具又无法控温，可以采用根部微环境的保水处理措施（如在根系水分较好时用保湿材料包裹根系等），以保持秧苗不萎蔫。

（4）提倡夜间运输　在夏季运输秧苗，尽可能在夜间行车。因为在炎热的夏季，昼夜最大温差可达 15～20 ℃；另外，夜间运苗，一般次日上午即可到达，可以争取时间及时定植，快速成活。

3. 防止秧苗“风干”

运输途中的“风干”是秧苗运输中的一大灾害。一方面，运输过程中风力很大，风通过改变界面层的厚度来影响蒸腾，风速增大时，界面层变薄甚至消失，阻力减小，蒸腾加快；另一方面，在贮运中，由于风大，秧苗水分的蒸散量增大，即使在强风时气孔关闭，秧苗失水也很快。因此，必须采取有效措施保水，防止秧苗很快失水萎蔫。

（1）保水剂的应用　保水剂又称高吸水剂、保湿剂、超强吸水树脂，是一种有机高分子聚合物。它能够吸收比自身重数百倍甚至上千倍的水，可缓慢释放供给作物利用，保水剂的应用在无土穴盘育苗中有较明显的效果。如将名为“科翰”的保水剂按基质质量的 0.4％施入，由于其对水分的调控作用，对番茄秧苗的生理活性产生明显的影响。从保水剂处理对气孔状况、光合色素以及根系活力等生理指标的作用效果来看，用这种方法培育秧苗能在贮运中发挥很好的作用。

（2）育苗期喷施植物生长调节剂　夏季高温季节育苗，除非有很好的降温设备，否则，秧苗极易徒长。徒长的秧苗含水量大，叶片机械组织与保护层均不发达，容易失水萎蔫。应该根据育苗的要求，适当喷施矮壮素或多效唑等生长调节剂，促使秧苗矮壮，减少贮运中秧苗水分损失。

（3）抗蒸腾剂的应用　典型的抗蒸腾剂如黄腐殖酸可提高作物的抗旱能力，在缩小叶片气孔开张度，减少水分蒸腾方面有明显的作用。喷施黄腐殖酸可以起到秧苗保水、抗旱的作用，从而提高秧苗贮运质量保持率。特别在夏季育苗与贮运秧苗，黄腐殖酸的作用更为明显。

（4）给水与防风　夏季育苗时，在贮运秧苗前应注意充分给水。为了达到防风、防旱的目的，必须采用车厢整体覆盖的方法，尽量减少车厢内的空气流动。在这种情况下，应该将每个包装箱留有一定的通气孔，箱与箱之间留有一定的空隙，防止秧苗呼吸热对秧苗造成伤害。

【项目小结】

一、重点难点

1. 园艺设施提供了可调控内部环境因子、改善内部作物生长环境，打破地域、气候、环境差异，创造作物正常生长环境的载体。在设施栽培中，环境因子由温度、光照、水分、气体等构成，各环境因子的影响因素很多，掌握各个环境因子的变化规律，对于调控设施环境变化、满足植物对于各个环境因子的需求意义重大。

2. 综合运用各种知识，掌握设施温度、光照、水分、气体、土壤、营养等调控技术，在幼苗的不同生长阶段、时期，科学调控每个环境因子的参数指标，达到生产优质种苗的目标。

3. 育苗设施环境智能调控系统，通过实时采集设施内空气温度、湿度、光照、土壤温度、土壤水分等环境参数，根据幼苗生长需要进行实时智能决策，并自动开启或者关闭指定的环境调节设备，从而提升种苗质量，促进信息化农业建设的发展。

二、经验技巧总结

1. 利用辐射照度计、温湿度检测仪、CO_2 检测仪等仪器，通过温室光照、温度、湿度以及 CO_2 调控设备和方法，按照蔬菜幼苗对环境的要求，制订环境综合控制方案，并加以实施。

2. 了解管理现代温室的环境综合管理系统，根据不同类型幼苗对环境条件的要求，设定环境综合管理系统的参数，并观察、记录实际执行情况。

【技能训练】

技能训练　CO_2 肥料施肥

一、目的和要求

由于大棚、日光温室、连栋温室等设施相对密闭，在植物生长阶段经常出现 CO_2 不足现象，一般早、晚的 CO_2 浓度相对较高，凌晨的 CO_2 浓度可达到 500～600 mg/kg，随着光合作用的进行，设施内 CO_2 被叶片吸收，CO_2 浓度不断下降，到中午前后，浓度已很低（一般小于 100 mg/kg），达不到设施内蔬菜进行光合作用所需的 CO_2 浓度要求，设施内 CO_2 经常处于亏缺状态，严重影响作物的光合作用和生长发育。因此，在保护地内增施 CO_2 也成为设施栽培获得高产优质高效的重要手段。

二、实训准备

1. 材料与用具

CO_2 气体测定仪、CO_2 钢瓶、直尺等。

2. 制订实施方案

(1)CO_2 施用时期　在作物生长初期即可施用，果菜类蔬菜育苗阶段增施 CO_2，对缩短苗龄、促进花芽分化、培育壮苗作用明显；果菜类蔬菜坐果及果实膨大期是增施 CO_2 的最佳时期。不同季节 CO_2 施用时间不同，一般掌握在每年 11 月至次年 2 月，一般在日出后 2 h 进行，3 月至 4 月中旬是在日出后 1 h 进行，4 月下旬至 5 月是日出后 0.5 h 进行。育苗期一般要求在日出后 1.5 h 进行。一般情况下，每日一次，操作完毕后闭棚 1.5～2 h，然后放风。

育苗期：从 3～5 片真叶开始，CO_2 施用浓度为 0.5 mL/L，随着植株的生长可逐渐加大到 0.8 mL/L，到定植前 5～7 d 停止施用，连续施用 18～20 d 就能取得明显效果。

定植后：大棚定植后从缓苗开始(7～10 d)，定植后 15～20 d 开始，连续施放 30～35 d，就能取得最大的增产效果。大棚施放浓度为 1 mL/L，温室施放浓度为 0.8～1 mL/L。晴天按规定浓度施用，阴天用量减少，雨雪天停止施用。

每天施用时间，应根据设施内 CO_2 浓度日变化规律，早晨揭苫后 0.5 h 开始施用 CO_2，晴天持续施放 2 h 以上并维持较高浓度，至通风前 1 h 停止，阴雨天无日光天气应停止施用。

(2)CO_2 施用浓度　在光照充足，作物生长旺盛的封闭温室里 CO_2 常常缺乏；当浓度低于 80～100 mg/L 时，将严重制约蔬菜的正常生长。施用 CO_2 的最适浓度与作物种类、生育阶段、天气状况等密切相关，在温、光、水、肥等较为适宜的条件下，一般蔬菜作物在 600～1 500 mg/kg CO_2 浓度下光合速率最快，其中，果菜类以 1 000～1 500 mg/kg、叶菜类以 1 000 mg/kg 的浓度比较合适。

三、实施

(1)分组讨论，查阅资料，制订 CO_2 施肥计划。

(2)交流计划内容并修改完善。

(3)按计划进行 CO_2 施肥。

(4)对参数进行比较。

(5)总结评比。

【拓展任务】

一、复习思考题

1. 如何进行工厂化育苗不同阶段的环境调控？
2. 工厂化育苗的质量标准包括哪些含义？生产中如何进行质量定位？
3. 工厂化育苗质量控制关键技术有哪些？
4. 育苗过程中容易产生哪些生理病害？如何防治？
5. 如何预防幼苗贮运过程中的冻害和热害？
6. 如何对贮运后的秧苗进行分级？
7. 工厂化育苗贮运质量保持技术有哪些？

二、案例分析

"互联网+"设施农业智能管理系统

随着物联网技术的发展，物联网技术在农业信息化领域已经有了初步应用，如传感技术在精准农业、智能化专家管理系统、远程监测和农产品安全追溯系统的应用等。为提升农业技术推广，农业植物病虫害的监测、预报、防治和处置，农业资源、农业生产经营的科学决策提供有效支撑。

结合现实需求，以云计算、物联网、知识工程、3S等前沿信息技术为支撑，研发一整套开放式、低成本、智能化、广覆盖的园区智能化应用解决方案——设施农业智能管理系统，主要是利用物联网技术，营造相对独立的作物生长环境，同时对园区进行设施农业生态信息采集、设施智能控制、智能视频监控技术应用，通过应用现代农业科学技术和现代管理方式，推进农业向高产、高效、优质、生态安全为目标的农业可持续发展模式，从而实现农业生产智能化、科学化及集约化，促进现代农业的转型升级，为设施农业发展带来新的进程。

该系统主要是通过集成通信技术、无线网络及Zigbee技术、通过传感网络、数据采集模块、视频监控模块，实时远程获取设施农业温棚内部的空气温湿度、土壤水分和温度、二氧化碳浓度、光照强度及视频图像，通过智能控制进行模型分析，自动控制湿帘风机、喷淋滴灌、内外遮阳、顶窗侧窗、加温补光、水肥一体化等设备，保证温室大棚环境最适宜作物生长，为农作物优质、高产、高效、安全创造条件。系统可以通过手机、PDA、计算机等信息终端发布实时监测信息、预警信息等。

设施农业智能化管理系统，可广泛应用于设施农业、园艺、花卉等领域，在需要特殊环境要求的场所实施监控管理，为实现对生态作物的健康成长和及时调整栽培、管理等措施提供及时的科学依据，同时实现监管自动化。建设完善的温室智能控制采集系统、音视频诊断监控系统、园区外围视频监控系统、区域环境监测展示系统、水肥一体化系统整合、综合展示服务中心等，主要是通过集成通信技术、无线网络及Zigbee技术实现园区大棚空气温湿度、土壤温湿度、二氧化碳浓度等环境因子及温室内视频监控系统数据实时展示和大棚卷帘、通风、灌溉等的控制；远程视频诊断，将园区视频信息与语音对讲信号传输至管理中心，实现真正远程智能管理、培训、展示等功能；实现实时的音视频对讲，视频图像与语音对讲集成整合，管理服务中心可以发起和任何一个温棚内操作人员进行实时互动，也可以实现现场技术指导培训。依托展示服务中心通过高速网络链路，实现园区温室数据信息、视频诊断数据、视频监控数据等与综合展示中心互通，实现对园区视频监控数据进行信息化管理、集中显示并进行实时预览、查看等。真正地实现了智能温棚互联联动，一个人可以管理50个甚至更多个大棚，既可以单棚控制，也可以集群控制，满足不同作物生长的管理需求，极大地减少了人力和物力的投入，为作物高产、优质、高效、生态、安全创造条件，实现了整个示范基地的集约化、网络化、规模化生产管理，同时提高信息的收集、加工、分析、发布的速度和准确性，通过计算机自动控制系统降低了工作量，而且由于能精准控制农作物生长环境，作物产量和质量都大幅度提高，为政府部门提供农业信息作为制定政策的依据，指导农业生产和经营，降低农业风险。通过应用现代农业科学技术和现代管理方式，推进农业向高产、高效、优质、生态安全为目标的农业可持续发展模式，从而实现农业生产智能化、科学化及集约化，促进现代农业的转型升级，为设施农业发展带来新的进程。同时也带来了可观的经济、社会效益，节本增效10%以上，平均减少劳动用工10%以上，产量和效益平均提高10%以上。

项目八　工厂化育苗生产案例

【学习目标】

一、知识目标

1. 了解常见果菜类蔬菜、叶菜类蔬菜、花卉、草莓、葡萄与环境条件及营养液的关系；

2. 掌握常见果菜类蔬菜、叶菜类蔬菜、花卉、草莓、葡萄的工厂化育苗技术；

3. 掌握常见蔬菜、果树及花卉的育苗条件、育苗程序、育苗技术、育苗中常见问题的原因分析及解决措施。

二、技能目标

1. 能够综合运用所学理论知识和技能，独立从事蔬菜、花卉和果树工厂化育苗的生产与管理；

2. 正确掌握不同果树、蔬菜和花卉等育苗技术，能独立进行常见植物健壮整齐种苗的培育工作。

【学前准备】

一、资源要求

1. 蔬菜、花卉、果树栽培等相关学习资料；

2. 不同种类基质的识别和配制技术；

3. 营养液配制实验室；

4. 营养液管理所需的电导率仪、pH 计等；

5. 规范化无土栽培生产基地。

二、预备知识

1. 掌握基质育苗相关知识；

2. 了解常见蔬菜、花卉、果树生物学特性；

3. 掌握常见蔬菜、花卉、果树栽培管理要点；

4. 掌握文献查阅的基本知识。

【任务实施】

任务一　黄瓜工厂化穴盘育苗技术

黄瓜又叫胡瓜、刺瓜，原产印度热带潮湿地区，葫芦科一年生蔓性植物。生长期短，在瓜类中较耐低温，上市最早而产量最高，是我国南北地区广泛栽培的主要蔬菜之一。应用黄瓜的不同品种进行春、夏、秋栽培，是调节春淡季和解决夏秋淡季缺菜的重要措施。黄瓜性喜温暖湿润，不耐寒，遇霜冻即枯死，生长适温白昼为23～28 ℃，夜温12～18 ℃，气温低于10 ℃时发生生理障碍，生长停止。黄瓜根系浅，须根多，根系主要分布在16 cm左右的表土层；根系木栓化早，吸肥力差，叶大，叶肉薄，蒸腾旺盛，在瓜类中抗旱性最弱，要求较高的空气湿度和土壤湿度，但怕土壤低温和积水，受涝易沤根。对肥水要求严格，特别是氮肥或钾肥不足，易引起落花和果实带苦味；肥料浓度太大，易烧根腐根。黄瓜是瓜类作物中最耐弱光的一种，最适宜的光照为20 000～50 000 lx，光补偿点是1 500 lx。

一、黄瓜直播苗穴盘育苗技术

黄瓜是瓜类中最容易徒长的种类。穴盘育苗难度最大，尤其是在江南多雨季节。因此，黄瓜苗高度控制成为黄瓜穴盘育苗的关键，贯穿于育苗的全过程。

1. 穴盘的选择

一般选择50孔穴盘和72孔穴盘。如重复使用的穴盘，在使用前应进行消毒处理，采用2%的漂白粉充分浸泡30 min，用清水漂洗干净备用。

2. 基质的选配

按照草炭、蛭石、珍珠岩的比例为3∶1∶1进行配制，简易育苗也可加入30%左右的蘑菇栽培废料、粉碎的玉米芯、锯末屑等代替草炭。每立方米基质加入5 g绿亨2号或100 g多菌灵消毒，以防止苗期病害，同时混入1 kg氮、磷、钾含量为20∶10∶20的育苗专用肥1.5 kg或15∶15∶15的多元复合肥，调节基质的EC为0.75～1.0 mS/cm，pH为5.8～6.0。配制好的基质装入穴盘中备用。

3. 播种催芽

如果采用荷兰或日本进口的高质量种子(发芽率可达98%以上)或包衣种子，可以不进行种子消毒，直接播种。一般的国产种子最好采用温汤浸种，催芽后播种，方法是将种子放入55 ℃热水中，不断搅拌，直至水温冷却至室温(25 ℃左右)，然后反复搓洗种子，放入方盘中，用拧干水分的湿毛巾盖好，28 ℃催芽，种子露白时及时播种。播种深度1.3 cm左右，穴盘中每孔播种一粒种子，播后用蛭石覆盖，置于28 ℃环境中催芽，子叶开始拱土时，及时从催芽室中推出见光，见光时间的早晚直接影响种苗的质量。

4. 籽苗期管理(子叶拱土到真叶吐心)

这是种苗最容易发生徒长的时期。管理要点是适当控制水分，浇水的原则是早浇晚不浇，浇水量掌握在早湿晚干，以防止夜间徒长；充分见光，在80 000 lx之内，尽量使其得到最大的光照，如遇连阴雨天气，光照不足时，应尽量减少浇水次数，以控制其生长；温度管理上要降低夜间温度，尽量使夜温维持在12 ℃左右。阴天时也应适当采用低夜温管理；这一时期因生长量较小，依靠基质提供养分可以满足需要，因此不需要施肥。

5. 成苗期管理(真叶吐心到成苗)

黄瓜与其他瓜类作物在苗期的生长特点不同，黄瓜的真叶开始生长后，其下胚轴还会持续伸长，如果环境控制不好，仍然会出现徒长。因此，在温度管理上，晴好天气的白天，温度控制在25～28 ℃，夜间不低于12 ℃，尽量加大昼夜温差。基质水分以见干见湿为原则，浇水宜在清晨进行。冬天时要注意浇水温度，不宜直接使用冷水浇苗。这一期间的施肥可轮流施用氮、磷、钾育苗专用肥，每次施肥浓度为0.1%～0.15%，每7 d左右施用一次。苗期注意预防猝倒病和立枯病。在黄瓜真叶刚刚开始展开时，应尽快进行分苗和拼盘，将空的孔穴补齐，同时检查每穴中的苗数，多于一株的应进行分苗。

6. 出圃前管理(成苗到定植)

此阶段在温度控制上应适当降低温度，控制浇水，保持基质在半干燥状态，停止浇肥，以利于定植成活和缓苗。出圃前施用广泛性杀菌剂一次，预防定植期间的病害。

7. 病虫害防治

黄瓜苗期虫害主要有蚜虫、蓟马、潜叶蝇、菜青虫等，可选用1%海正灭虫灵3 000倍液、90%万灵1 500～2 500倍液、50%潜克5 000倍液进行防治。

苗期病害主要有猝倒病、疫病、炭疽病、白粉病、叶斑病、霜霉病，可选择72.2%普力克600～800倍液，70%甲基托布津800倍液，70%代森锰锌800倍液，75%百菌清600～800倍液，25%甲霜灵1 500倍液，80%绿亨2号800倍液，30%特富灵3 000～5 000倍液，10%世高2 500～3 000倍液，72%农用链霉素4 000～5 000倍液进行预防和防治。杀虫杀菌剂要交替轮换使用，每7～10 d喷雾1次，防治效果很好。必须注意的是，粉锈宁等三唑类杀菌剂对瓜类的生长会产生药害，抑制其生长点的生长，在苗期应禁止使用。

二、黄瓜嫁接苗穴盘育苗技术

黄瓜嫁接育苗是当前防治黄瓜枯萎病及促进黄瓜增产的一项重要技术措施，常用的嫁接方法主要是靠接法和插接法，但用于大规模穴盘育苗生产有诸多弊端，如砧木和接穗育苗占用面积较大、植株的高度控制困难等。目前推广的砧木断根嫁接方法，操作简单，嫁接速度快，成活率高，生产的黄瓜嫁接苗粗壮，整齐，种苗质量好，适合工厂化规模生产。定植后根系发达，有利于提高产量，生产出的种苗深受广大农民的欢迎。因此，重点介绍黄瓜砧木断根嫁接技术及管理要点。

1. 基质准备

砧木和接穗播种采用的基质为草炭、珍珠岩、蛭石，按照体积比3∶1∶1的含量配制，每立方米加5 g绿亨1号(配制成5 000倍液)或100 g多菌灵用于消毒，配置时每立方米再加20∶10∶20氮、磷、钾三元复合肥1 kg。杀菌剂和肥料与基质混合时要搅拌均匀。嫁接后断根苗的扦插基质则不加任何肥料。

2. 砧木和接穗的选择

砧木采用新土佐系、云南黑籽南瓜均可，对接穗品种要求不严格，一般选用当地保护地主栽黄瓜品种即可。

3. 种子处理及播种

砧木种子先晒 2～3 d，播种前用 55～60 ℃的温水浸种消毒，浸种时要不断搅拌，直至水温降到 30 ℃后停止搅拌，自然冷却后用 2%的漂白粉浸种 15 min，清洗干净后浸泡 8～10 h，然后清洗 2～3 遍待播。黄瓜种子播前用 55～60 ℃的温水浸种消毒，方法同砧木。浸泡 6 h 后再清洗 2～3 遍待播。

砧木种子选用 45 cm×45 cm 的育苗方盘或其他规格的育苗盘进行播种，在盘中先铺 3～5 cm 厚的基质，压实后播砧木种子，要求行距 5 cm，株距 1.5～2 cm，种子方向一致，45 cm×45 cm 的育苗方盘每盘播种 220～230 粒。再用消毒过的细沙或蛭石覆盖 1.5 cm 左右，充分浇水后放在 28～30 ℃的催芽室中催芽，保持较高的湿度，待 60%左右拱土时移出催芽室。黄瓜种子在砧木子叶平展时浸种消毒，浸泡后用同样的方盘先铺 3～5 cm 厚的基质，将黄瓜种子撒播在上面，每盘约 1 500 粒，再用基质覆盖 2 cm 左右，浇水后放在 28～30 ℃的催芽室中，注意浇水不宜过多，否则影响种子发芽。待 80%左右拱土时移出催芽室及时见光。

4. 嫁接前苗床管理

砧木齐苗前沙子或蛭石不宜干燥，嫁接前 1～2 d 适当降温控水，促进下胚轴硬化。接穗（黄瓜苗）的基质不宜过干，齐苗后要充分见光。嫁接前要做好病虫害防治，一般情况下齐苗后和嫁接前 1 d 各喷一次低浓度的杀菌剂预防病害，如用 70%甲基托布津 1 000 倍液或 75%百菌清 800 倍液或普力克 600 倍液进行苗期病害的预防。

5. 嫁接及扦插

嫁接适期以砧木第一片真叶展开时，即播种后 13～15 d 为宜。黄瓜为子叶平展，第一片真叶微露时，即播种后 10～12 d 为宜。砧木在嫁接前 1 d 抹去生长点。嫁接前 1 d 的下午砧木和黄瓜的基质要浇透水，使植株吸足水分。扦插前，成活区内的苗床基质应做好消毒工作，固定一个工人割取砧木和黄瓜苗。

具体嫁接方法如下：砧木从子叶下 5～6 cm 处平切断，黄瓜苗可靠底部随意割下，每次割下的砧木和接穗不宜过多。嫁接时用专用嫁接签从砧木上部垂直子叶方向斜向下插入，角度在 30°～45°，深度为 0.5 cm，以不露表皮为宜，插入后取出嫁接签。黄瓜苗在子叶下顺着茎秆方向正反两面各平切一刀，不宜太厚，在 0.5 cm 处再斜切一刀，迅速插入砧木，要插紧。嫁接好后放在湿润的容器内保湿待扦插。

扦插前将扦插基质装入 72 孔育苗穴盘，浇透底水后扦插嫁接苗，扦插深度 2～3 cm。扦插手法及用力要适度，以免折损茎部，扦插后立即放入成活区的苗床内，并做好标签，记录嫁接和扦插日期。

6. 成活期管理

（1）温度管理　嫁接后前 3 d 温度要求较高，白天 26～28 ℃，晚上 22～24 ℃，温度高于 32 ℃时要通风降温，以后几天根据伤口愈合情况把温度适当降低 2～3 ℃。8～10 d 进入苗期正常管理。

（2）湿度管理　嫁接后前 2 d 湿度要求 95%以上，低湿时要喷雾增湿，注意叶面不可积水。随着通风时间加长，湿度逐渐降低到 85%左右。8～10 d 根据伤口愈合情况，湿度管理可接近正常苗湿度管理。

（3）光照管理　嫁接后前 2 d 要遮阳，以后几天早晚见自然光，在管理中视情况逐渐加长见光时间和增加光照强度，可允许轻度萎蔫。8～10 d 可完全去除遮阳网。

(4)通风管理　一般情况下嫁接后前 2 d 要密闭不通风，只有温度高于 32 ℃时方可通风，嫁接后第 3 天开始通风，先是早晚少量通风，以后逐渐加大通风量和加长通风时间，对萎蔫苗盖膜前要喷水。经 8～10 d 进入苗期正常管理。

在嫁接后 5～6 d 喷一次代森锰锌 800 倍液和农用链霉素 4 000 倍液预防苗期病害发生。

7. 成活后管理

(1)及时去萌蘖　砧木在高温和高湿环境下萌蘖生长很快，影响黄瓜苗的正常生长，所以嫁接成活后应及时去除萌蘖。

(2)肥水管理　成活后要适时控水，有利于促进根系发育。一般情况下基质较干后结合浇水喷 1～2 次叶面追肥，可选择 0.1%～0.3%的磷酸二氢钾或尿素。浇一次清水后，再浇氮、磷、钾速效肥水，浓度在 50～120 mg/kg，两者交替使用。

8. 种苗质量标准及出圃前管理

黄瓜嫁接苗苗龄一般选择 25～35 d，具有 2～3 片真叶，叶片翠绿、肥大，根系已盘根，幼苗从穴盘拔起时不会散坨，须根白色、健康，植株高度在 7～10 cm。发货前 5～7 d 要降低温度 2～3 ℃，并且要控肥水，便于装箱运输和缓苗，提高移栽成活率。

9. 病虫害控制

同直播苗。

任务二　西瓜工厂化穴盘育苗技术

西瓜原产埃及，属于葫芦科一年生蔓性植物。喜高温干燥气候，耐旱不耐寒，遇霜即死。种子适宜的萌发温度为 25～30 ℃，生长适宜温度为 18～32 ℃。苗期白天 25～30 ℃，夜间 16～18 ℃为宜，昼夜温差大，有利于培育壮苗。西瓜喜充足的光照，苗期至少需要 30 000 lx 以上才能生长出健壮的种苗。疏松、透气性好、pH 为 5～7 的基质有利于生长。

一、西瓜直播实生苗培育方法

1. 穴盘的选择

一般选择 72 孔穴盘。如重复使用的穴盘，在使用前应进行消毒处理，采用 2%的漂白粉充分浸泡 30 min，用清水漂洗干净备用。

2. 基质的配制

按照草炭、蛭石、珍珠岩体积比为 3∶1∶1 进行配制，简易育苗也可加入 30%左右的蘑菇基质废料，粉碎的玉米芯、锯末屑等代替草炭。每立方米基质加入 5 g 绿享 2 号或 100 g 土菌消消毒，以防止苗期病害，同时混入 0.8 kg 氮、磷、钾含量为 20∶10∶20 的育苗专用肥或 1.2 kg 的 15∶15∶15 多元复合肥，调节基质的 EC 为 0.75～1.0 mS/cm，pH 为 5.8～6.0。配制好的基质装入穴盘中备用。在混配基质时要特别注意，多菌灵对西瓜的发芽有一定的抑制作用，因此西瓜育苗基质的消毒应避免使用。

3. 播种催芽

西瓜播种前需要进行种子处理。一般采用温汤浸种，方法是将种子放入 55 ℃的热水中，不断搅拌，直至水温冷却至室温(25 ℃左右)，然后反复搓洗种子，洗掉种皮上的黏液，然后用 2%的漂白粉浸种 20 min，再用清水漂洗干净，室温下浸种 6 h，然后将种子放入方盘中，用拧干水分的湿毛巾盖好，28 ℃催芽，种子露白时及时播种。播种深度 1.3 cm 左右，穴盘的每孔播种一粒种子，播后用蛭石覆盖，置于 28 ℃环境中催芽，有条件的可放于催芽室中催芽，2 d 左右子叶开始拱土时，及时从催芽室中推出见光，见光时间的早晚直接影响种苗的质量。

4. 籽苗期管理(子叶拱土到真叶吐心)

这一时期是控制西瓜苗徒长的关键时期，当种子开始拱土时，必须立即从催芽室内移出，并降低温度，保持夜间在 14～16 ℃。晴好的白天室温控制在 25～28 ℃，有利于培养壮苗，同时适当控制水分，浇水的原则是早浇晚不浇，浇水量掌握在早湿晚干，以防止夜间徒长。幼苗应充分见光，光照强度在 80 000 lx 以内时，尽量使其得到最大的光照强度；如遇连阴雨天气，光照不足时，应尽量减少浇水次数，以控制其生长，同时降低夜间温度，尽量使其维持在 12 ℃左右。这一时期不必施肥，但需注意防治猝倒病。

5. 成苗期管理(真叶吐心到成苗)

真叶吐心时开始施肥。每 7 d 左右轮流施用氮、磷、钾含量为 15∶0∶15 和 20∶10∶20 的育苗专用肥料，每次施肥浓度为 0.1%～0.15%。注意控制浇水量，宜干湿交替，忌长期使基质水分过多。温度和光照管理同上一阶段。在真叶刚刚开始展开时，应尽快进行分苗和拼盘，将空的孔穴补齐，同时检查每穴中的苗数，多于一株的应进行分苗。

6. 种苗质量标准和出圃前的管理

西瓜直播苗夏季苗龄在 18～20 d，冬季在 25～30 d，出圃时种苗大小为 3 叶 1 心，植株高度 8～10 cm，叶面舒展，叶色浓绿，团根好，可以直接从穴盘取出而不散坨，根系健康，植株不带病虫，新生叶片比老叶大为佳。出圃定植前应停止浇肥，同时控制温度和水分，以便种苗能更好地适应大田环境。

7. 病虫害控制

西瓜苗期虫害主要有蚜虫、蓟马、潜叶蝇、菜青虫等，可选用 1%的海正灭虫灵 3 000 倍液、90%万灵 1 500～2 500 倍液、50%潜克 5 000 倍液。西瓜苗期的主要病害是猝倒病、疫病、炭疽病和白粉病。猝倒病可用 72.2%普力克(又名霜霉威、丙酰胺)400～600 倍液浇灌苗床或用绿亨 2 号(80%多福锌可湿性粉剂)按 3～4 g/m^2，稀释 600～800 倍淋施或喷雾。疫病防治可选用 50%甲霜铜可湿性粉剂 700～800 倍液、普力克水剂 800 倍液、瑞毒霉锰锌可湿性粉剂 500 倍液。炭疽病防治可选用百菌清 800 倍液、80%炭疽福美 800 倍液，也可以用百菌清烟雾剂熏蒸 1～2 次。白粉病可选用 30%特富灵 3 000～5 000 倍液、10%世高 2 500～3 000 倍液防治。

二、西瓜顶插法嫁接育苗技术

1. 嫁接砧木的选择

根据西瓜的品种选择合适的砧木。砧木以瓠瓜和南瓜为主要选择对象。瓠瓜品种有长瓠瓜、圆弧瓜、相生、日本葫芦、南砧 1 号、南砧 2 号等；南瓜品种有新土佐、早生新土佐等；野生西瓜砧木有超丰 F1，还有健康、勇士等近年来市场推出的优秀砧木品种。砧木品种选择的主要原则是亲和力好、抗逆性强，且不改变西瓜品质。若选择新品种，则必须经过试验证明其确实可以作为砧木品种，方可在大规模生产中应用。

2. 播种基质的准备

砧木所采用的基质为草炭、珍珠岩、蛭石以 3∶1∶1 配制，冬季可以用 2∶1∶1。基质的消毒方法为每立方米加 200 g 百菌清，或采用 800 倍的甲基托布津溶液，每立方米喷雾 45～60 kg。配制基质时每立方米加入优质 15∶15∶15 氮、磷、钾三元复合肥 1～1.2 kg，或采用西瓜营养液专用配方，加总量为 1.2 kg 左右的化学肥料。肥料用水完全溶解后与基质混合均匀。必要时用工业碳酸钙调节 pH。

3. 播种催芽

(1)砧木和接穗播期的确定　根据定植日期，供苗前 25(夏季)～40 d(冬季)对砧木种子进行浸种催芽，7 d 后接穗种子进行浸种催芽。如外界气温较低时，可以增加砧木与接穗播种的间隔时间，以确保嫁接时砧木达到合适的大小。

(2)砧木种子的浸种　用 55 ℃温水浸泡种子，用水量为种子量的 3 倍左右，并不断地搅拌，待水温降至 30 ℃时停止搅拌，取出种子，再用 0.1%的漂白粉消毒 10 min，用清水冲洗干净，在室温下浸种，浸种时间为南瓜 12 h、瓠瓜 24 h、西瓜 6～8 h，浸种后用清水冲洗 2～3 遍，搓洗掉种子上的黏液，准备催芽。

(3)砧木的催芽和播种　将种子装入方盘中，并用湿布盖好，置于 28 ℃下催芽，待种子露白时即可挑选出来播种，未发芽的继续催芽，以确保嫁接时的砧木大小一致。露白的种子直接播于 50 孔的穴盘中，深度为 1 cm 左右。播种时将种子胚根斜向上放于穴盘小孔的中心，以减少"戴帽苗"，播种后用基质进行覆盖。播种覆盖作业完毕均匀浇水，浇水量不宜过多，约为饱和持水量的 80%，然后移入催芽室。催芽室温度可采用变温催芽，白天 28 ℃、夜间 18 ℃为宜，同时可根据品种发芽特性，采用控制催芽温度或浸种催芽时间的方法控制其出芽速度和时间，最好使其在清晨拱土，以防夜间徒长。如无催芽室，播种后也可直接放入温室中，但应尽量降低夜间温度，以防长高，连阴天以降低育苗区温度和控制苗床湿度为主，防止徒长。当 70%种子拱土时，降低温度，白天 20～25 ℃、夜间 15～18 ℃。这期间温度过高易造成小苗徒长，过低时子叶下垂、朽根或出现猝倒，要特别注意阴天时温度管理，不要出现昼低夜高的逆温差。管理要点以温度管理为主，设法创造适宜的生长环境。在子叶平展时，喷施代森锰锌＋0.2%磷酸二氢钾＋0.1%的糖水。

(4)接穗的播种方法　在砧木播后 6～7 d，播于方盘之中，方盘的底部均匀地铺一层厚 4 cm 左右的基质，然后将种子均匀地撒在基质之上，播种密度以种子不重叠为度，然后覆盖 1 cm 厚的基质或蛭石。如用基质覆盖，注意基质较轻，需在覆盖结束后稍稍压实，以减少"戴帽苗"。覆盖后浇足底水，放于催芽室中进行催芽。同时，催芽室内必须安装人工光源，光照强度为 5 000 lx 左右。

4. 嫁接

嫁接时的幼苗标准：砧木的苗龄为 8～12 d，相当于第一片真叶刚刚展开时的苗龄，冬天苗龄可略长，夏季略短。同时在砧木刚刚开始发真叶时将其真叶小芽抹去。接穗用出苗后 2 d、子叶将展未展之际的徒长苗。并在嫁接前 3～5 d 控制浇水，嫁接前 1 d 浇透水，以利于嫁接成活。

嫁接用的工具有特制的嫁接刀、操作台(桌凳皆可)以及特制的竹签(茎粗与西瓜下胚轴粗细相同，约 3 mm)。

嫁接时用竹片刮掉砧木的二次萌发生长点，用竹签从心叶处斜插 5 mm 深，竹签不要穿破表皮,然后取西瓜苗在子叶下 1 cm 处向下斜切一刀(刀片与西瓜茎呈 60°角),然后以相同的方法在另一侧切第二刀,把茎削成楔形,拔出竹签,插入接穗。或者用拇指和食指捏住两片叶,使刀片与接穗呈 30°角,在子叶基部 1 cm 处向下削成 1 个斜面,切口长 0.5 cm,取出砧木上的竹签,将接穗斜面吻合,同时使砧木与接穗的子叶交叉,呈“十”字形。

5. 嫁接后的管理

嫁接后的瓜苗温度管理标准以白天 26～28 ℃、夜间 20～22 ℃为宜,用塑料小拱棚覆盖使相对湿度大于 95%,并且白天用遮阳网进行遮光,经 3～4 d,在早晚空气湿度高时开始少量通风,一周后伤口愈合,逐渐加大通风量,温度管理恢复正常。其后温度管理随着嫁接苗恢复生长,夜温逐渐降低,当西瓜苗长至 1 叶 1 心时夜温可保持 16～18 ℃,这样有利于雌花分化。苗期水分管理应使育苗基质保持最大持水量的 75%～80%,基质水分过少、过干会促进雄花形成,造成花打顶,苗期原则上不控温不控水。冬季育苗时,定植前一周应进行低温锻炼,白天 22～24 ℃、夜间 13～15 ℃为宜。

6. 病虫害控制

病虫害的控制可参考直播苗,另外,由于嫁接成活期容易感病,可在嫁接前 2 d 左右喷洒百菌清或速克灵预防霜霉病、角斑病、炭疽病等;成活期由于保持在高温高湿环境中,可用百菌清烟雾剂进行预防,嫁接成活后即用代森锌等喷施一次,出圃前再用甲基托布津等进行一次预防。

7. 嫁接苗质量标准

优质西瓜嫁接苗的标准为子叶完整,茎秆粗壮,嫁接处愈合良好,西瓜真叶 2～3 叶,叶色浓绿,根系完好,不带病虫。苗龄夏季为 20～25 d,冬季为 35～40 d。

三、西瓜断根嫁接育苗技术

西瓜嫁接苗多采用顶插法嫁接,但这一方法用于工厂化生产有诸多弊端,现介绍一种新的嫁接技术,即断根嫁接法。采用断根嫁接法所生产的种苗粗壮,生长整齐一致,而且定植后根系发达,生产的种苗深受广大瓜农的欢迎。

1. 砧木品种的选择

同顶插法,只是采用西瓜时,由于西瓜扦插生根能力弱,养护需较其他种类的砧木更为精细。冬瓜的出苗特别不整齐,需特别注意。另外,冬瓜砧木下胚轴极短,可以通过提高夜温或增加湿度适当使其长高,有利于断根后的扦插操作。

2. 砧木和接穗播种期的确定

采用葫芦和西瓜作砧木时,砧木应提前 2 d 播种;南瓜作砧木时,砧木应晚播 2 d;如采用冬瓜作砧木,可提前 12 d 左右播种。

3. 浸种和催芽

砧木种子先经过日光照射处理 2～3 d,播种前用 55～60 ℃的温水浸种消毒,浸种时要不断搅拌,直至水温降到 30 ℃后停止搅拌,自然冷却后用 2%的漂白粉浸种 15 min,清洗干净后浸泡 16 h 以上,然后清洗 2～3 遍待播。

接穗种子播前用 55～60 ℃温水浸种消毒,方法同砧木种子。温水自然冷却后要搓洗 2～3 次,浸泡 6～8 h 再清洗 3～4 遍待播。

4. 播种

砧木选用 45 cm×45 cm 的育苗方盘进行播种，即在盘中先铺 3～5 cm 厚、经过充分消毒的育苗专用基质，压实后播砧木种子，要求行距 5 cm，株距 1.5～2 cm，种子方向一致，播种 220～230 粒。再用消毒后的细沙覆盖 1.5 cm 左右，充分浇水后放在 28～30 ℃的催芽室中催芽，待子叶拱土时移到育苗温室。

接穗采用同样的方盘先铺 3～5 cm 厚的基质，西瓜种子撒播在上面，再用基质覆盖 2 cm 左右，浇水后放在 28～30 ℃的催芽室中，注意浇水不宜过多，否则影响种子发芽。发芽后要及时去壳见光，但光照不宜过强。

5. 嫁接前的管理

砧木苗出苗前基质不宜干燥，待幼苗出齐后要适时控水，总的原则为早上基质浇水，傍晚时基质见干。嫁接前要做好病虫害防治，一般情况下子叶平展期喷一次 75%百菌清 800 倍液，嫁接前一天喷 70%甲基托布津 800 倍液和 72%农用链霉素 4 000 倍液。

接穗苗在催芽室内发芽后要及时补光、喷水，齐苗时放到育苗温室见自然光，基质不宜过干，嫁接前喷一次 70%甲基托布津 1 000 倍液。

6. 嫁接

(1)嫁接适期　砧木第一片真叶大小同五分钱硬币，西瓜子叶平展时为嫁接适期。

(2)准备工作　砧木在嫁接前一天抹芽，嫁接前 0.5～1 h 浇透水；西瓜苗嫁接时要喷水。扦插前，成活区内的苗床应做好消毒工作，并提前 1 h 预热。固定用一个工人割取砧木和西瓜苗。

(3)嫁接方法　砧木从子叶下 5 cm 处平切断，西瓜苗可靠底部随意割下。嫁接时用专用嫁接签从砧木上部垂直子叶方向斜向下插入并取出嫁接签，深度为 0.5 cm，以不露表皮为宜。西瓜苗在子叶下顺着茎秆方向正反两面各平切一刀，不宜太厚，在 0.5 cm 处再斜切一刀，迅速插入砧木。嫁接好后放在纸箱内保湿待扦插。

(4)扦插　选用普通育苗基质装入 72 孔育苗穴盘，浇透底水后扦插嫁接好的种苗，扦插深度 3 cm 左右。扦插后立即放入成活区的苗床内。

(5)嫁接要点　嫁接前一天确定嫁接人员、扦插人员、割苗及后勤人员，有大订单时应安排操作质量检查人员，以保证当日嫁接质量和数量；做好嫁接前准备工作，包括嫁接工具、毛巾、嫁接盘、消毒液以及嫁接标签。

7. 成活期的管理

(1)温度　嫁接后前 3 d 温度要求较高，白天 26～28 ℃，晚上 22～24 ℃，温度高于 32 ℃时要通风降温，以后几天根据伤口愈合情况把温度适当降低 2～3 ℃。8～10 d 后进入苗期正常管理。

(2)湿度　嫁接后前 2 d 湿度要求 95%以上，低湿时要喷雾增湿，注意叶面不可积水。随着通风时间加长，湿度逐渐降低到 85%左右。7 d 后根据愈合情况接近正常苗湿度管理。

(3)光照　嫁接后前 2 d 要遮阳，以后几天早晚见自然光，在管理中视情况逐渐加长见光时间，可允许轻度萎蔫。8～10 d 可完全去除遮阳网。

(4)通风　一般情况下嫁接后前 2 d 要密闭不通风，只有温度高于 32 ℃时方可通风，嫁接后第 3 天开始通风，先是早晚少量通风，以后逐渐加大通风量和加长通风时间，对萎蔫苗盖膜前要喷水。8～10 d 进入苗期正常管理。

8. 成活后的管理

(1)肥水管理　成活后要适时控水,有利于促进根系发育。一般情况下先浇一次清水后,再浇氮、磷、钾含量为15∶0∶15和20∶10∶20的肥水,浓度在50～120 mg/kg,两者交替使用。发货前水肥不宜过多,便于装箱和移栽缓苗。

(2)及时去萌蘖　砧木在高温和高湿环境下萌蘖生长很快,影响西瓜苗的正常生长,所以成活后应及时去除。

9. 种苗质量标准及出圃前的准备

西瓜砧木断根嫁接苗苗龄一般夏季为30～35 d,具有2～3片真叶,叶片翠绿、肥大,根系已盘根,幼苗从穴盘拔起时不会散坨,须根白色、健康,植株高度在7～10 cm。出圃前5～7 d要降低温度2～3 ℃,并且要控肥水,出圃当天或前一天喷施甲基托布津一次。

10. 病虫害防治

同顶插法。

任务三　番茄工厂化穴盘育苗技术

番茄又称西红柿、洋柿子,原产南美洲,属茄科植物,喜温不耐寒,也不耐热,种子适宜的吸胀温度是15～30 ℃,发芽适温是28～30 ℃,苗期生长适宜温度为白天20～25 ℃,夜间10～15 ℃,35 ℃停止生长,1 ℃会发生冻害;根系生长适温为20～22 ℃,种子发芽最低温度为10 ℃。番茄喜充足的光照,幼苗期需要的适宜光照强度在20 000 lx以上,光补偿点为2 000 lx,并喜欢肥沃疏松、透气性好的基质,pH以5.5～7.0为宜。

一、番茄直播苗穴盘育苗技术

1. 穴盘的选择

番茄穴盘育苗中穴盘的选择与幼苗的大小密切相关。育2叶1心的苗可选用288孔苗盘;育3叶1心的苗可选择200孔的穴盘;育4～5叶苗选用128孔苗盘;育6叶以上的种苗或带蕾定植的大苗可选用72孔或50孔的苗盘。一般在夏季育苗可选用288孔或200孔的穴盘,在冬季或早春为了提早上市的早熟栽培可选用72孔或50孔的穴盘,以培育大苗定植。

2. 基质的配备

每1 000盘标准288孔穴盘备用基质2.8 m^3,128孔穴盘备用基质3.8 m^3,72孔穴盘备用基质4.65 m^3。基质的配比为草炭、蛭石、珍珠岩体积比3∶1∶1,夏季适当减少珍珠岩的用量。非专业化生产可以用锯末屑、压碎的玉米芯代替草炭,但育苗的效果不如草炭。每立方米可用100 g多菌灵进行消毒,同时加入优质进口复合肥1.3 kg或氮、磷、钾含量为20∶20∶20的育苗专用肥1 kg。基质的配备要点是各成分要充分混合均匀。播种时基质的干湿程度是捏可成团,松手后轻轻拨动即可散开。

3. 播种与催芽

根据当地的需要选择合适的品种。播前种子处理,检测发芽率,选择种子发芽率大于90%的籽粒饱满、发芽整齐一致的种子。播前用温汤浸种法浸泡,夏季播前用10%磷酸钠处理20 min,然后用清水将种子上的药液冲洗干净,风干后播种。穴盘育苗对种子的质量要求高,发芽率低的或种子活力差的种子不宜使用。穴盘育苗时,为了得到整齐一致的种苗,有时也采用先催芽，待种子露白时挑出播种，这样种苗大小均匀，且空穴少，基质利用率高，成本降低。播种时基质装盘要松紧适宜，太松则浇水后基质下陷，太紧则影响种苗生长。播种深度 1 cm 左右，播种后覆盖蛭石，厚度为 0.5～1 cm，浇透水放入催芽室内催芽。

催芽室温度管理指标为白天 25 ℃，夜间 20 ℃，3 d 左右，当种子开始拱土时，要及时将苗盘摆放进育苗温室。这时可适当控制基质中的水分，保持在饱和持水量的 70%左右。同时降低温度，尽量保持在白天 20～25 ℃、夜间 10～15 ℃，并开始充分见光，否则易发生徒长。

4. 苗床管理

夏季高温季节以降温为主，尤其防止夜间高温。如果连续夜间温度过高，可采取控制水分的方法，防止夜间徒长。另外，夏季浇水以清晨为主，下午或傍晚避免浇水。冬季夜温偏低时，可考虑采用加温设施，保持夜温不低于 13 ℃。3 叶 1 心后可以适当降低温度，控制水分，进行炼苗，但最低温度不能低于 10 ℃。

5. 分苗与拼盘

在真叶刚刚开始展开时，应尽快进行分苗和拼盘。将空的穴盘格子补齐，同时将检查每穴中的苗数，多于一株的应进行分苗。

6. 病虫害控制

番茄苗期的病害主要有灰霉病、立枯病、枯萎病、病毒病等，虫害主要有菜青虫、潜叶蝇等。

灰霉病可用 50%速克灵 1 500 倍液、扑海因 1 500 倍液、万霉灵 1 200 倍液、木霉素 500 倍液、75%百菌清 800 倍液喷洒防治。立枯病可用绿亨 1 号 4 000～5 000 倍液或敌克松 600～800 倍液进行灌根，农用硫酸链霉素 500 倍液喷洒防治。枯萎病可用甲基托布津 800 倍液或 50%多菌灵 500 倍液或绿亨 1 号 4 000～5 000 倍液防治。病毒病可用病毒灵 1 000 倍液或病毒 A 1 000 倍液喷洒防治。

菜青虫可用抑太保 2 500 倍液、除尽 3 000 倍液、万灵 2 500 倍液喷洒防治。潜叶蝇可用阿维菌素 2 500 倍液、潜克 5 000 倍液、灭蝇胺 6 000 倍液喷洒防治。蚜虫和白粉虱，可用一遍净、功夫乳油、好年冬、虫螨克、绿浪，还可用灭蚜乳油加上发烟剂进行熏烟，效果比直接喷药好。

7. 成品苗标准规格

苗龄与商品苗标准根据不同季节及不同孔穴的穴盘而存在差异。春季商品苗标准视穴盘孔穴大小而异，选用 72 孔穴盘的，株高 18～20 cm，茎粗 4.5 mm，叶面积 90～100 cm^2，达 6～7 片真叶并现小花蕾，需苗龄 60～65 d；128 孔穴盘育苗，株高 10～12 cm，茎粗 2.5～3 mm，4～5 片真叶，叶面积 25～30 cm^2，需苗龄 50 d。夏季苗龄需 20 d，株高 13～15 cm，茎粗 3 mm，叶面积 30～35 cm^2。

8. 商品苗销售

商品苗达到上述标准时，可以通知客户发苗。发苗时将穴盘放入特制的纸箱中，每箱可以放 3 层，每层之间用垫板隔开。定植时再将苗取出，成活率可达 100%。

二、番茄嫁接苗穴盘生产技术

番茄嫁接苗是近年来日本等农业技术发达的国家成功用于番茄生产的一项技术。通过这一技术，可以将对于环境适应性较差的优质栽培品种，嫁接在对不良环境适应性极强的野生番茄上，利用野生番茄在适应性方面的优势，使栽培品种长势更强，同时有效地克服了多种番茄病害，所生产出的嫁接种苗抗褐色根腐病、萎蔫病、根结线虫病和TMV病毒。因此，较成功地解决了番茄连作障碍问题，从而大大缓解了土地缺乏、难以轮作生产的问题。另外，野生番茄与栽培番茄亲和力好，熟练工的嫁接成活率可达98%左右，容易实现工厂化操作，目前日本约90%的番茄生产使用的是嫁接苗。

1. 砧木的选择

目前国内外报道的砧木品种较多，归纳起来主要有两大来源：一是从国外直接引进，二是从野生番茄中筛选出来的，主要品种有LS-89、耐病新交1号、影武者、斯库拉姆2号。不同砧木有不同的品种特性，用何种砧木需根据栽培者要解决哪一方面的问题来选择。

2. 栽培基质的配制

为培育出高质量的幼苗，育苗期如果条件允许一般可选择进口草炭，如美国的阳光、加拿大的发发得、德国的克拉斯曼表现较好，这些基质透气性好，持水能力强，而且加入了相应的启动肥料，不仅出苗率高，而且种苗叶片、根系生长状况明显优于国产基质。如进行出口生产，则必须进行严格的基质高温消毒后方可使用。基质配方为草炭、蛭石、珍珠岩体积比3∶1∶1，同时，每立方米基质中可加入100 g多菌灵或200 g百菌清进行消毒，并用氮、磷、钾含量为20∶10∶20的肥料将EC值调节至0.75 mS/cm左右(每立方米约用750 g肥料)。

3. 砧木接穗的播种与培育

番茄嫁接苗的育苗天数一般夏季25 d左右，冬季45 d左右。砧木、接穗具体播种时间应根据采用哪种嫁接方法来确定。番茄的嫁接方法很多，这里主要介绍斜切接的嫁接方法。斜切要求砧木与接穗的茎粗细一致以利于嫁接成活。一般砧木各方面的抗性比较强，生长较旺盛，所以接穗应提前2 d播种，包衣种子可以不进行处理，未包衣的种子应采用温汤浸种后再进行播种。砧木和接穗均直接播于128孔穴盘中，放入28 ℃左右黑暗的催芽室中进行催芽。

种子出土后要充分见光，防止其徒长，促使其茎秆粗壮；子叶展开后喷甲基托布津800倍液进行苗期病害的预防，育苗期间温度管理标准为白天温度25～28 ℃，夜间15～18 ℃。待接穗长到2～2.5片真叶，子叶与真叶之间茎长大于1 cm时即可进行嫁接，嫁接前喷一遍广谱性杀菌剂以预防嫁接时感染病害。

4. 嫁接过程

嫁接选用专门的嫁接套管，番茄的套管要求内径2.0 mm，管长15 mm，壁厚1.2 mm，材料为有一定弹性的透明塑料，一般从日本进口。嫁接应在不透风的环境中进行，嫁接前操作台、嫁接刀、人手等都应进行消毒。嫁接时砧木在子叶上方0.3 cm处，嫁接刀与砧木呈30°角向下切断，套上套管，套管底部正好抵住子叶，然后在接穗第一片真叶下0.3 cm处呈30°角与砧木相反方向切下接穗，插入套管，使两者充分贴合。

5. 嫁接后管理

嫁接后的番茄苗放在黑暗高湿的环境中，温度在24 ℃左右，相对湿度在99%以上，在此高湿的环境中最好用烟熏灵熏一次以防病害发生，2 d后移入遮光温室，遮光率在70%左右，白天25 ℃，夜间不能低于18 ℃，相对湿度在95%左右，光照强度在4 000～5 000 lx，4～6 d伤口即可愈合；伤口愈合后逐渐移入正常光照区内，按常规管理即可。正常条件下，熟练工人嫁接的成活率在98%左右。当番茄苗达到商品苗标准后，通过水肥和温度控制炼苗3～4 d，即可交付使用或发货。

6. 病虫害防治

番茄嫁接苗的病虫害防治同直播苗。

任务四　茄子、辣(甜)椒工厂化穴盘育苗技术

茄子又名落苏，属茄科植物，原产热带的东南亚和印度。种子适宜的萌发温度是14～32 ℃，苗期生长的适宜温度是白天25～30 ℃、夜间20～25 ℃，低于17 ℃时生长不良；喜欢充足的光照，光补偿点为3 000 lx，苗期光照强度需要30 000 lx以上为佳，要求基质疏松、透气性好，pH为5.5～6.5。

辣椒和甜椒原产于中南美洲热带地区，与茄子同属茄科植物。种子发芽适温为25～30 ℃，苗期生长适宜温度以白天25～28 ℃、夜间15～18 ℃比较适宜。幼苗生长喜欢较强的光照，但比茄子和番茄对光照的要求稍小。要求基质疏松、透气性好，pH为5.5～6.5。

1. 穴盘的选择

茄子育苗一般选择200孔和128孔穴盘，200孔穴盘可育成3叶1心苗，128孔穴盘可育成4叶1心或5叶1心的种苗。有时也选用288穴的穴盘育2叶1心苗，72孔和50孔的穴盘虽可育成大苗，但育苗效率低，成本高，不提倡选用。

辣(甜)椒对穴盘的选择与茄子相似，一般也是选用288、200和128孔的穴盘进行育苗。

2. 基质的选择与配比

北方可采用草炭与蛭石的配比为2∶1或3∶1，南方地区可采用草炭、蛭石、珍珠岩的配比为3∶1∶1的基质，配制基质时每立方米加5 g绿亨2号或100 g多菌灵进行消毒，以防止苗期病害，同时每立方米加氮、磷、钾含量为20∶10∶20的育苗肥料1 kg或三元复合肥(15∶15∶15)1.2 kg，基质的配制要点是各成分一定要混合均匀，以确保种苗的生长势均匀一致。

3. 播种和催芽

高质量的种子可以直接播种。穴盘育苗对种子的质量要求较高，由于一穴一粒种子，如果种子的发芽率不好，不仅浪费穴盘和基质，而且生产的种苗整齐度差，质量不好。因此，采用穴盘育苗，必须采用高质量的种子。播种时种子深度1 cm左右，蛭石覆盖后浇透底水。

播种后将穴盘放在28 ℃的环境中催芽，5 d左右种子开始拱土时及时从催芽室中移出。移出过晚则容易引起徒长，产生“高脚苗”。

种子质量差或陈旧的种子可以采用先浸种催芽再挑芽播种的方法，获得整齐一致的优质种苗，种子处理的方法是使用55 ℃的温汤浸种，用水量为种子的3～5倍，一边倒入水一边搅拌直至水温冷却到室温，搓洗干净种子，放于盘中用湿手巾盖好在28 ℃恒温催芽室中催芽，待露白时播种。播种方法同直接播种。

4. 苗床管理

(1)温度管理　以白天温度大于25 ℃，夜间18～20 ℃为宜。温度过低，小苗易产生沤根和徒长。2叶1心后，夜温可以降低到15 ℃左右。

(2)光照管理　光照采用自然光即可，基本不必遮阴。

(3)肥水管理　在真叶开始要露心时，开始浇灌氮、磷、钾含量为14∶0∶14和20∶10∶20的复合肥，交替施用，浓度为第一次75 mg/kg左右，以后可以逐渐增加浓度至100～150 mg/kg，每星期施用一次。

(4)移苗　如果种子发芽不好,应在第一片真叶出土前后进行移苗。

5. 种苗质量标准和出圃前的管理

育苗穴盘的孔穴数不同,穴盘苗的标准也不同。128 孔穴盘茄子苗,株高 8～10 cm,茎粗 2.5～3 mm,4～5 片真叶,苗龄在 40～50 d,冬天时间可能更长一些;200 孔穴盘苗,株高在 8 cm 左右,茎粗 2.5 mm 左右,3 片真叶,苗龄 35～40 d;288 孔穴盘株高 6～8 cm,茎粗 2.0～2.5 mm,2 片真叶,苗龄 25～30 d。所有穴盘苗均应盘根较好,不散坨,根系紧紧缠绕基质,植株不带病虫。

128 孔穴盘生产的辣(甜)椒苗,株高 10～12 cm,茎粗 2.5～3 mm,5～6 片真叶,苗龄 40～50 d;200 孔穴盘苗,株高 10 cm 左右,茎粗 2 mm 左右,4～5 片真叶,苗龄在 35～40 d;288 孔穴盘苗,株高 8～10 cm,茎粗 1～1.5 mm,3 片真叶,苗龄 20～35 d。所有穴盘苗均应盘根较好,不散坨,根系紧紧缠绕基质,植株不带病虫。

6. 病虫害的防治

茄子和辣(甜)椒苗期的主要病害是猝倒病、灰霉病。猝倒病是苗期常见的一种病害,预防的方法是降低苗床温度,浇水后应通风,降低空气湿度,连阴雨天可采用烟熏灵在夜间熏棚杀菌。猝倒病用绿亨 2 号进行预防。当幼苗已发病后,为控制其蔓延,可用铜铵合剂防治,即用硫酸铜 1 份、碳酸铵 2 份,磨成粉末混合,放在密闭容器内封存 24 h,每次取出铜铵合剂 50 g 冲清水 12.5 L,喷洒床面;也可用硫酸铜粉 2 份、硫酸铵 15 份、石灰 3 份,混合后放在容器内密闭 24 h,使用时每 50 g 兑水 20 L,喷洒畦面,每 7～10 d 喷一次。灰霉病可选用 50%速克灵 1 500 倍液、扑海因 1 500 倍液、万霉灵 1 200 倍液、木霉灵 500 倍液、75%百菌清 800 倍液、50%农利灵 1 000 倍液进行防治。

茄子和辣(甜)椒苗期的主要害虫是蚜虫。用 5%高效氯氰菊酯乳油 1 000 倍液或 2.5%快杀灵乳油 1 000 倍液防治。

任务五　生菜穴盘育苗技术

生菜别名莴苣,属菊科莴苣属植物,性喜冷凉气候,生长最适温度为 15～20 ℃,在旬平均温度为 10～22 ℃条件下都能正常生长。生菜种子发芽适温为 15～20 ℃。日平均温度超过 24 ℃秧苗徒长,或发生早期抽薹,对温度的感应因品种不同稍有差异。生菜喜欢疏松、透气性良好的基质,合适的 pH 为 6.0～6.9。种子千粒重为 0.8～1.5 g,也因品种不同而稍有差别。

1. 苗基质的选择和配制

配制时可以按 3∶1∶1 的比例加入草炭、蛭石和珍珠岩,同时每立方米加入 1.3 kg 复合肥或生菜专用的营养配方肥。基质需进行消毒处理,每立方米用 100 g 多菌灵进行消毒。配制好的基质应均匀一致,湿度适宜,持水量在 65%左右。每 1 000 盘标准 288 孔苗盘备用基质 2.8 m^3,128 孔苗盘备用基质 3.8 m^3。

2. 穴盘的选用

育 2 叶 1 心苗选用 288 孔的穴盘;育 3 叶 1 心苗可选择 200 孔的穴盘。

3. 播种

生菜种子为长形,若采用滚筒式精量播种机播种,需事先进行丸粒化。

4. 苗床管理

穴盘生菜苗容易徒长,因此在苗期的管理上应注意水分、温度和光照的管理。在水分管理上,浇水要适宜,在真叶未发出之前要适度控水,真叶发出后浇水的原则是不干不浇,干了才浇,浇而不透,早浇晚不浇。在温度管理上,在适温范围内加大昼夜温差,早春与晚秋如果夜温不低于 8 ℃,不必采用加温设施,白天可将温度控制在 25 ℃以下,晴天温度可以适当高一些,阴天注意要降低育苗区的温度。在光照管理上,生菜是对光照要求比较适中的蔬菜,夏季育苗中午光照过强时,应采用遮阴设施。

真叶吐心时开始浇肥。可以使用氮、磷、钾含量为 20∶10∶20 和 15∶0∶15 的复合肥,两者交替使用,每周施用一次,施用浓度 0.15%左右。另外,生菜对钾肥比较偏好,也可以按照表 8-1 的配方进行施肥,效果较好。

表 8-1　生菜穴盘育苗营养配方

肥料种类	N	P	K	Ca	Mg	S
浓度/(mg/kg)	13.31	2.30	16.59	1.91	0.74	4.65

5. 病虫害防治

生菜苗期病虫害应该坚持以防为主,预防措施与青花菜基本一致。生菜穴盘育苗的主要病害有猝倒病、霜霉病、菌核病、灰霉病、黑斑病、病毒病、白粉病。生菜苗期主要害虫有蚜虫、菜青虫、黑绒金龟甲、银纹夜蛾、烟青虫、蝼蛄,应选用适当农药对症防治。

猝倒病用绿亨 2 号,喷药防治。当幼苗已发病后,为控制其蔓延,可用铜铵合剂防治。霜霉病用 70%乙膦铝锰锌 500 倍液或 60%杀毒矾 600 倍液进行防治。黑斑病用 5%甲基托布津 500 倍液或 50%多菌灵 500 倍液防治。

蚜虫及菜青虫用 5%高效氯氰菊酯乳油 1 000 倍液或 25%快杀灵乳油 1 000 倍液防治。蚜虫和菜青虫用 2.5%溴氰菊酯 2 500 倍液或 20%速灭杀丁乳油 2 000~3 000 倍液或 2.5%快杀灵乳油(667 m^2 用量 10~20 mL)防治。黑绒金龟甲用 5 g 炒熟的麦麸配成毒饵撒放在苗床四周防治。蝼蛄用敌百虫 100 倍液拌麦麸于傍晚撒在苗床周围。

6. 种苗质量标准

288 孔穴盘苗的成苗标准为 2 叶 1 心;200 孔穴盘苗的成苗标准为 3 叶 1 心;128 孔穴盘苗的成苗标准为 4 叶 1 心。健康苗的标准是,植株生长健壮,叶色翠绿,子叶仍保持绿色或本品种特有的颜色,无黄叶,无病斑,无虫害。在发苗前 2 d 混合施用一次克露(43%,800 倍液)和高效氯氰菊酯(1.5%,2 000 倍液),以防治大田缓苗期的病虫害。

任务六　草莓工厂化育苗技术

一、营养钵育苗

草莓是多年生作物,长期连作,常出现连作障碍,使产量大幅度下降。连作减产的原因归纳起来有以下几点:土壤传染病害,尤其是黄萎病的严重危害;感染病毒病也会造成严重减产;施肥量过多,根系发育受阻,植株发育不良,又以早期坐果为目标,致使草莓初期坐果太多,负担过大，严重早衰；畦底或畦面排水不良，扎根不好。采用营养钵育苗法对解决这些问题有很大帮助。

1. 营养钵种类

通常可以选用黑色或透明的圆形塑料盆作为营养钵，但多用黑色的，以利于根系生长。盆的大小应从草莓生长量、用土量、劳力费用等方面考虑，一般用直径 12 cm 的较合适。

2. 土壤选择

营养钵育苗多在高温干旱期间进行，因此，要求土质保水性好，疏松，没有病虫害和杂草，并且来源方便。多选用花岗岩系山沙 70%混合 30%谷壳灰，pH 6.5～6.8。

3. 育苗时间

营养钵育苗要求在花芽分化前进行，培育出的苗木根状茎粗 0.8～1 cm，整株植株质量达 15～20 g。因此，上盆时间宜在 6—8 月，一般在 6 月上中旬，把只有 2～3 片叶的发根苗上盆。所以，在 5 月下旬或 6 月上旬应进行沙插，促进发根苗上盆；或插植新的根茎苗，发根后上盆。幼苗来源，既可用早生的匍匐茎苗，也可以用分株苗或试管繁殖苗。

4. 幼苗管理

每盆用土 750 g 左右。育 1 万株苗，用土量约 7 500 kg。土装好后，即将生根苗移入盆内，上苗的盆宜排放在塑料薄板上，这样夏季浇水时剩余的水分可顺薄板流掉，避免积水。7 月以前应每天浇一次水，8 月以后可适当减少浇水频度。肥料一般用氮、磷、钾三要素的液肥，由于氮肥过多不利于花芽分化，在花芽分化前应停用氮肥，只用磷、钾配合的液肥，每隔 7 d 施用一次，以促进花芽分化。在育苗过程中可根据苗势，采用叶面喷施。到秋天，即可大田定植。

二、组织培养育苗

1. 取材

茎尖分生组织作为外植体在小于 0.3 mm 的情况下可以得到脱毒种苗。如结合热处理，则茎尖可以稍大一点，也能获得脱毒的效果。于每年 6—8 月匍匐茎生长充实，尖端生长良好时取材最好。如温室生长的母株则一年四季都可取材。取匍匐茎尖本身或取其长成的秧苗均可。材料取回后，剥去秧苗外层大叶，先用流水冲洗 2～4 h 或更长时间，然后进行表面消毒。

2. 消毒

茎尖消毒可采用两种方法：①用 70%酒精漂洗，用 0.1%氯化汞或 6%～8%次氯酸钠浸泡，浸泡时间依材料老嫩而异，一般为 2～10 min，然后转移到超净工作台上操作；②用 70%酒精漂洗一下，用 0.1%新洁尔灭浸泡 15～20 min，再用 1%过氧乙酸浸泡 2～5 min，移到超净工作台上操作。

3. 接种

表面消毒后，在超净工作台上用无菌水冲洗 3 次，然后置于双筒解剖镜下，剥去幼叶和鳞片，露出生长点，可带 1～2 个叶原基。如经过热处理的材料，可以带 2～4 个叶原基，生长点长约 0.5 mm；未经热处理的则应取纯的生长点或最多带 1 个叶原基，将生长点挑出，接入培养基。草莓分化培养基及繁殖培养基为 MS+6-BA 0.5～1.0 mg/L，pH 5.8。

4. 培养条件

培养温度 26 ℃±2 ℃，光照强度 1 500～2 000 lx，每日光照 10 h。

5. 扩大繁殖

接种后一般 20～30 d 即可长成芽丛，待长满一瓶后(15～20 株)，将其分离转入新鲜培养基中进行扩大繁殖，如此反复可继代多次，最后可获得大量试管苗。

6. 生根培养

将无根试管苗转入生根培养基中诱导发根。生根培养基可用 MS 或 1/2MS 附加 IBA 0.1 mg/L 或 GA(赤霉素)0.1 mg/L＋NAA 0.05 mg/L 或不加激素。可在早春 1—2 月集中一批试管苗诱导发根，使其下一步驯化移栽整齐度高。秋季再集中第二批发根，其余则可根据需要继代繁殖。

7. 驯化及移栽

将生根试管苗移至温室中进行驯化。温度以 15～20 ℃为宜，基质选择疏松的沙土渗入少量有机质，空气相对湿度为 80%～100%。移栽后立即灌透水，然后以塑料薄膜覆盖 2 周，第 3 周开始每天揭开薄膜一次放风，逐渐至完全去掉薄膜。根据温室情况，每天或隔天喷水，以不干为度，但不能过湿以免烂秧。驯化过程一般需 2～3 个月，待植株长出 5～6 片新叶为宜，即可移至大田栽植。

任务七　葡萄工厂化育苗技术

一、营养袋育苗技术

1. 插条的选择及冬贮

(1)插条的选择　结合冬季修剪选择生长健壮的优良植株，从剪下的一年生枝条中选壮实、节间较短、髓部细小、发育饱满、充分成熟的作为插条。

(2)插条的冬贮　采下的插条可用地窖贮藏，也可挖沟埋藏，插条贮藏的温度应保持在 1 ℃左右，不要超过 5 ℃，也不要低于 0 ℃。埋藏插条最好选用河沙，一般以手握不成团为度，沙子的含水量为 8%左右，插条的间隙中应填入沙子，以防插条干燥，但也应注意插条的通气(可用木本枝条扎成捆做通气孔)。埋藏插条的土壤最好事先消毒。

2. 插条的温床催根

(1)插条催根时间　立春后气温回升即可催根，也可根据用苗时间提前 2.5 个月催根。

(2)插条的剪取　把冬贮的长插条随取随剪，防止插条在空气中暴露过久而失水。将插条剪成长 5～10 cm，具 1～2 个芽，插条上端的剪口平滑，距顶芽约 1 cm；下端的剪口在照顾插条长度的前提下，应尽可能靠近插条基部的芽眼，并剪成斜口，剪好的插条每 20 支一捆，捆时应注意方向一致，斜口一侧应对齐。

(3)插条处理　插条处理分为药剂催根和加温催根。

①插条的药剂处理。主要药剂有 ABT 生根粉、吲哚乙酸、吲哚丁酸、萘乙酸、高锰酸钾、蔗糖等。处理时，可先用 0.1%～0.5%的高锰酸钾对插条浸泡消毒 10 h 左右，再在 300 mg/kg 的 ABT 2 号生根粉中速蘸插条下端 2～3 cm 处，或在自配生根粉(600 mg/kg 萘乙酸、200 mg/kg 吲哚乙酸、200 mg/kg 吲哚丁酸)中速蘸插条，药剂处理的插条随即摆放在温床中催根。

②加温催根处理。加温催根是工厂化育苗的关键，一般用电热温床加温。

A. 温度与生根。葡萄生根的最适温度为 25 ℃左右，插条上端芽眼处以 10 ℃左右的温度条件为宜，以做到先生根，后萌芽生叶，成活率更高。此外，催根温度为昼夜变温比较好，日较差大，促进葡萄营养物质的积累和生长发育，故一般选用变温催根。

B. 湿度与生根。能不能有效控制插条周围的湿度，使插条保持足够水分，不失水，这是保证成活的又一关键。一般来讲，空气相对湿度为 80%左右，插条基质含水量保持在 20%～25%时，成活率则高。通常采取空气喷雾提高空气湿度，插条基质不宜过湿，以免地温过低，影响生根。

C. 温床基质含氧量与生根。基质含氧量低于 5%时根系发育受阻碍。插条生根比苗木生长更需要氧气，氧气含量越高，生根越多。故应选通气性良好的物质作为温床基质（如蛭石等）。

D. 光照与生根。短日照条件下，生根较快，但根系的发育在长日照条件下较好。苗木生长虽需一定的光照强度，但生根时对光照要求并不严格，光照强度只需大于 3 530 lx；光的颜色对不定根的诱导也很重要，经实验分析，红光较好，而蓝、绿光效果不佳。

3. 插条装营养袋及催芽

（1）装袋土壤准备　装袋土壤选用含盐碱低的大田熟土或自配营养土，土壤提前用乙草胺等土壤处理型的除草剂除杂草，并用多菌灵等杀菌、杀虫剂对土壤消毒。

（2）插条装袋　当插条在温床中催芽 15～20 d，插条生根 0.5～1 cm 时就可装营养袋，插条生根不宜过长，否则因种条营养消耗过多，或因根毛过长，易从茎部断损而影响成活率。装袋时先在袋中装入 1/3 的土壤，再放入已生根的插条，然后再放入 1/3 的土壤，再把插条稍往上提一下，最后再装满土壤稍压。插条装营养袋后整齐摆放在日光大棚中，随即浇足透水。

（3）插条催芽及管护

①大棚温度控制。一般情况下在 2 月底以后日光大棚中的最低气温可以保持在 8 ℃以上，如温度不够，则需加盖棉被，当气温高于 30 ℃时，需开窗透风或喷雾降温。

②大棚湿度控制。保持大棚中空气相对湿度在 60%～80%，营养袋中土壤也要适时喷水，保持一定湿度。

③大棚通风。一般是用开窗的办法进行调换空气。室内的 CO_2 是植物进行光合作用的原料。当插条长出新叶后，在日光充足的晴天，自早晨开始至 12 时左右，由于植物光合作用的消耗，CO_2 含量显著下降，所以中午开窗与室外空气进行交换，补充 CO_2。这一点在扦插中尤为重要。

④施肥与防病虫害。插条长出 2 片叶后即可喷施叶面肥，每隔 1 周喷洒 1 次。当出现病虫害时应及时防治。

⑤炼苗。4 月初插条已长出 4～5 片叶，一般用开窗，慢慢掀除大棚膜的办法进行炼苗，4 月下旬大棚膜已可完全掀除，此时苗木已可以出圃。

4. 苗木出圃标准

经生产实践，葡萄营养袋苗蔓长在 30～50 cm，地径 0.4 cm 以上，节蔓半木质化，叶色浓绿，无病虫害的苗木为优质苗木，此类苗木在大田移植中成活率较高。

二、葡萄脱毒工厂化育苗

1. 取材

当年生长旺盛嫩枝经培养成试管苗，在光照培养箱 38 ℃高温下处理 2 个月。

2. 外植体的处理

从田间取嫩枝，在流水下冲洗干净，剪成带一个芽的短枝，用经稀释的洗洁精溶液浸泡15 min→自来水下冲洗干净→无菌条件下70%酒精45 s→0.1%氯化汞溶液3 min→无菌水冲洗4～5遍，在超净工作台上将带芽短枝接入培养基进行启动培养。

3. 热处理脱毒

将经启动培养的试管苗放在光照培养箱中，温度渐渐升高到38 ℃时开始计时，2个月后对试管苗进行病毒检测。

4. 继代增殖和生根培养

葡萄在增殖的过程中会生根，在B5培养基上附加单一的IBA 0.5 mL/L，就可以达到快速增殖和生根的目的。以上培养条件是光照强度2 000 lx，每日光照12～14 h，室温25 ℃，在此条件下每4周可转接一次。

5. 外植体启动培养

将杀菌过的带芽短枝培养30 d，可以看到从原来芽部位长出新芽，将新芽接入增殖生根培养基中，30 d长成高7 cm带5片叶和3～4条根的试管苗。

6. 病毒检测

60 d后，试管苗已有80%不能耐高温而死去，将剩下的试管苗接入增殖生根培养基中，并进行病毒检测，经检测脱除扇叶病毒和卷叶病虫。

7. 继代增殖和生根培养

将脱毒试管苗切成带一个叶片的茎段并接入增殖生根培养基中，30 d可转接一次，增殖系数达到5.0左右。

8. 试管苗的移栽

当试管苗长到具有4～5片叶、3～4条根、根长1.5 cm时，将试管苗闭瓶，室外温室大棚内炼苗1周，以4月为最佳移栽季节，炼苗后打开瓶口洗净培养基，移到纯珍珠岩的育苗盘中，罩上小拱棚，开始10 d内，每早晚各喷1次水，相对湿度控制在85%左右，温度30 ℃左右，拱棚从早上10时到下午4时罩上遮阳网，10 d后，逐渐降低湿度并进行通风，25 d后可撤去小拱棚，将葡萄苗栽入装有泥炭土与田园土1∶1混合土的营养钵中，1个月后可以栽入大田。这种两步移栽法的移栽成活率可以达到85%以上。

任务八　桃树工厂化育苗技术

一、嫁接苗的培育

1. 常用砧木及其特性

(1)山桃　我国华北、西北的野生种。山桃抗旱、抗寒性强，稍耐碱，与桃栽培品种嫁接亲和力好，但易感根腐病。主要在山东、山西、河南、河北、辽宁、吉林、陕西等地应用。

(2)毛桃　栽培桃的野生种，与桃的栽培品种嫁接亲和力强，根系发达，生长旺盛，具有一定的抗旱和抗寒能力，且耐多湿环境。在我国南方及华北、西北、东北地区被广泛使用。

(3)毛樱桃　抗旱性及对土壤的适应能力较强，用作桃的砧木能起到矮化作用，且与桃的嫁接亲和力强，只是生长较慢。原产于我国西北、华北北部及东北地区，云南也有分布。

此外，可作为桃砧木的还有寿星桃、扁桃、陕甘山桃等。寿星桃嫁接后可使树体矮化，一般多用于盆栽，供观赏用；扁桃用作桃的砧木也有矮化作用；陕甘山桃嫁接树体根系发达，生长健壮，尤其是抗根瘤和线虫。

2. 实生播种

山桃和毛桃的种子都需经过后熟才能发芽，播种前要进行层积处理。层积时间需 80～120 d，适宜温度 2 ℃左右。

苗圃地应选择背风向阳，日照好，稍有坡度的倾斜地。坡度大时，应先修梯田。平地地下水位宜在 1～1.5 m 及以下，并且一年中水位升降变化不大。地下水位过高的低地，要做好排水工作。桃苗的生长一般以沙质壤土和轻黏壤土为好，因其理化性质好，适宜微生物的活动，对种子的发芽、幼苗的生长都有利，起苗省工，伤根少。盐碱地要先进行改良才能作为苗圃地。另外，水源要保证方便。桃苗圃切忌连作，育过桃苗的地，一般需隔几年才能用来育桃苗，以保证桃苗质量。

桃树砧木种子的播种分春播和秋播两个时期，东北地区以春播为主，其他秋冬比较温暖、风沙小的地区也可考虑秋播。春播可于土壤解冻后进行。播种时，大粒种子如山桃和毛桃采取点播，小粒种子毛樱桃可采取条播的方式。毛桃、山桃的株行距为(10～15) cm×(50～60) cm，毛樱桃的株行距为(5～7) cm×(50～60) cm。毛樱桃每公顷播种量为 225～300 kg。毛桃、山桃的覆土深度为 4～5 cm，毛樱桃为 2～3 cm。

桃树砧木种子播种后，一定要加强管理。如果底水不足，或因天气干旱，表土过干时，要浇水或喷水。幼苗出土后，要及时松土和锄草，以保证土壤疏松，无杂草，有利于幼苗的健壮生长。当苗高达 5 cm 左右时，要进行间苗，同时除去细弱苗、病苗等。当苗高 10 cm 左右时，要定苗。在砧木苗的生长发育期间要满足肥水供应，间苗时，条状撒施速效氮肥。以后每隔 10～15 d，视幼苗的生长情况可再施氮肥，雨季前停止施氮肥，生长后期(8—10 月)追施速效磷钾肥，每次追肥后要立即浇水，水不要太大，湿润地面即可，苗床可用喷壶喷水，以提高肥力。当幼苗长到 30 cm 左右时，进行摘心并除去苗干基部 10 cm 以下分枝。这样，苗木生长粗壮，嫁接部位光滑，可有效地增加当年嫁接的砧木数量。

3. 嫁接苗的培育与管理

桃苗的嫁接通常以芽接方法为主，枝接方法为辅。芽接时期一般以形成层细胞分裂最旺盛时为宜，此时皮层容易剥离，芽接也易愈合。北方一般在 6—9 月进行芽接。常用的芽接方式为“T”形芽接，当砧木和接穗不易离皮时，也可采用嵌芽接。枝接方法通常采用劈接法和切接法。

如果在当年成苗出圃，即培育“三当苗”，则可于当年 3 月上中旬，将层积好的毛桃、山桃或山杏种仁采用大垄双行播种或宽窄行带状畦播，宽行距 40～50 cm，窄行距 10 cm 左右，每畦 4～6 行，行内种子间距 5～8 cm(点播)，覆上地膜，出苗后撤去地膜。5 月底至 6 月中旬，当砧木苗干粗 0.5 cm 以上时，在离地 3～4 cm 处嵌芽接。嫁接前 3～7 d 对砧苗追一次速效氮肥或稀粪水，以促进树液流动，提高嫁接成活率。嫁接后 8～10 d，接芽成活后，在芽上方 2～3 cm 处，折砧促芽萌发，利用折砧枝上部的叶片同化产物供嫁接苗生长。应注意不可一次性剪砧，否则会使接芽和砧木一起枯死。当接芽抽出 10～15 cm 新梢时，部分新叶已进入功能期，再从接口上方约 0.5 cm 处剪断，结合增施速效性肥料，抹除砧芽，及时防治病虫，当年出圃苗木可达 60～80 cm 高。

当年7—9月芽接者，第二年当嫁接苗长到60～80 cm时，应及时摘心，以促进分枝及促使二次梢加粗生长，利用二次梢作为骨干枝，加速成形，即为圃内整形，主要针对就地嫁接建园以及不需外运的苗木。摘心时期要依据定干高度和骨干枝的剪留长度而定，辽宁省最好在6月下旬以前摘完，过晚，再抽生出来的副梢成熟不好。届时未达标准的则不可勉强摘心，摘心部位应在该节间已充分伸长而尚未木质化处，摘去嫩梢10 cm左右。为了培养良好的树形，对整形带以下萌发的副梢及早抹去，只在整形带内选留一定数量的副梢作主枝和中心干。如果不摘心，由于桃生长旺盛，苗木出圃时可高达100～150 cm，主干上(整形带内)分枝较弱，不能作为骨干枝，而干又太高，定植时需重新定干，延长了幼树成形的时间。所以，桃苗的圃内整形非常重要，是培育壮苗、早产、早丰的有效措施。8月中下旬为了促进组织充实，要将未停止生长的副梢和主梢全部摘心。

桃树苗期要注意防治的病虫害有蚜虫、卷叶虫、桃红颈天牛、红蜘蛛、穿孔病等。

二、组织培养育苗

桃树的脱毒和微繁用茎尖培养，取桃一年生新梢的顶芽或侧芽均可。经过培养愈伤组织的途径增殖，其遗传性基本稳定。如剥取小于0.5 mm的顶芽或侧芽可以得到不同程度的脱毒苗。

1. 取材及消毒

取一年生梢芽或侧芽，最好取休眠后的冬芽，从田间取回后把枝条插入水中，置于18～20 ℃的室内预培养2周，其间经常换水，保持枝条基部的水溶有新鲜空气。然后将枝条剪成带单芽茎段，以流水冲洗4～24 h。然后用0.1%新洁尔灭消毒20 min，再用过氧乙酸消毒6 min。

2. 接种

于超净台上剥去鳞片，用解剖针挑取小芽接入培养基。如果材料取自经鉴定无毒的健康母树，则芽可大些，一般0.05～0.1 cm，接种后生长快。如材料取自待检测的母树，则芽体应小于0.4 mm，需在解剖镜下剥取生长点。培养基可选择G培养基，附加6-BA 0.5 mg/L+IBA 2.0 mg/L+GA 5.0 mg/L+LH(水解乳蛋白)500 mg/L+蔗糖5%。

3. 生根培养

生根培养基为1/2 MS+IBA 0.5～1.0 mg/L。从继代培养转至生根培养只需3～4周，当根系3～5条，长0.5～1 cm时可移栽。

4. 移栽

移栽前把瓶盖打开2～3 d，移栽温度要保持白天不超过30 ℃，夜间不低于15 ℃，平均20～24 ℃为宜。昼夜温差为8 ℃，可提高成活率。移栽基质有蛭石、珍珠岩、粗沙、细沙、土等。桃的根系喜通气良好的沙土，沙、土比例为1∶3效果最好。

任务九　兰科花卉工厂化育苗技术

兰科花卉即广义的兰花，是指兰科中具观赏价值的所有种类，因其在形态、生理、生态等方面具有共同性和特殊性而单独成为一类花卉。兰花为多年生草本，根据其产地、观赏特点等可分为国兰(如春兰、蕙兰、建兰、寒兰、墨兰等)和洋兰(如卡特兰、蝴蝶兰、石斛兰、兜兰等)两大类。兰花的繁殖有播种、扦插、分株和组培等方法，但目前规模化生产主要通过组织培养进行工厂化育苗，特别是在洋兰上应用广泛；对于国兰，各种类的快速繁殖已见报道，但真正用于新品种繁育的还很少。兰花组培快繁的基本程序见图 8-1。下面以国内生产量较大的两种兰花为例阐述其具体繁殖育苗技术。

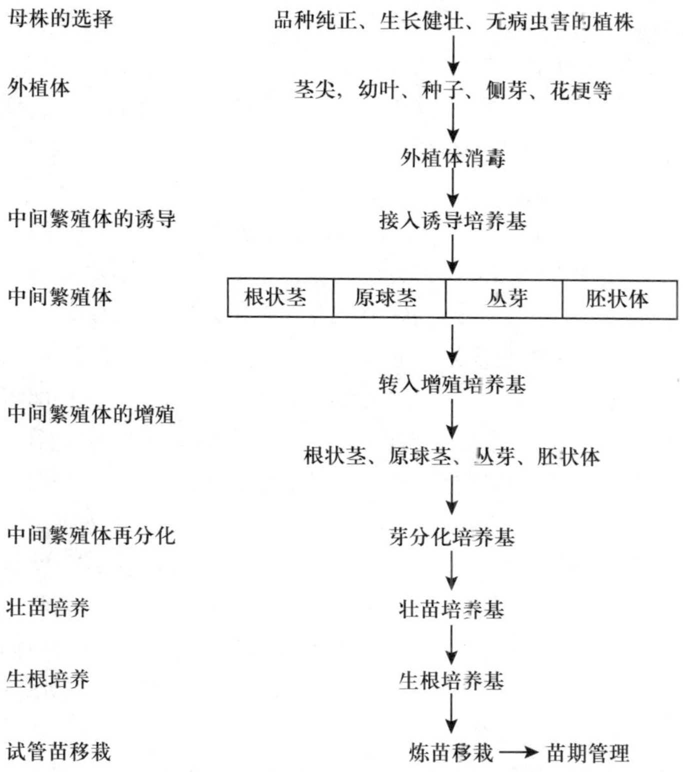

图 8-1　兰花组织培养快速繁殖技术流程

1. 大花蕙兰

大花蕙兰为兰科兰属花卉，系以原产于喜马拉雅山、印度、缅甸、泰国等地的蕙兰大花型原种为基础杂交培育而来，其耐寒性较强，花多且大而艳丽，花期长，具有极高的观赏价值，是目前市场上最受欢迎的兰花之一。大花蕙兰的种子极小，很难萌发，分株繁殖又十分缓慢，组织培养是其繁殖育苗的主要途径。大花蕙兰也是最早利用茎尖进行试管微繁获得再生植株的兰科花卉之一。迄今为止，大花蕙兰的组培快繁仍主要以茎尖作为初始材料。取健壮植株上尚未展叶的嫩芽，用肥皂水洗净表面，并用流水冲洗干净；剥去外层苞片，用 70%酒精润洗 4～5 s，再以 0.1%氯化汞溶液消毒 15 min，无菌水漂洗 4～5 次，然后在无菌条件下剥取 3 mm 左右的茎尖生长点接种到诱导培养基 MS+6-BA 2～4 mg/L+KT(激动素)1～2 mg/L+椰乳 250 ml/L。1 周后，外植体开始膨大；1 个月左右，外植体上长出许多颗粒状结构即原球茎(中间繁殖体)。将原球茎切割成小块转接到增殖培养基(MS+6-BA 1 mg/L－NAA 2 mg/L)上，原球茎快速增殖，少数原球茎同时分化出小芽，通过原球茎的不断继代可获得大量繁殖材料。增殖达到预定数量时，将原球茎转到分化培养基(KC+香蕉泥 100 g/L)中；当分化的小芽长至 3 cm 左右时，将其切下转入相同的培养基诱导生根，45 d 左右可长成 8～9 cm 的壮苗，即可移栽出瓶。

移栽前，先将试管苗置于室温下炼苗 4～6 d，然后将苗取出，用清水洗净根部的琼脂，植于温室苗床内，栽培基质可用泥炭土与蛭石的混合物、碎树皮或水苔等，注意维持适当的空气湿度，温度保持在 15～25 ℃，成活率可达 95%以上。

2. 蝴蝶兰

蝴蝶兰属兰科热带气生兰类，其花形大而美丽，色彩丰富，花期长，有“洋兰之后”的美誉，是近年来最受欢迎的盆花之一，也是名贵的高档切花材料。蝴蝶兰为单轴分枝的单茎性植株，极少发生侧芽，因而很难进行常规的无性繁殖，生产上一般采用组织培养进行快速繁殖。

至今，蝴蝶兰的组培技术已经发展得比较成熟，通过其茎尖、叶片、花梗腋芽和节间、根尖等外植体均可获得原球茎和再生植株，并可大量繁殖，但工厂化种苗生产中最常用和最有效的材料还是杂交一代种子的组培瓶苗，培养方法如下。

(1)取材与消毒。将生长 120 d 以上、未开裂的蝴蝶兰蒴果剪下，先用 70%酒精浸泡 30 s，再以 0.1%氯化汞溶液处理 5～8 min，然后用无菌水漂洗 3～4 次，在培养皿中切开果皮，将种子接入萌发培养基(MS＋6-BA 0.5 mg/L＋NAA 0.1 mg/L)中培养。

(2)诱导与分化。60 d 后种子萌发并长出具 2～3 片真叶的无菌幼苗，将其茎尖切下接种于增殖培养基(MS＋6-BA 3.0 mg/L＋NAA 1.0 mg/L)上，30 d 后基部可长出愈伤组织，继续培养便形成丛生的原球茎。将原球茎切成小块，于同一种培养基中进行继代增殖培养，40 d 后每个原球茎可分化形成十多个不定芽，随继代次数的增加，分化不定芽的数量不断增多。

(3)增殖扩繁。通过原球茎切块的不断继代，可使其数量成倍地增长。不需继代的原球茎在增殖或生根培养基中持续培养可分化出芽，并逐渐发育成丛生小植株，基部未分化的原球茎可继续用于继代增殖。已分化的丛生小植株也可进行增殖培养，将其切成单株接种于培养基(1/3 MS＋6-BA 6～8 mg/L＋NAA 0.2 mg/L)中，2 个月后每株可增殖 3～4 株。

(4)生根培养。将增殖培养中的健壮芽接种到生根培养基(1/2 MS＋IBA 1.0 mg/L＋2%蔗糖)，20 d 后基部开始长出小根，40 d 后即可移栽，生根率达 95%以上。

将已生根的试管苗置于炼苗室内自然光下培养 1 周后取出，洗净根部的培养基，移栽到苔藓或蕨根基质中，注意温度、湿度和光照管理，成活率达 85%以上。

任务十　宿根类花卉工厂化育苗技术

一、宿根花卉的概念及其繁殖特点

宿根花卉是指地下部分的器官没有变态成球状或块状的多年生草本观赏植物，但不包括水生花卉、兰科花卉、观叶植物、多浆植物等种类。根据其耐寒力不同可分为耐寒性宿根花卉和不耐寒性宿根花卉。耐寒性宿根花卉一般原产温带，可以露地栽培，冬季地上部分全部枯死，地下部分进入休眠，到春季气候转暖时，再重新萌芽生长、开花，如菊花、芍药、鸢尾等；不耐寒性宿根花卉大多原产热带、亚热带及温带的温暖地区，冬季需在室内或温室栽培，温度不太低时叶片保持常绿，如非洲菊、红掌、君子兰等。

生产上宿根花卉通常采用无性繁殖，如利用其萌蘖、匍匐茎、根茎、吸芽、侧枝等进行分株和扦插繁殖，或者采用其营养器官进行组培快速繁殖，有利于保持品种的优良特性，维持商品苗的一致性。另外，大多宿根花卉也可通过播种繁殖，有些种类甚至经常进行穴盘育苗，如盆栽非洲菊、四季秋海棠、天竺葵、新几内亚凤仙等。

二、宿根花卉的工厂化育苗技术示例

宿根花卉的工厂化育苗方式主要有扦插育苗、穴盘育苗和组织培养。种苗生产应根据花卉的具体种类和品种，结合其繁殖特点、生产要求、育苗成本等因素，采取合理的育苗方法。常见宿根花卉的育苗方法和技术如下。

1. 菊花

菊花为原产我国的菊科菊属花卉，其品种繁多，花色、花形丰富，具有极高的观赏和经济价值，是目前世界上栽培最广泛的切花和盆花之一，销售额居世界四大切花之首，也是优良的花坛、花境用花材料，在园林绿化中发挥着重要作用。菊花可采用无性繁殖和播种繁殖，无性繁殖包括扦插、分株、嫁接、组织培养等方法，种苗生产时常用扦插繁殖，也可通过组培生产脱毒苗进行大量繁殖。

(1)扦插育苗　扦插是菊花生产中最主要的育苗方法。一般需要先培养采穗母株，宜选用表现优良、无病虫害、生长强健植株的越冬脚芽，定植于母株栽培床，株距 10 cm，行距 20～25 cm，植株生长到 10 cm 左右进行摘心，促进分枝，侧枝长 10～15 cm 即可采穗扦插。采穗时需保留 2 片叶的茎段，使其再发侧枝，以便下次采穗。母株应处于长日照条件下，在栽植床内可保留 13～21 周，先后采穗 4～5 批。

扦插时，剪取菊花营养生长健壮的顶梢，长 8～10 cm，摘除基部 2～3 片叶，插入基质 2～3 cm，株行距(2～3) cm×(3～5) cm。扦插基质可用河沙、珍珠岩或混合基质，床土应保持良好的通透性和保水性，pH 为 6.0～6.7。扦插后及时浇水，适当遮阴，保持基质温度 18～21 ℃，空气温度 15～18 ℃，10～20 d 根长到 2 cm 时，可起苗定植或冷藏于 0～3 ℃等待定植。

菊花采穗母株的培养及扦插育苗的具体时期应根据品种类型、育苗条件、栽培方式、采花时间等情况确定。如对于夏菊品种，在温暖地区要求 3—6 月采收，通常于前一年秋季扦插育苗，并且利用定植后发出的冬芽直接生产切花；也有利用前一年春季切花后发生的脚芽作为母株栽培，在春季从母株上采冬芽扦插进行切花生产。而在温暖地区 7—8 月采收或者在冷凉地区 6—8 月采收，则将冬芽定植在保护设施内，通过摘心诱导侧枝，再取侧枝顶梢进行扦插育苗。夏秋菊品种，一般在 11—12 月进行母株定植，并用塑料薄膜覆盖以防冻害，1 月上旬进行冬芽摘心，30 d 后侧枝长到 8～10 cm 时便可采穗扦插；但计划在 6 月上旬采花者，最好利用冬芽直接定植栽培。如果是秋菊品种，一般在 11—12 月采花后选出母株，于 1 月上旬定植在母株栽培床中；也可于 10 月取脚芽扦插育苗，并用这些扦插苗定植在露地或者大棚内作为一级母株，再从一级母株上采穗扦插，定植培养成二级母株，最后由二级母株提供插穗培育生产种苗。生产用苗的扦插一般在计划定植期前 10～15 d 进行(母株摘心后 20～25 d 采穗，侧芽生长较慢的品种可延长到 30 d)，可以采穗后直接扦插，也可将插穗冷藏一段时间后再扦插。二级母株的扦插育苗一般在 4—5 月，如果采用直接育苗法，在定植前 90 d 进行；采用插穗冷藏育苗法，则需在定植前 120～125 d 进行。

(2)组培育苗　菊花是一种比较容易进行组织培养的植物，其叶片、茎段、花托、花瓣等器官均能再生植株，但以快速繁殖为目的最好选用茎尖、带芽茎段或花蕾作外植体。外植体接种后，一般 20～40 d 茎尖可分生出新芽，茎段从叶腋处萌发丛生芽，基部产生的愈伤组织也会分化新芽；而花蕾经 15～20 d 的培养先形成愈伤组织，再经 20～30 d 的培养，愈伤组织便会分化出较多的丛生芽。将诱导的芽丛切成数块放入增殖培养基中继代培养，25～30 d 增殖率可达5～10 倍。增殖苗达 1～2 cm 高时，将其单株切下，插入生根培养基中，经 2 周培养便可获得100%的生根效果。

菊花对培养基种类和激素的适应范围较广，较不容易因激素浓度的高低而发生变异或玻璃化，但 6-BA 浓度一般不应超过 10 mg/L，NAA 不应超过 2 mg/L。通常芽的诱导、增殖及生根培养基可分别采用 MS＋6-BA 0.5～2.0 mg/L＋NAA 0.1～0.5 mg/L、MS＋6-BA 0.1～0.5 mg/L＋NAA 0.1 mg/L 和 1/2 MS＋NAA 0.1 mg/L。培养条件为 24～26 ℃，每天光照 12 h，光照强度 2 500～3 000 lx，光照不足，幼苗容易徒长，茎软叶细，影响组培苗的质量和出瓶后的成活率。

菊花的生根试管苗高 2～3 cm 时，即可炼苗移植。首先将生根苗从培养容器内取出，洗净根部的培养基，栽入珍珠岩基质中，保持空气相对湿度在 75%～85%，遮光率为 40%，环境温度 20～26 ℃，20 d 左右移栽成活，并长出新根新叶。经 1～2 个月的管理便可定植。注意菊花忌高温，喜凉爽，试管苗定植后不可直接接受过强的日光照射，应该采取先遮阴再逐渐增加光照的管理办法。

2. 香石竹

香石竹又名康乃馨(carnation)，原产地中海、南欧、西亚等地，为石竹科石竹属常绿亚灌木，生产上一般作宿根花卉或一、二年生栽培。香石竹在世界四大切花中生产量仅次于菊花，占整个切花生产的 17%左右，目前主要生产国有以色列、意大利、西班牙、法国、哥伦比亚、荷兰、美国等。我国从 20 世纪 80 年代中期开始进行香石竹的大规模生产，主要产地有上海、云南、广州等，现已成为我国四大主产切花之一。生产上香石竹可用播种、扦插和组织培养繁殖，其中播种主要用于一季开花类型(花坛或盆栽用香石竹)，切花生产多用扦插繁殖，组织培养则用于脱毒母株的繁殖。

(1)播种育苗　采用 288 孔穴盘，种子播后用蛭石稍加覆盖，淋透水。发芽温度 18～21 ℃，5～7 d 开始出芽，发芽的第二阶段可施用 50～75 mg/kg 的 14：0：14 三元复合肥一次；幼苗生长期保持介质和环境温度 17～18 ℃，每周追施 100～150 mg/kg 的 20：10：20 三元复合肥或 14：0：14 三元复合肥一次；4～5 周后即可炼苗移栽。凉爽、低肥(EC 值＜0.75)、低铵(小于 10 mg/kg)、高光照强度(大于 30 000 lx)有利于香石竹的幼苗生长，控水、控肥可控制植株生长。

(2)扦插育苗　香石竹的插穗可以采自切花生产植株中下部的营养性侧枝，但最好培养专用的采穗母株，利用其顶芽作插穗。采穗母株应选择无病虫、遗传性状一致的优良植株，在隔离区单独培育，定期喷洒药剂，以延缓种性退化。香石竹在栽培过程中很容易受病毒侵染，因此一般用茎尖脱毒培养的植株来培育采穗母株。

母株的定植时期、定植密度、摘心方法等对于插穗的生产效率和插穗品质的影响较大。一般定植株行距 20 cm×20 cm，定植后 20 d 进行第一次摘心，保留 5～6 节，摘心后发生 4 个分枝，经 40～50 d 第二次摘心，每分枝保留 5～6 节，再经 50～60 d 各分枝上发出的新梢即可作为插穗。采穗时不用剪刀，直接用手将侧枝新稍向侧方掰下。为了防止扦插期间插穗腐烂，采穗前可用克菌丹等杀菌剂喷洒母株。所采插穗如不立即扦插，可装入塑料袋中保湿，冷藏于 0 ℃±0.5 ℃条件下，便于按需定植，控制花期。

扦插时间依定植时期和产花计划而定。扦插前插床与基质必须消毒，扦插基质可用泥炭土与珍珠岩按1∶2混合，也可用素沙。株行距取决于插穗大小，约2 cm×5 cm。扦插深度在不倒的前提下以浅为好，插后用全光弥雾装置或覆膜保湿，保持床温21 ℃，气温13 ℃，约15 d生根，根长1～2 cm时起苗。定植前，幼苗可移栽1～2次，以促发根系与分枝。

(3)组培育苗　香石竹的组培研究开展较早，技术成熟，目前已可以通过茎尖、腋芽、茎段、叶片、花瓣、萼片、胚珠、花粉、原生质体等多种外植体获得再生植株，其脱毒培养及组培快繁技术已在母本植株的生产及工厂化育苗中得到广泛应用。

快速繁殖通常选取生长健壮、无病虫害症状、品种特性优良的植株，以营养枝约1 cm长的顶芽作外植体，消毒后直接接种（采样时经病毒检测不含病毒）或是剥离0.1～0.5 cm的茎尖接种于诱导培养基（无毒植株的顶芽可用MS+6-BA 0.5 mg/L+NAA 0.2 mg/L，茎尖脱毒接种于MS+6-BA 2 mg/L+NAA 0.2 mg/L）。茎尖接种后3～4 d开始转绿，1周后膨大，25～40 d开始展叶，转接于相同的培养基上，2个月后长成2～3 cm基部带小芽的丛生芽，经病毒检测后将无毒个体作为原原种进行增殖快繁。顶芽接种后直接诱导产生丛生芽，在增殖培养基（MS+6-BA 0.2～0.5 mg/L+NAA 0.1～0.3 mg/L）上进行继代培养，每株一年可以繁殖上千株。香石竹的继代培养采用茎段增殖的方式进行，根据不同的品种所采用的培养基有所不同，而且各个品种的增殖效率也不一样。

待增殖苗达到一定数量后，即可进行生根培养。将高度约2 cm、生长正常的小芽切下，接种于生根培养基（1/2 MS+NAA 0～1 mg/L）中，10 d左右开始生根，2周后便可出瓶移栽。移栽时将试管苗基部的老叶摘去，放入0.1%～0.2%的多菌灵或甲基托布津溶液中浸泡2～3 min，然后按3 cm×3 cm间距浅植于疏松透气的基质中，浇定根水，之后注意遮阴和保湿。10 d后开始长出新根，可逐渐揭开遮阳网，每3～4 d喷施一次营养液；20 d后转入常规管理，尽量增加光照时间，苗高4～6 cm，有8～10片叶时便可进行定植。

3. 非洲菊

非洲菊别名扶郎花、灯盏花，为菊科非洲菊属常绿宿根花卉。原产非洲南部，现被广泛用作切花和盆花栽培，种植面积不断扩大，在荷兰非洲菊的销售额位居第五，在日本非洲菊的生产量排名第七，而我国云南地区非洲菊的栽培面积仅次于月季、香石竹和百合。非洲菊多用播种、分株和组培繁殖，其中播种主要用于盆花的繁殖，切花生产多以组培繁殖为主，分株因繁殖速度慢、幼苗生长势弱、规格不一致等缺点，规模化生产中已较少应用。

(1)播种育苗　由于种子寿命较短，通常获得种子后应及时播种。播种时种子尖端朝下，其种子发芽需光，故播后不要全部覆盖。发芽适温21～24 ℃，湿度中等至干燥，1周内开始萌芽，2周后子叶完全展开，每周施用1～2次50～75 mg/kg的复合肥，并逐渐加大施肥浓度。幼苗生长期保持温度18～21 ℃，并用高压钠灯补光，有利于植株生长。定植或出售前于15～17 ℃条件下炼苗1周。

(2)组培育苗　在各种不同的组织器官中，以花托为外植体效果最好。通常取直径约1 cm的未显色花蕾，剥去外层萼片，消毒后接种于诱导培养基（MS+6-BA 10 mg/L+IAA 0.5 mg/L）上，进行诱导培养。20 d后在花托基部开始产生愈伤组织，将带愈伤组织的花托切成小块，每隔20～30 d转接一次，直至不定芽分化。非洲菊不同品种的再生时间和方式差异较大，多数品种诱导不定芽需要3～5个月，少数品种甚至经过半年的诱导，仍没有不定芽的分化；有的品种直接从花芽上分化出不定芽，有的则要先形成愈伤组织，而后再脱分化出不定芽。一旦有芽从花托上长出，应及时将其切下进行快速增殖。最初的增殖培养基可用MS+6-BA 3～5 mg/L+

NAA 0.2 mg/L，增殖系数可达10倍以上。也可以将增殖苗的叶片带叶柄切下，接种于培养基MS+6-BA 5 mg/L+NAA 0.2 mg/L中，1个月后叶柄基部会产生丛生芽。当增殖芽达到一定基数时，可将增殖培养基调整为MS+6-BA 0.2～1 mg/L+KT 0.5 mg/L+NAA 0.2 mg/L，否则芽过多，难以进行分株生根。原则上应根据各个品种的具体表现来调节增殖继代培养基中细胞分裂素的种类和浓度，维持正常的生产。

继代过程中，苗高2～3 cm的单芽可接入生根培养基(1/2 MS+NAA 0.1 mg/L)进行生根培养。7～8 d小苗基部可长出3～5条不定根，半月后便可出瓶，生根率在95%以上。出瓶苗的质量标准为苗高3～5 cm，有3～4片叶，且叶片形态正常，叶色浓绿，有根3～5条，根长0.5～1 cm。出瓶移栽后，注意遮阴和加强水分管理，在控温喷雾条件下，成活率一般在95%以上。

4. 红掌

红掌又名花烛、安祖花、红鹤芋等，为天南星科花烛属常绿草本花卉。原产美洲热带雨林地区，现已成为世界广泛栽培的重要名贵切花和盆花，我国在广东、上海、海南等地有较大规模的生产。其繁殖可用播种、分株和组培，但生产中主要采用组织培养进行工厂化育苗。

关于红掌组织培养的研究报道较多，一般采用刚展开的幼嫩叶片和叶柄作外植体效果较好。愈伤组织的诱导可采用P或1/2 MS+6-BA 1～2 mg/L+2,4-D 0.1～0.2 mg/L，不定芽的分化、增殖和生根培养可分别采用P或MS+6-BA 1.0 mg/L+NAA 0.5 mg/L、MS+6-BA 0.5 mg/L和1/2 MS+IAA 0.5 mg/L。外植体消毒后，将叶片切成约1 cm^2的小块，叶柄切成0.8～1 cm的小段，接种于诱导培养基中，于25 ℃±2 ℃的黑暗条件下培养，约2个月后便可形成浅黄色的愈伤组织；将其转移到分化培养基中继续培养，60 d后平均每块愈伤组织可分化4～5个不定芽；将不定芽切下，转入增殖培养基中，在1 500～2 500 lx、10～12 h/d的光照条件下进行扩繁培养，每2～3个月继代一次。达到所需的繁殖数量后，将2～3 cm高的丛生苗切成单株，于生根培养基中进行生根培养；30 d后生根率可达100%，每苗生根3～4条，此时即可出瓶移栽。出瓶前，先将试管苗移出培养室，打开瓶盖，置于通风明亮的常温条件下，每天早、中、晚各喷水1次；5 d后将生根苗从瓶中取出，洗净根部培养基，栽于珍珠岩和泥炭土的混合基质中，浇水后罩上透明塑料薄膜以保持空气湿度，10 d后揭开薄膜，逐渐降低湿度并增强光照，30 d后成活率可达95%以上。

研究表明，在红掌的组织培养中，采用浅层液体静置培养，其增殖效率远远高于固体培养，且生长周期缩短，成本降低。因此，在进入大量增殖阶段后，可改用液体培养，生根培养也可采用浅层液体静置培养的方法。

任务十一　球根类花卉工厂化育苗技术

一、球根花卉的概念及其繁殖特点

球根花卉(bulbs)是指多年生草本观赏植物中地下部的茎或根发生变态，膨大成球状或块状的一类花卉。根据其地下部器官的变态形式可分为鳞茎(bulb)、球茎(corm)、块茎(tuber)、根茎(rhizome)和块根(tuberous root)五大类，鳞茎类花卉如百合、郁金香、风信子、水仙、朱顶红等，球茎类如唐菖蒲、小苍兰、番红花、球根鸢尾等，块茎类如仙客来、大岩桐、球根秋海棠等，根茎类如美人蕉、六出花、姜花等，块根类如大丽花、花毛茛等。

球根花卉在长期的进化过程中形成了对不良环境的特殊适应能力，在原产地，它们于寒冷的冬季或干旱炎热的夏季，以地下球根的形式进入休眠，至环境条件适宜时再度活跃生长，展叶开花，并重新形成新的地下膨大器官或增生子球进行繁殖。栽培中根据这一特点，主要采用分生新球或子球进行球根花卉种苗的大量繁殖和生产。

二、球根花卉的种球生产技术示例

1. 唐菖蒲

唐菖蒲又名剑兰，为鸢尾科唐菖蒲属春植球根花卉，原产南非好望角、地中海沿岸及小亚细亚，现世界各地广泛用作切花生产，为世界四大切花之一。在我国切花生产中唐菖蒲仅次于月季、菊花和香石竹，排名第四。唐菖蒲地下部为球茎，容易形成新球和大量子球，因此，生产中通常采用培植子球的方法进行种球繁育。

(1)生产地的选择和土壤处理　唐菖蒲的种球生产应选择高纬度的冷凉地或低纬度、高海拔(500 m 以上)的山地，如东北地区、甘肃及安徽、浙江的山区是目前我国唐菖蒲种球的主要产地。种植地要选择背风向阳、排水良好、土层深厚的沙壤土，2 月下旬深翻整地，并进行土壤消毒，可用 35%甲醛 600 倍液喷洒土中，然后塑料薄膜覆盖 10 d；揭膜后施入基肥，每 667 m^2 施用有机肥 3 000 kg、过磷酸钙 40 kg、复合肥 50 kg，将肥料混入土中，整成高 20 cm，宽 100 cm，间距 30 cm 的畦面。

(2)子球的准备与处理　唐菖蒲的子球具有较深的休眠特性，一般在自然越冬条件下需经 4 个月解除休眠。种植前选取无病虫害、大小均匀(直径 0.5～1.0 cm，最好按大小级别分开种植，便于管理)的优质子球，在 32 ℃温水中浸泡 2 d 使外皮软化，然后用 53～55 ℃杀菌剂溶液浸泡 30 min，捞出子球，用凉水冲洗 10 min 即可栽种。如不马上种植，应将种球晾干，贮藏于 2～4 ℃条件下待用。

(3)子球栽植　子球一般于春季(如 3 月上旬)种植，多用条播，行距 20 cm，株距 4 cm 左右，种植深度 3～5 cm，每 667m^2 可播种 6 万～8 万粒，栽后浇足水，及时喷施除草剂或以稻草覆盖。

(4)栽培管理　种植后，经常查看土壤干、湿状况，在苗没出齐之前保持土壤湿润。苗出齐后适当控制水分，促使根系生长，并除去盖草。唐菖蒲幼苗期极易受杂草为害，应根据早除、勤除的原则及时松土除草。生长期进行合理施肥尤为重要，一般 4 月和 5 月各追施一次尿素 15 g/m^2，6 月中旬追施一次复合肥 20 g/m^2，7—8 月每隔 15 d 喷施 0.2%磷酸二氢钾叶面肥，延长生长期，使其制造更多的养分供应子球发育。此外，还应采取积极的措施防治唐菖蒲病虫害的发生，如避免连作，及时清除和销毁田间病株，及时进行药物防治等。子球培植过程中，可能会有部分开花，为避免养分分散应及时剪除花穗，增加种球养分积累。

(5)收获种球　秋末当唐菖蒲叶片枯黄后，即可收获种球。起球时土壤不应太湿，一般选晴朗天气采挖，种球收获后晾干，并按大小进行分级整理，贮藏于通风、干燥、低温环境下。经过一年的生长大部分子球可达到 1.0～2.5 cm 大小，需再培植一年才能成为合格的商品种球。

唐菖蒲长期通过种球进行无性繁殖容易引起病毒的感染和积累，导致种性退化，产花效率和品质严重下降，此时可通过组培生产脱毒种球进行复壮。对于繁殖率较低的品种或是新品种，也可以通过组织培养进行大量繁殖，满足生产需要。组培外植体可用球茎切块、球茎侧芽、花梗嫩梢、花蕾、花托、花瓣等，以球茎上的芽作外植体效果最好。芽或小球茎的诱导、增殖和生根培养可分别采用 MS＋6-BA 1～2 mg/L＋NAA 0.1～0.3 mg/L、MS＋6-BA 1 mg/L＋NAA 0.1 mg/L 和 1/2 MS＋NAA 0.1 mg/L 作为培养基。

2. 百合

百合为百合科百合属所有种类和品种的总称，属鳞茎类秋植球根花卉，全球有 90 余种，主要分布于北半球的温带和寒带地区，我国是世界百合属植物的主要产地之一，也是世界百合的起源中心。就目前的生产情况来看，百合已成为继世界四大切花之后的第五大切花。当前世界百合生产占主导地位的国家有荷兰和日本。在我国，随着花卉产业的不断发展，大量优良的观赏百合栽培品种陆续从荷兰等国引进，现已成为国内花卉市场中重要的高档切花和盆栽种类。百合的鳞茎为无皮鳞茎，由其分生的子鳞茎和小鳞茎是种球繁育的主要材料，此外也可采用播种、分株芽、鳞片扦插、组织培养等方法进行繁殖，一般采用自然分生的子球或由鳞片扦插和组织培养繁殖的子球来生产商品种球。

(1)种球繁育地的选择　百合在夏季生长时要求平均最高气温不超过 22 ℃，我国大部分平原地区夏季炎热，7 月平均气温在 22 ℃以上，不适宜百合生长。为了保持优良种性和防止退化，必须选择冷凉地或高海拔山区作为优良种球的繁育基地。同时，土壤条件应选择疏松肥沃、腐殖质含量高、排水良好的沙质壤土，pH 6～7，还需有良好的灌溉条件，交通方便等。

(2)整地做畦　种植地每 667 m^2 施过磷酸钙 50 kg，农家肥 1 000～1 500 kg，混合均匀后做成高畦，畦高 30 cm，宽可达 100 cm，畦间沟宽 30～35 cm；做好畦后，晾晒 15～20 d，使土壤充分熟化，提高肥力和土壤的通透性，以利于小鳞茎栽植后的生长。

(3)子球的准备　播种用子球可通过自然分球、鳞片扦插或组织培养繁殖。种植前可根据大小进行分级，一般直径 2 cm 以上的子球，培育一年便可成为商品球；直径 1.5 cm 以下的子球，需培养两年才能成为商品球。同时，子球应进行消毒(可用 800 倍 60%代森锰锌＋70%甲基托布津浸泡 30 min)，阴干后备用。

(4)播种　多在秋末(10 月中旬至 11 月上旬)进行。播前将畦面喷透水。小子球开沟撒播，行距 5～8 cm，覆土 2～3 cm；大子球采取沟栽，株行距 20～30 cm，沟深 7～8 cm，栽后覆土盖平沟面。

(5)播后管理　为保证子球充分生长发育，出芽后，每 10 d 追施一次氮、磷、钾比例为 5∶10∶10 的液态复合肥，浓度控制在 2.5～3.0 g/L。幼苗期间经常保持土表疏松，防止杂草滋生，翌年 4—5 月部分鳞茎抽生花茎，应及早除蕾，以利于养分集中供应鳞茎促其增大。

(6)种球的采挖与分级　10—11 月，地下鳞茎发育成熟，便可收获种球。种球的采挖应选择晴天为宜。首先将地上部分的枯茎集中烧毁，然后将种球轻轻挖起，注意不要损伤鳞片及子球，以防腐烂。种球采挖后需进行逐类分级，种球周径 12 cm 左右，可作为商品球用于切花生产，周径小于 12 cm 者需继续进行培养。

百合的病毒病较为普遍，长期用带病毒的鳞茎进行繁殖，往往导致良种的种性严重退化，因此，通过组织培养生产脱毒种苗并进行种球的大量繁殖在生产中具有重要意义。百合的鳞片、鳞茎盘、小鳞茎、株芽、茎、叶、花柱等组织器官均可作外植体培养分化成苗，但不同品种、不同部位分化小鳞茎的能力有很大差异。目前多用外层鳞片的中、下部作为百合快速繁殖的外植体，其生长快，形成鳞茎大。培养基以MS添加一定浓度的6-BA(0.5～2.0 mg/L)和NAA(0.1～0.5 mg/L)较为适宜。

3. 郁金香

郁金香又名洋荷花、草麝香，为百合科郁金香属多年生鳞茎花卉。郁金香作为切花生产，是继世界四大切花之后的又一新秀。目前，大量生产郁金香的国家有荷兰、美国、日本、德国、丹麦等，其中荷兰是世界上最大的郁金香种球和切花生产国，占全球郁金香栽培面积的60%以上，每年出口种球及鲜花价值约18亿美元。我国商业化栽培郁金香的历史较短，大面积种植主要出现在20世纪90年代以后，目前云南、辽宁、上海、北京、甘肃、陕西、四川等地已开始规模化生产，但栽培的种球主要从国外进口。郁金香常用的繁殖方式有分球、播种和组织培养，而生产中以自然分球繁殖为主，组织培养可用于脱毒种球的生产。

(1)分球繁育　在秋季9—10月栽子鳞茎，大者1年、小者2～3年可培育成开花球。荷兰利用其气候优势，大量进行种球生产，通常采用分级繁育法，即用周径为8～9 cm、10～11 cm的培植种球经一年种植分别培育成周径为11～12 cm、12 cm以上的商品球。

我国引种郁金香后，更新球极易发生退化现象，表现为鳞茎变小、开花率降低、花色浅、花小等。为有效保存和繁育良种，应选择气候冷凉地或海拔800～1 000 m的山地进行种球复壮栽培，采用冷凉条件越夏贮藏，掌握种植适期(土温应降至6～9 ℃)及合理的定植密度和深度，施用合理的配方基肥，加强苗期管理并及时摘花，后期进行遮阴，适时收获种球等措施。

(2)组培繁育　郁金香的自然分球繁殖系数相对较低，且在长期繁殖栽培中容易感染病毒，引起种球退化。采用组织培养可以快速大量繁殖种球，并可通过脱毒减少病毒危害。郁金香的多数器官组织均可用于组培繁殖，如新鲜鳞片、叶片、花茎、子鳞茎、鳞茎盘等，但不同组织再生芽的能力差异较大。实验证明，以带基盘的鳞片和花茎茎段进行芽诱导较为成功，培养基可用MS+6-BA 1～2 mg/L+NAA 0.1～0.2 mg/L。

4. 仙客来

仙客来又名兔子花、萝卜海棠、一品冠，原产南欧，为报春花科仙客来属重要的温室盆栽花卉。其园艺品种繁多，色彩丰富，花期可控制在圣诞节、元旦及春节期间，开花时间长达4～5个月，因而是国际花卉市场的主要商品花之一。仙客来的块茎不能自然分生子球，生产中主要采用种子繁殖，尤其是一些杂交品种；对于不易获得种子的品种，可通过组培进行大量育苗。

(1)播种育苗　仙客来育苗时间较长(9～10周)，通常使用288孔或128孔穴盘以避免不必要的移植。采用含全素营养的混合基质，pH控制在6.0～6.2。播种前可用清水浸种24 h或用30 ℃温水浸种2～3 h，然后置25 ℃下催芽2 d，发芽期可明显缩短。仙客来种子为嫌光性，播后需用基质覆盖，凉爽、高湿、黑暗的环境有利于种子发芽，适宜温度为18～20 ℃，3～4周开始出芽。出芽后逐渐增加光照(不超过15 000 lx)，保持温度18～20 ℃，相对湿度维持在90%左右，每周追施一次50～75 mg/kg硝酸钙。第一片真叶出现后(第三阶段)，每周轮流施加75～100 mg/kg的氨肥和硝酸钙，适当控水以促进植株发根，光照强度不超过25 000 lx。第四阶段的水肥管理与第三阶段相同，相对湿度可降至75%～80%，昼温18～20 ℃，夜温降到16 ℃，光照强度不超过35 000 lx。幼苗完全覆盖穴盘后应及时移植，防止因拥挤而向外延伸。

(2)组培育苗　以幼嫩的叶片作为外植体效果较好。叶片消毒后切成0.5 cm×0.5 cm的小块，接入诱导培养基 MS+6-BA 2 mg/L+KT 0.1～0.2 mg/L+NAA 0.1～0.2 mg/L。培养 20 d 后，叶片边缘产生愈伤组织，30 d 左右愈伤组织表面便会分化出不定芽丛；将其切下，转接到 MS+6-BA 1 mg/L+IAA 1 mg/L 中增殖培养，通过丛生苗的分割和继代，可以得到大量试管苗。当丛生苗达到一定高度时，将其切成单株，于 MS+IBA 0.1～0.2 mg/L 中进行生根培养。苗高 2～3 cm 并生有 3～4 条 1 cm 左右的新根时，可移栽出瓶。

【项目小结】

一、重点难点

1. 掌握黄瓜、西瓜、番茄、生菜等的播种催芽技术、苗床管理技术、病虫害防治技术等。
2. 掌握草莓、桃、葡萄的脱毒快繁的关键技术。
3. 熟悉草莓优良品种选择与特性，熟知草莓生长发育规律与生长习性，并能针对不同品种选择相适应的繁殖方法，获得优良植株。
4. 掌握宿根类花卉和球根类花卉的主要特点，可以区分不同的花卉属于哪一类。
5. 熟悉宿根类花卉和球根类花卉工厂化育苗的不同点。

二、经验技巧总结

1. 穴盘育苗是工厂化育苗技术的典型代表，在蔬菜育苗中已经得到普遍应用，尽管不同种类的蔬菜穴盘育苗流程相似，但由于蔬菜种类差异，特别是蔬菜种子大小和种子萌发条件的差异，不同种类的蔬菜穴盘技术也具有一定差异，主要体现在苗盘的规格、种子处理技术、育苗后的环境管理、幼苗出圃的时间上。
2. 果树工厂化育苗近年来发展迅速，目前在草莓、葡萄、桃等果树上应用工厂化育苗的主要目的是获得无病毒种苗，育苗过程中必须具有较好的隔离条件。
3. 花卉工厂化育苗与蔬菜工厂化育苗具有较大区别，蔬菜工厂化育苗主要以播种育苗为主，而花卉由于种类繁多，育苗也存在较大区别，有些以播种育苗为主。

【技能训练】

技能训练一　蝴蝶兰组织培养育苗技术

一、目的和要求

蝴蝶兰是兰科植物中栽培最广泛的种类之一，蝴蝶兰组织培养育苗技术是植物组织培养在商业化方面应用最早、最成功的范例。本实训旨在让学生掌握以花梗腋芽和顶芽为外植体的蝴蝶兰组培程序，完成培养基配置、外植体消毒、接种、继代、生根等操作过程，提高操作技能。

二、实训准备

1. 材料

具有花梗腋芽和顶芽的蝴蝶兰成苗,已诱导产生芽或芽丛的无毒苗,可用于诱导生根的组培苗。

2. 设施设备

150 mL 三角瓶或专用组培瓶若干,500 mL 烧杯 5 个,500 mL、100 mL 量筒各 5 个;不同规格的移液管或移液器若干,解剖刀、镊子、玻璃棒若干;pH 计、电子天平、高压灭菌锅、超净工作台、光照培养室等组培配套设备。

3. 试剂

硝酸铵、硝酸钾、氯化钙、硫酸镁、磷酸二氢钾、硫酸铁、Na_2-EDTA、硫酸锰、硫酸锌、氯化钴、硫酸铜、钼酸钠、碘化钾、硼酸、甘氨酸、肌醇、盐酸硫胺素、盐酸吡哆醇、烟酸;75%酒精、氯化汞消毒液、无菌水等。

三、实施

1. 培养基的配制(以诱导、继代培养基为例)

(1)培养基的配制过程同营养液,不同之处在于配制好的培养基分装后需进行高压灭菌,冷却后待用。母液配制需注意以下问题:

①大量元素母液一般比使用浓度高 10~100 倍,微量元素母液可提高到 900~1 000 倍。

②生长素类一般配成 0.1~0.5 mg/mL 的母液,IAA、NAA 可先用少量 95%乙醇溶解,再加水定容。

③细胞分裂素类先用少量 1 mol/L 盐酸溶解,再加水定容。

④各种维生素和氨基酸一般可以直接溶解于水中,为配制方便,可将培养基中的几种维生素类物质混合在一起配成母液,但各种维生素应分别溶解后再行混合。

(2)培养基的组成与用量见表 8-2、表 8-3、表 8-4.培养基配制的具体操作过程如下:

①在洁净的不锈钢锅里加入约 750 mL 蒸馏水,并加入所需琼脂和糖。琼脂先在锅内熔化,如直接加热应不停搅拌,防止锅底烧焦或沸腾溢出。

②加入贮备液Ⅰ 50 mL,贮备液Ⅱ、Ⅲ、Ⅳ各 5 mL,按需要加入植物激素和其他物质(表 8-2)。

③加蒸馏水使最终体积为 1 L,做好标记,沸腾冷却后保证体积仍为 1 L。

④将上述已充分混合的培养基用 1 mol/L KOH 或 NaOH 调整 pH 至 5.6,核对各物品是否已经加好,如无遗漏或差错则可以分装。

⑤趁热将培养基倒入三角瓶中,注意培养基不要沾到瓶口,以免日后污染。分装过程中应不时搅拌瓶内培养基,以防先后分装的各瓶培养基凝固能力存在差别。

⑥培养基分装后应尽快密封容器口,并及时进行高压灭菌消毒。

表 8-2 蝴蝶兰诱导、继代培养基组成

培养基成分	用量
大量元素	同 1/3 MS
微量元素	同 MS

续表 8-2

培养基成分	用量
维生素与有机物质	同 MS
6-BA	3～5 mg/L
NAA	0.5 mg/L
椰子汁	150 mg/L
柠檬酸	30 mg/L
pH	5.6

表 8-3　MS 培养基各种化合物用量　mg/L

大量元素			
NH_4NO_3	7 650	KNO_3	1 900
$CaCl_2 \cdot 2H_2O$	440	$MgSO_4 \cdot 7H_2O$	370
KH_2PO_4	170		
微量元素			
$FeSO_4 \cdot 7H_2O$	27.8	$CoCl_2 \cdot 6H_2O$	0.025
Na_2-EDTA	37.3	$CuSO_4 \cdot 5H_2O$	0.025
$MnSO_4 \cdot 4H_2O$	22.3	$Na_2MoO_4 \cdot 2H_2O$	0.25
$ZnSO_4 \cdot 7H_2O$	8.6	KI	0.83
H_3BO_3	6.2		
维生素与有机物质			
甘氨酸	2	盐酸吡哆醇	0.5
肌醇	100	烟酸	0.5
盐酸硫胺素	0.1		

表 8-4　MS 培养基母液配制表

成分	用量/(mg/L)	每升培养基用量/mL
贮备液Ⅰ(大量元素)		
(20 倍)		
NH_4NO_3	33 000	
KNO_3	38 000	50
$CaCl \cdot 2H_2O$	8 800	
$MgSO_4 \cdot 7H_2O$	7 400	
KH_2PO_4	3 400	
贮备液Ⅱ(大量元素)		
(20 倍)		
KI	166	
H_3BO_3	1 240	
$MnSO_4 \cdot 7H_2O$	4 400	
$ZnSO_4 \cdot 2H_2O$	1 720	5

续表 8-4

成分	用量/(mg/L)	每升培养基用量/mL
$NaMoO_4 \cdot 2H_2O$	50	
$CuSO_4 \cdot 5H_2O$	5	
$CoCl_2 \cdot 6H_2O$	5	
贮备液Ⅲ(铁盐)		
$FeSO_4 \cdot 7H_2O$		
Na_2-EDTA $\cdot 2H_2O$		
贮备液Ⅳ(有机物)		
肌醇	20 000	
烟酸	100	
盐酸吡哆醇	100	5
烟酸硫胺素	20	
甘氨酸	400	

2. 外植体取材、处理和接种

从蝴蝶兰出现花梗到花朵凋谢，只要花梗尚未枯黄，都可用作试材。具体操作过程如下：

(1)剪下花梗，用蘸有 75%酒精的棉球将外表擦拭干净，然后以节为单位切段，含芽的花梗上下保留不同长度，上短下长，置于超净工作台上，准备消毒。

(2)将花梗腋芽上的苞叶去除，并用解剖刀把节与芽相接处清理干净。若在花梗节段表面有病斑或焦枯部分，用解剖刀削去。

(3)将经前处理的花梗节段放入消毒水中消毒，消毒时间依材料、质地、嫩度不同而异。一般花朵盛开或花朵已谢的成熟花梗，消毒时间为 15～20 min，较嫩组织将时间缩短为 10～12 min。消毒期间经常摇动瓶子，使消毒剂能够充分接触外植体，提高消毒效果。

(4)消毒完成后将材料取出，置于盛无菌水的烧杯中，用无菌水荡洗 3～5 次。

(5)将冲洗后的外植体置于无菌培养皿中，用解剖刀截去两端与消毒液接触的部分，取中间部分插入已准备好的消过毒的培养基内。

(6)每瓶接种 1 个外植体，置培养室培养。培养室温度 25 ℃±1 ℃，光照强度 1 500 lx，每天光照 10～16 h。

3. 继代培养

将在诱导培养基上诱导产生的芽或芽丛从花梗上切离，转入继代培养基上培养，一般每瓶接种 6～10 株无根苗，培养条件与诱导培养相同，继代培养基同原诱导培养基。

4. 壮苗与生根培养

将继代培养繁育的小苗转移到生根培养基中，生根培养基与继代培养基的差异主要是生长素浓度的不同，一般蝴蝶兰生根培养基中 6-BA 浓度为 1.0 mg/L、NAA 为 0.1 mg/L，同时在培养基中添加香蕉泥和马铃薯泥，利于根的诱导。将光强调节到 3 000 lx 左右可以促使培养的植株健壮。

四、结果分析

调查诱导培养、继代培养和生根培养中组培苗的生长状况，写出实验报告。

五、思维拓展

蝴蝶兰组培还可以用哪些组织和器官等作为外植体？与用腋芽和顶芽相比有何优缺点？

技能训练二　花卉扦插育苗技术

一、目的和要求

将植物的部分营养器官插入基质中，在适宜条件下生根并培育成苗的技术成为扦插育苗，是花卉、果树无性繁殖的常用方法之一，分叶插、枝插、根插几种形式。本实训通过进行月季的绿枝扦插，使学生了解扦插的意义和原理，掌握技术要领。

二、实训准备

1. 材料

当年生、半木质化、芽饱满、健壮无病的月季枝条；蛭石、珍珠岩。

2. 用具

喷壶、72 孔穴盘或育苗箱；剪刀或削刀、干湿球温度计、烧杯。

3. 试剂

500 mg/L 生根粉（ABT）和萘乙酸（NAA）。

4. 设施

拱架、塑料薄膜、遮阳网。

三、实施

（1）装填基质将细颗粒蛭石和珍珠岩按 1∶1 体积比混合，装入 72 孔穴盘或育苗箱中，浇透水，准备扦插。

（2）剪取插条将月季枝条剪去上部幼嫩部分和下部隐芽部分，每个插条长度 10 cm 左右，含 2～3 个饱满芽。上端切口在芽上方 1～2 cm，斜切以利于排水；下端切口齐节下，利于发根。保留顶部 2～3 个叶片的全部或者 1/2，将其余叶片剪除。

（3）生长调节剂处理将剪好的插条分成三组，分别将基部 2 cm 浸入预先配制的 500 mg/L 萘乙酸、500 mg/L 生根粉溶液和清水中，时间持续 5 s 后取出。

（4）扦插用比插条稍粗的木棍在扦插基质中插一个小洞，深度 3～5 cm，将插条迅速插入洞内，用手轻压四周基质，使两者密接。

（5）管理扦插完毕后，浇足水，覆盖小拱棚，避免阳光直射，强光下用遮阳网遮阴。保持拱棚内温度 20～25 ℃，相对湿度 80％～90％，基质湿度 60％左右，温度高时通风淋水降温，湿度低时及时喷雾，并注意通风换气，促进伤口愈合和生根。

（6）观察记载扦插后定期观察，每次取样后小心清洗根部，记载生根数量和地上部生长状况。

四、结果分析

总结扦插的技术要点，结合观察记载比较生长调节剂对促进生根的作用。

五、思维拓展

影响扦插成活的主要因素有哪些？

技能训练三　蔬菜嫁接育苗技术

一、目的和要求

嫁接的作用包括减轻和避免土传病害，增强蔬菜抗逆境能力和肥水吸收功能，促进生长发育，提早收获，提高产量等。瓜类蔬菜嫁接栽培已较普遍，茄果类蔬菜嫁接栽培面积也在逐步扩大。本实训通过具体操作，使学生掌握瓜类蔬菜的常用嫁接技术，提高应用技能。

二、实训准备

1. 材料

黄瓜、黑籽南瓜种子，沙、蛭石、草炭、配好的营养液。

2. 用具

育苗盘、穴盘、塑料钵、喷壶、喷雾器；嫁接夹、竹签、刀片、白瓷盘、湿布、旧报纸、温度计等。

3. 设施

拱架、塑料薄膜、遮阳网。

三、实施

1. 基质装填

在育苗盘底部铺上旧报纸，填装过筛后的细沙。将草炭、蛭石按 2∶1 均匀混合后装入穴盘和塑料钵。

2. 靠接法

(1)播种　黄瓜比黑籽南瓜早播 2～3 d，两者均播入育苗盘中。待砧木子叶全展，第一片真叶显露，接穗第一片真叶始露至半展时嫁接。

(2)嫁接　将砧木和接穗苗基质喷湿，小心挖出后用湿布覆盖，防止萎蔫；取接穗苗，在子叶节下 1～1.5 cm 处向上斜切，深度达胚轴直径的 3/5，长度 0.6～0.8 cm；去除砧木生长点和真叶，在子叶节下 0.5～1 cm 处呈 30°向下斜切，深度达胚轴直径的 1/2，长度同上；将砧、穗切口套插，用嫁接夹固定，栽入塑料钵中，保持根距 1～2 cm，利于成活后断根。

3. 插接法

(1)播种　根据育苗季节与环境，黑籽南瓜比黄瓜早播 2～5 d，黑籽南瓜播入穴盘或塑料钵中，黄瓜播入育苗盘。接穗子叶全展，砧木子叶展平，第一片真叶显露至初展为嫁接适期。

(2)嫁接　喷湿接穗苗基质，取出幼苗，小心用水洗净根部放入白瓷盘，用湿布覆盖保湿；砧木苗不需挖出，用竹签剔除其真叶和生长点，然后紧贴一片子叶基部内侧向另一片子叶下方斜插，深度 0.5～0.8 cm，竹签暂不拔出；在接穗子叶节下 0.5 cm 处向下斜切两刀呈不对称楔形，切口长度 0.5～0.8 cm 拔出竹签，将接穗迅速插入砧木小孔，使两者密接。砧、穗子叶伸展方向呈“十”字形，以利于见光。

4. 嫁接后管理

嫁接完成后浇透水，立即摆放到小拱棚中，用塑料薄膜密封，加强管理，促进愈合。

(1)光照强度　嫁接后1～3 d用遮阳网覆盖，控制光强为4 000～5 000 lx；3 d后早晚见光，以后逐渐延长光照时间；7～8 d后去除遮阴物，全天见光。

(2)温度　前3 d控制气温为白天25～28 ℃，夜间18～20 ℃；此后可降温2～3 ℃；1周后叶片恢复生长，说明接口愈合，按正常温度管理。

(3)湿度　前3 d密闭拱棚，喷雾保湿，使接近饱和状态，基本愈合后结合通风降低相对湿度，完全成活后进入常规管理。

5. 观察记载

待嫁接苗成活后，观察不定根的发生情况，统计成活率，并做好记录。

四、结果分析

写出实验报告，总结两种嫁接方法的技术要点，比较成活率及优缺点。

五、思维拓展

影响嫁接苗成活的内、外因素有哪些？

【拓展任务】

一、复习思考题

1. 蔬菜穴盘育苗关键技术有哪些？
2. 如何进行黄瓜、番茄的穴盘育苗？
3. 简述西瓜断根嫁接育苗关键技术。
4. 简述生菜穴盘育苗技术要点。
5. 试述蔬菜穴盘育苗常见问题与对策。
6. 简述桃、草莓、葡萄脱毒苗快繁的关键技术。
7. 如何培育桃的优质嫁接苗？
8. 如何进行大花蕙兰、蝴蝶兰的组培快繁育苗？
9. 百合、月季、唐菖蒲的快速育苗技术有哪些？其技术关键是什么？

二、案例分析

1902年著名植物学家G. Haberlandt提出“高等植物的器官、组织可以不断分割，直至单个细胞(即植物体细胞)，且在适宜的条件下，具有不断分裂和繁殖，并发育成完整植株的潜力”的观点。在1943年，这一观点由White从烟草愈伤组织中发现芽而得到证实。植株离体快繁就是利用这一原理，在不受地理环境和季节限制的条件下，快速高效的繁殖保持有优良性状的植株。目前，植株快速繁殖被广泛应用于观赏植物、林木、经济作物和药用植物等方面，部分植株已形成了完整的工厂化生产模式。

项目九　工厂化育苗的经营与管理

【学习目标】

一、知识目标

1. 掌握种苗厂规划的概念、目的及原则；
2. 掌握种苗厂规划设计的内容；
3. 掌握种苗厂的管理与销售方法。

二、技能目标

1. 可以单独完成小型种苗厂的规划设计工作；
2. 可以单独完成小型种苗场的管理工作，并进行种苗的销售及成本核算。

【学前准备】

一、资源要求

1. 我国主要的大型种苗厂经营与管理模式；
2. 通过互联网了解国内外相关植物种苗厂发展情况；
3. 多媒体教室；
4. 规范化种苗厂图片资料等。

二、预备知识

1. 了解与工厂化育苗经营管理相关基础知识；
2. 掌握文献查阅的基本知识；
3. 了解一些成本预算的基本知识。

【任务实施】

任务一　种苗厂的规划

一、种苗厂规划的概念、目的及原则

1. 种苗厂规划的概念及目的

园艺植物种苗厂的规划设计是指根据市场需求和当地的具体情况（气候、土质、土地面积、劳动力状况、市场及投资规模等）科学地安排园艺植物种苗生产的设施、设备，生产种苗的种类、数量、品种布局，以及配套的水、渠、路、电、房屋等的设置。种苗厂的规划设计是一项复杂的系统工程，涉及的内容、知识非常广泛，自然、地理、社会、政治、经济、交通运输、通信、劳动力资源、能源、材料、生物、市场等都会对其产生影响，而且社会的发展变化也直接影响着种苗厂的生产内容、形式及方法。规划设计应考虑社会的发展需求，否则就会被社会所淘汰，阻碍生产力发展。

园艺植物种苗的生产涉及面广，影响因素多，设计稍有不慎，就会直接影响生产及经营效益，因此通过规划设计使生产过程能够经济、方便、高效、长久发展，使人力、物力、资金、气候等资源能合理利用，科学安排，有序实施，达到预期的生产指标，实现经济生产，而不致造成浪费和损失，甚至失败，这是规划设计的根本目的。

2. 种苗厂规划设计的原则

园艺植物种类繁多，种苗的需求量也十分巨大，且多数情况下需要时间比较集中，因此规划设计时既照顾到当前利益，又兼顾长远发展，不能贪大求全。各地气候、土质不同，消费习惯不同，栽培的园艺植物种类不同，秧苗的种类及要求也会不同，尤其是随着交通运输、通信条件的改变，种苗的长途运输成为可能，秧苗的生产不仅考虑当地，也要惠及周边地区，也就是要逐步向"适度集中、规模经营、分散供应、有所侧重"的长远目标发展。同时注意专业生产与全面发展相结合，专业品牌的生产有利于技术的提高和专业化设备的采用；有利于积累经验，提高种苗的产量和品质；有利于提高工作效率，减低生产成本，树立品牌，是生产发展的趋势。但单一植物品种的种苗一旦受市场或气候异常的影响，有时损失也将很惨重，因此在专业化生产的同时注意发展一些其他苗木的生产，保证基本运营。

3. 种苗厂规划的内容

种苗厂的规划设计内容丰富多彩，一般包括种苗厂设置的区域、规模、主要育苗植物种类及品种、育苗技术体系、灾害预防的设想、产品及预处理方式、市场及运销体系、长远发展思路、相关设施设备布局设置、基础建设设计、施工设计、进度安排、经费需求及筹措、预计生产指标、效益等。

规划设计书要求提交可行性报告、规划平面设计图、施工设计图、设计说明书、工程预算书。设计是规划的具体化，施工是设计的执行过程。规划设计首先是在调查研究的基础上进行的，调查研究的项目和内容包括：

（1）国家和政府的政策法规、发展战略方针、城镇发展规划。

（2）自然资源　气象条件中的温度、湿度、降水量、风力风向、日照等；地形、地质、土壤及其利

用状况;水源;生物资源及生态环境。

(3)社会条件 人口及劳动力资源、土地资源、交通、通信、电力、经济状况、工矿企业、收入水平、污染及公害等。

(4)市场、消费者及消费水平。

(5)其他条件 能源状况、安全防灾措施、居民的影响等。

在充分调查研究的基础上进行分析,确定发展规模、发展区域、育苗植物的种类及品系、育苗方式,随后进行实地测量,绘制出平面图(包括土地利用现状图、地形图、土壤分布图、水利图等),然后开始具体设计,确定育苗设施设备、建筑物、井、水、渠、路、电的位置及走向,并据此将地块划分成小区,按规划施工。

二、种苗厂的规划与设计

种苗厂的地点确定后,还要根据圃地的任务和性质分区,称为圃地规划。现代化专业种苗厂的分区主要包括种子生产区、苗木生产区及辅助区。

1. 种子生产区

种子生产区包括资源区、繁殖区。

(1)资源区 又称母本园,主要任务是提供育种的原始材料及繁殖材料,如良种圃提供果树、花木优良品种的接穗或插条;砧木圃提供砧木种子或自根砧木的繁殖材料;采种圃提供草本花卉及蔬菜种子等。

(2)繁殖区 为培育苗木提供优质种子、繁殖材料的区域。根据所培育的种苗类型分为实生苗培育区、自根苗培育区、嫁接苗培育区及名贵苗培育区等。为便于耕作管理,应结合地形划分成多个小区,同一作物不同品种间要注意间隔距离,以免相互间杂交。大型种苗公司往往将采种田分布在不同的地区或国家。

2. 苗木生产区

苗木生产区是设计规划的核心部分,包括种子处理区、播种催芽区、育苗区、秧苗包装运销车间。

(1)种子处理区 包括种子去杂、分级、种子包衣或种子丸粒化、种子包装等一系列过程,是为机械化播种的准备阶段。占地规模不大,一般规划在园区或圃地的中心部位。组培苗木时,该区为培养体(茎尖、花粉、节或根尖等)处理区,包括培养体的获取、灭菌、脱毒和培养基配制等一系列前期处理工作。

(2)播种催芽区 秧苗生产的核心车间,由播种生产线、催芽室组成,一般与种子处理区相邻,面积较小,多在 100～150 m^2。组培工厂中该区相当于组培车间,包括接种、灭菌、愈伤组织形成与分化,实现扩繁等过程。

(3)育苗区 以设施为主,是秧苗生长的地方,也是投资最大的部分。组培苗在温室内实现驯化。面积根据育苗量、单株育苗面积和设施利用次数确定。果树和灌木花卉苗木占地面积大,育苗量 12 万～15 万株/(hm^2·次);蔬菜和草本花卉苗根据穴盘规格不同育苗量在 200 万～400 万株/(hm^2·次),若年利用 4～6 批次,育苗量将达到 800 万～2 400 万株/(hm^2·年),如果建设年育苗量在 0.5 亿～1 亿株的蔬菜花卉种苗公司,育苗区设施面积在 2.5～4 hm^2。

(4)秧苗包装运销车间 一般与育苗区相连,多数就建设在育苗温室的北侧,以减少搬运费用和防止秧苗受外界不良气候的影响。面积在 300～500 m^2，可供放置包装箱、进行运输前秧苗处理工作及其相关设备。

3. 辅助区

辅助区的设计主要包括水、渠、路、电、附属建筑和防护设施的设计。

(1)水系设计　水是园艺植物生长中非常重要的资源，作为种苗生产基地，需水量较多，良好的水供应系统对保障育苗工作的正常进行非常重要。水系统包括水源、水处理、提水、水道等的设计。水源有井水、河水、蓄洪水(井窖或集雨池)。水井的位置以水文地质资料为依据，其数量一般根据出水量及植物需水量确定。浅层井一般 2～4 hm^2 设一眼，出水量大的深水井灌溉面积可达 6 hm^2 以上，采种基地一般以此为标准设计水井数量；河水受季节和污染的影响，作为育苗用水常会不便；在干旱地区或多雨地区，可利用温室屋面收集雨水于集雨池，经过沉淀、过滤后通过水泵提水，便可用于育苗。制种田的水道分主渠、干渠、支渠，主渠位于地块高处脊地上并贯通整个园区，较宽大些，为防渗可硬化或铺防渗膜；干渠是通向各小区的水道，略低于主渠；支渠是通向小区内田地，高度稍低于干渠。现在随塑料管道及滴灌、渗灌、喷灌技术的发展，存在省略渠道的情况。

设施外部应设计排水系统。南方降雨多、地下水位浅，北方地区降雨集中，为防涝应修筑排水系统，有明沟排水和暗沟排水。明沟排水设计类似灌溉系统，由干沟和支沟组成，但支沟高于干沟，干沟将水排出地外。暗沟排水是将具多孔的塑料管或陶管埋设在园地中，深度为 0.8～1.5 m，沟距在 10～25 m，具体因土质等而异。

(2)道路设计　道路是农机具、输送肥料及运输秧苗等的通道，分主路、干路、支路。主路一般要求位于种苗厂的中部，贯通全园，宽度 6～8 m，可通过大型汽车或对开；干路是通向各小区的道路，一般宽 4～6 m，可通过小型农机具；支路是为操作便利，在小区内修筑的便道，多以渠道、田埂代替，也可修成宽 3 m 左右的小路，汽车等可通过。

(3)辅助建筑物　辅助建筑物包括管理用房、农具室、种苗处理室、临时贮藏室、冷库、水塔、集雨池或排水池、肥料场等。一般修建在温室的北侧附近。

(4)防护设施　防护设施包括防护林带、防虫网、防鸟网、遮阳网、“绿网”(防止水土流失)、防盗墙或篱笆等。

防护林带以防风为主，一般设计在园区的北侧，栽植的树木要求适应性广，抗逆性强，生长迅速，树体高大，寿命长，枝叶茂盛，防风效果好的树种。常见种类有加拿大杨、三倍体毛白杨、新疆速生杨、北京杨、大宫杨、箭杆杨、旱柳、刺槐、银杏、香椿、杜梨、黑枣、花椒、泡桐、马尾松、华山松、杉树、柏树、合欢、枸杞、樱桃等。防护林带设计应实行山、水、园、林、路统筹安排，乔木、灌木、观赏树木、草地全面规划，实现因害设防，综合治理，提高生产效益的目标。防护林带的类型有紧密结构林带和透风结构林带两种。紧密结构林带由高大乔木、中等乔木和灌木树种组成，这种结构由上、中、下三种树冠组成树墙，透风能力很小，在保护层内调节温度和湿度的效果显著，但也因透风能力低，冷空气易下沉而造成辐射霜冻、积雪和风沙的沉积，因此紧密林带适宜在山谷、坡地的高处设置；透风结构林带一般由一层高大乔木和一层灌木组成或仅由一层大乔木组成，中部或下部可透过一部分气流，这样可使大部分的风受阻向上而去，小部分穿过林带形成许多细小的环流进入保护区，这种林带上下部气压差较小，通气良好，保护范围大，冷空气下沉速度慢，可减轻辐射霜冻、沉沙、积雪现象，但局部地区的提温、保湿、降低风速及水土保持效果不及前者。防护林带的效果是与防护林的高度及所处的位置有关，一般背风面的保护范围为树高的25～35倍。据测定在树高20倍的范围内，背风面的风速降低17%～56%，气温提高0.3(4—6月)～0.6 ℃(7—9月)，空气相对湿度增加2%～14%，水分蒸发减少14%～41%，蒸腾效率提高10%。

防虫网用于温室大棚的通风口及门窗，常以25～30目的尼龙网覆盖，防止蚜虫、温室白粉虱及蛾类、蝗虫的潜入。

许多花卉不喜强光和干燥，栽培中常用聚乙烯材料编织的遮阳网覆盖栽培。在夏季为防止强光、暴雨、冰雹的危害，近年来采用遮阳网栽培蔬菜的面积在迅速增长，尤以南方常见。

防鸟网在露地设置，可防止鸟类危害，一般在大田上撑网保护，网线多为尼龙线，较细，网眼较大(5 cm× 5 cm)，质量和遮光率不至于过大。

在坡地丘陵地带建设种苗厂时，为防止水土流失，常在坡地修建梯田和沟壑筑坝蓄洪，坡顶种植固土植物("绿网")，如欧梨、紫穗槐、荆条、酸枣等，培育草地，减少放牧，增施有机物，增加土壤黏结力。

防盗墙或篱笆可减少人为、畜禽等的危害，便于看护。

(5)其他设施　如娱乐设施、体育设施、生活设施等，营造有助于职工身心健康和快乐工作的环境。

三、种苗厂的场地选择与蔬菜花卉育苗工厂的车间设计

1. 种苗厂的场地选择

对育苗场地有以下要求：

(1)地势平坦，阳光充足　蔬菜和草本花卉育苗工厂由于有大量温室设施，建设地点应背风向阳，避开雹区和风口地带，也不适宜在污染严重，尤其是空气污染严重的地方建设；果树苗圃和灌木花卉苗圃也应选在背风处。

(2)地势稍高，能够做到旱能浇、涝可排　果树和灌木花卉苗圃的土壤要求肥沃，酸碱度适宜，一般壤土、沙质壤土及轻黏壤土保肥水能力强，通气条件好，有利于种子发芽和幼苗生长。熟土层厚度应在30 cm以上，并含有丰富的腐殖质而呈团粒结构，土壤pH应在6.5～7.5。地下水位应在1 m以下，低洼易积水和遭霜冻的地方不宜作苗圃地。

(3)水源充足，利于灌溉　育苗工厂内最好有来自深井的自来水，便于及时供水等。

(4)无危险性病虫害　枯萎病、立枯病、根肿病、线虫病、蛴螬、金针虫、线虫及根瘤蚜等病虫害严重的土壤和地区不宜建立苗圃。

(5)交通便利　利于材料和苗木运输。

2. 蔬菜花卉育苗工厂的车间设计

现代蔬菜花卉育苗工厂由播种车间、催芽室、成苗室、包装车间及附属用房等组成。

(1)播种车间　播种车间占地面积视育苗数量和播种机的体积而定，一般面积在100～150 m^2，多是工棚式建筑，能够进入铲车或运输车辆，主要放置精量播种流水线和一部分的基质、肥料及育苗车、育苗盘等。播种车间要求有足够的空间，高度在4～5 m，便于播种操作，留有2～3道门，使操作人员和育苗车的出入快速顺畅，不发生拥堵。同时要求车间的水、电、暖设备完全，运行良好。

(2)催芽室　催芽室是由绝热性良好的材料建成的房屋状结构，能够维持室内温度、湿度的稳定并保持空气流通。从播种车间运来的穴盘，叠层(多以10层为1个单位)后放置其中，

让种子在适宜的温湿度条件下快速发芽。一般设有加热、增湿和空气交换等自动控制和显示系统，室内温度在20～35 ℃范围可以调节，相对湿度能保持在85%～90%，催芽室内外及上下温度、湿度在误差允许范围内相对均匀一致。

(3)成苗室　育苗工厂的主要建设项目，建设面积根据育苗规模和利用率来确定。大规模的工厂化育苗企业要求建设现代化的连栋温室作为育苗温室。温室要求南北走向，透明屋面东西朝向，保证光照均匀。

(4)包装车间　苗木育成后，在包装车间将苗起出装入包装箱或盒内，并进行保湿和低温处理，便于运输。

任务二　种苗厂的管理

一、种苗厂的生产计划制订

现代化种苗厂生产计划的内容主要包括正文部分和表格部分。

1. 正文部分

这部分是用文字简述上年度园艺植物育苗与销售过程中取得的成绩与存在问题，阐明本年度制订计划的指导思想和依据，提出任务与要求，以及采取的主要措施等。

2. 表格部分

这部分是用表格形式将具体任务指标列表下达，一般包括：

(1)各类苗木生产任务计划　为了减少浪费，确保效益，在进行广泛市场调研的基础上，根据订货合同及社会发展演变，制订当年或以后几年中园艺植物(尤其是育苗时间较长的灌木花卉和果树苗木)育苗计划，内容应该明确培育各类园艺植物的种类、品种、各地或用户需要的时间、数量、品名及质量要求。对出口的外销苗木应注明对基质的要求(无菌或无病原生物)。一般要求制订当年各种种苗的生产计划表和不同季节各种种苗的生产计划表(表9-1)。

表9-1　××××公司园艺种苗××××年生产计划

序号	种类	品种	数量/万株	预出圃期/(日/月)	用户所在地	备注
1	番茄	“中蔬×号”	2 000	10/3～15/3	武汉南郊	
2	番茄	“卡鲁索"	1 000	1/2～5/2	南京西郊	
3	黄瓜	“××密刺”	3 000	10/2～15/2	天津郊区	
4	…	…	…	…	…	
5	菊花	“夏菊”	200	20/4～1/5	海南三亚	组培
6	月季	“紫月季”	100	15/4～25/8	北京	扦插
7	蝴蝶兰		10	25/4～5/5	台湾高雄	组培
8	…	…	…	…	…	
9	葡萄	“绿提”	20	20/3～1/4	新疆石河子	嫁接
10	枣苗	“壶瓶枣”	10	20/3～25/3	山西太谷	组培

注：表9-1至表9-9中数值及材料均为虚构，仅供学习理解，不可直接采用。

(2)生产资料购买计划　生产资料是贯彻实施育苗计划和采取技术措施的物质保证，因此，必须根据育苗计划和育苗技术措施的需求，准备好种子、肥料、农药、育苗基质、育苗容器等，并需一一制订计划（表 9-2、表 9-3）。

表 9-2　××××公司园艺种苗××××年生产资料购买计划

序号	名称	规格	单位	数量	单价/元	金额/元	生产地
1	地膜	0.01	kg	200	12	2 400	
2	农膜	0.1	kg	700	15	10 500	北京市
3	尿素		袋	100	85	8 500	原平市
4	…	…	…	…	…	…	
5	蛭石		m^3	3 000	50	150 000	忻州市
6	草炭		m^3	3 000	150	450 000	辽宁省
7	…	…	…	…	…	…	
8	多菌灵		袋	200	3	600	
9	多维菌素		瓶	100	6	600	
10	…	…	…	…	…	…	

表 9-3　××××公司××××年种子购买计划

序号	种类	品种	单位	数量	单价/元	金额/元	生产地或生产单位
1	番茄	“中蔬×号”	kg	5	500	2 500	中国北京
2	番茄	“追随者”	粒	20 万	0.2	40 000	荷兰
3	黄瓜	“长春密刺”	kg	60	300	18 000	中国山东
4	…	…	…	…	…	…	…
5	一串红		kg	20	300	6 000	
6	非洲菊		kg	18	800	14 400	
7	…	…	…	…	…	…	…
8	毛白杨	“三倍体”	节	30 万	0.1	30 000	××农业大学
9	女贞	“大叶”	kg	50	300	15 000	××林业科学院
10	…	…	…	…	…	…	…

制订肥料购买计划时，应根据基质种类、配比、育苗植物种类、育苗时间等分别计划出各种肥料的用量，并做到及时满足需要。制订农药购买计划时，应根据蔬菜种类、育苗面积以及历年来病虫害发生规律等情况，按年度、季度预先做出计划。

制订种子购买计划时应根据育苗作物的种类、品种、育苗数量、播种密度、种子质量等确定用种量的多少，同时还要考虑可能发生的自然灾害，并准备一部分备用种子，以保证计划的落实。

(3)育苗播种计划　育苗播种计划是工厂化育苗中重要的技术环节，制订时应根据订货合同或生产需求及对市场的预测，遵循按需生产、留有余地的原则，尤其是对育苗期长的果树、林木、花卉苗木，更应具备长远的目光和对市场的把握能力，具体内容包括品种、播种期、出苗期、苗龄、数量、所在地点等(表 9-4)。

表 9-4　××××公司××××年育苗播种计划

草莓	香菇	品种	播种期/(日/月)	出国期/(日/月)	苗龄/d	数量/万株	地块位置
1	番茄	“中蔬×号”	21/12	翌年 10/2	50	50	3 号温室
2	番茄	“追随者”	24/1	15/3	50	20	6 号温室
3	黄瓜	“长春密刺”	5/9	15/10	40	30	6 号温室
4	…	…	…	…	…	…	…
5	槐树	“国槐”	25/12	翌年 25/3	90	50	1 号温室
6	一串红		1/6	1/10	120	300	2 号温室
7	菊花	“狮子头”	10/8	1/10	50	300	3 号温室
8	草莓	“四季”	15/8	5/11	80	20	5 号地
9	…	…	…	…	…	…	…

(4)技术保障计划　为保障育苗工作的顺利进行，对育苗过程中的主要技术环节或重点事项进行列表提示，主要内容包括种子处理技术、播种技术、基质使用类型及配比、苗期管理技术、嫁接技术、组培技术、激素施用技术、环境调控指标等(表 9-5)。

表 9-5　××××公司××××年黄瓜嫁接育苗技术措施

序号	项目		时间	目标要求	方法步骤	环境控制	责任人
1	种子处理技术	接穗砧木	9 月 20 日	去杂去劣，大小均匀	簸、筛、药剂处理	55 ℃温水浸泡、28 ℃催芽	张善
2	播种技术	接穗砧木	9 月 25 日 1 月 10 日	苗盘、穴盘或苗钵	散播 点播	温度 25～28 ℃、相对湿度 85%	李思 王武
3	基质配比	蛭石 泥炭	9 月 22 日	均匀、无病原菌	泥炭过筛后与蛭石充分混匀	常规	赵碌
4	嫁接		10 月 15 日	高成活率	插接或靠接	温度 25 ℃、相对湿度 95%	周崎
5	激素处理	乙烯利	10 月 10 日	浓度			武芭

(5)用工计划　种苗培育是一项耗工耗力的工作，有计划地安排劳力或明确用工需求，对节约生产成本和组织劳力是十分必要的。一般育苗的季节性很强，劳动力在一年间不平衡，因此用工包括长期用工和季节性用工。制作用工计划表时，一般先将各种作物育苗的用工需求和时间列表，再统计出各个季节的用工需求和总的劳动力需求(表 9-6、表 9-7)。

表 9-6　××××公司××××年不同作物育苗用工计划

序号	作物	工作类型	工作量/h	时期	合计工时/h	备注
1	番茄	基质配制	56	11月中旬	916	男
		播种	10	12月20日		男
		浇水追肥	50			女
		分苗	800	1月初		女
2	菊花	扦插	200	3月中旬	1 980	女
		基质配制	580	4月下旬		男
		装盆	1 200	5月		—
3	组培枣树	培养基配制	180	5月	1 068	女
		接种	220	5月中旬		女
		驯化	668	6月下旬		—

表 9-7　××××公司××××年用工计划

月份	用工量/d	长期工人数		短期工人数		加班	
		男	女	男	女	男	女
1	1 800	3	2	1	1	—	—
2	2 800	3	2	3	3	—	—
3	6 800	3	2	10	8	4	6
4	9 800	3	2	10	20	10	15
5	16 800	3	2	10	40	10	40
6	2 580	3	2	3	2	—	—
7	2 460	3	2	3	2	—	—
8	1 500	3	2	0	0	—	—
9	5 550	3	2	6	10	—	—
10	8 880	3	2	6	20	6	20
11	3 200	3	2	3	4	—	—
12	2 250	3	2	2	1	—	—
合计	64 420	3	2			—	—

(6)制种计划　园艺植物育苗需种量较大，且对种子质量和规格要求严格，我国众多的育苗场多与制种脱节，通过购种来从事育苗工作，不仅加大了育苗成本，也难以形成具有自主知识产权的品牌企业，一旦种质出现问题，对用户及企业造成的损失是巨大的。在荷兰，育苗常由种子公司承担，这些公司具有完善的设备、高纯度的种子和严格的管理，具有良好的信誉，其研发基地在国内，制种基地分布在世界各地。

(7)农机具购买计划　种苗厂应根据生产发展的需要，有计划地添置或更换必要的农机具，以保证生产的顺利进行。其中包括土壤耕作、田间管理及运输等机械，如各种拖拉机、丸粒化设备、播种设备、喷灌设备、机动喷雾器、拖车和各种小农具以及包装机、打包机等，表格设计参照表 9-8。

表 9-8　××××公司××××年农机具购买计划

序号	品名	规格	单位	单价/元	数量	金额/元	生产地	购买时间
1	电喷雾机		台	9 800	2	19 600	韩国	10 月
2	拖拉机		台	38 000	1	38 000	中国上海	9 月
3	草坪机		台	14 400	3	14 400	日本	4 月
4	电加热器		台	6 000	20	6 000	中国深圳	11 月
5	空气搅和器		台	18 000	40	18 000	中国广州	11 月
6	育苗流水线		套	30 万	1	30 万	中国广州	9 月
7	嫁接机		台	11 500	5	11 500	中国北京	8 月
8	移动喷雾机		台	60 万	4	60 万	中国河北	8 月
…	…		…	…	…	…	…	…

(8)销售计划　目前我国多数地区尚未形成种苗市场，农户、生产单位乃至个人多不具有购苗生产的习惯，因此，商品苗木的销售需要制订完备的计划，包括每一个细节。销售计划的内容包括广告策划、媒体宣传、销售地区选择、销售品种确立、销售数量、销售价格确定、营销地点、方式、人员及数量确定等。

(9)设施利用计划　育苗温室是设备完善，环境调控能力较强，且投资较大的设施，高效利用这些设施是降低成本和尽快获益的有效手段。由于育苗本身是季节性比较强的产业，降低育苗成本多数情况下是通过利用气候、建立多种类型的设施，或培育不同季节需要的苗木来实现的，即建立加温温室、日光温室、塑料大棚和露地相结合的配套育苗设施，在性能良好的加温温室中进行播种和培育小苗，在成本较低的大棚或拱棚中分苗培育成大苗；从季节方面看，在春季培育蔬菜苗、夏季生产花卉苗、秋冬季节进行树木的嫁接育苗；从设施利用方面考虑，可在温室中设计活动育苗床替代固定育苗床，或者采用立体育苗架等，提高设施利用率。具体内容参照表 9-9。

表 9-9　1 号育苗温室××××年利用计划

批次	作物	播种期/(日/月)	出圃期/(日/月)	苗龄/d	层积期/d	占床时间/d	备注
1	黄瓜	20/12	1/2	43	3	40	日光温室用苗
2	西瓜	25/1	2/25	31	5	25	日光温室用苗
3	甜瓜	20/2	3/25	34	3	31	塑料大棚用苗
4	番茄	20/2	10/4	49	5	44	小拱棚用苗
5	葡萄	15/4	5/15	30	—	30	生根后移植苗体
6	菊花	18/5	6/18	31	—	31	生根后移植苗体
7	芹菜	20/6	8/15	55	5	50	秋延后栽培用
8	黄瓜	10/9	10/20	40	3	37	越冬栽培

(10)灾害预防计划　育苗多在外界气候条件不良的情况下进行,这些气候条件包括冬季的寒流、暴雪、低温、寡照、连阴天和夏季的冰雹、暴雨、雷电、强日、高温、干旱及大风、旋风、沙尘暴等,此外设备的损坏、停电、病虫害等也会产生严重后果。因此,制订灾害预防计划和预警机制是必要且不可缺少的。

(11)资金筹措计划　种苗厂的建设和生产需要较大的资金投入,资金来源一般包括自有资金、国家或政府拨款、银行贷款、引进外资或入股合资经营等多个方面。

(12)其他计划　其他计划如财务计划、生产成本计划等,应根据财务制度的要求进行制订和核算。

二、种苗生产的成本核算

园艺种苗厂的建设与生产是高投入高产出的集约化生产,如何投入才合理,必须进行核算,核算的目的是节能降耗,实现经济生产。

1. 种苗厂的生产成本构成

了解产品成本价格构成可以有效地降低生产成本,确定经营策略,提高产品的市场竞争能力,增加经济效益。育苗成本包括直接生产成本和间接生产成本,直接生产成本也常当作可变成本,一般随着生产规模的增加而增加,但不一定是同比例的;间接生产成本多由固定资产产生,但并非是固定不变的,当生产规模达到一定规模以上时,增加固定资产也是必然的。

(1)直接生产成本　直接生产成本主要指生产资料成本(包括种子、农药、化肥、农地膜、基质、水电等的费用)、能源成本、劳动力成本及包装、运销成本等。

①生产资料成本。种子、基质、化肥、农药、农膜等生产资料是种苗生产的必需物资,每年的消耗量一般比较稳定,价格在不同年份间会有所变动,但相对于每一株秧苗的成本不会形成较大影响。

②能源成本。秧苗生产常在严寒季节进行,加温、补光等环境调控都是耗能过程,能源价格的变动对耗能较多的种苗业存在潜在的影响。尤其是北方地区加温耗能或降温耗能都较大,会直接影响秧苗的生产成本,一般占到运行费用的35%～40%。因此,正确判断使用能源的种类、数量、质量是重要的,温室常用能源有天然气、石油、煤、电,随能源危机加剧,近年来对自然能源如太阳能、风能、沼气、工厂余热等的利用的研究在增加。

③劳动力成本。育苗是劳动力集约性产业,且短时需工量较大,用工或劳动力价格受国家或地区经济发展水平影响较大,一般城市及近郊区劳动力价格较高,发达国家或经济发达地区较高,中远郊区或山区劳动力价格便宜,也容易找到。日本劳动力价格很高,种苗公司常从国外招募劳力。总体而言,近年来国内劳动力价格随经济增长在不断上升,会增加种苗业生产成本。此外,育苗作物种类的不同和育苗方法的不同,劳动力需求也不相同,如嫁接育苗较穴盘育苗消耗的劳动力多。

④包装、运销成本。包装、运输、销售费用是种苗销售过程中必要的支出,一般占种苗生产成本的10%～15%。

此外,水电及税金等也属于直接生产成本,占种苗生产成本的8%～12%。

(2)间接生产成本　间接生产成本主要指设施设备的折旧费用,如温室及辅助设施、设备的折旧,农机农具,水利设施的折旧及土地使用费用等。这部分成本占整个生产成本的40%～45%及以上。

①设施成本包括育苗温室和附属建筑。温室是育苗的主要设施，也是投资最大的部分，由于结构、材料和建筑施工的不同，温室的造价、使用年限、环境控制能力、耗能等方面存在着巨大差异。从欧洲园艺发达国家引进的智能型现代化玻璃温室单位面积造价达 2 600～3 500 元/m^2，国产大型连跨式玻璃温室造价在 1 000 元/m^2 左右，PC 板(阳光板)温室的造价在 800～1 000 元/m^2，连跨式塑料大棚的造价在 180～300 元/m^2，钢架日光温室的造价在 120～150 元/m^2，农民自己修建的竹木结构日光温室造价仅为 25～30 元/m^2。从保温节能和造价方面看，日光温室具有显著优势，但操作条件、环境控制及日常维护方面需要更多的劳动力，使用年限短。随着社会发展和科技进步，规模化、机械化、智能化农业更能发挥自身优势，实现经济生产。在育苗工厂中，通过计算机安排苗床的位置，通过机械设备传输苗床和运送秧苗，实现精确、准确、高效、快速，当然这种育苗工厂的造价是十分昂贵的。需要指出的是，育苗成本不仅反映在温室的造价方面，更重要的是受温室折旧成本的影响，即造价高的温室，使用年限长，折旧成本未必高；造价低，但使用年限短，维护费用高，也会提高育苗成本。

②设备折旧成本。种子处理设备、育苗生产线、组培设备、智能嫁接设备及各种环境控制设备和农机具等都是有使用期限的。相对而言，这部分的折旧费用比较稳定，正确安装、使用、维护是必要的。

③土地使用成本。不同地区或地段的土地具有不同的价格，一般城市近郊土地价格较高，经济发达地区的土地价格较高，而中远郊或经济欠发达地区的土地价格相对便宜。土地使用可以通过购买、租赁、入股等多种方式获得。

④辅助设施的折旧费用。水井、水塔、水渠、集雨池、库房、工作间、办公室、道路交通、绿化等的建设费用折旧，也都应计入生产成本。

(3)其他成本　如贷款利息、广告费用、人员培训等。

通过前述产品成本构成的分析可知，一般种苗的成本价格(生产成本)是指在生产过程中所需的所有成本的总和(包括直接生产成本、间接生产成本和其他成本)。在实际生产中，种苗成本价格的确定具有较多的不确定因素，需要结合长期的市场调查、经营记录整理和专家分析。

2. 种苗厂的收入

园艺植物种苗的经营收入常常有较大的差异，有时几乎不能被预先精确测定。因为收入很大程度上取决于种苗的质量和数量，而产品的数量和质量受气候及管理的影响，常常不能为人力所完全控制，如一旦超过适宜苗龄，种苗品质和价值将迅速下降。此外，产品的销售价格也不恒定，销售季节性非常强，常集中于春季，如果运力不足或受阻，就会产生较大损失。因此，经营效益难以精确预测。尽管如此，明确收入的构成，根据目前市场价格和计划生产任务，预测收入和利润是必要的。

一般而言，种苗厂的直接经济收入主要是通过销售种子和秧苗获得的收入。因此，收入由价格和销售出去的秧苗和种子的数量来确定。即：

$$总收入=\sum(S_i \times G_i)$$

式中，S_i——品种 i 秧苗的销售数量；

G_i——品种 i 的单价。

培育出的种苗未必能够全部销售，销售出去的种苗数量与全部培育的种苗数量之比，称为种苗商品率。未销售出去的产品，难以变成现金，并有可能成为增加成本的因素(尤其是蔬菜、花卉苗木)，而提高商品率则是节能降耗，提高效益的重要途径。

此外，种苗厂也可以通过技术培训、农业观光等获得一部分收入。

3. 种苗厂的经济性评估

(1)经济性评估的目的、意义及方法。大型种苗厂的建设先要进行经济性评估，一般是在广泛市场调研的基础上，根据当前需求、潜在需求和未来发展需求，确立当前和未来发展的规模，并进行投资估算。

种苗厂建设的投资估算包括固定资产投入、固定资产投入的不可预见费用、勘察设计费和银行流动资金贷款。然后计算生产运行成本，包括直接生产成本、间接生产成本和不可预见费等，根据投资估算和生产运行成本进行经济分析，经济分析的关键是产值利润率、投资回收期。若产值利润率小于15%、投资回收期大于5年，经济效益就比较差，对于这种情况，应该扩大或缩小经营规模，降低设施结构标准和设备标准，调整产品结构。

投资估算和生产运行成本的估算应根据当地建筑业材料、取费标准、生产资料价格标准和劳动力市场、销售市场而定。评估材料包括文字材料、表格材料及证明材料等内容，一般由专业机构完成。

(2)种苗厂经济性评估的实例介绍。下面以山西省某市种苗厂的投资估算为例，进行简要说明。

①项目目标及规模。项目完成后，每年向社会提供黄瓜、番茄和茄子优质嫁接苗或弱病毒接种苗300万株，美国无核早红温室专用葡萄苗120万株，大花标本菊苗120万株。可为66.7 hm^2 日光节能温室提供高标准嫁接苗或弱病毒接种蔬菜成苗，能为160.08 hm^2 温室提供专用无核优质葡萄苗，同时提供20 hm^2 花卉基地的优质菊花苗，见表9-10。

表9-10　主要产品生产规模

序号	类别	项目	年限									
			1	2	3	4	5	6	7	8	9	10
1	嫁接苗	产品数量/万株	1 176	294	294	294	294	294	294	294	294	294
		估算价格/元	0.2	0.2	0.2	0.2	0.2	0.2	0.2	0.2	0.2	0.2
		估算产值/千元	2 352	588	588	588	588	588	588	588	588	588
2	葡萄苗	产品数量/万株	0	120	120	120	120	120	120	120	120	120
		估算价格/元	0	0.22	0.22	0.22	0.22	0.22	0.22	0.22	0.22	0.22
		估算产值/千元	0	264	264	264	264	264	264	264	264	264
3	菊花苗	产品数量/万株	0	120	120	120	120	120	120	120	120	120
		估算价格/元	0	0.2	0.2	0.2	0.2	0.2	0.2	0.2	0.2	0.2
		估算产值/千元	0	240	240	240	240	240	240	240	240	240
4	总计	销售收入/千元	2 352	1 092	1 092	1 092	1 092	1 092	1 092	1 092	1 092	1 092

②目前拥有的条件和准备建设的设施。设备现有可利用的一座智能型全自动大型连栋温室(5 000 m^2)，国内高标准日光节能温室65栋(43 290 m^2)，以及生产型普通日光节能温室20栋(133 290 m^2)。具备催芽、出苗、炼苗、囤苗一系列育苗过程的条件和场所。同时还具有对种子消毒、杀菌化验等一系列仪器设备及人员，具备了生产无毒种苗的条件。同时本公司将购买全套自动化、工厂化育苗机具，包括基质混合机、基质供应机、镇压播种机、覆土机。具体参见表9-11。

表 9-11　设施设备清单

序号	名称	单位	数量	单价/元	金额/元	备注
1	生产设施				2 572 000	
1.1	大型温室	座	1	160 万	1 600 000	现有
1.2	日光覆室	栋	2	50 000	50 000	
1.3	催芽室、架	套	5	20 000	100 000	
1.4	可移动育苗架	套	100	2 000	200 000	
1.5	育苗流水线	套	1	300 000	300 000	
1.6	嫁接机	台	5	2 300	11 500	
1.7	发生器	台	4	1 000	4 000	现有
1.8	基质消毒机	台	1	5 000	5 000	
1.9	智能喷雾设备	台	2	150 000	300 000	
1.10	其他农业机械				1 500	
2	辅助设施				880 000	
2.1	水井及配套设施		2	115 000	230 000	现有
2.2	锅炉等	套	2	150 000	300 000	现有
2.3	配电设施	套	1	50 000	50 000	现有
2.4	运输机械	辆	2	60 000	120 000	
2.5	仓库		300	500	150 000	现有
2.6	办公室		50	600	30 000	现有
3	总计				3 452 000	
4	在项目所需设施中需新购置				1 088 000	
5	在项目所需设施中可用现有				2 364 000	

本公司现有生产示范基地 20 多 hm^2，为各种苗木的示范展示提供了基本的场所，几年来利用优越的生产条件和技术条件一直为周边菜农提供优质菜苗，年供苗已达 90 万余株。品种主要有番茄、黄瓜、甘蓝、西葫芦、茄子、青椒等，深受菜农的欢迎，形成了一定的销售渠道，苗木收入达 10 万元，并有很好的信誉度。此公司同时积累了一定的育苗管理资料，制定了各种苗木的具体管理指标，对于育苗工厂的建立已具备了一定的工作基础。

③投资估算与资金筹措

A. 固定资产投资总额估算。建筑工程按有关规定及当地同类建筑的实际造价估算，设备按市场价格估算，其他费用按政府现行有关规定估算，固定资产投资估算约为 142 万元(1 419 814 元)。新增投资主要用于购置日光节能温室、催芽室、可移动苗架、自动育苗流水线、嫁接机、基质消毒机、雾化喷灌、运输机械等工厂化育苗的必备设施。

B. 流动资金估算。本项目主要产品为嫁接苗、葡萄苗、菊花苗，拟计划年生产嫁接苗 7 茬，葡萄苗、菊花苗各一茬。流动资金按项目运营的实际需要估算为 281 814 元，根据需要在项目建设期末进行生产准备时一次到位。

C. 项目总投资。

总投资额＝固定资产投资总额＋流动资金

＝1 138 000＋281 814＝1 419 814(元)≈142(万元)

D. 资金筹措与投资使用计划。在项目投资总额 142 万元中,包括市筹资金 60 万元,省筹资金 30 万元,项目单位申请专项贷款 30 万元,项目单位自有资金约 52 万元(519 814 元)。市筹资金和省筹资金分三次等额到位,专项贷款和自有资金在项目建设的第一年到位。

④财务评价

A. 财务评价说明。

a. 计算期的确定:项目建设期 0.5 年,以本项目主要设施温室的利用情况为据确定项目期。温室的折旧年限取 10 年,故项目计算期定为 10 年。

b. 财务评价依据:本例中财务评价依据原国家计划委员会、建设部 1993 年 4 月颁布的《建设项目经济评价方法与参数》(第二版)有关规定进行。

c. 效益、费用的计算方法:效益和费用的计算按国家现行财税制度规定估算。

d. 投入物与产出物估价依据:主要投入物与产出物价格均以目前市场价格为基础进行预测,并根据项目产品批量较大,有可能对市场价格的均衡产生一定影响,将产品价格适当估低。

B. 销售收入与销售税金及附加估算。本项目的产品为蔬菜嫁接苗、葡萄苗、菊花苗。销售税金按项目产品销售收入的 8%估算,农村教育事业费附加按销售税金的 3%估算,城乡维护建设税按项目产品销售收入的 0.1%估算。

C. 总成本费用估算。项目年运营总成本约 82.8 万元(827 590 元),第一年经营成本估算约 27.5 万元(274 810 元),以后年份的经营成本估算约 47.0 万元(469 690 元)。项目总成本费用估算见表 9-12。

a. 项目产品生产过程中主要投入物:保温被、塑料玉膜线、遮阳网、肥料、基质、育苗盘、种子、葡萄插条、菊花插条等根据项目产品的消耗定额估算。水电费按照生产的实际需要估算。

b. 工资:按照每年用工的实际需要估算,年工资总额预计为 50 000 元。

c. 固定资产折旧:固定资产采用平均年限法分类折旧。房屋建筑物折旧年限 30 年后残值率以 5%计入温室等其他设施,折旧年限 10 年,不计残值。

d. 不可预见费和技术服务费:分别按照每年 10 000 元计入生产成本。

e. 利息支出:项目建设期及生产经营期贷款利息按年利率 0.663 75%计,贷款 30 万元的年息为 1 991 元。

f. 销售费用:按销售收入的 8.8%估算。

g. 管理费用:按销售收入的 3%估算。

D. 利润总额及其分配。项目正常生产年度(第 8 年)利润总额为 173 337 元,所得税税率为 33%,年缴纳所得税 57 201 元,按项目税后利润的 10%计提盈余公积金,年提取盈余公积金 11 614 元,年未分配利润 104 522 元,利润总额及其分配详见表 9-13。

E. 财务营利能力分析。据损益表(表 9-13)计算可得(第 8 年):

$$投资利润率=(173\ 337/1\ 419\ 814)\times100\%=12.0\%$$

$$投资利税率=(264\ 410/1\ 419\ 814)\times100\%=19\%$$

计算结果表明,本项目从静态上考察具有一定的营利能力。

由投资财务现金流量计算指标可知,本项目财务内部收益率所得税前 39%,所得税后 34%,均高于行业基准收益率(12%)的水平。财务净现值(IC=12%)所得税前 1 392 404.66 元,所得税后 1 088 412.7 元,均大于 0。投资回收期所得税前 3.8 年,所得税后 4.0 年。三项指标计算结果表明本项目从动态上考虑在财务上是可行的。

表 9-12 总成本费用估算表

元

序号	项目	年限									
		1	2	3	4	5	6	7	8	9	10
1	保温被	3 200	3 200	3 200	3 200	3 200	3 200	3 200	3 200	3 200	3 200
2	薄膜	21 000	21 000	21 000	21 000	21 000	21 000	21 000	21 000	21 000	21 000
3	压膜线	750	750	750	750	750	750	750	750	750	750
4	遮阳网	3 000	3 000	3 000	3 000	3 000	3 000	3 000	3 000	3 000	3 000
5	基质	8 640	21 600	21 600	21 600	21 600	21 600	21 600	21 600	21 600	21 600
6	育苗盘	18 000	45 000	45 000	45 000	45 000	45 000	45 000	45 000	45 000	45 000
7	种子	35 280	88 200	88 200	88 200	88 200	88 200	88 200	88 200	88 200	88 200
8	葡萄插条	—	36 000	36 000	36 000	36 000	36 000	36 000	36 000	36 000	36 000
9	菊花插条	—	12 000	12 000	12 000	12 000	12 000	12 000	12 000	12 000	12 000
10	肥料	3 600	9 000	9 000	9 000	9 000	9 000	9 000	9 000	9 000	9 000
11	农药	400	1 000	1 000	1 000	1 000	1 000	1 000	1 000	1 000	1 000
12	水电	22 000	5 000	5 000	5 000	5 000	5 000	5 000	5 000	5 000	5 000
13	工资	30 000	50 000	50 000	50 000	50 000	50 000	50 000	50 000	50 000	50 000
14	固定资产折旧	337 900	337 900	337 900	337 900	337 900	337 900	337 900	337 900	337 900	337 900
15	不可预见费用	10 000	10 000	10 000	10 000	10 000	10 000	10 000	10 000	10 000	10 000
16	技术服务费	10 000	10 000	10 000	10 000	10 000	10 000	10 000	10 000	10 000	10 000
17	利息支出	1 991	1 991	—	—	—	—	—	—	—	—
18	管理费用	32 844	32 844	32 844	32 844	32 844	32 844	32 844	32 844	32 844	32 844
19	销售费用	96 096	96 096	96 096	96 096	96 096	96 096	96 096	96 096	96 096	96 096
20	总成本费用	634 701	829 581	827 590	827 590	827 590	827 590	827 590	827 590	827 590	827 590
21	经营成本	274 810	469 690	469 690	469 690	469 690	469 690	469 690	469 690	469 690	469 690
22	可变成本	115 870	290 750	290 750	290 750	290 750	290 750	290 750	290 750	290 750	290 750
23	固定成本	518 830	538 831	836 840	836 840	836 840	836 840	836 840	836 840	836 840	836 840

表 9-13 损益表

元

序号	项目	年份									
		1	2	3	4	5	6	7	8	9	10
1	销售收入	235 200	1 092 000	1 092 000	1 092 000	1 092 000	1 092 000	1 092 000	1 092 000	1 092 000	1 092 000
2	税金及附加	19 616	91 073	91 073	91 073	91 073	91 073	91 073	91 073	91 073	91 073
3	总成本费用	634 701	829 518	827 590	827 590	827 590	827 590	827 590	827 590	827 590	827 590
4	利润总额	−419 400	−247 771	−74 434	98 903	173 337	173 337	173 337	173 337	173 337	173 337
5	所得税	0	0	0	32 638	57 201	57 201	57 201	57 201	57 201	57 201
6	税后利润	0	0	0	66 265	116 136	116 136	116 136	116 136	116 136	116 136
7	盈余公积金	0	0	0	6 627	11 614	11 614	11 614	11 614	11 614	11 614
8	累计盈余公积金	0	0	0	6 627	18 204	29 854	41 467	53 081	64 694	76 308
9	未分配利润	0	0	0	59 639	104 522	104 522	104 522	104 522	104 522	104 522
10	累计未分配利润	0	0	0	59 639	164 161	268 683	373 205	477 727	582 250	686 722

F. 清偿能力分析。从借款还本付息估算可知，本项目偿还借款的资金来源主要是未分配利润、折旧、摊销。借款偿还期为 2 年，项目具有偿还借款的能力。

G. 不确定性分析。从动态上考虑在财务上是可行的。

a. 盈亏平衡分析：项目正常年份(第 8 年)销售收入为 1 092 000 元，固定成本 536 840 元，可变成本 290 750 元，则以生产能力利用率表示的盈亏平衡点(BEP)为：

BEP =[固定成本(销售收入－销售税金及附加－可变成本)]×100%

=[536 840/(1 092 000－91 073－290 750)]×100%=75.6%

计算表明，本项目达到设计生产能力的 75.6%，即销售收入达到 825 552 元可保本。

b. 敏感性分析：根据行业及本项目产品特点，本项目在计算期内最有可能发生变化的因素为项目产品价格、经营成本及固定资产投资，各单因素变化幅度为 10%时的敏感性分析结果见表 9-14。

表 9-14　项目敏感性分析结果　　%

序号	项目	基本方案	销售收入		经营成本		固定资产投资	
			10	－10	10	－10	10	－10
1	内部收益率	34	45	23	29	39	31	38
2	较基本方案		11	－11	－5	5	－3	4

从结果对比可见，本项目财务效益对销售收入的变化最敏感，对经营成本的变化敏感程度次之，对固定资产投资的变化最不敏感。项目销售收入下降 10%，经营成本增加 10%，固定资产投资增加 10%，项目的内部收益率仍然高于行业基准收益率(12%)的水平，说明本项目具有一定的抗风险能力。

任务三　种苗的销售

秧苗育成后销售是关键，世界上一些国家的现代化种苗公司培育的商品苗多数运往异地栽培，有的还出口到国外。例如，荷兰的贝卡康普种苗公司，年生产各种蔬菜苗 2.5 亿株，60%用于出口，其余用于国内生产。在荷兰，99%的温室种植者购买商品苗，只有 1%的农户采用自育苗。种苗生产的专业化，有效地保证了秧苗质量和种质资源的可靠性，为生产的稳定性提供了保障，也降低了育苗成本。在我国种苗业刚刚起步，传统的自育苗占据着主导地位，改变传统观念，实现种苗的分业化任重而道远，良好的营销策略是关键所在。

一、园艺植物种苗的营销

营销是以市场需求为中心所开展的活动及有利于产品及时销售出去的活动。园艺植物种苗的营销是指以园艺植物生产为核心，为用户提供种苗等一系列活动。种苗的营销过程包括：①在充分调研的基础上，进行市场分析和确立目标市场；②根据目前市场和潜在市场，进行战略决策，确立投资方向、投资规模、经营范围、进行市场拓展；③根据市场目前需求和长远需求，确定育苗作物的种类(产品决策)，根据市场承受能力和生产成本进行产品定价(定价决策)，通过流通和建立分销网点扩张市场领域，通过技术指导、示范、培训和价格杠杆等进行促销，这些构成产品营销的战术决策；④通过对营销活动及用户的反馈意见的分析，调整生产和经营活动，形成一个有效的循环发展通道。因此，种苗的市场营销不仅突破了流通领域、生产领域，而且还包括了企业的经营管理。

1. 市场分析

市场分析是对园艺植物种苗的需求、供给、品种和价格等基本要素的分析，而这些要素相互作用和相互影响的过程就是市场的运行过程。种苗市场分析，一方面包括对市场营销宏观环境的分析，如政策法规（农业生产发展的方针、政策、有关价格、税收、信贷，外贸等方面）、人口状况、经济收入水平、自然环境、生产水平和社会文化环境等；另一方面包括对市场营销的微观环境的分析，如企业本身、营销中介、顾客（企业服务的对象）和竞争者等。宏观环境是客观存在的，微观环境可以通过企业自身努力，不同程度地对其中的某些因素加以控制，谋求企业的外部环境、内部条件和经营目标之间的动态平衡，在激烈的市场竞争中抓住机会，求得生存和发展。

因此，市场分析是在企业（生产者）对市场调研、搜集、整理和分析的基础上，了解市场现状，分析顾客购买行为，预测市场未来的发展趋势，为企业经营决策提供科学依据的重要一环。

2. 产品决策

种苗厂中秧苗作为产品是买卖双方从事市场交易活动的物质基础，由于园艺植物种类繁多，多数可采用育苗技术，育何种作物，甚至何种品种都很关键。发达国家园艺植物的栽培基本实现模式化或智能化，栽培作物或品种相对单一，且大型种苗公司都具有自己的品牌品种和采种基地，生产单一品种的秧苗较多。而我国园艺植物种类多样化（仅设施作物种类就达100多种），栽培类型多样化，栽培面积巨大，栽培密度又较大，成为种苗业巨大的市场，但也为核心产品的确立带来挑战，产品的组合与多种产品生产更能适合市场需求，但多种产品生产需要多种设备来配套，也需要多种技术的储备，可能会带来成本的增加。因此，产品决策应根据循序渐进的原则，先形成核心产品，逐步开发新产品，加速产品的更新换代，保持长盛不衰的畅销势头。

3. 新产品的开发

任何产品都不可能长久不衰，秧苗同样如此，随市场的变化、新品种的出现，新育苗设备的产生，育苗技术的进步是必然趋势，新品种的开发原则是：①满足社会需求，即顾客需要，不同生产者对秧苗有不同要求，同一用户在不同季节生产，会对秧苗品种、质量等有不同要求，新产品主要针对哪些用户，应做到心中有数；②扬长避短、发挥企业（生产者）自身的优势，如设备、技术、市场、交通等；③稳定性与持续性相结合的原则，稳定的产品与稳定的市场相结合，变化的市场与新产品的开发相结合，一种产品处在其成熟期时，就应着手开发新的产品，环环相扣；④引导消费，新产品的发展需要新技术体系的支持；⑤注重速度，产品能够迅速占领市场。

4. 价格制定

产品价格主要取决于产品所包含的价值及效用，同时还要考虑市场需求状况、产品费用情况、市场竞争格局以及政府的政策法规等因素。荷兰温室番茄单株产量在15～20 kg，种苗的生产效能很高，种苗的价格也高，而我国温室番茄的单株生产效能很低，仅仅1.5～2.5 kg，高的种苗价格农民难以接受，而低价位的种苗可能在成本和利润方面会出现障碍。因此，在培养种苗的同时，研究提高秧苗生产效能的技术体系也是必要的，因为这样可以提高种苗的利用价值，并有利于提高产品的价格。一般而言，产品价格的确定有如下几种方法：

①以成本为中心的收支平衡法：

产品单价＝固定成本/总产量＋单位产品可变成本

②目标收益定价法：

产品单价＝总成本×(1＋收益率)/销售量

③以需求为中心的市场导向定价法：

产品单价＝市场零售价格×(1－批零差率)×(1－进销差率)

此外还有随行就市、投标定价等方法。

5. 分销与促销

分销是指产品从生产者到消费者所经过的以货币为媒介的交换过程。秧苗可由生产者直接运销到消费者，也可通过中介机构完成。

促销是指企业在营销活动中，为了引导和影响人们的购买行为和消费方式而采取的各种方式、手段，如广告宣传、媒体报道、低价促销或试栽试种、赊销等。促销过程实质上是信息沟通的过程，任务是将企业提供的产品和劳务信息传递给顾客，以达到扩大销售的目的。

二、种苗的运销及注意事项

1. 商品苗的规格

种苗厂生产的是商品苗，秧苗作为商品应该具备商品的特性，标准化、规格化、规范化是商业苗木的典型特征。由于园艺植物的种类多，栽培类型和时间有着较大差异，且育苗容器或面积不同，秧苗的规格有不同要求。蔬菜工厂化育苗的规格一般以中、小苗为主，具体参照表9-15。穴盘育苗时(规格为4 cm×4 cm×4 cm)，蔬菜苗具4～6片叶，株高在12～15 cm；草本花卉具3～5片叶，10～15 cm高；果树和林木的苗木，株高在20～50 cm。这种苗育苗时间短，育苗量大，也便于运输，定植后成活率高。多用于气候温暖、生长期较长的地区或设施栽培，也是蔬菜植物工厂的主要育苗形式。

表 9-15 穴盘规格与不同种类蔬菜秧苗大小

季节	穴盘规格/孔	蔬菜种类	秧苗大小
春季	72	黄瓜、甜瓜	4 片真叶
	72	番茄、茄子	6～7 片真叶
	72	甘蓝、花菜	6～7 片真叶
	128	辣椒、甜椒	6～7 片真叶
	128	甘蓝、花菜	5～6 片真叶
	392	甘蓝、花菜	2 叶 1 心
夏季	128	甘蓝、花菜	4～5 片真叶
	128	黄瓜、甜瓜	2 叶 1 心
	128	番茄、茄子	4～5 片真叶
	128	生菜	6～7 片真叶
	200	芹菜	6～7 片真叶

如果培育大苗时，常常利用营养钵、联体纸方、营养方块、育苗盘、育苗箱等育苗容器育苗。这种育苗方式以培育大苗为目标，秧苗的规格为：蔬菜苗要求达到具 6～8 片叶，株高在 18～23 cm；盆栽花卉苗常采用钵体（塑料钵、黏土钵、花盆）育苗，秧苗的装卸、运输都很省工，而且秧苗损伤较少。

2. 商品苗的起苗及起苗前处理

为了使秧苗本身能适应运输时的外界环境，增强对外界不良环境的抗性，在起苗运输以前要对秧苗进行锻炼。为提高成活率也可用药物处理，Jaworski 等的研究结果表明，长距离运输的番茄苗用乙烯利（300 μg/L）处理，可促进秧苗定植后的缓苗及发根；在番茄起苗前喷施糖液，可促进定植后秧苗恢复生长。另外，有实验表明，番茄秧苗根部用 800 倍的 KH-841 水溶液处理，对长距离运输的番茄苗具有保根效果。

3. 秧苗的包装

在运输秧苗时，应把秧苗包装在特定的容器内，这样不仅装卸方便，而且能保证在运输过程中，秧苗处在适宜的环境中，减少运输中的损失。种苗的包装技术包括包装材料的选择、包装设计及装潢、包装技术标准的制定等。包装材料可以根据运输距离、种苗类型及运输工具等选择，蔬菜秧苗常选择硬质塑料或瓦楞纸，灌木花卉或果林苗木常用草绳包扎根部。

利用穴盘育苗时，一般将穴盘苗连同穴盘一同放置在层架上，或放置在专用纸箱中，装入集装箱中，进行异地运输（图 9-1）。

图 9-1　蔬菜苗的箱式装盘运输

利用苗钵、塑料钵等容器育苗时，一般是连同容器（如塑料薄膜育苗袋、营养钵等）一起运输，容器内带有培养基质，运输方便，损失较小（图 9-2）。要求基质采用轻型基质，以减轻运输负担。

采用无土育苗技术运输秧苗时，把秧苗从基质中起出，抖落多余基质，每 50～100 株秧苗扎成一束，根部用报纸或塑料包裹，把秧苗的根朝外，排放整齐，头对头横放入苗箱中，苗箱多是纸箱，内部铺设塑料薄膜可保湿保温，也可用防水纸箱直接盛放，纸箱上要留有通气孔，能够

图 9-2　盆栽花卉苗木的层集销售与集装箱运输

进行调温调湿。

我国在大量运输秧苗时比较粗放，一般把秧苗起出后排放整齐，蔬菜苗每 50～100 株扎成一束，根部不带土壤或基质，有时用薄泥黏住根部以增加水分，并用塑料薄膜包严后放入箱中进行运输。无论用哪种办法，秧苗在运输包装时一定要严密，保持根部有一定的湿度，以不致伤根为原则。

为加强宣传和提高知名度，在包装材料和运输车辆上进行装潢设计，并进行必要的产品说明，有助于今后的联系和推广。

4. 种苗的运输工具

秧苗的销售关键在于做好秧苗的运输工作，运输园艺作物秧苗用的交通工具一般为卡车、箱式运输车，也有的用飞机或火车。选择何种交通工具依据产品特性、数量、目标市场等因素所决定。短距离运输采用平板车或拖拉机就可以；中、远距离运输的秧苗，采用汽车为宜，可在产地直接装车，开往目的地，运输速度快而安全，且减少中间的换车环节，这些汽车中都应具有控温调湿设备，可以根据需要调节运输期间的温度、湿度。长途运输可利用具有空调设备的恒温运输车厢；国际苗木的运输采用航空运输快捷安全；在高速公路发达的国家，汽车运输是最常用的方式。

5. 运输秧苗的温度条件

在蔬菜秧苗的运输过程中，应保持适当的温度，防止秧苗遭受冻害或发生病害是必要的。一般夏季运输时外界的气温较高，应注意通风降温，防止因发热而使秧苗黄化或染病；保护地蔬菜定植期较早，秧苗在运输时应注意防冻。Miller 研究指出，番茄在高温(25.6 ℃)或低温(4 ℃)条件下运输都会降低秧苗定植后的成活率。Minges 研究指出，番茄秧苗运输的适温为 10～15 ℃，目前美国番茄苗的运输温度为 10 ℃。当然运输的适温又因苗木的种类而异，如结球莴苣、甘蓝等叶菜秧苗，在 5～10 ℃的低温下，经过 3 d 的运输，对秧苗的成活率不会有太大影响。同时由于运输距离的远近不同，温度管理也应不同，尤其是对远距离运输的秧苗，温度条件更应严格控制。蔬菜秧苗在运输过程中，由于没有光照，加上水肥供应受影响，生长发育基本处于停滞状态。如果温度条件稍高些，呼吸作用旺盛，还会消耗秧苗积累的营养。一般在较低温度条件下，可抑制秧苗的生理活性，有利于保持秧苗良好的素质，因此，运输秧苗时，以保持低温为宜。

此外，苗木长时间运输时，湿度的保持也很重要，湿度过高易诱发病害；相反，相对湿度低、通风量大时会引起秧苗萎蔫，一般以维持相对湿度在 85%～90%为宜。

6. 运输时间

秧苗运输过程中与原育苗环境有着显著不同，对秧苗本身的素质是不利的，为了保持蔬菜秧苗良好的素质，必须尽量缩短运输时间，这就要求起苗后及时运输，及时定植。一般蔬菜秧苗在较低的温度条件下，运输时间不要超过一昼夜，如果时间过长，应适当通风和见光，必要时应在苗层架之间增加补光设备。花卉苗木相对适应性较强，适宜运输的时间相对也较长，果树、林木的苗木对运输时间要求不严。

7. 药剂处理

为了减少秧苗中水分在运输过程中的蒸发，国外试用蒸发抑制剂处理秧苗。如用保水剂的 20 或 40 倍液浸蘸草莓秧苗，可在秧苗的表面形成保护层，抑制蒸腾作用，防止萎蔫，定植后有恢复迅速的作用。国外也有用浓度为 300 mg/L 的乙烯利处理番茄秧苗的研究，结果有促进秧苗定植后迅速缓苗和发根、提高产量的作用。我国也有用抗蒸腾剂处理秧苗的研究，结果表明，也能有效地防止秧苗萎蔫。

8. 秧苗的卸载及处置

经过长途运输的秧苗到达目的地后，应立即打开包装容器，使秧苗接受光照，并使秧苗所处的温度逐步升高，防止突然升温。当这些准备工作进行完毕后，要尽可能提早定植。

【项目小结】

一、重点难点

1. 种苗厂规划的目的及原则。
2. 现代化专业种苗厂的分区主要包括种子生产区、苗木生产区及辅助区。
3. 种苗的市场销售不仅突破了流通领域、生产领域，而且包括企业的经营管理。

【拓展任务】

一、复习思考题

1. 种苗厂规划设计的概念、目的、意义是什么？
2. 种苗厂规划设计的内容包括哪些？
3. 如何进行种苗厂的经济核算？
4. 制订一个种苗厂的播种计划。
5. 举例说明种苗运输过程中应该注意的事项。
6. 完成一个年产 1 000 万株蔬菜、花卉、果林苗木种苗厂的规划设计工作，并进行成本核算。

二、案例分析

邮购种苗须谨慎

邮购种苗业务为广大农民采购种苗提供了便利，也为种苗生产者提供了致富的途径，但也有人借邮购种苗之名骗取钱财，因此邮购种苗要谨慎。

①要对邮购单位进行资信调查。方法是向邮购单位所在地的科技局、农业局等，用电话或信件进行咨询，核实其广告中的有关宣传和承诺，弄清有无虚假成分，尽量向信誉好、正规的科研、农技、良种推广部门或企业邮购，不从个人办的所谓的“推广站”邮购。

②请教农业专家和科技人员。对自己已准备邮购的种苗，要就近请教有关人员，做科学的、实事求是的分析，看是否适合进行种植，产量和效益如何。

③在引进新的种苗时，要坚持“先少后多”的原则。可以先邮购少量种苗进行试种，待种植成功后再大量引种。

④索要正式发票。如发现已上当受骗，应立即向工商行政管理部门或消费者协会投诉。必要时，可通过法律途径来维护自己的合法权益，减少或避免由此造成的经济损失。